U0162063

· EX SITU FLORA OF CHINA ·

中国迁地栽培植物志

主编 黄宏文

ERICACEAE
杜鹃花科

本卷主编 张乐华 邵慧敏 马永鹏

副主编 李晓花 王 飞 魏 薇 朱春艳

中国林业出版社
China Forestry Publishing House

内容简介

本书共收录我国9个植物园迁地栽培的杜鹃花科植物6属195种（含种下分类等级），包括杜鹃花属植物158种、13亚种、12变种，其他属植物12种；其中列入《中国生物多样性红色名录——高等植物卷》（2013）的灭绝种1种、极危种5种、濒危种2种、易危种12种和近危种23种；列入《国家重点保护野生植物名录》（2021）的二级保护植物5种。纠正了部分植物园鉴定错误的物种名称，补充了基于腊叶标本描述的物种分类学信息；新增或提高受威胁等级物种13种，降低受威胁等级2种。每个物种包括中文名、拉丁名、中文别名、分布与生境、迁地栽培形态特征、受威胁状况、引种信息与栽培适应性、物候及主要用途等信息，并附彩色图片2192幅，展示了物种主要形态特征。采用 *Flora of China* 使用的分类系统，属（亚属）、组（亚组）和种按照分类检索表编号排列。

本书可供园林园艺学、植物学、农学和环境保护等相关学科的科研、教学及植物爱好者参考使用。

主编简介

黄宏文： 1957年1月1日出生于湖北武汉，博士生导师，中国科学院大学岗位教授。长期从事植物资源研究和果树新品种选育，在迁地植物编目领域耕耘数十年，发表论文400余篇，出版专著40余本。主编有《中国迁地栽培植物大全》13卷及多本专科迁地栽培植物志。现为中国科学院庐山植物园主任，中国科学院战略生物资源管理委员会副主任，中国植物学会副理事长，国际植物园协会秘书长。

图书在版编目（CIP）数据

中国迁地栽培植物志. 杜鹃花科 / 黄宏文主编；

张乐华, 邵慧敏, 马永鹏本卷主编.— 北京：中国林业出版社, 2022.10

ISBN 978-7-5219-1474-0

Ⅰ.①中… Ⅱ.①黄… ②张… ③邵… ④马… Ⅲ.
①杜鹃花科—引种栽培—植物志—中国 Ⅳ.①Q948.52

中国版本图书馆CIP数据核字(2021)第275566号

ZHŌNGGUÓ QIĀNDÌ ZĀIPÉI ZHÍWÙZHÌ · DÙJUĀNHUĀKĒ

中国迁地栽培植物志 · 杜鹃花科

出版发行： 中国林业出版社

（100009 北京市西城区刘海胡同7号）

电　话： 010-83143562

印　刷： 北京雅昌艺术印刷有限公司

版　次： 2022年10月第1版

印　次： 2022年10月第1次印刷

开　本： 889mm×1194mm　1/16

印　张： 38.75

字　数： 1015千字

定　价： 680.00元

《中国迁地栽培植物志》编审委员会

主　　任：黄宏文

常务副主任：任　海

副　主　任：孙　航　陈　进　胡永红　景新明　段子渊　梁　琼　廖景平

委　　员（以姓氏拼音为序）：

陈　玮　傅承新　郭　翎　郭忠仁　胡华斌　黄卫昌　李　标

李晓东　廖文波　宁祖林　彭春良　权俊萍　施济普　孙卫邦

韦毅刚　吴金清　夏念和　杨亲二　余金良　宇文扬　张　超

张道远　张乐华　张寿洲　张万旗　张　征　周　庆

《中国迁地栽培植物志》顾问委员会

主　任：洪德元

副主任（以姓氏拼音为序）：

陈晓亚　贺善安　胡启明　潘伯荣　许再富

成　员（以姓氏拼音为序）：

葛　颂　管开云　李　锋　马金双　王明旭　邢福武　许天全　张冬林

张佐双　庄　平　Christopher Willis　Jin Murata　Leonid Averyanov

Nigel Taylor　Stephen Blackmore　Thomas Elias　Timothy J Entwisle

Vernon Heywood　Yong-Shik Kim

《中国迁地栽培植物志·杜鹃花科》编者

主　　编： 张乐华（中国科学院庐山植物园）

邵慧敏（中国科学院植物研究所华西亚高山植物园）

马永鹏（中国科学院昆明植物研究所昆明植物园）

副 主 编： 李晓花（中国科学院庐山植物园）

王　飞（中国科学院植物研究所华西亚高山植物园）

魏　薇（中国科学院昆明植物研究所昆明植物园）

朱春艳（杭州植物园）

编　　委：（以姓氏拼音为序）

韩艳妮（中国科学院武汉植物园）

黄彦青（中国科学院沈阳应用生态研究所树木园）

李丹丹（中国科学院庐山植物园）

李晓花（中国科学院庐山植物园）

廖菊阳（湖南省植物园）

马永鹏（中国科学院昆明植物研究所昆明植物园）

邵慧敏（中国科学院植物研究所华西亚高山植物园）

王　飞（中国科学院植物研究所华西亚高山植物园）

魏　薇（中国科学院昆明植物研究所昆明植物园）

吴洪娥（贵州省植物园）

吴林世（湖南省植物园）

杨　虹（江苏省中国科学院植物研究所/南京中山植物园）

张乐华（中国科学院庐山植物园）

朱春艳（杭州植物园）

主　　审： 耿玉英（中国科学院植物研究所生态中心）

张长芹（中国科学院昆明植物研究所昆明植物园）

责 任 编 审： 廖景平　湛青青（中国科学院华南植物园）

摄　　影： 张乐华　邵慧敏　魏　薇　李晓花　朱春艳　王　飞

马永鹏　吴林世　吴洪娥　杨　虹　韩艳妮　黄彦青

廖菊阳　彭焱松　李丹丹等

照 片 制 作： 刘向平（中国科学院庐山植物园）

《中国迁地栽培植物志·杜鹃花科》参编单位（数据来源）

中国科学院庐山植物园（LSBG）

中国科学院植物研究所华西亚高山植物园（WCSBG）

中国科学院昆明植物研究所昆明植物园（KIB，KBG）

杭州植物园（HZBG）

湖南省植物园（HNBG）

贵州省植物园（GZBG）

江苏省中国科学院植物研究所/南京中山植物园（CNBG）

中国科学院武汉植物园（WHBG）

中国科学院沈阳应用生态研究所树木园（IAE）

《中国迁地栽培植物志》编研办公室

主　任：任　海

副主任：张　征

主　管：湛青青

序 FOREWORD

中国是世界上植物多样性最丰富的国家之一，有高等植物约33000种，约占世界总数的10%，仅次于巴西，位居全球第二。中国是北半球唯一横跨热带、亚热带、温带到寒带森林植被的国家。中国的植物区系是整个北半球早中新世植物区系的孑遗成分，且在第四纪冰川期中，因我国地形复杂、气候相对稳定的避难所效应，又是植物生存、物种演化的重要中心。同时，我国植物多样性还遗存了古地中海和古南大陆植物区系，因而形成了我国极为丰富的特有植物，有约250个特有属、15000~18000个特有种。中国还素有粮食植物、药用植物及园艺植物等摇篮之称，几千年的农耕文明孕育了众多的栽培植物的种质资源，是全球资源植物的宝库，对人类经济社会的可持续发展具有极其重要意义。

植物园作为植物引种、驯化栽培、资源发掘、推广应用的重要源头，传承了现代植物园几个世纪科学研究的脉络和成就，在近代的植物引种驯化、传播栽培及作物产业国际化进程中发挥了重要作用，特别是经济植物的引种驯化和传播栽培对近代农业产业发展、农产品经济和贸易、国家或区域的经济社会发展的推动则更为明显，如橡胶、茶叶、烟草及众多的果树、蔬菜、药用植物、园艺植物等等。特别是哥伦布发现美洲新大陆以来的500多年，美洲植物引种驯化及其广泛传播、栽培深刻改变了世界农业生产的格局，对促进人类社会文明进步产生了深远影响。植物园的植物引种驯化对促进农业发展、食物供给、人口增长、经济社会进步发挥了不可替代的重要作用，是人类农业文明发展的重要组成部分。我国现有约200个植物园引种栽培了高等维管植物约396科、3633属、23340种（含种下等级），其中我国本土植物为288科、2911属、约20000种，分别约占我国本土高等植物科的91%、属的86%、种数的60%，是我国植物学研究及农林、环保、生物等产业的源头资源。因此，充分梳理我国植物园迁地栽培植物的基础信息数据既是科学研究的重要基础，也是我国相关产业发展的重大需求。

然而，我国植物园长期以来缺乏数据整理和编目研究。植物园虽然在植物引种驯化、评价发掘和开发利用上有悠久的历史，但适应现代植物迁地保护及资源发掘利用的整体规划不够、针对性差且理论和方法研究滞后。同时，传统的基于标本资料编纂的植物志也缺乏对物种基础生物学特征的验证和"同园"比较研究。我国历时45年，于2004年完成的植物学巨著《中国植物志》受到国内外植物学者的高度赞誉，但由于历史原因造成的模式标本及原始文献考证不够，众多种类的鉴定有待完善；《中国植物志》（英文版）虽弥补了模式标本和原始文献考证的不足，但仍然缺乏对基础生物学特征的深入研究。

《中国迁地栽培植物志》将创建一个"活"植物志，成为支撑我国植物迁地保护和可持续利用的基础信息数据平台。项目将呈现我国植物园引种栽培的20000多种高等植物实地采集形态特征、物候信息、用途评价、栽培要领等综合信息和翔实的图片。从学科上支撑分类学修订、园林园艺、植物生物学和气候变化等研究；从应用上支撑我国生物产业所需资源发掘及利用。植物园长期引种栽培的植物与我国农林、医药、环保等产业的源头资源密切相关。由于人类大量活动的影响，植物赖以生存的自然生态系统遭到严重破坏，致使植物灭绝威胁增加；与此同时，绝大部分植物资源尚未被人类认识和充分利用；而且，在当今全球气候变化、经济高速发展和人口快速增长的背景下，植物园作为植物资源保存和发掘利用的"诺亚方舟"，将在解决当今世界面临的食物保障、医药健康、工业原材料、环境变化等重大问题中发挥越来越大的作用。

《中国迁地栽培植物志》编研致力于全面系统整理我国迁地栽培植物基础数据资料，建设专科、专属、专类植物类群规范的数据库和翔实的图文编撰，既支撑我国植物学基础研究，又注重对我国农林、医药、环保产业的源头植物资源的评价发掘和利用，具有长远的基础数据资料的整理积累和促进经济社会发展的重要意义。植物园的引种栽培植物在植物科学的基础性研究中有着悠久的历史，支撑了从传统形态学、解剖学、分类系统学研究，到植物资源开发利用、为作物育种提供原始材料，及至现今分子系统学、新药发掘、活性功能天然产物等科学前沿乃至植物物候相关的全球气候变化研究。

《中国迁地栽培植物志》将基于中国植物园活植物收集，通过植物园栽培活植物特征观察收集，获得充分的比较数据，为分类系统学未来发展提供翔实的生物学资料，提升植物生物学基础研究，为植物资源新种质发现和可持续利用提供更好的服务。《中国迁地栽培植物志》将以实地引种栽培活植物形态学性状描述的客观性、评价用途的适用性、基础数据的服务性为基础，立足生物学、物候学、栽培繁殖要点和应用；以彩图翔实反映茎、叶、花、果实和种子特征为依据，在完善建设迁地栽培植物资源动态信息平台和迁地保育植物的引种信息评价、保育现状评价管理系统的基础上，以科、属或具有特殊用途、特殊类别的专类群的整理规范，采用图文并茂方式编撰成卷（册）并鼓励编研创新。全面收录中国大陆、香港、澳门和台湾等植物园、公园等迁地保护和栽培的高等植物，服务于我国农林、医药、环保、新兴生物产业的源头资源信息和源头资源种质，也将为诸如气候变化背景下植物适应性机理、比较植物遗传学、比较植物生理学、入侵植物生物学等现代学科领域及植物资源的深度发掘提供基础性科学数据和种质资源材料。

《中国迁地栽培植物志》总计约60卷册，10～20年完成。计划2015—2020年完成前10～20卷册的开拓性工作。同时以此推动《世界迁地栽培植物志（Ex Situ Flora of the World）》计划，形成以我国为主的国际植物资源编目和基础植物数据库建立的项目引领效应。今《中国迁地栽培植物志·杜鹃花科》书稿付梓在即，谨此为序。

黄宏文

2022年5月6日于广州

前言 PREFACE

杜鹃花科（Ericaceae）为一世界性分布的大科，主要分布于热带、亚热带、温带山地以及北半球的亚寒带；全球约125属、4000余种（不含种下分类等级），我国有22属、约826种（Fang et al., 2005）。该科植物是山地生态系统中的重要组成成分，也是高山垫状灌丛的主要建群种，对维持生态系统的稳定具有重要意义。其中，杜鹃花属（Rhododendron）既是杜鹃花科内第一大属，也是我国种子植物中的第一大属，全球约有1200余种（含种下分类等级）（刘德团等，2020），广泛分布于亚洲、北美洲和欧洲。中国有杜鹃花属植物720种（包括114变种、45亚种和2变型），其中特有种450种，除宁夏、新疆干旱荒漠地带外，其他各省区均有分布；其中云南省分布393种，是省级尺度物种丰富度及特有性最高的区域，其次为四川省（278种）及西藏自治区（271种）（程洁婕等，2021）。该属植物不仅是世界著名的观赏植物，也具有重要的文化、科学与生态价值，部分种类还具有药用、食用或工业价值。吊钟花属（Enkianthus）、马醉木属（Pieris）等也是重要的观赏植物，越橘属（Vaccinium）的蓝莓则是世界著名水果。

杜鹃花科植物尤其是杜鹃花属同一亚属种间的营养体十分相似，难以作为物种鉴定的主要特征。其花序的花朵数量通常较多，且花部较大、质地柔弱、结构复杂，经压制、烘干制作成腊叶标本后，花器官易变形、失水收缩和褪色，尤其是雄蕊及腺毛的腺头易脱落、被微柔毛等细微特征易丢失，仅依靠文字记载和腊叶标本难以和活植物相对应。近年来，随着我国花卉产业的快速发展，一些国外杜鹃花科植物被引入园林园艺栽培，这些物种在国内植物志书中鲜有收录，物种鉴定及相关资料查证较为困难，为广大从业者和爱好者认知和利用杜鹃花科植物带来了诸多不便。

自20世纪80年代以来，我国十余个植物园相继开展了杜鹃花科植物的野外资源调查、引种驯化、栽培繁殖及专类园建设等方面的工作，为"同园"迁地栽培条件下物种形态特征观测、物候记录和栽培繁殖等深入研究以及植物园间的比较研究提供了便利条件。在科技部基础性工作专项项目"植物园迁地保护植物编目及信息标准化"（No. 2009FY120200）支持下，国内相关植物园开展了杜鹃花科栽培植物的清查、疑难物种鉴定与名称查证、凭证标本和图片采集等工作；2011年启动《中国迁地栽培植物志》编撰，参编植物园开始整理杜鹃花科植物名录，规范编撰内容和物种描述格式，部署物候观测及引种登录历史资料收集，2014年出版《中国迁地栽培植物志名录》，2015—2018年完成《中国迁地栽培植物大全》并出版。在科技部基础性工作专项"植物园迁地栽培植物志编撰"（No. 2015FY210100）支持下，我们系统开展了植物园内栽培的杜鹃花科植物形态特征观察、物种鉴定与名称查证、物候记录、栽培繁殖、病虫害调查与防治，以及凭证标本与图片采集等工作，基于这些"同园"数据资料，共同编撰《中国迁地栽培植物志·杜鹃花科》一书，以期为杜鹃花科植物的深入研究及利用提供科学数据和参考。

本书编撰过程中，我们遇到部分物种引种、登录和物候信息不全或缺乏，以及文献收集和种名查证困难等许多问题。早期发表的杜鹃花科物种多是基于腊叶标本的观察描述，且主要为国外学者用拉丁文、法文或德文描述，较难阅读和准确理解；部分物种存在描述不规范、过于简单，特别是有些种类还会因缺少花、果标本或观察不足而遗漏一些关键的分类学信息。因此，基于腊叶标本的物种特征描述无疑会与活植物存在差异并导致鉴定困难。本书基于植物园内栽培的活植物观察记录和相关研究，重点补充和完善了杜鹃花科植物形态特征，纠正或修订了部分物种分类学位置，补充了收录物种的受威胁等级，并介绍了其繁殖栽培技术和病虫害防治方法。

1. 纠正了植物园鉴定错误的物种名称

通过对植物园迁地栽培活体植物的形态特征观察及比较，持续认识植物的生物学特征，开展植物鉴定和种名查证，纠正鉴定错误，继而进一步认识和利用植物，是植物园数百年来的传统与使命。

本书在编研过程中对参编植物园内栽培的杜鹃花科植物进行鉴定和名称查证，纠正了一些定名错误。例如，庐山植物园通过栽培地形态特征观察及"同园"特征比较，将引自重庆金佛山、引种信息为金山杜鹃（*Rhododendron longipes* var. *chienianum*）的变种，纠正为弯尖杜鹃（*R. adenopodum*）；将引自湖南、引种信息为阳明山杜鹃（*R. yangmingshanense*）的种，纠正为黔阳杜鹃（*R. qianyangense*）；将引自美国、引种信息为佛罗里达杜鹃（*R. austrinum*）的种，纠正为奥康尼杜鹃（*R. flammeum*）；并对一些长期未定名的疑难种进行了鉴定。华西亚高山植物园将引自云南、引种信息为富源杜鹃（*R. fuyuanense*）的种，纠正为粉背碎米花（*R. hemitrichotum*）；将引自贵州、引种信息为不凡杜鹃（*R. insigne*）的种，纠正为黔东银叶杜鹃（*R. argyrophyllum* subsp. *nankingense*）；将引自广西、引种信息为长圆团叶杜鹃（*R. orbiculare* subsp. *oblongum*）的亚种，纠正为猫岭杜鹃（*R. orbiculare* subsp. *maolingense*）。杭州植物园将引自江西井冈山、引种信息为岭南杜鹃（*R. mariae*）的种，纠正为伏毛杜鹃（*R. strigosum*）。湖南省植物园将引自湖南、引种信息为长蒴杜鹃（*R. mackenzianum*）的种，纠正为秃房弯蒴杜鹃（*R. henryi* var. *dunnii*）。武汉植物园将引自湖南、引种信息为短尾越橘（*Vaccinium carlesii*）的种，纠正为黄背越橘（*V. iteophyllum*）等等。

2. 完善和修订了物种形态学特征的描述

植株（如叶片、幼枝）被毛或鳞片特征会随着发育而变化，而基于腊叶标本的形态观察仅能描述个别时间点的特征，信息不够完整。本书基于植物园活植物的观察，完善了物种的幼叶、幼枝和芽鳞等被毛（鳞片）特征；补充或修正了部分物种原始文献和植物志基于腊叶标本未观察到的某些特征。如《中国植物志》和 *Flora of China* 记载：小溪洞杜鹃（*R. xiaoxidongense*）叶片被稀疏的丛卷毛，野外及栽培地观察发现，其叶片两面密被刚毛状长柄腺毛，受环境影响，后期其腺毛的腺头多脱落而呈刚毛状，在压制成腊叶标本后刚毛多倒伏、蜷缩并部分脱落，因而被错误地描述为"被稀疏的丛卷毛"；补充了其蒴果信息。补充和纠正了大量的物候信息，如模式标本及《中国植物志》、*Flora of China* 记载：井冈山杜鹃（*R. jingangshanicum*）花期为9月，未记录蒴果成熟时间及特征，本书将其花期纠正为3~4月，完善了蒴果成熟时间及其形态特征。但需要说明的是，本志书是基于植物园迁地栽培条件下活植物的形态特征与物候描述，未能与野外自然生长的活植物进行对比。植物园栽培条件与野外环境存在差异，可能会导致其形态特征及物候期有一定变化；同时，植物园栽培植株数量有限，其形态特征及物候的代表性也存在一定的局限性。

本书增加了《中国植物志》和 *Flora of China* 未收录的本土物种——猫岭杜鹃、马雄杜鹃（*R. maxiongense*）；接受李光照、耿玉英分别修订的广福杜鹃（*R. fortunei* var. *kwangfuense*）、越峰杜鹃（*R. platypodum* var. *yuefengense*）以及近年发表的3个新种或新变种：天门山杜鹃（*R. tianmenshanense*）、张家界杜鹃（*R. zhangjiajieense*）和上犹杜鹃（*R.*

seniavinii var. *shangyounicum*）。

3. 补充了保护等级评估及受威胁等级物种

《中国植物红皮书》（第一册）（傅立国和金鉴明，1992）首次对国产杜鹃花属植物濒危程度进行了评估，其中大树杜鹃（*R. protistum* var. *giganteum*）被列为二类保护，牛皮杜鹃（*R. aureum*）、蓝果杜鹃（*R. cyanocarpum*）、大王杜鹃（*R. rex*）等8种杜鹃花被列为三类保护。《中国物种红色名录（第一卷：红色名录）》（汪松和解焱，2004）首次采用世界自然保护联盟（IUCN）红色名录的等级标准（3.1版），对3624种被子植物的受威胁程度进行了评估。其中被评估的394种杜鹃花属植物中，野外灭绝（EW）1种，极危（CR）1种、濒危（EN）4种、易危（VU）达224种、近危（NT）1种，而无危（LC）仅129种。

2011年IUCN、国际植物园保护联盟（BGCI）等联合对全球1157种（含种下分类等级）杜鹃花属植物濒危状况进行了评估，并出版 *The Red List of Rhododendrons*。该名录共收录我国杜鹃花属植物665种，其中野外灭绝1种，极危14种、濒危18种、易危180种，受威胁物种（包括极危、濒危和易危种）达212种，占总种数的31.88%，说明我国近1/3杜鹃花属植物的生存状态已经岌岌可危。本书收录物种中，包括列为极危种的树枫杜鹃（*R. changii*）、紫花杜鹃（*R. amesiae*）、波叶杜鹃（*R. hemsleyanum*）和朱红大杜鹃（*R. griersonianum*）；濒危种井冈山杜鹃、白毛杜鹃（*R. vellereum*）、巴朗杜鹃（*R. balangense*）和原产日本的伊豆杜鹃（*R. amagianum*）；易危种大喇叭杜鹃（*R. excellens*）、红晕杜鹃（*R. roseatum*）和团叶杜鹃（*R. orbiculare*）等，受威胁物种达37种，占收录总种数的20.22%。

2013年9月，环境保护部和中国科学院联合以第54号公告正式发布了《中国生物多样性红色名录——高等植物卷》。该名录共收录杜鹃花属植物644种（含种下分类等级），其中灭绝（EX）1种、野外灭绝2种，极危12种、濒危19种、易危92种，受威胁等级的杜鹃花达123种、占19.10%，近危71种、占11.02%，数据缺乏（DD）150种、占23.29%，而无危297种、占46.12%。本书收录物种中，包括列为灭绝种的小溪洞杜鹃；极危种紫花杜鹃、波叶杜鹃、大树杜鹃、巴朗杜鹃、朱红大杜鹃；濒危种江西杜鹃（*R. kiangsiense*）、井冈山杜鹃；易危种树枫杜鹃、宝兴杜鹃（*R. moupinense*）和长毛杜鹃（*R. trichanthum*）等，受威胁物种达18种，占本书收录杜鹃花属植物的9.84%，除牛皮杜鹃、朱红大杜鹃外，其他种均为中国特有种；收录其他属易危种1种——台湾吊钟花（*Enkianthus perulatus*）。2021年9月发布的最新《国家重点保护野生植物名录》将兴安杜鹃（*R. dauricum*）、尾叶杜鹃（*R. urophyllum*）和圆叶杜鹃（*R. williamsianum*）等7种杜鹃花列为二级保护，本书收录5种。

依据IUCN濒危物种红色名录标准（3.1版），基于野外调查数据，本书作者对收录植物的受威胁状况进行了评估。在《中国生物多样性红色名录——高等植物卷》评估的基础上，建议将华顶杜鹃（*R. huadingense*）、白毛杜鹃、爆杖花（*R. spinuliferum*）等10种杜鹃花列为受威胁等级，将羊踯躅（*R. molle*）列为近危种；提高猫儿山杜鹃（*R. maoerense*）、凉山杜鹃（*R. huanum*）的保护等级，降低大树杜鹃、紫花杜鹃的保护等级；同时，建议将误认为灭绝的小溪洞杜鹃列为极危种，以利于更好的保护和利用杜鹃花属这一极具特色的植物资源。

4. 补充了国外引种物种形态特征的中文描述

近数十年中，我国植物园从国外引种了不少杜鹃花科植物资源，其物种描述多散布于各类外文期刊，少有中文描述。本书收录原产日本、美国、欧洲等地的杜鹃花科植物2属21种（含种下分类等级），包括杜鹃花属19种、越橘属2种，详细介绍了其分布、形态特征、栽培适应性、物候及用途等信息，有助于更好地认识、鉴定、栽培和利用国外杜鹃花科植物资源。

5. 修订了部分杜鹃花属植物的分类位置

杜鹃花属植物中，同一组（亚组）内的物种分类特征差异较小，基于腊叶标本的形态特征描述往往存在局限性，如花萼、花丝、子房和花柱是否被毛或毛被特征为其物种分类的主要依据。但杜鹃花表型性状随着生境变化而变异丰富，甚至同一生境或同一植株间其被毛有无或多少也有变化，如马银花（*R. ovatum*）花萼被毛特征多因生境而变化，长蕊杜鹃（*R. stamineum*）个体间存在花丝无毛至基部被柔毛的变化；杜鹃花野外自然杂交频繁，种间过渡类群较多，也增加了物种鉴定难度，如迷人杜鹃（*R. agastum*）、粉红爆杖花（*R. × duclouxii*）即为种间天然杂交后代；特别是有些种模式标本存在不完整等现象，如缺少完整的花或果，或花、果发育不正常。因此，一些杜鹃花的分类地位一直存在较大争议，甚至分类位置变动频繁，如广福杜鹃。本书编撰期间，通过数次野外调查并结合植物园活植物形态比较，基于叶芽、花芽的形态特征将小溪洞杜鹃从云锦杜鹃亚组（Subsect. *Fortunea*）调整到耳叶杜鹃亚组（Subsect. *Auriculata*）；基于形态学与分子生物学证据认为大树杜鹃的分类地位有待进一步商榷；提出或接受将棒柱杜鹃（*R. crassimedium*）并入背绒杜鹃（*R. hypoblematosum*）、椿年杜鹃（*R. chunienii*）并入百合花杜鹃（*R. liliiflorum*）等归并意见（耿玉英，2014）。

6. 介绍了杜鹃花属植物繁殖栽培技术及病虫害防治方法

杜鹃花属植物形态多样、花色丰富、色泽艳丽，是中国十大传统名花之一，素有"木本花卉之王"和"花中西施"之美誉，在世界园艺界具有极高地位。但作为世界著名的高山花卉，多数杜鹃花在低海拔地区栽培困难，适应性较差，部分物种繁殖困难，且繁殖及栽培过程中会出现各种病虫害。本书作者基于长期的工作积累，较为详细的介绍了杜鹃花属植物的繁殖方法、栽培与管理技术，以及常见病虫害发生种类及其防治方法，对杜鹃花属植物繁殖、栽培与产业化，以及植物园的迁地保护具有一定的参考价值。

本书采用 *Flora of China*（Fang et al., 2005）使用的分类系统，共收录我国9个植物园（树木园）迁地栽培的杜鹃花科植物6属195种，含杜鹃花属植物158种、13亚种和12变种，其他属植物12种。其中，中国特有种110种、8亚种和9变种，原产北美、日本和欧洲共19种、1亚种和1变种；列入《中国生物多样性红色名录——高等植物卷》（2013）灭绝种1种、受威胁种19种（含台湾吊钟花），《国家重点保护野生植物名录》（2021）二级保护植物5种。每个物种包括中文名、拉丁名、中文别名、分布与生境、迁地栽培形态特征、受威胁状况评价、引种信息及栽培适应性、物候和主要用途等信息，并附彩色图片2192幅，详尽展示了杜鹃花科植物的形态特征。

本书在编辑过程中，得到中国科学院华南植物园廖景平研究员和湛青青博士的大力支持和帮助，得到了本书主审耿玉英高级工程师、张长芹研究员的不吝指导与帮助，使本书编撰人员受益匪浅。同时，本书的出版，不仅凝聚了参编单位几代人的工作积累，也有赖于多个植物园的共同努力和团结协作，在此谨向为本书付出心血的单位和个人表示最诚挚的感谢！

由于时间仓促，编著者水平有限，不当之处在所难免，敬请各位专家和广大读者批评指正。

作者

2022年10月

目录 CONTENTS

概述
Overview

杜鹃花科（Ericaceae）为一世界性分布的大科，主要分布于热带、亚热带、温带山地以及北半球的亚寒带；全球约125属、4000余种（不含种下分类等级），我国有22属、约826种（Fang et al., 2005）。该科植物是山地生态系统的重要组成成分，也是高山垫状灌丛的主要建群种，特别是一些种类呈环北极分布的式样，对维持生态系统的稳定具有重要意义。杜鹃花属（Rhododendron）作为杜鹃花科内第一大属，也是北半球最大的木本植物属和我国种子植物最大的属，全球约有1200余种（含种下分类等级）（刘德团等，2020），广泛分布于亚洲、北美洲和欧洲；据《中国生物物种名录》（2022版），中国有杜鹃花属植物728种（含种下分类等级及多个栽培种），除宁夏、新疆及上海、天津、澳门外，其他省（自治区、直辖市及特别行政区）均有分布，但以西南地区的云南、四川和西藏最为丰富。该属植物不仅具有极高的观赏价值，其文化、科学和生态价值亦广受关注，部分物种还具有药用、食用或工业价值。吊钟花属（Enkianthus）、马醉木属（Pieris）植物花团锦簇，也具有极高的观赏价值，有些种类还有药用价值。越橘属（Vaccinium）的蓝莓则是世界著名的水果。然而，由于生境丧失、全球气候变化和人类活动等因素，导致部分杜鹃花科植物成为受威胁种类。

一、杜鹃花科植物基本形态特征

杜鹃花科通常为常绿、半常绿或落叶木本植物；以地生为主，稀附生；植株高度从数厘米的平卧灌木到高达数十米的高大乔木，但也不乏一些草本类群，如鹿蹄草属（Pyrola）、独丽花属（Moneses）和喜冬草属（Chimaphila）等。该科植物多与真菌共生形成特殊的菌根共生结构，称为杜鹃花类菌根，也存在水晶兰属（Monotropa）等高度特化的真菌异养类群。

叶片多为革质，稀纸质；多互生，呈螺旋状排列，稀轮生或对生；全缘或有锯齿，有时反卷，大小变化、形态多样；无托叶；多为羽状脉，侧脉多少平行，稀呈掌状脉；有时具毛被或鳞片等附属物；真菌异养类群的叶片多退化呈鳞片状。

花序类型多样，单花或多花组成总状、伞形、总状伞形或圆锥状花序，顶生或腋生；花两性，辐射对称至稍两侧对称，萼片常5裂或更多；花冠合生呈漏斗状、钟状、碟状、坛状或管状等，多下垂，裂片在芽内呈覆瓦状排列；花丝离生，稀贴生于花冠，有时花药背部或顶部具成对的芒状或距状凸出物，顶孔开裂，除吊钟花属外，花粉粒常为四分体，多三沟型；子房上位或下位，花柱和柱头单一，柱头呈头状、盘状或稍分裂；果实多为蒴果或浆果，或为具有1至数个果核的核果，种子通常较小，呈粒状或锯屑状，无翅或具狭翅，或两端具尾状附属物。

二、杜鹃花科植物资源分布、起源与系统演化

杜鹃花科植物在世界植被组成中占有重要位置，主要分布在从赤道到北纬80°之间的陆地上。如杜香（Ledum palustre）常密集分布，为沼泽化地被的优势种，松毛翠属（Phyllodoce）、地桂属（Chamaedaphne）和越橘属的一些种类往往构成典型的北方和北极景观。南非好望角西南部的常绿硬叶灌丛以及西欧著名的石南荒野植被的主要建群种也为该科中欧石南属（Erica）的种类。

杜鹃花科分类系统的建立与发展已有漫长的历史，早在1876年，Benth et J. D. Hooker就建立了该科分类的基本类群。随后，O. Drude（1889）在Benth et al.（1876）研究的基础上，建立了杜鹃花亚科（Rhododendroideae）、草莓树亚科（Arbutoideae）、越橘亚科（Vaccinioideae）和欧石南亚科（Ericoideae）四个亚科的分类系统，为本科植物的系统分类奠定了基础。Benth et al.（1876）及J. Hutch.（1932）等基于子房下位，果为浆果的特征，将越橘类植物从杜鹃花科独立出来，建立了越橘科（Vacciniaceae）。20世纪以来也有众多学者从不同学科角度再研究O. Drude（1889）系统，并提出了各自的见解，如H. F. Copeland（1944）、H. T. Cox（1948）、L. Watson（1965）、O. Hagerup等，但Drude系统仍被传统地应用。

随着分子生物学技术的发展，越来越多的证据表明狭义的杜鹃花科是一个并系群，实际还应该包括岩高兰科（Empetraceae）、澳石南科（Epacridaceae）、水晶兰科（Monotropaceae）、鹿蹄草科（Pyrolaceae）和越橘科的成员才能构成自然的单系群。分子系统进化关系显示，吊钟花亚科（Enkianthoideae）为该科的基部类群，随后分化出水晶兰亚科（Monotropoideae）（包括之前的水晶兰科和鹿蹄草科）和草莓树亚科。水晶兰亚科中的种类多为草本，并存在许多真菌异养类群，但系统树显示其与草莓树亚科关系较近，因此应视为高度特化的杜鹃花科植物。剩余的一大分支可分为欧石南亚科、越橘亚科和澳石南亚科（Styphelioideae），这3个亚科的主要特征为花粉粒形成四分体、花药壁无纤维内层以及种子的种脊无维管束。此外，3个亚科均表现出花药早期发育倒置，而水晶兰亚科和草莓树亚科以

云南大理苍山杜鹃花自然分布

云南禄劝彝族苗族自治县杜鹃花自然分布

及吊钟花亚科则表现为花药后期倒置。

杜鹃花属作为杜鹃花科内第一大属，在全球主要有两大分布中心。其中，喜马拉雅区（泛指缅甸、印度、不丹、尼泊尔及我国西藏地区）和我国云南、四川等地，是现代杜鹃花的最大分布中心，集中分布的杜鹃花种类占世界总种数的60%以上，并以常绿杜鹃亚属和杜鹃亚属为主（耿玉英，2008）；马来西亚、印度尼西亚和新几内亚等地是杜鹃花次分布中心，拥有杜鹃花约300种，以越橘杜鹃组（Sect. *Vireya*）种类为主，特有性高，仅新几内亚岛的特有种就达150余种（方瑞征和闵天禄，1995）。越橘杜鹃组被认为是杜鹃花属中较为进化的类群，处于演化的活跃时期，对于研究杜鹃花属系统进化、物种分化和新物种的形成等有着十分重要的意义，值得引起关注。另外，全球80%的羊踯躅亚属种类分布在北美，形成了北美羊踯躅亚属的分布中心（耿玉英，2008）。

中国是野生杜鹃花资源最丰富的国家，杜鹃花属也是我国种子植物中种类最多的一个属。据2005年出版的*Flora of China*记载，中国有杜鹃花属植物571种（含4个栽培种，不含种下分类等级），其中特有种409种，加上近十余年陆续发表新种约30种，我国杜鹃花属植物已超过600种（Tian et al., 2019）；也有资料报道，中国有杜鹃花属植物720种（包括114变种、45亚种和2变型），其中特有种450种，除宁夏、新疆干旱荒漠地带外，其他各省（自治区、直辖市）均有分布（程洁婕等，2021），其中我国西南地区的横断山–喜马拉雅地区为该属植物的多样化和多度中心，包含其属下9亚属中的6个亚属（参考*Flora of China*使用的分类系统），且特有性极高。不同种类的杜鹃花往往成为我国西南山地常绿阔叶林、针阔混交林、杜鹃–苔藓矮曲林和高山垫状灌丛等植被类型中的建群种或重要组成成分。

云南玉龙纳西族自治县玉龙雪山杜鹃花自然分布（高连明 摄）

西藏米林县多雄拉山杜鹃花自然分布（高连明 摄）

西藏巴宜区色季拉山杜鹃花自然分布

西藏米林县派镇松林口杜鹃花自然分布

四川雷波县谷堆乡杜鹃花自然分布

四川布拖县杜鹃花自然分布

重庆南川区金佛山粗脉杜鹃（*R. coeloneurum*）
大树（胸围3.77m，高13.8m）

贵州百里杜鹃林杜鹃花自然分布（百里杜鹃管理区宣传部 提供）

贵州百里杜鹃林杜鹃花自然分布（百里杜鹃管理区宣传部 提供）

江西井冈山江西坳杜鹃花自然分布（王小林 提供）

广东深圳梧桐山毛棉杜鹃（*R. moulmainense*）自然分布
（王定跃 提供）

湖北麻城龟峰山映山红（杜鹃 *R. simsii*）自然分布

三、中国杜鹃花科植物濒危现状

　　1992年《中国植物红皮书》（第一册）将10种杜鹃花科植物列入保护植物名录，其中大树杜鹃（*R. protistum* var. *giganteum*）被列为二类保护，牛皮杜鹃（*R. aureum*）、蓝果杜鹃（*R. cyanocarpum*）和大王杜鹃（*R. rex*）等8种杜鹃花属植物及松毛翠（*Phyllodoce caerulea*）被列为三类保护。2004年《中国物种红色名录（第一卷：红色名录）》首次采用世界自然保护联盟（IUCN）制订的红色名录等级标准对394种国产杜鹃花进行了评价，其中乌来杜鹃（台北杜鹃 *R. kanehirae*）被列为野外灭绝（Extinct in the Wild, EW）；大树杜鹃被列为极危（Critically Endangered, CR）；树枫杜鹃（*R. changii*）、阔柄杜鹃（*R. platypodum*）、巴朗杜鹃（*R. balangense*）、短梗杜鹃（*R. brachypodum*）4个种被列为濒危（Endangered, EN），易危（Vulnerable, VU）达224种，近危（Near Threatened, NT）1种，而无危（Least Concern, LC）仅129种。2011年，IUCN、BGCI等6家机构联合对全球1157种杜鹃花属植物（其中原种1018种，亚种或变种139种）的濒危状况进行了评估，并发布杜鹃花红色名录（*The Red List of Rhododendrons*）。该名录共收录我国杜鹃花属植物665种（含种下分类等级），其中：野外灭绝1种；极危14种、濒危18种、易危180种，受威胁等级（极危、濒危和易危统称为受威胁等级）的杜鹃花达212种，占评估总种数的31.88%；近危61种，占9.17%；数据缺乏（Data Deficient, DD）183种，占27.52%；无危208种，仅占31.28%。可见，我国约1/3杜鹃花属植物的生存状态已经岌岌可危，仅不足1/3的种处于无危状态。

　　2013年9月发布的《中国生物多样性红色名录——高等植物卷》对我国高等植物作出了信息较为全面的评估，其科学性和准确性相比以往评估有很大提升。该名录共收录杜鹃花属植物644种（含种下分类等级），其中灭绝（Extinct, EX）1种、野外灭绝2种，极危12种、濒危19种、易危92种，受威

列入 *The Red List of Rhododendrons*（Gibbs et al., 2011）和《中国高等植物受威胁物种名录》（覃海宁等，2017）的部分濒危杜鹃花种类

第一排从左至右依次为：巴朗杜鹃（*R. balangense*）、紫花杜鹃（*R. amesiae*）、羊毛杜鹃（*R. mallotum*）、短梗杜鹃（*R. brachypodum*）、红萼杜鹃（*R. meddianum*）；第二排从左至右依次为：树枫杜鹃（*R. changii*）、阔柄杜鹃（*R. platypodum*）、昭通杜鹃（*R. tsaii*）、巫山杜鹃（*R. roxieoides*）、贵州大花杜鹃（*R. magniflorum*）；第三排从左至右依次为：朱红大杜鹃（*R. griersonianum*）、波叶杜鹃（*R. hemsleyanum*）、大树杜鹃（*R. protistum* var. *giganteum*）、荔波杜鹃（*R. liboense*）、钝头杜鹃（*R. farinosum*）

胁等级的杜鹃花达123种、占19.10%，近危种71种、占11.02%，无危种297种、占46.12%，数据缺乏150种、占23.29%。

2017年《中国高等植物受威胁物种名录》对我国杜鹃花属植物的评估与《中国生物多样性红色名录——高等植物卷》基本一致，在受评估的杜鹃花属植物中，极危12种（种类同上）、濒危19种、易危91种，分别占1.69%、2.67%和12.78%；受威胁等级的杜鹃花属植物共122种，占17.13%；由于杜鹃花属植物种类繁多、分布广泛，导致很多种类缺乏野外分布现状的全面信息，数据缺乏的种类达220种，占比高达30.90%。2021年9月发布的《国家重点保护野生植物名录》将兴安杜鹃（*R. dauricum*）、尾叶杜鹃（*R. urophyllum*）和圆叶杜鹃（*R. williamsianum*）等7种杜鹃花列为二级保护。

从上述濒危评估结果可以看出，我国有接近1/3的杜鹃花属植物数据缺乏，说明我国针对杜鹃花属植物开展的资源调查工作还非常有限，仍有很多物种的资源本底不清楚，保护现状不容乐观。通过作者们野外调查，参考IUCN濒危物种红色名录标准，基于《中国生物多样性红色名录——高等植物卷》的评估结果，初步确认有10种杜鹃花应列为受威胁等级，1种杜鹃花应列为近危种，2种杜鹃花应提高保护等级，2种杜鹃花可以降低保护等级，并建议将误认为灭绝的小溪洞杜鹃列为极危种。

列入《中国高等植物红色名录——高等植物卷》（2013）灭绝种的小溪洞杜鹃（*R. xiaoxidongense*）

本书收录《国家重点保护野生植物名录》（2021）二级保护的5种杜鹃花

从左至右依次为：兴安杜鹃、朱红大杜鹃、华顶杜鹃（*R. huadingense*）、井冈山杜鹃（*R. jingangshanicum*）、江西杜鹃（*R. kiangsiense*）

四、杜鹃花科植物利用价值

（一）观赏价值

杜鹃花属植物具有极高的观赏价值，是国际著名的观赏花卉，位列世界三大野生高山花卉之首，也是我国传统十大名花之一，有着"花中西施"的美誉。其姿态各异，同属内差异极大；生活型包括高山垫状灌木型、高山湿生灌木型、旱生灌木型、亚热带山地常绿乔木型、附生灌木型等；植株高度从10cm左右的矮小平卧状灌木（矮小杜鹃 *R. pumilum*）到高达近30m的高大乔木（大树杜鹃）；叶片长度从不足1cm（雪层杜鹃 *R. nivale*）至长达70cm（凸尖杜鹃 *R. sinogrande*）；叶片质地包括厚革质、革质和纸质；花

千姿百态的杜鹃花属植物

杜鹃花属植物叶片形态多样性

序中花朵数量从单花（一朵花杜鹃 *R. monanthum*）到多达29朵花（海绵杜鹃 *R. pingianum*）；花色从基本的红、黄、白、紫到复杂的过渡色彩，变化多样而色彩丰富；果实长度从不足5mm（千里香杜鹃 *R. thymifolium*）到长达10cm（凯里杜鹃 *R. westlandii*），生活型及形态特征多样。

杜鹃花属植物种类众多，有着多样化的园林应用形式，可用于常规的盆栽、盆景、插花、丛植、地被和绿篱。其花期集中且花量极大，大规模群植可营造花山花海的热烈气氛，也适宜于专类园和主题花展造景。此外，可与槭属（*Acer*）、鸢尾属（*Iris*）和石蒜属（*Lycoris*）等植物相搭配，用作花境

杜鹃花在浙江杭州临平公园中应用（方永根 提供）

浙江金华杜鹃山——杜鹃花造景（方永根 提供）

江苏无锡锡惠公园醉红坡——杜鹃花造景

杜鹃花盆景

杜鹃花盆景

杜鹃花盆景组合

等仿自然式景观布置。一些杜鹃花属植物可塑性较强，适合蟠扎，用于培养悬崖式、曲干式和提根式等不同式样的造型盆景，常见于中国古典园林中，在现代园林中也广为应用。

杜鹃花属植物不仅姿态优美，花色艳丽，一些种类如百合花杜鹃（*R. liliiflorum*）、滇南杜鹃（*R. hancockii*）、大白杜鹃（*R. decorum*）和睫毛萼杜鹃（*R. ciliicalyx*）的花还具有香味，可应用于多感官体验式互动景观中，如康养景观、盲人花园和芳香植物专类园。中国是杜鹃花资源大国，杜鹃花往往成为各植被类型中重要的组成部分，花开时节可形成壮丽的景致，给人以强烈的视觉冲击。近年来，随着生态旅游的兴起，一些杜鹃花自然资源丰富的地方竞相举办杜鹃花节（展），较为知名的有贵州毕节百里杜鹃花节、重庆金佛山杜鹃花节和江西井冈山杜鹃花节等，对发展杜鹃花生态文化内涵，推动旅游经济发展起到了重要作用；而由中国花卉协会杜鹃花分会主办的中国杜鹃花展，自1986年至2021年已举办17届，不仅展示了杜鹃花野生种及品种的丰富度，也促进了行业交流，带动了承办地杜鹃花产业及旅游业的发展。

除杜鹃花属外，杜鹃花科其他类群同样不乏"高颜值"的种类。吊钟花属植物铃铛形的小花别具一格，在广东省被作为著名的年宵花；树萝卜属（*Agapetes*）植物因其奇特的管状花冠及附生的习性，可用于构建山地和雨林景观；岩须属（*Cassiope*）植物多生长于高山岩石峭壁间，花朵精致秀丽，可用来布置岩石园和高山植物专类园；欧石南属和帚石楠属（*Calluna*）植物株形小巧、花色艳丽、花序

贵州毕节百里杜鹃花节（百里杜鹃管理区宣传部 提供）

广东深圳梧桐山杜鹃花展（王定跃 提供）

2013年第十一届中国杜鹃花展——江西井冈山（室内展区）

2017年第十四届中国杜鹃花展——湖南湘潭（室内展区）

2021年第十七届中国杜鹃花展——江苏常州（室外展区）

中小花密集，适宜作盆花或在自然式园林景观中应用；草莓树属（*Arbutus*）的草莓树（*A. unedo*）如今也逐渐被开发为新优水果，不仅口感独特，更特别的是挂果期长达12个月，可欣赏到花果同期的景观，由于其花果兼美，除食用外也适宜在园林造景中应用；马醉木属植物叶色多变，早春新叶萌动时呈紫红色至红色，或金黄色至黄绿色，随叶片发育程度不同，同一株上可呈现出粉、红、黄和绿等多种颜色，被誉为"彩衣公主"，且其花序花朵数量多，白色如飞云、瀑布，是一类花、叶俱佳的优良园林树种，在欧美已培育出大量的园艺品种。

齿缘吊钟花（*E. serrulatus*）铃铛形小花　　　　　　欧洲马醉木彩叶品种工厂化育苗

（二）药用价值

我国很早就认识到杜鹃花的药用价值。早在东汉《神农本草经》中就将羊踯躅（*R. molle*）列为药用植物，随后的一些本草志书，如《本草经集注》、《本草纲目》和《植物名实图考》等均有对其毒性和药性的记载。此外，民间也常有使用羊踯躅花外敷治疗恶疮以及使用映山红（*R. simsii*）花汁液治疗咳嗽的传统。大量研究证明，尤其是民族药用相关文献记载，该科许多种类在消炎、止痛及治疗胃肠道疾病、普通感冒、哮喘、皮肤病等方面均有一定的疗效，而羊踯躅、兴安杜鹃更是被列入《中华人民共和国药典》（2020年版，一部）。

观赏、药用并可用作生物农药的羊踯躅　　　　　观赏、药用、食用及文化内涵丰富的映山红
（*R. molle*）

随着现代药学的发展，人们开始关注杜鹃花化学成分的提取和分析，得出其主要化合物为黄酮类、萜类和香豆素类等化合物，相关的药理和毒理也逐步明确。羊踯躅中闹羊花毒素Ⅲ具有降低血压和减慢心率的作用，可用于治疗室上性心动过速及高血压症。映山红含有黄酮类化合物，如杜鹃花素、槲皮素和金丝桃苷等，可用于治疗慢性气管炎并具有降血压的功效，金丝桃苷还具有局部镇痛和促进伤口愈合的功效。髯花杜鹃（*R. anthopogon*）叶中芳香油对一些革兰氏阳性菌株有显著的杀灭作用，并可在一定程度上抑制癌细胞的生长。兴安杜鹃的叶和小枝中提取的色原烷衍生物具有潜在抗艾滋病病毒活性。除杜鹃花属外，马醉木属、珍珠花属（*Lyonia*）、木藜芦属（*Leucothoë*）也均具有重要的药用价值，目前已取得一定研究进展，随着研究的逐步深入，杜鹃花科植物的药用价值将会进一步明确，造福人类。

（三）工业价值

杜鹃花属一些种类的树皮及叶片中含有丰富的鞣质，可提取栲胶，是制革、纺织、印染、石油、医药和污水处理等行业重要的原料。杜鹃亚属的一些种类具有浓烈的挥发性芳香气味，如烈香杜鹃（*R. anthopogonoides*）、髯花杜鹃及千里香杜鹃等，其叶片经萃取提炼得到的精油可用于配制高级香料或日用化妆品等。白珠树属（*Gaultheria*）植物叶片同样可提炼精油，商品名为冬绿油（主要成分为水杨酸甲酯），目前在医药和香料化工领域已得到广泛应用。

该科中不乏一些有毒物种，其中，68种被列入《中国有毒植物图谱数据库》。如羊踯躅作为典型的有毒植物，其花冠浸出液对潜叶蛾、螨类、棉铃虫和夜蛾等多种害虫具有强烈的拒食、生长抑制、胃毒、触杀和熏杀等作用，在工业革命前是著名的农业杀虫剂，与化学农药混用可减少化学农药的施用量。除杜鹃花属外，有毒的类群多集中于缥木亚科（Andromededoideae）中，如马醉木属、珍珠花属和假木荷属（*Craibiodendron*）中许多物种同样可用作低毒易降解的生物农药，值得进一步开发利用。

（四）水土保护

杜鹃花科植物在维持生态系统稳定方面有着非常关键的作用，具有重要的生态意义。如南非好望

云南德钦县白马雪山杜鹃花灌丛（高连明 摄）

西藏米林县多雄拉山杜鹃花矮灌丛（高连明 摄）

角附近的常绿硬叶灌丛、欧洲的欧石南灌丛、北半球北部的泥炭藓沼泽植被和冰沼植被主要就来自于该科的欧石南属、帚石楠属、杜鹃花属、越橘属和岩须属等植物作为建群种。我国从西南到华南、从华北到东北地区一些保存完好的山地林区，杜鹃花科植物常形成纯林，最常见的是杜鹃花属、越橘属植物类群。在西部、西南部的高山亚高山常绿阔叶林、针阔混交林下常形成优势种，树线附近常形成杜鹃花科–苔藓矮曲林，树线上则形成广阔的杜鹃花（科）植物矮灌丛，成为高山、亚高山垫状灌丛的主要建群种，在保持水土和涵养水源上具有重要的作用。此外，该科很多植物能生长在高山恶劣的气候环境中且较耐瘠薄的土壤，如分布于高山的杜鹃花通常植株矮小，枝条密集，根系发达，常丛生成密不可入的灌木林，既不怕雪压，又能耐极恶劣的高山气候，对保持高山土壤、防止雨水冲刷和砾石滚落，特别是对高山风化作用形成的流石滩可起到固定作用，因此杜鹃花是高山地区优良的水土保持植物，可作为治理荒山的先锋树种；而贵州、四川、西藏和云南等地分布的红粉白珠（*Gaultheria hookeri*）在废弃矿区中生长繁茂，可用于废弃矿区的生态修复，具有良好的应用前景。

贵州威宁彝族回族苗族自治县铅锌矿废弃地生长的红粉白珠（*Gaultheria hookeri*）（杨成华 摄）。左：植株；右：花序

（五）食用价值

在食用价值的利用方面，越橘属是目前研究与开发较好的类群。其中，蓝莓（青液果组 Sect. *Cyanococcus*）和蔓越莓（红莓苔子亚属 Subg. *Oxycococcus*）等，因浆果口味鲜美、富含维生素 C 与花青苷等，营养价值较高，已制成各式糕点、果酱、果汁和果酒，得到越来越多人的喜爱。此外，我国广布的南烛（*V. bracteatum*），不仅成熟浆果酸甜可食，将其叶片揉碎，用汁液浸泡糯米，煮熟所制成的"乌饭"更是具有悠久的历史。杜甫曾诗云"岂无青精饭，使我颜色

云南大理白族作蔬菜食用的大白杜鹃（*R. decorum*）

好"，在我国江南地区，有寒食节或四月初八（佛诞日）食用乌饭的传统，据传有强身健体，益气安神之效。

杜鹃花属植物果实为木质蒴果，不可食用，但其花朵在我国西南地区的食花文化中占有一席之地。据记载，大白杜鹃、云上杜鹃（*R. pachypodum*）和锈叶杜鹃（*R. siderophyllum*）等 20 多种杜鹃花的花瓣可作蔬菜烹调食用。云南大理白族人民尤喜食杜鹃花，在花开时节将花采回，去除花蕊后将花瓣漂洗、焯熟过水后可烹制各式佳肴。大理剑川石宝山海云居的杜鹃花食谱从明朝流传至今，当地僧侣用大白杜鹃花瓣做出十多种不同品色的菜肴，堪称一绝。广布于我国长江流域山地的映山红，其花酸甜，可直接生食，成为人们儿时的酸甜味记忆，还可用于制作果脯等；云、贵、川分布的爆杖花（*R. spinuliferum*）的花也常被孩童用于吸食蜜汁。值得注意的是，杜鹃花属植物通常含有丰富的有机酸和生物碱，具有一定毒性，虽经处理大部分有毒物质得以去除，但不宜多食，另外有些杜鹃花毒性较强，应特别注意所食种类的安全性。同时，杜鹃花属部分种也是优良的蜜源植物，如映山红、满山红（*R. mariesii*）、麻花杜鹃（*R. maculiferum*）和大白杜鹃等。

五、杜鹃花科植物引种栽培历史与现状

世界各地对于杜鹃花科植物的引种栽培，很长一个时期主要集中在杜鹃花属，本书重点介绍杜鹃花属植物的国内外引种栽培概况。

（一）杜鹃花属植物栽培历史

1. 国外杜鹃花属植物栽培历史概况

（1）国外杜鹃花属植物栽培简史

英国是西方园林中引种栽培杜鹃花较早的国家之一。据记载，早在 1656 年密毛杜鹃（*R. hirsutum*）由阿尔卑斯山引入，成为西方第一个成功引种栽培的杜鹃花。随后，来自欧美和东亚地区的少量杜鹃花种类也陆续进入英国，如原产北美的沼泽杜鹃（*R. visosum*）、裸花杜鹃（*R. periclymenoides*）和原产东欧的黄香杜鹃（*R. luteum*）以及原产日本的皋月杜鹃（*R. indicum*）等。

在亚洲，日本的杜鹃花引种栽培起步时间相对较早。早在飞鸟时代（约为我国唐代）古典庭院中就经常使用杜鹃花造景。至延保九年（1681）水野元胜所著《花坛纲目》和元禄五年（1692）伊藤伊兵卫编著《锦绣枕》中均记载有杜鹃花原种和品种。日本原产的杜鹃花有 51 种（不含种下等级），特别是映山红亚属种类较为丰富，经过数百年的发展，其栽培技法和育种技术已达较高水准，日系杜鹃花也大放异彩，在园艺界占有非常重要的地位。

英国克瑞园（Crarea Garden）1918年从印度引种的杯毛杜鹃（*R. falconerii*）

（2）国外引种栽培中国杜鹃花简史

欧洲国家虽然早在360余年前就开始了当地的杜鹃花属植物引种栽培，但欧洲原产的杜鹃花种类极少（仅9种），真正对西方园艺界产生深远影响的是来自中国的杜鹃花。

英国是世界上引种栽培中国杜鹃花最早的国家之一。据记载，第一个被成功引进英国栽培的中国杜鹃花是南方低海拔地区广泛分布的羊踯躅，大致时间是1823年。1855年，英国人罗伯特·福琼（Robert Fortune）将中国特有种云锦杜鹃（*R. fortunei*）引入欧洲园林，不仅在欧洲广泛栽培，并以其为亲本培育了大量的园艺品种。随后，一些西方传教士也先后从中国东部、中部、西南部带回杜鹃花种子，其中毛肋杜鹃（*R. augustinii*）即为其典型代表，并以其为亲本培育出大量的淡蓝紫色或淡紫色花的品种。但直至19世纪末，西方园林从中国引种的杜鹃花还不足10种（耿玉英，2014）。

1899年，亨利·威尔逊（Ernest Henry Wilson）首次来华，在引种珙桐的同时，在湖北西部和四川中西部采集了50多种杜鹃花种子和标本，开创了西方园林大量引种中国杜鹃花的先河。其后，乔治·福雷斯特（George Forrest）、雷金纳德·法勒（Reginald Farrer）、金登·沃德（Frank Kingdon-

英国较早引种栽培的云锦杜鹃（*R. fortunei*）

Ward）、约瑟夫·洛克（Joseph F. Rock）等纷纷来华，深入中国西南等地区，发现和采集了大量杜鹃花新种。其中，福雷斯特1904—1932年先后7次来华采集植物标本和种子，获得数万号动植物标本，以其采集的标本为模式描述的杜鹃花新名称超过400个，为英国爱丁堡皇家植物园引种250多种杜鹃花新种的种子。

随着大量来自中国尤其是横断山–喜马拉雅地区的杜鹃花进入欧洲，这些杜鹃花非常适宜欧洲凉爽湿润的气候环境并得到广泛栽培，同时以其为亲本杂交培育出大量的园艺品种，装点着西方的园林，提升了杜鹃花影响力，也极大地影响了西方园林的发展。在欧美许多国家，杜鹃花被视为花园中的珍品，无论是皇家植物园还是私家小花园均必不可少地栽植有来自中国的杜鹃花，以致流传着"没有中国的杜鹃花，就没有西方的园林"的名言。

比利时 Digiflor 公司杜鹃花育苗基地

比利时 De Waele-wilwoodii 公司杜鹃花育苗基地

杜鹃花在英国园林中的应用

杜鹃花在英国园林中的应用

杜鹃花在英国庭园中的应用

2. 国内杜鹃花属植物栽培历史概况

东汉年间：在我国，关于杜鹃花的最早记载始于东汉年间（25—220）的《神农本草经》："羊踯躅，味辛温有毒，主治贼风在皮肤中淫淫痛，温疟，恶毒诸痹"，距今已有近2000年的历史。492年的南北朝，陶弘景在《本草经集注》中记述："羊踯躅，羊食其叶，踯躅而死，故名"。这种有毒的、黄色花的药用植物，开启了我们祖先对杜鹃花类植物的认知。

三国蜀汉时期：三国蜀汉时期（221—263），张翊《花经》以"九品九命"的等级品评当时的花草、树木，其中踯躅和杜鹃分别被列为"七品三命""八品二命"之中。说明羊踯躅已从药用进一步发展为观赏与药用为一体的花木，杜鹃也被作为当时的观赏植物。

唐代：杜鹃花栽培、观赏有进一步的发展，已成为庭院中的重要观赏植物。据南唐（937—975）沈汾《续仙传》记载："鹤林寺在润州，有杜鹃花高丈馀，每至春月烂漫，僧相传云：贞元中，有僧自天台移栽之"。润州，乃今之江苏镇江市；贞元，唐德宗年号，即785—805年。唐代诗人王建（768—835）《宫词》百首云："太仪前日暖房来，嘱向朝阳乞药栽，敕赐一窠红踯躅，谢恩未了奏花开"，说明当时皇宫已开始用暖房栽植杜鹃花。唐代著名诗人白居易（772—846）对杜鹃花情有独钟，曾数次移栽山野杜鹃，820年终获成功并开花，乃作《喜山石榴花开》："忠州州里今日花，庐山山头春时树；已怜根损斩新栽，还喜花开依旧数"。上述有考据的文字记载说明，我国人工栽培杜鹃花的时间至少可以追索到唐代中后期，距今也有1200余年的历史。

宋代：对杜鹃花的栽培有了新的发展。北宋文学家苏轼（1037—1101）《菩提寺南漪堂杜鹃花》有云："南漪杜鹃天下无，披香殿上红氍毹。鹤林兵火真一梦，不归阆苑归西湖"。南宋《咸淳临安志》（1268）记载："杜鹃，钱塘门处菩提寺有此花，甚盛"。说明此时杜鹃花在杭州已多见栽培。诗人王十朋（1112—1171）曾移植杜鹃花于庭院："造物私我小园林，此花大胜金腰带"。说明当时民间小庭院中已开始栽培杜鹃花。

明代：对杜鹃花的种类、习性、分布、形态特征、栽培养护以及繁殖方法均有较系统的介绍。如《大理府志》（1563）记载杜鹃花谱有47个品种，大理的崇圣寺、感通寺等寺院已栽种杜鹃花，并育出五色复瓣品种。李时珍《本草纲目》（1578）记载："杜鹃花，一名红踯躅，一名山石榴，一名映山红，一名山踯躅，处处山谷有之，……小儿食其花，味酸无毒"。王世懋《学圃杂疏》（1587）记载："花之红者杜鹃，叶细、花小、色鲜、瓣密者曰石岩"。高濂《草花谱》（1590）记有"杜鹃花出蜀中者佳，谓之川鹃，花内十数层，色红甚；出四明者，花可二、三层，色淡"，介绍了蜀、浙（四明山）的杜鹃花品种。朱国桢（1558—1632）《涌幢小品》记有"杜鹃花以二、三月杜鹃鸟鸣时开，有两种，其一先敷叶后著花（先叶后花），色丹如血；其二先著花后敷叶（先花后叶），色淡，人多结缚力盘盂翔凤之状"。地理学家徐宏祖（1587—1641）《徐霞客游记》在"滇游记"中也记载有山鹃、马缨花等杜鹃花。

清代：杜鹃花已在庭院中广泛栽培，并有了盆景造型记载。陈淏子《花镜》（1688）、刘灏《广群芳谱》（1708）、檀萃《滇海虞衡志》（1799）、吴其濬《植物名实图考》（1848）等著作更是对杜鹃花的形态特征、习性、文化内涵、养护与繁殖等进行了详细描述。清嘉庆年间（1796—1820）《苏灵录》将杜鹃花盆栽列为"十八学士"的第六位。至道光年间（1821—1850）《桐桥倚棹录》有了"洋鹃"记载，说明此时中国已开始引进国外的杜鹃花品种。

民国时期：20世纪20年代末期，沈渊如先生率先从日本购进皋月杜鹃、久留米杜鹃、平户杜鹃以及日本从欧洲引进的杜鹃花品种，建立了"千兰苑"；稍后黄岳渊先生也从日本引进杜鹃花品种，但所引进的品种各有侧重。此后，上海、无锡、苏州、广州、宁波、福州、厦门、青岛、丹东等沿海城市也开始从国外大量进口杜鹃花园艺品种，其中，黄岳渊先生建立的花木场——上海真如黄园是当时国内种植杜鹃花品种最多的花圃，收集有毛鹃品种30余个，东鹃500余个，夏鹃700~800个，西鹃近100个。同时，我国植物学家也开始了近代杜鹃花的资源调查与分类学研究，1931年，胡先骕命名了小花杜鹃（*R. minutiflorum* Hu），1934年陈焕镛发现和命名了大云锦杜鹃（*R. faithiae* Chun），1939年秦仁昌在《西南边疆》第1期中介绍了云南的高山杜鹃花。

新中国成立后：自1949年新中国成立以来，我国杜鹃花资源调查、分类、区系地理及引种驯化研究进入了快速发展期。冯国楣先生的《云南杜鹃花》（1983）、《中国杜鹃花（第1~3册）》（1988—1999）以及方文培教授的《四川杜鹃花》（1986）出版，特别是《中国植物志（第57卷，1~3册）》（中国科学院中国植物志编辑委员会，1991—1999）及 *Flora of China*（Fang et al., 2005）出版，标志着已基本摸清了中国野生杜鹃花资源的种类和分布，同时也显示了我国杜鹃花资源的丰富度以及杜鹃花分类研究水平。

自20世纪80年代以来，庐山植物园、昆明植物园、华西亚高山植物园、杭州植物园、贵州省植物园、上海植物园、湖南省植物园、武汉植物园、华南植物园以及云南农业科学院花卉研究所、昆明市园林科学研究所、井冈山风景名胜管理局园林绿化管理处、沈阳市园林科学研究院、江苏省农业科学院等机构均先后开展了杜鹃花的引种栽培与杜鹃花专类园或资源圃建设；并涌现了一大批杜鹃花花卉企业，如山东都市农业科技有限公司（红梅园艺）、浙江金华永根杜鹃花培育有限公司、浙江宁波柴桥杜鹃花公司、江苏裕华杜鹃花种植公司、云南远益园林工程有限公司、山东威海七彩生物科技有限公司和贵州纳雍绿缘特色农业发展有限责任公司等，杜鹃花资源发掘与园林应用呈现出良好的发展态势。除杜鹃花属外，马醉木属、吊钟花属和越橘属等类群也相应得到保育与利用。

山东红梅园艺高山杜鹃品种育苗基地（刘红梅 提供）

江苏裕华杜鹃花种植公司育苗基地

浙江宁波柴桥杜鹃花公司育苗基地

浙江金华永根杜鹃花培育有限公司育苗基地（方永根 提供）

　　历史记载充分说明，我国认知和栽培杜鹃花的历史远远早于西方国家。但早期的引种栽培和利用主要是低海拔分布的映山红类及羊踯躅等种类，对于高山地区分布的常绿杜鹃亚属和杜鹃亚属种类的引种栽培则始于17世纪的英国，进入19世纪末至20世纪初，引种栽培中国高山常绿类杜鹃花成为西方植物园的热点。

（二）植物园引种栽培杜鹃花概况
1. 国外植物园引种栽培概况
（1）英国

　　英国无杜鹃花的自然分布，但为引种栽培杜鹃花较早的西方国家之一。地处苏格兰首府爱丁堡市的爱丁堡皇家植物园（Royal Botanic Garden, Edinburgh）始建于1670年，是英国建园最早的植物园之一。该园从19世纪开始引种栽培原产亚洲（主要为印度等地）的杜鹃花，到20世纪初，尤其是经历了威尔逊、福雷斯特等人来中国特别是中国西南部采集杜鹃花种子，使其成为引种栽培世界各地杜鹃花种类最多的植物园。目前，该园引种栽培有杜鹃花属植物近500种，其中380多种引自中国；除种质资源收集外，该园还保存了大量的杜鹃花标本，仅模式标本就达400多个记录（耿玉英，2014），是目前世界上保存杜鹃花活植物和模式标本最多的植物园，由此奠定了其世界杜鹃花分类研究中心的地位。

爱丁堡皇家植物园现有道伊克植物园（Dawyck Botanic Garden）、杨格植物园（Younger Botanic Garden，Benmore）和洛根植物园（Logan Botanic Garden）3个分园，其中道伊克和杨格植物园也是苏格兰地区著名的杜鹃花引种栽培园，分别引种栽培我国杜鹃花200多种，福雷斯特等人早期引种的杜鹃花在此也多有保存。

爱丁堡皇家植物园杜鹃园一角

杨格植物园杜鹃园一角

位于伦敦西南部、泰晤士河南岸的英国皇家植物园邱园（Royal Botanic Garden, Kew）建园时间稍晚于爱丁堡皇家植物园，始建于1759年，1965年扩建成为世界最大的植物园之一，占地约360hm²，收集有来自世界各地的5万余种植物，中国杜鹃花也是该园的重要收集类群之一，与爱丁堡皇家植物园略有区别的是，邱园以引种栽培杜鹃花园艺品种为优势。

除大型的皇家园林外，那些大大小小的私人园林或公共园林，也无一不是以杜鹃花为主要园林物种，处处展示"无鹃不成园"。在那些建于19世纪前后的大型城堡植物园内均能看到早期由威尔逊、福雷斯特等人从我国引入的杜鹃花及其杂交后代。

英国皇家植物园邱园早期引种的杜鹃花

英国布鲁迪克城堡园（Brodick Castle Garden）杜鹃花栽培

英国英威园（Inverewe Garden）杜鹃花栽培　　　　　英国克瑞园（Crarea Garden）杜鹃花栽培

（2）美国

哈佛大学阿诺德树木园（The Arnold Arboretum of Harvard University）是美国引种栽培杜鹃花属植物较早的机构之一。这座位于美国马萨诸塞州首府波士顿南郊的美丽树木园始建于1872年，面积约107hm²，是国际公认收集木本植物最多、最好的树木园。该园从19世纪末期开始引种杜鹃花，最初主要通过种子交换从欧洲人手里获得中国种类，大规模对中国杜鹃花的引种则始于20世纪初的威尔逊中国之行，为该园引种的杜鹃花中有50多个新种，部分新种就是根据威尔逊采集的种子在该园开花后作为模式而描述发表。目前共引种中国杜鹃花100多种，并引种栽培有大量中国种类的杂交后代（耿玉英，2014）。

位于首都华盛顿东郊的美国国家树木园（United States National Arboretum）建于1927年，占地230hm²。该园以杜鹃花杂交育种及品种收集为重点，收集保存有杜鹃花品种数千个。

位于美国西海岸华盛顿州的杜鹃花物种植物园（Rhododendron Species Foundation and Botanical Garden）创建于1964年，隶属美国杜鹃花协会，以野生杜鹃花种质资源收集和保存为重点，通过原产地收集和植物园间种苗交换，收集保存杜鹃花300多种，其中200多种原产中国。

（3）澳大利亚

澳大利亚国家杜鹃花园（National Rhododendron Gardens）位于墨尔本市附近，建于20世纪60年代，由澳大利亚杜鹃花协会提议创建，现引种栽培杜鹃花园艺品种300多个，以我国杜鹃花为亲本的杂交后代有大量的引种栽培，是澳大利亚引种杜鹃花最多、最好的植物园。

（4）日本

日本引种栽培杜鹃花的历史仅次于我国，已有1000多年的栽培史。据资料记载，18世纪日本就开始从我国引种分布于低山地区的映山红类杜鹃花，并与本地种进行杂交，由此培育了大量的杂交品种，在日本庭园几乎处处可见，而福冈县的久留米市则是日本栽培及繁殖杜鹃花最为集中的地区。人们习惯上将来自日本的杜鹃花栽培品种称为东洋杜鹃或东鹃，其实这类杜鹃的"血脉"中有大量的中国种源基因。

2. 国内植物园引种栽培概况

（1）中国科学院庐山植物园

创立于1934年，位于庐山东南的含鄱口山谷中，占地面积300hm²，海拔1000～1360m；园区四周环山、地形起伏、雨量充沛、土壤条件良好，为杜鹃花的引种栽培提供了良好的条件。为此，建园之初该园就将松柏类植物和高山花卉作为主要引种方向。1934—1938年冯国楣先生曾从庐山、安徽黄山引种杜鹃数种；1934—1936年委托俞德浚教授采集滇西北的杜鹃花种子，并通过与国外植物园的种子交换，培育了大量的杜鹃花幼苗；1937年又从英国购得杜鹃花幼苗10余种，定植园内生长良好，后因战乱损失殆尽，至1958年仍保存有杜鹃花16种（陈封怀，1958）。

自1982年始，庐山植物园开始系统性的开展杜鹃花引种驯化及专类园建设研究。40年来，先后从国内外引种收集杜鹃花属植物野生种300余种（已开花的种类106种）、品种近300个，其他属植物12种（已开花的种类7种），建有不同类型的杜鹃专类园（区）6个（其中，1987年建设的杜鹃花分类区为我国第一个杜鹃花专类园），总面积约10hm^2，建有钢架结构的杜鹃花保育温室600m^2。在引种地域上，该园以我国中东部地区的杜鹃花收集为重点，云南、西藏、四川、贵州、台湾、东北地区以及日本、北美的种类也有广泛收集。在引种类群上，映山红亚属、马银花亚属及主产北美的羊踯躅亚属种类收集丰富；常绿杜鹃亚属的云锦杜鹃亚组、耳叶杜鹃亚组、露珠杜鹃亚组和银叶杜鹃亚组也有较多的收集；杜鹃亚属除中东部地区分布的有鳞大花亚组外，其他类群虽进行过多次收集，但栽培适应性较差，保存的物种数量相对较少。

庐山植物园作为我国引种栽培杜鹃花最早的植物园之一，成功引种保育了我国大量的珍稀濒危杜鹃花，特别是华东、华中及华南地区区域性分布的特有种。被《国家重点保护野生植物名录》（2021）列为二级保护的7种杜鹃花收集保育5种，被《中国生物多样性红色名录——高等植物卷》（2013）评估为灭绝种（EX）的小溪洞杜鹃也获成功保育并繁殖了大量的幼苗。杜鹃花研究成果分别获得2007年江西省科学技术进步奖二等奖和2016年江西省科学技术进步奖一等奖，为我国杜鹃花多样性保护作出了贡献。

庐山植物园杜鹃花分类区

庐山植物园国际友谊杜鹃园

庐山植物园回归引种杜鹃园（孙汉董院士书）

庐山植物园杜鹃花造景　　　　　　　　　　　　庐山植物园杜鹃花保育温室

（2）中国科学院植物研究所华西亚高山植物园

筹建于1986年，正式成立于1988年，以杜鹃花属植物的收集、保育、展示和开发利用为建园宗旨，历经30余年的努力，从国内外引种收集杜鹃花属植物野生种300余种（已开花的种类104种），拥有龙池和玉堂两个园区，总面积达55.27hm²；其中，龙池园区亦称"中国杜鹃园"，由陈宜瑜院士题写园名。在引种地域上，以我国横断山和东喜马拉雅地区的杜鹃花属植物为重点，引种足迹遍及我国15个省（自治区、直辖市）的93个县（区、市），尤以四川、云南和西藏的种类收集最为丰富，国外种也有少量收集；在引种类群上，以常绿杜鹃亚属、杜鹃亚属种类的收集最为丰富，毛枝杜鹃亚属、糙叶杜鹃亚属、迎红杜鹃亚属、映山红亚属、马银花亚属和羊踯躅亚属种类也有较多的收集。在国产野生杜鹃花的迁地保护方面取得了较好的成效。

华西亚高山植物园中国杜鹃园（龙池园区）　　　　华西亚高山植物园中国杜鹃园（龙池园区）

华西亚高山植物园中国杜鹃园（龙池园区）

华西亚高山植物园杜鹃花造景（龙池园区）　　　　　华西亚高山植物园杜鹃花苗木繁育基地（龙池园区）

（3）中国科学院昆明植物研究所昆明植物园

　　地处我国杜鹃花资源最丰富的云南省省会昆明市。由于这一得天独厚的区位优势，该园自1939年起即开始引种杜鹃花，是我国引种栽培杜鹃花最早的植物园之一，至今已有80多年的引种栽培历史。以冯国楣先生、杨增宏研究员和张长芹研究员为代表的杜鹃花专家，进行了大量的野外考察、资源收集和引种驯化工作。

　　该园杜鹃园始建于2009年，占地面积约2.2hm^2。以我国西南地区，尤其是云、贵、川等中高山地区的常绿类杜鹃花为引种重点，先后收集杜鹃花野生种141种，现保存有70余种（已开花的杜鹃花属种类42种，其他属2种），同时收集杜鹃花园艺品种近200个，培育出具有自主知识产权的杜鹃花新品种10余个，研究成果分别获得2011年国家科学技术进步奖二等奖、云南省科学技术进步奖一等奖和2020年贵州省科学技术进步奖一等奖。

昆明植物园杜鹃花造景

昆明植物园杜鹃园

昆明植物园杜鹃园

（4）杭州植物园

位于杭州市内，海拔10～165m。槭树杜鹃园建于1958年，是一个以槭属和杜鹃花属植物资源收集为目的的植物专类园，占地面积24hm²，收集杜鹃花野生种近30种（已开花的种类15种）、品种（含自育品种）300余个。其中，野生种涵盖映山红亚属、马银花亚属、羊踯躅亚属和常绿杜鹃亚属4个亚属，品种以琉球杜鹃、久留米杜鹃、雾岛杜鹃、安酷杜鹃等系列以及其他来自世界各地的杜鹃花园艺品种为主。自20世纪80年代开始杂交育种，培育出'映玉1号'、'雪翠'和'玉映'等6个获得国家植物新品种授权的杜鹃新品种，并用自育的杜鹃花品种建设杜鹃园，形成了鲜明的特色。

杭州植物园杜鹃花造景

杭州植物园槭树杜鹃园

杭州植物园槭树杜鹃园

（5）湖南省植物园

位于长沙市内，创立于1985年，占地面积120hm²。该园从2007年开始较系统地收集杜鹃花资源，先后从湖南、云南、江西、四川、贵阳、辽宁、黑龙江、广西、西藏、台湾等地引种杜鹃花属植物120余种（含品种），建立杜鹃花种质资源异地保存库（杜鹃园）30hm²；发表张家界杜鹃（*R. zhangjiajieense*）、天门山杜鹃（*R. tianmenshanense*）2新种，培育林木良种4个：西施杜

湖南省植物园杜鹃园

湖南省植物园杜鹃广场——西施花（*R. latoucheae*）造景

鹃（*R. latoucheae* 'Xishi'）、大花金萼杜鹃
（*R. chrysocalyx* 'Dahua'）、腺萼白祥杜鹃（*R. bachii* 'Baixiang'）、溪畔白霞杜鹃（*R. rivulare* 'Baixia'）。2018年3月组建国家林业和草原局杜鹃工程技术研究中心，2021年获批国家杜鹃林木种质资源库。

（6）贵州省植物园

创立于1964年，地处贵阳市北郊鹿冲关，海拔1210～1411m。该园自20世纪80年代开始引种栽培杜鹃花，并于1991年建设杜鹃园。以我国中、高山地区，尤其是贵州省野生种及特有种为收集重点，近40年来，收集保存杜鹃花野生种近

湖南省植物园杜鹃园

30个、园艺品种约50个，其中野生种涵盖杜鹃亚属、常绿杜鹃亚属、映山红亚属、马银花亚属、羊踯躅亚属5个亚属，特别是贵州有分布的马缨杜鹃（*R. delavayi*）、百合花杜鹃、大白杜鹃等栽培数量较多。

贵州省植物园百合花杜鹃（*R. liliiflorum*）造景

贵州省植物园杜鹃园

贵州省植物园杜鹃园

（7）中国科学院武汉植物园

位于武汉市武昌区，筹建于1956年，1958年正式成立。该园从20世纪90年代开始引种杜鹃花科植物，主要以长江流域低海拔分布的映山红亚属、马银花亚属种类为收集重点，兼顾越橘属、吊钟花属等植物的收集。目前，共收集保育杜鹃花科植物约40种，其中杜鹃花属植物20余种，其他属植物16种。1991年，模拟野生杜鹃花生境，依据坡地落差建设杜鹃园0.3hm²。

武汉植物园杜鹃园

（8）江苏省中国科学院南京中山植物园

位于南京市玄武区钟山风景区，是中国第一座国立植物园。该园（所）自1987年开始重点收集杜鹃花科越橘属植物，尤其是原产北美的越橘种类。现保存兔眼越橘品种21个、高丛越橘品种86个，系统开展过兔眼越橘、高丛越橘的区域栽培试验、繁殖推广、生物学特征、适应性筛选、新品种选育和产品研制等工作；是我国南方地区最早开展蓝浆果引种驯化与利用研究的单位，促进了我国南方地区蓝浆果产业的发展。同时，该园还收集有映山红、满山红、白花杜鹃（*R. mucronatum*）、锦绣杜鹃（*R. × pulchrum*）和南烛等种类。

南京中山植物园越橘资源圃

六、杜鹃花科植物杂交育种与新品种选育

我国有悠久的杜鹃花栽培与庭园应用历史，在长期的驯化栽培历史中培育出大量的园艺品种。如唐贞元时期镇江鹤林寺的双季杜鹃，明万历年间四川和浙江四明山的重瓣杜鹃，清乾隆时期云南的五色双瓣杜鹃品种等，但这些早期的品种多已佚失。

20世纪20～30年代，我国上海、无锡、苏州等沿海城市开始从国外大量进口杜鹃花园艺品种，一些花卉爱好者也利用这些杜鹃花品种的芽变或杂交育种培育出一些新品种，现如今无锡杜鹃园仍收集和保存有许多类似品种，浙江嘉善的许多盆栽、盆景品种也多由芽变而来。进入80年代后，杭州植物园以培育观赏性好、耐热性强、适合低海拔栽培的园艺品种为目标，开展了大量杜鹃花种内和种间杂交工作，培育出'映玉1号'、'雪翠'和'玉映'等杜鹃花新品种；昆明植物园培育出'红晕'、'雪美人'、'金蹀躞'、'紫艳'、'娇艳'和'喜临门'等杜鹃花新品种。近20年来，华西亚高山植物园、庐山植物园、湖南省植物园、云南省农业科学院、江苏省农业科学院，以及山东威海和日照、浙江金华和宁波等地，均陆续开展了杜鹃花的育种工作。昆明植物园、华西亚高山植物园及庐山植物园野生资源收集丰富，多以野生杜鹃为亲本开展种间杂交，而杭州植物园、江苏省农业科学院及一些花卉企业则以杜鹃种间及种与品种间或品种间杂交为主。

杭州植物园培育的杜鹃花新品种

（从左到右依次是'雪粉'、'映玉1号'、'映玉2号'和'玉映'）

昆明植物园培育的杜鹃花新品种

（从左到右依次是：'流光溢彩'、'素锦年华'、'繁星'、'玉镯'和'金蹀躞'）

自众多的西方植物猎人将中国杜鹃花引种到西方园林后，随即将其作为亲本，广泛参与到各种杂交组合中，如1823年，羊踯躅被引入欧洲园林后，作为亲本培育出大量著名的落叶杜鹃（Deciduous azalea）品种，为名贵的黄色杜鹃花品种的选育作出了巨大贡献，如莫里斯杜鹃品种群（Molles Group）、奈普山＆埃克斯伯里品种群（Knap Hill & Exbury Group）及根特品种群（Ghent Group）；1855年，云锦杜鹃被引入欧洲园林，成为Lderi和Charles Dexter等栽培品种系列的主要亲本；1886年，亨利（A. Henry）采集毛肋杜鹃种子带回后，由于其美丽的淡蓝色花冠，成为有

比利时根特ILVO杜鹃花新品种培育基地

鳞类杜鹃品种的重要亲本之一；圆叶杜鹃是Hobbie系列品种的主要亲本；树形杜鹃（*R. arboreum*）和朱红大杜鹃成为一大批红色花品种的祖先。

日本，作为栽培杜鹃花较早的国家，由于具有完备的品种记录和传承，随着杂交育种工作不断进行，培育出大量富有特色的杜鹃花栽培品种，现今久留米栽培群（Kurume Group）、平户栽培群（Hirado Group）和皋月栽培群（Satsuki Group）仍是园林应用中常见的品系。

据统计，*The International Rhododendron Register and Checklist*（2004，第2版）中登记在册的杜鹃

花园艺品种已超过2.8万个，随后的增补版中又增添了2100多个品种，迄今全球杜鹃花品种已超过3万个。这些主要由西方园艺工作者培育的园艺品种中包含有大量的中国原生杜鹃花血统，新品种也多由国外园艺者申请。目前，中国拥有自主知识产权的品种仅百余个，主要为江浙一带以映山红亚属为代表和云南以常绿杜鹃亚属为代表的新品种，但现今市场上所见的特别是大叶常绿类杜鹃花品种仍多为国外引进。

中国作为世界杜鹃花资源大国，园艺化进程与其资源丰富性极不相称，在一些地区还停留在采挖野生植株的层面，对野生资源及其生态环境造成了极大破坏。振兴杜鹃花产业，实现杜鹃花由资源型到产品型的转变，应当建立科学合理的品种分类体系与登记保存制度，尽快选育出具有自主知识产权、适宜我国气候条件的杜鹃花优良品种。杜鹃花作为高山花卉，高温、干燥为限制其低海拔推广应用的主要因子，盲目将分布于我国西南高海拔地区的种类引种至中东部低海拔地区极易造成引种失败。针对这一现状，应加强对不同野生种抗逆性的评估以及新品种定向选育工作。此外，该属植物自然杂交现象突出，野外易发生自然杂交，对杂种集群中优秀个体进行观赏性状及适应性评价，掌握高效的快繁技术和集成栽培技术，可节省人力物力，加快育种进程。

迄今，杜鹃花科植物的园艺化仍大多集中于杜鹃花属植物中，针对该科其他属的植物同样应大力开展育种工作，发掘其潜在应用价值。目前国内已针对美丽马醉木（*Pieris formosa*）彩叶特性进行了一些新品种选育工作，也开展了一系列以食用为目的的越橘属新品种选育，培育了一些食用蓝莓新品种。对于吊钟花属、树萝卜属、珍珠花属和岩须属等优秀的种类，目前还处于藏在深闺无人识的状态，随着对其潜在价值的挖掘和育种工作逐步开展，相信这些珍贵资源必定会在不同领域大放异彩，发挥应有的价值。

七、杜鹃花属植物繁殖和栽培技术要点

（一）杜鹃花属植物繁殖技术要点

杜鹃花的繁殖方法有播种、扦插、组培、嫁接和压条繁殖等，而播种和扦插繁殖则是目前国内植物园引种保存杜鹃花最常用的繁殖方法。近年，组培快繁在一些大型杜鹃花企业得到广泛应用，但主要用于高山杜鹃品种（泛指以原产中高山地区的常绿类杜鹃花为亲本培育的园艺品种）的商品化育苗；嫁接繁殖主要用于扦插难以生根的杜鹃花扩繁，或用于改良杜鹃花的抗逆性、观赏性；而压条繁殖则多用于分枝点较低的映山红类和有鳞大花亚组的部分野生种或品种繁殖，国内外应用不广。

1. 播种繁殖

杜鹃花属植物具有种子小、产量高的特点，单个蒴果内的种子数量由数十粒至2000粒以上不等。自然界中种子在适宜的环境条件下可以发芽和自然更新，播种繁殖也是杜鹃花迁地保护最常用的方法。播种繁殖分为盆播、苗床播和漂浮育苗3种方法，盆播多用于种子量较少的杜鹃花繁殖，苗床播用于种子数量较多的种，而漂浮育苗近年在杜鹃花产业化育苗中也得到应用。

播种繁殖优点有：①杜鹃花种子在蒴果内能保持较长时间，野外容易采集到种子；②种子运输较植株运输更为方便，可以减少植物园引种成本；③播种繁殖的实生苗根系发达，有利于后期的生长发育；④播种繁殖的后代具有较高的遗传多样性，对栽培地有更强的适应性和可塑性；⑤种子采集对母株不会产生破坏性影响，也不会破坏原产地生态环境与景观；⑥杜鹃花种子数量多，繁殖系数大，容易获得大量的幼苗。缺点主要有：①播种繁殖的幼苗生长缓慢，从播种到开花的周期较长；②在自然界中杜鹃花会发生种间自然杂交事件，特别是在植物园、公园集中栽培条件下种间杂交更为普遍，影响后代的基因纯度。因此，植物园杜鹃花迁地保育应优先采用原产地种子。

（1）种子采集、处理和贮藏

①采种时间：大部分杜鹃花蒴果在秋末（9月下旬至11月中旬）成熟，但受遗传因子的影响，不

同物种间种子成熟时间有一定差异，如腺果杜鹃（R. davidii）的蒴果在6月中下旬成熟，而绵毛房杜鹃（R. facetum）、朱红大杜鹃和缺顶杜鹃（R. emarginatum）的蒴果在翌年3月下旬成熟。因此，杜鹃花种子采收时间因物种而异。

杜鹃花蒴果成熟通常需要经过果皮由绿色到黄绿色、棕黄色、棕褐色至最终开裂的发育阶段。采摘过早，种子可能发育不成熟，影响发芽率；采摘过晚，可能蒴果已开裂，种子会随风飘落，影响种子采收数量，最佳采收时间点为蒴果变为棕褐色即将开裂或顶端出现一小裂口之时。采种时可连同果序一同采摘，如蒴果未成熟甚至可连同带叶的果枝一同采摘，以利于种子后熟。蒴果采集后应及时标记采集号，并记录种名及采集时间、地点、海拔、生境等信息。

②蒴果保存和处理：野外采集蒴果后，宜放置于透气性好的棉布袋、细孔尼龙网袋或厚牛皮纸袋内。运输过程中要注意通风，防止霉变。蒴果带回室内后，宜及时摊放在报纸上或其他透气性好的容器内，也可将种子袋悬挂在无阳光直射的室内通风环境中，使蒴果自然风干、开裂。大部分杜鹃花蒴果开裂后可抖出种子，但长蕊杜鹃组的蒴果干后开裂不均匀，需要借助人工方法才能完全取出种子。蒴果运输、保存和种子获取过程中，需要严格管理，避免不同采集号的种子相互混杂。

③种子贮藏：种子取出后可采用透气性好的种子袋包装，放置于5℃左右的低温冰箱中保存。耿玉英（2014）研究发现，杜鹃花种子萌发率与种子保存时间密切有关，当年采种后12月初和翌年3～4月播种（种子低温保存）发芽率接近；低温保存1年后的种子较当年播种发芽率低20%～30%；低温保存3～4年的种子仍然有2%～11%萌发率，但极少能成苗。庐山植物园播种试验也发现，杜鹃花种子发芽率随着保存时间的延长而大幅下降。因此，杜鹃花种子采集后最好能在翌年春季之前完成播种，不宜贮藏过长的时间，这可能与其种子小、营养物质少，在贮藏过程中由于呼吸作用造成有机物降低等有关。

（2）播种和发芽期管理

①播种时间：试验表明，杜鹃花属多数种类种子无休眠期，有条件的机构可在采种的当年秋末或冬季（10～12月）播种，以缩短育苗周期。但此时气温偏低，种子发芽时间较长，幼苗生长慢，管理难度大。因此，不具备温湿度控制条件的引种地宜选择在翌年春季播种。播种时间以3～5月为宜，此时气温回升，空气湿度也增加，有利于种子发芽和幼苗生长；6～8月播种，气温偏高，常导致种子霉烂，不仅发芽率低且幼苗生长极其缓慢（张长芹等，1992）。庐山植物园20余年的播种育苗经验表明，在庐山气候条件下，杜鹃花宜在4月中下旬播种，此时气温适宜，出苗率高、幼苗生长健壮；4月上旬之前播种，由于气温偏低，种子发芽时间较长、养分消耗较大，出苗率低，但幼苗后期生长良好；5月中旬之后播种，气温偏高，种子易霉变，出苗率低，且幼苗生长瘦弱（徒长），并易引发猝倒病（Rhizoctonia solani）而成片死亡（张乐华等，2006；2007）。

②播种基质：杜鹃花播种繁殖基质已有大量报道，如腐殖土、园土、水苔、泥炭及其混合物。基质的作用主要是为种子发芽提供适宜的湿度，并为幼苗生根生长提供营养和水气环境。因此，理想的播种基质既要具有一定的保水性，又应具备较强的透水、透气性和丰富的营养。华西亚高山植物园、昆明植物园研究发现，腐殖土为杜鹃花播种育苗的首选基质，发芽率、成苗率高，成本低；庐山植物园则发现，腐殖土基质虽然较适合杜鹃花种子发芽，但该基质在育苗过程中表层易板结，既不利于幼苗根系发育和后期生长，也不利于幼苗管理，而在腐殖土中混合1/3的蛭石或珍珠岩，有利于改良土壤结构，增加基质透气排水性，并能有效地避免基质板结。但林下腐殖土往往含有大量的杂草种子及病虫害，播种前最好能高温处理。杭州植物园采用进口泥炭作为播种基质也取得了较好的育苗效果，但成本相对提高。

大多数杜鹃花喜弱酸性环境，基质pH也影响杜鹃花种子发芽。耿玉英（2000）以0.5为梯度，研究了基质pH对67种杜鹃花种子发芽的影响，发现pH4.5～6适合所测试的杜鹃花发芽，而pH为6时大白杜鹃、红棕杜鹃发芽率最高。中国南方山地腐殖土pH大致为5～6，可不进行改良直接用作杜鹃花播种基质；但少数种类（如腋花杜鹃R. racemosum）要求中性基质，应进行基质改良。

③种子预处理：有研究发现，在播种前用30℃蒸馏水浸种24h和0.5%硼酸溶液浸种能够提高杜鹃花种子发芽率（程雪梅等，2008）。耿玉英（2014）发现，冷水浸种12h后再在30～32℃烘干后播种能提高杜鹃花种子发芽率和成苗率，且幼苗生长健壮；30～35℃温水浸种12h也有较好的效果，但冷水浸种12h效果不明显。庐山植物园采用0～500mg·L^{-1}赤霉素（GA$_3$）对小溪洞杜鹃、耳叶杜鹃（R. auriculatum）和红滩杜鹃（R. chihsinianum）种子进行预处理，发现GA$_3$可缩短3种杜鹃花种子的萌发时滞、高峰期和萌发持续时间，提高种子发芽率、发芽势和发芽指数，其中小溪洞杜鹃以100mg·L^{-1}处理效果最佳（李丹丹等，2022）。

④播种方法：杜鹃花种子极小，糠秕状，在种子过筛制种过程中难免会混有果壳屑、绒毛等杂质，使种子黏结，易造成播种不均匀。可将种子放入硬纸板（如塑料纸板、标本台纸）上，用铅笔或手指轻敲纸板，通过纸板的振动作用将种子均匀地撒播在基质表面，提高播种均匀性。

⑤播种密度：有研究发现，播种密度对杜鹃花成苗率有一定的影响，播种量以每0.05m^{2}播种1000～2000粒种子为宜，播种量过大，后期幼苗太密易引发灰霉病，导致幼苗死亡（张长芹，2003）。庐山植物园则发现，播种密度对发芽率无显著影响，但播种量过大时幼苗数量过多而拥挤，植株间通透性下降，易造成猝倒病大发生；同时，由于幼苗间的光照与养分竞争，易造成弱苗死亡。因此，幼苗过密的苗床应在当年秋季或翌年早春叶芽萌动前分栽。

⑥播种覆盖物：杜鹃花幼苗生长慢，通常播种后种子表面不需要加盖覆盖物，但也有争议。华西亚高山植物园试验表明，在温室或大棚内播种一般不需覆盖，但为了减少浇水时对种子的冲击，可在种子上筛盖极薄层的基质或覆盖薄层切剪的苔藓；在露天播种时种子表面最好铺盖一层切剪的、厚度约2cm的苔藓，有利于水分保持和种子的固定；贵州纳雍绿缘公司采用遮阳温棚播种，先在棚内铺设一层无纺布，布上均匀地铺盖厚约1cm的腐殖土，再播种，种子上层不覆盖，移栽时直接揭起无纺布，可使幼苗根系完整；英国一些植物园则通常在种子上面筛盖薄层细土。庐山植物园研究发现，播种前可在基质表面覆盖厚约0.3cm的、剪成长约1.5cm的活体大灰藓（Hypnum plumaeforme）茎段，再轻压使之与基质黏合，以利于茎段生根并形成活植株，大灰藓铺设后可立即播种，但最理想的效果是将大灰藓养护一段时间，待大灰藓生根返青后再播种。该方法的优点是，活体苔藓能为杜鹃花种子发芽和幼苗生长提供稳定的高湿环境；能固定种子，浇水时不会冲击成堆；能避免基质表面的板结；能有效隔离土传病害猝倒病的扩展蔓延；能减轻水分、杂草及病害管理难度，降低育苗成本。

（3）发芽期管理

不同物种间种子发芽时间有一定差异。张乐华等（2007）研究了47种常绿杜鹃亚属物种的种子发芽过程，发现从播种→种子萌发→子叶→真叶的平均时间分别为14、10、15d，这一时期管理是杜鹃花播种育苗的关键。

①温度：多数杜鹃花生长于高海拔山地，种子发芽所需温度相对较低。有研究发现，杜鹃花种子发芽的最适温度是18～22℃，25℃较18℃发芽时间提前3～5d；温度过高容易引起种子霉变，25～28℃时有20%～40%的种子发生霉变，当气温达30℃时，75%～90%的种子霉变，而18～20℃时几乎可以避免种子霉变（耿玉英，2014）。张长芹等（1992）研究发现，在昆明地区杜鹃花种子萌发适宜的温度为18～21℃。张乐华等（2006）则发现，杜鹃花种子萌发及子叶、真叶生长最适宜的日均温度为16～20℃，气温过高不仅会引起种子霉变，且幼苗生长瘦弱（徒长），并易引发猝倒病。

②湿度：杜鹃花种子极小，刚发芽的幼苗生长弱，发芽期及幼苗生长初期的水分管理是播种育苗成败的关键。水分不足易造成种子在发芽过程中失水死亡；水分过多则造成基质积水，引起供氧不足和种子霉烂。庐山植物园采用PEG-6000模拟干旱胁迫，研究了不同胁迫程度对小溪洞杜鹃种子发芽的影响，发现20%的PEG-6000处理会显著降低其种子发芽率、发芽势和发芽指数，萌发时滞和高峰时间分别比对照延长6.0、6.3d（李丹丹等，2022），而100mg·L^{-1}的GA$_3$预处理能有效减轻干旱胁迫对其种子发芽的影响。

③光照：杜鹃花种子萌发是否需要光照一直存在争议。有试验表明，杜鹃花种子属于典型的厌光型，全光照下种子几乎不萌发（黄承玲等，2009）；也有试验表明，杜鹃花种子的发芽需要光照，所测试的种类在光照条件下种子发芽率均远高于遮阳条件（刘乐等，2007）；耿玉英（2014）则认为，光照的影响可能是提高了基质的温度，从而增加种子萌发率，而对种子发芽没有或少有直接影响。贵州百里杜鹃管委会杜鹃花研究所黄家湧先生为了给杜鹃花发芽提供稳定的高湿环境，播种后在种子上覆盖厚3～5cm的松针（完全遮阳），种子能正常发芽。庐山植物园试验发现，种子上层覆盖白色透明或黑色不透明的塑料薄膜均能正常发芽。张长芹等（2008）则发现，播种后用60%黑色遮阳网遮阳可提高种子发芽率。因此认为，杜鹃花种子发芽可能只需要弱光，正常繁殖条件均能满足其对光的需求，但是否有些物种对光照有特殊需求，以及杜鹃花种子发芽对光照的响应机制等还有待进一步研究。

④日常管理：庐山植物园播种经验为，播种后浇透水1次，再覆盖白色透明的塑料薄膜，既可减少水分蒸发，维持基质湿度，又可提高基质的温度。在发芽过程中根据天气状况，每5～7d揭膜喷水1次并立即恢复薄膜，直至大部分幼苗子叶伸展（24d左右）再揭膜进行幼苗期管理。

（4）幼苗期管理

杜鹃花为浅根系植物，幼苗根系多生长在基质表层，对基质湿度十分敏感。浇水不足易导致幼苗生长不良或失水死亡，浇水过多过勤易引发基质积水和病害发生。庐山等高海拔山区，春、夏季阴雨天多、湿度大，幼苗期可每2～3d浇水1次，气候干燥的晴天可适当增加浇水次数。杜鹃花幼苗娇弱，夏季忌阳光直晒（造成灼伤），应适时遮阳，透光以30%～50%为宜；冬季应注意保暖，确保地温、气温不低于0℃，以免土壤冻结和幼苗的冻拔与冻伤。另外，猝倒病是杜鹃花播种育苗的苗期重要病害，应注意预防。

杜鹃花幼苗期所需的养分较少，前期不宜施肥，后期应适当补充养分。可每60～90d薄施（5%左右）腐熟的油枯水肥1次，但应避开梅雨季节及炎热的夏季，以免诱发病害。

（5）幼苗移栽

不同的杜鹃花物种幼苗年生长量存在较大差异，如牛皮杜鹃2年生播种苗株高仅3～5cm，而映山红2年生播种苗高达15cm以上。庐山等气温较低的地区播种苗生长相对较慢，可在次年早春新梢萌发前分栽，若幼苗较稀，可在第3年早春分栽。昆明等气温较高的地区播种苗生长相对较快，3～5月播种至10月幼苗长至高3～4cm时可进行第1次分苗，待小苗长至高7～8cm时进行第2次移苗。幼苗分栽前先将腐殖土过筛并进行高温或福尔马林消毒，再装入移苗盆或育苗穴盘内；抖散苗床（盆）根系土壤，使幼苗根系分开，剪去过长的根系，再栽植到移栽容器内。苗高10cm以下的幼苗宜在温室或大棚环境中分栽和管理，10cm以上的幼苗可移栽到室外苗圃中。幼苗移栽后应及时浇透水1次，以后每隔1～3d喷水1次，在空气干燥的秋季，可采用叶面喷雾每天补水1～2次，使苗床的空气湿度达80%～90%左右。冬季幼苗休眠期应适当控水，可每周浇水1次。幼苗移栽后应进行遮阳处理，以减少水分蒸发，提高移栽成活率。

播种6个月的杜鹃花幼苗（庐山）

播种15个月的杜鹃花幼苗（庐山）

播种23个月的杜鹃花幼苗（庐山，早春展叶前）　　　　　播种26个月的杜鹃花幼苗（庐山，初夏展叶后）

2. 扦插繁殖

扦插繁殖不仅可以保持母本基因纯度，且苗木大小均匀、开花周期短，对设施条件要求简单、成本低、易推广，目前已被广泛应用于小叶落叶及半常绿类杜鹃（Azalea）产业化育苗。受遗传因子制约，原产中高山山地的常绿杜鹃亚属种类生根较为困难、成苗率低，目前应用不广。

（1）扦插基质

基质的组成与理化性状决定着生根环境。理想的生根基质应具有良好的空气孔隙度以满足氧气扩散和气体交换，同时应具有良好的保水性、丰富的营养成分及适宜的酸碱度，而良好的气–水平衡有利于促进不定根形成、增强根系活力。杜鹃花扦插基质主要有腐殖土、农耕土、山土、河沙、白沙、腐熟木屑、泥炭、珍珠岩、蛭石及其混合物等。华西亚高山植物园曾采用沙＋泥炭、纯腐殖土、沙＋腐殖土、纯农耕土等作为扦插基质，发现沙＋腐质土、沙＋泥炭＋农耕土基质生根效果较好（耿玉英，2008）。昆明植物园采用河沙、红土、蛭石、珍珠岩＋水苔扦插，发现珍珠岩＋水苔（3：1）基质有利于提高马银花组和三花杜鹃亚组物种生根率（张长芹等，1993；1994）。庐山植物园采用纯河沙、泥炭＋珍珠岩（4：1，体积比V/V）、珍珠岩＋森林土（4：1）、蛭石＋森林土（4：1）、河沙＋森林土（1：1）及纯森林土6种基质扦插云锦杜鹃，发现泥炭＋珍珠岩（4：1）基质育苗效果最佳；纯河沙基质虽然生根率高、生根数多，但由于缺乏营养，幼苗质量略差，效果其次；而纯森林土基质表现最差（王书胜等，2015；Zhang et al.，2015）。采用4种配比的泥炭土＋珍珠岩＋蛭石基质，研究了不同基质配比对4个高山杜鹃品种生根效果的影响，发现泥炭土＋珍珠岩＋蛭石=1：1：1的基质生根率最高、根系质量最好。

（2）扦插时间

植物扦插生根与插穗营养物质、代谢产物、生根"辅助因子"，以及氧化酶活性、内源激素水平及其平衡等密切相关。不同种类的杜鹃花生长发育规律及内源物质水平不同，相应的最适扦插时间也存在差异。耿玉英（2014）研究了7个扦插时间对多种杜鹃花生根的影响，发现黄花杜鹃（R. lutescens）等4种杜鹃亚属物种在8～9月扦插生根效果最佳，4～5月扦插不生根；而腺果杜鹃则在6月扦插生根最佳，8月之后几乎不生根。庐山植物园多年的扦插试验发现，映山红亚属的物种扦插容易生根，在温室环境中几乎可以全年扦插，但以6月半木质化枝生根效果最佳，10月其次；有鳞大花亚组的百合花杜鹃、江西杜鹃在4月中旬新梢萌动前采用上年度硬枝扦插生根效果最佳，生根率分别达96.67%、76.67%；10月中旬采用半木质至木质化过渡枝扦插效果其次，生根率分别为86.67%、56.67%，而6月中下旬嫩枝扦插不生根（王书胜等，2016）；鹿角杜鹃、云锦杜鹃在10月下旬扦插生根效果较好，生根率分别达78.33%、60.00%，其他月份扦插效果较差，甚至不生根（王书胜等，2016；Zhang et al.，2015）；40个高山杜鹃品种扦插试验也发现，10月下旬扦插可获得良好的生根效果。

（3）插穗选择

杜鹃花扦插繁殖通常使用母株冠层、当年生、生长健壮的枝条作为插穗。有些插穗可能会带有花芽，花芽的发育、开花会消耗大量的营养，影响生根效果，因此在选择插穗时应避免选用带花芽的枝条，或在插穗制作时去除花芽。

（4）插穗制作

①插穗长度：不同杜鹃花种类当年生枝长度及粗度差异较大。大型灌木类、中型灌木类、小型灌木类及高山矮小灌木类杜鹃花插穗长度分别以8～10、6～8、3～5及3cm左右为宜（张长芹等，1994；耿玉英，2014）。庐山植物园通过对40个高山杜鹃品种的扦插试验发现，不同插穗粗度及长度对生根率、成活率及生根数量等均无显著的影响，但插穗的木质化程度（扦插时间）显著影响生根效果；并发现大型灌木类的鹿角杜鹃、云锦杜鹃插穗长度为10～12cm，中型灌木类的百合花杜鹃、江西杜鹃插穗长度为7～9cm时，可获得较好的生根效果（张乐华等，2014；Zhang et al., 2015；王书胜等，2016）。因此，插穗长度可根据母株当年生枝生长量确定，如果当年生枝长度较大，可去除部分基部枝条，以免影响插穗稳定性和生根；如果当年生枝长度小于7cm时，对插穗基部稍作修剪即可；如果当年生枝长度小于5cm时，可将当年生枝从母株上掰下并稍作修剪或带踵扦插。过短的插穗在扦插时稳定性差，浇水或风吹时易晃动，且下部叶片易与基质接触，引起叶片腐烂，影响生根效果。

②插穗处理：枝条表面有大量绒毛或腺毛的物种，插穗制作时应首先用细砂纸去除插穗基部的毛被，再将插穗基部切成斜口，切口的大小、长短及角度因杜鹃花生根难易、插条粗度而异。映山红亚属的物种扦插易生根，且插穗大多较细，可采用45°角斜切；常绿杜鹃亚属生根困难，且插条大多较粗壮，可削成30°角或"U"字形斜面，也可用枝剪轻敲插穗基部1/3处，以增加愈伤口面积，促进激素与水分吸收（赵云龙等，2013），同时也可增加后期愈伤组织形成面积，增加生根数，因为大部分常绿杜鹃亚属物种属于愈伤组织生根型，皮部不生根。

③叶片处理：映山红亚属等小叶类杜鹃叶片较小，制作插穗时可去除下部老叶，保留顶部4～6片新叶，再剪去叶面积的1/3；大叶常绿类杜鹃（常绿杜鹃亚属、杜鹃亚属、马银花亚属）种类丰富，物种间叶片大小差异较大，通常保留顶部3～5叶，再根据叶片大小剪去叶面积的1/3～2/3，剪切口最好剪成弧形，以减少插穗水分蒸发，提高生根率。

（5）激素处理

外源激素处理可调节插穗内源激素水平及其平衡，增加抗氧化保护酶活性，从而促进生根。杜鹃花扦插繁殖常用的激素有IBA、IAA、NAA及一些商用生根剂，或采用多种激素的组合。庐山植物园研究发现，IBA适用于杜鹃花属大部分物种的扦插育苗，IAA效果其次，而NAA效果较差；并发现低浓度（50mg·L^{-1}）的GA$_3$有利于促进鹿角杜鹃插穗生根（王书胜等，2014），但GA$_3$是否适合其他物种的扦插生根还有待进一步研究。张长芹等（1993；1994）则发现，低浓度的维生素B$_1$（100mg·L^{-1}）能促进常绿类杜鹃特别是薄叶马银花（*R. leptothrium*）、基毛杜鹃（*R. rigidum*）插条生根。激素使用方法有溶液浸泡（快蘸及不同时间的浸泡）、粉剂蘸根；激素浓度因激素种类、使用方法而异，难以生根的种类应适当增加激素浓度或浸泡时间。

（6）扦插方法

扦插基质（如腐殖土、山土）可能会含有粗土、细石等杂质，不仅影响扦插，而且可能对插穗愈伤部位造成损伤。扦插前可先用渐尖的竹签或细玻璃棒在基质中插一小孔，然后将插穗插入基质中，再用手指轻轻压实插穗周围的基质，使插穗与基质充分结合。插穗间的株行距因物种、插穗冠幅而异，插穗叶片间宜保持2～3cm的间距；扦插深度因插穗长度而异，以插入穗长的2/3为宜。

为使插穗间的株行距一致，可先在一个长条形的塑料板上按一定距离（如10cm）打一排小孔，再以该塑料板为模板，在基质中打一行小孔。该方法不仅可提高扦插速度，且株行距一致、美观。为充分利用苗床，减少插穗间叶片的接触，可采用品字形扦插。

（7）生根环境与苗床管理

生根环境包括基质温、湿度和环境温、湿度与光照等，特别是插穗基部的基质温、湿度对秋季扦插生根起着关键作用。为满足生根对环境条件的需求，杜鹃花扦插繁殖应在大棚或温室内进行。秋季扦插时生根过程正处于寒冷的冬季，气温、地温较低，插穗处于休眠状态，生根慢或甚至不生根，应提供地热（地温设定20～22℃为宜），以打破插穗休眠、促进生根；春末或夏季扦插，气温、地温较高，易造成插穗腐烂，应加强通风，降低基质及环境温度。

扦插后应立即用喷雾系统或喷雾器喷透水1次，以后可采用自动喷雾系统进行间隙喷雾：白天每2h喷雾2min，晚上每4h喷雾2min，1个月后逐渐减少喷雾次数。如果没有自动喷雾系统，可根据基质及空气湿度适时喷水补湿，以早上喷水为宜。杜鹃花适宜的生根温度为18～25℃，插穗生根前环境温度可适当低于基质底层温度，以延缓地上部分生长，从而促进插穗生根和根系的生长发育。

插穗生根过程中应采用遮阳网减少直射光和水分蒸发，遮阳度（30%～70%）因扦插地的气候条件而异。为减轻基质霉变及插穗腐烂，生根过程中应及时清理苗床落叶，并每2周喷洒多菌灵等杀菌剂1次。

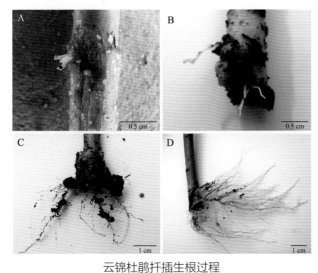

云锦杜鹃扦插生根过程

（注：A、B、C、D分别为扦插45、60、75、90d时的生根情况）

云锦杜鹃扦插生根效果（扦插180d）

西施花扦插生根效果（扦插180d）

高山杜鹃品种扦插生根效果（扦插180d）

3. 组培繁殖

组培技术在高山杜鹃品种商业化生产中已得到广泛应用，但在野生种繁殖上应用较少。近10余年来，国内已有越来越多的关于野生杜鹃花组培快繁的报道，如朱春艳等（2006）、高航洋等（2011）研究了云锦杜鹃组培快繁技术并优化了其组培苗生根培养体系；王吉等（2006）、何芳兰等（2007）、周艳等（2007）、程雪梅等（2008）、刘艳芬等（2009）及何承忠等（2009）研究了马缨杜鹃的离体快繁、继代培养及植株再生技术；苗永美等（2004；2006；2007）研究了桃叶杜鹃（*R. annae*）、大萼杜鹃（*R. megacalyx*）及大树杜鹃的离体培育技术；顾地周等研究了牛皮杜鹃（2008）、短果杜鹃（*R. ochraceum* var. *brevicarpum*）（2009）组培快繁技术及其种质试管保存培养基；杨丽娟等（2010）、孙扬吾等（2011）研究了不同生长调节物质对迎红杜鹃（*R. mucronulatum*）组培快繁的影响等，但已有研究主要集中在马缨杜鹃、云锦杜鹃、大白杜鹃、迎红杜鹃、牛皮杜鹃和大萼杜鹃等约20种。目前，部分杜鹃花的组培快繁技术已比较成熟，但组培技术如何在野生杜鹃花的规模化育苗中推广还有待进一步探索。

云锦杜鹃组培繁殖

4. 嫁接繁殖

嫁接繁殖方法较为烦琐，主要用于扩繁扦插难以生根的杜鹃花，或用于改良杜鹃花的抗逆性、观赏性。该方法是将难以生根的杜鹃花接穗嫁接到易于生根的砧木插穗上，再通过砧木插穗的生根，达到繁殖的目的；或者将抗逆性弱的杜鹃花接穗嫁接到抗逆性强且易生根的砧木上，以提高杜鹃花抗逆性；或者将观赏性强的杜鹃花嫁接到观赏性相对较差但易生根的砧木上，以提高杜鹃花观赏性。

（1）砧木选择

英国主要采用易生根的黑海杜鹃（*R. ponticum*）作为插穗砧木。国内可选择一些分布广、适应性强、生长快、易生根的种类作为砧木，如锦绣杜鹃、白花杜鹃、大白杜鹃、云锦杜鹃等，特别是国内近年大量从国外引进高山杜鹃品种，这些品种不仅适应性强，且易生根，可作为难以生根的常绿杜鹃亚属物种嫁接繁殖的首选砧木。为了使接穗与插穗更好的愈合，所选砧木插穗直径应与接穗直径一致。

（2）嫁接方法

嫁接繁殖按其嫁接方法可分为3种类型，腹接、劈接和靠接。

①腹接：先将砧木插穗的上部枝条剪除，保留中下部枝长约6～7cm；再将砧木插穗上部与接穗下部削成相同的斜面；最后将接穗与砧木插穗的削面对齐，并用松紧带扎紧固定。削面长以2cm为宜，削面过短，结合点短，插穗与接穗间难以固定，且易错位；削面过长，难以削成平面，且韧皮部难以对齐，影响插穗与接穗间愈合。

②劈接：先将砧木插穗的上部剪成一平面，保留中下部枝长约5～6cm；在其平面的中间位置用解剖刀削一"V"字形切口，切口长约1.5cm，再将接穗下部削成两侧深度不等的"V"字形；最后将接穗插入到砧木插穗的切口中，并用松紧带扎紧固定。

③靠接：砧木插穗保留完整（不去除上部枝），在其上部2/3处削一平面，去除韧皮部（达形成层）；将接穗下部一侧削成斜面，削面长约2cm；最后将砧木插穗与接穗的削面对齐，并用松紧带扎紧固定。

接穗制作完成后，再将插穗基部削成斜面，去除部分叶片，激素处理等，方法同扦插繁殖。插穗生根及嫁接部位愈合后，去除包扎带（6个月后）进行日常管理；靠接繁殖还应剪除接穗以上的砧木枝，使接穗能正常生长。

5. 压条繁殖

压条繁殖优点是操作简单、管理成本低、不受压条时间限制，但繁殖系数低且所需时间较长，只能用于少量的增加个体数量。根据所选枝条部位和对枝条处理方法，压条繁殖可以分为地面压条（简称低压）和高空压条（简称高压）两种，前者是将植株下部枝条环剥后直接压埋到地下，后者是对分枝点较高的枝条进行环剥后包埋（耿玉英，2014）。

（1）地面压条

压条选择：所选枝条应生长健壮、无病虫害，分枝点低、离地面较近，枝条柔软并有弯曲弧度，以便下压，同时不应影响母株的外形。

压条步骤：①用解剖刀对所选枝条的接触地面部位进行环剥去除皮层，宽度约2cm；②将枝条的环剥部位埋入土壤中，深度5～10cm；③压实表层土壤，再浇透水。为防止压条被风吹动或压条上层土壤松动，可在环剥部位土层上方用树杈倒向插进土中固定压条（张长芹，2003），或加压石块或将压条的上部用木桩固定（耿玉英，2014）。压条后一般不需要特殊管理，但在较干燥的地区应根据土壤干湿情况适时浇水。压条一般2～3个月即可生根，生根后宜先切断与母株间的联系，再继续养护一段时间，使根系充分发育后再移栽。

部分杜鹃花，如有鳞大花亚组、映山红亚属的物种，在栽培条件下其贴地枝会自然生根，剪断后即可移栽成活；自然环境中生长的云上杜鹃、映山红、满山红等，其贴地枝也多见自然生根并形成新植株；越橘杜鹃组的毛果缺顶杜鹃（R. poilanei）和大天顶杜鹃（R. datiandingense）也具有这一生根特性，是其自然繁殖方式之一，说明部分杜鹃花压条繁殖容易成功。

（2）高空压条

对于一些分枝点较高的大型杜鹃花种类，如常绿杜鹃亚属的云锦杜鹃、大白杜鹃和猴头杜鹃（R. simiarum）等，高空压条（包埋枝条）是较理想的繁殖方法之一。高空压条同地面压条一样，要选择生长健壮、无病的枝条，但由于高空压条是在植株的上部进行，因此所选枝条的位置还要注意不过于暴露，不影响植株观赏性。

高空压条步骤：①用解剖刀在所选枝条的适宜位置做宽2～3cm的皮层环剥，或做长约5cm的近三角形切口，切口深度约达木质部的1/3；②将黑色塑料膜环套在枝条的环剥部位下端，并用松紧带扎紧套袋的下端口；③将浸水后的生根基质（如泥炭或腐殖土）装入套袋内，并将套袋的上端口扎紧，以保持袋内基质水分。高空压条由于无法获得地面水分，如果晴天时间较长，应适时补充水分。压条生根后即可剪下盆栽或圃地栽培。

（二）杜鹃花属植物栽培与管理技术

1. 生长习性

杜鹃花种类繁多，生态类型多样，在林间、林缘、灌丛及干燥山坡、山脊或崖壁、石缝以及高山草地、河溪岸边或沼泽地均有分布，少数种类附生。受各自不同立地条件的长期影响，种间对光、温、水、热及土壤需求有较大差异。因此，了解和熟悉杜鹃花生长习性是成功引种栽培的基础。

（1）温度

杜鹃花多自然分布于高山大岭、深壑幽谷之中，性喜冷凉气候，温度是影响杜鹃花生长发育的重要因素之一。杜鹃花通常不耐高温，夏季最高气温以22～28℃为宜，但中低海拔分布的映山红亚属、羊踯躅亚属及马银花亚属的物种耐热性较强，夏季可耐35℃以上高温，并能较好的适应低海拔地区的林下、林缘环境；而西南高海拔地区分布的常绿杜鹃亚属、杜鹃亚属物种大多耐热性较差，短期内气温超过32℃时，部分物种能够正常生长，但不能耐受长期的高温。大多数杜鹃花耐寒性较强，如分布于东北、内蒙古地区的高山杜鹃（R. lapponicum）、牛皮杜鹃、迎红杜鹃和兴安杜鹃等能耐-30～-40℃的低温（张长芹，2003）；分布于长江流域的云锦杜鹃、猴头杜鹃、井冈山杜鹃等也能耐-20℃的低温，但西南地区，特别是云南较低海拔分布的部分种类耐寒性较弱，如亮毛杜鹃（R. microphyton）、薄叶马银花、红马银花（R. vialii）、泡泡叶杜鹃（R. edgeworthii）、大喇叭杜鹃（R. excellens）、滇隐脉杜鹃（R. maddenii subsp. crassum）等在冬季气温低于-10℃时会出现严重冻害。庐山植物园数十年的引种驯化发现，低温冻害是导致西南地区杜鹃花在庐山引种失败的主要原因，如上述物种在该园曾多次引种，温室栽培生长良好,室外环境在春、夏、秋三季生长良好,冬季则枝条甚至全株冻死。同时,杜鹃花不同生长发育期对温度的敏感性也不同,冬季休眠期的花芽、叶芽通常耐低温能力强,而叶芽萌芽与展叶期、花芽现蕾与开花期对低温极为敏感,早春"倒春寒"常导致庐山植物园栽培的一些展叶较早的物种新梢严重冻害,如马银花(*R. ovatum*)、羊踯躅等;也导致开花早的杜鹃花在现蕾、开花期受冻,如兴安杜鹃、井冈山杜鹃和皱叶杜鹃(*R. denudatum*)等。

(2)湿度

杜鹃花虽然具有较发达的须根,但其根系多分布于表层土壤中,对水分响应十分敏感。大多数杜鹃花既怕涝又怕旱,既要求水分充足,又忌土壤积水,但不同生态类群的物种对土壤水分需求有差异,如分布于高山沼泽地的灰背杜鹃(*R. hippophaeoides*)和昭通杜鹃(*R. tsaii*)喜潮湿积水环境,是良好的高山湿地植物,而分布于土壤贫瘠、干旱环境的爆杖花、锈叶杜鹃和硬叶杜鹃(*R. tatsienense*)能在相对干燥的环境中生长。

杜鹃花多自然分布于多雾的山地环境,高湿的气候能减少植株蒸发,缓和根系吸水的不足。因此,要满足杜鹃花的正常生长,还需要相应的空气湿度条件。多数杜鹃花适宜的空气湿度为70%~90%(张长芹,2003),空气湿度不足,会导致叶片失绿、卷缩、提前脱落。杜鹃花对湿度的需求也是制约北方,特别是西北干燥地区杜鹃花栽培与园林应用的重要因子。

(3)光照

杜鹃花多自然分布于高海拔山地的林下、林缘及灌丛中,通常只要求40%~60%的光照,忌强光照射。光照过强会导致叶片灼伤和/或代谢机能受损,引起叶片黄化、卷缩,花色变浅、花期缩短,尤其是夏季高温季节,强烈的光照会导致叶片温度急剧上升,光合作用停止;光照不足则影响杜鹃花的正常光合作用和营养物质合成,导致植株发育缓慢、枝条纤细松散、开花数量减少甚至不开花。但杜鹃花种类繁多,不同生态类群对光照需求差异较大,如叶片较大的大理杜鹃亚组、大叶杜鹃亚组和杯毛杜鹃亚组的物种对光照较为敏感,适宜生长于荫蔽度较高的林下,或海拔高、云雾多、日照较少的山坡环境;马银花亚属及三花杜鹃亚组的多数种类分布于林缘和疏林、灌丛中,适宜生长在荫蔽度相对较低的环境;云锦杜鹃亚组种类较多,有的种自然分布于林下,有的则分布于山顶或形成优势种,适宜生长环境介于前两者之间,且种间有差异;分布于高山的矮小有鳞类杜鹃花,适宜生长于全光照(耿玉英,2008)或适当遮阳环境;而映山红亚属、羊踯躅亚属多自然分布于低山灌丛中,宜生长在全光照环境。

华西亚高山植物园曾将峨眉银叶杜鹃(*R. argyrophyllum* subsp. *omeiense*)、毛肋杜鹃和黄花杜鹃等已经开花的成年植株移栽于茂密的裸子植物林下,终年几乎无直射光,导致植株枝条生长松散,移栽后的近20年中未见开花(耿玉英,2008)。庐山植物园栽培发现,在海拔1000m以上的庐山,映山红亚属与羊踯躅亚属的物种适合全光栽培,光照不足会导致枝条松散零乱,不开花或开花少;常绿杜鹃亚属的物种则适宜在半阳环境中栽培,全阳栽培会出现叶片变小、变黄、反卷等现象,而在荫蔽度较大的林下栽培则枝条细长、开花稀少。

(4)土壤

野外观察可以发现,杜鹃花分布地大多森林覆盖度较高,地面有丰富的枯枝落叶层,土质疏松、潮湿、肥沃,且杜鹃花根系多分布于30cm以内的表土中。因此,疏松、透气、排水良好,富含有机质的土壤适宜杜鹃花生长。除少数种自然分布地土壤pH达7~7.5外,多数杜鹃花原产地土壤为弱酸性,有些种类原土的pH为4~6,在土壤pH达8以上时则引起叶片失绿,甚至死亡(张长芹,2003);庐山植物园试验发现,大部分杜鹃花最适的土壤pH为5~6。鹿沼土颗粒圆润,多气孔,透气和保水性好,酸性较强,近年被用于杜鹃花的种植,尤其适合杜鹃花盆栽,但成本较高。鹿沼土可单独使用,也可与泥炭、腐殖土、赤玉土等其他基质混用。

2. 栽培地选择

对于多数杜鹃花而言,理想的栽培场地应具有疏松、透气、排水良好的偏酸性土壤;上层应有一定的林荫，夏季可提供40%～60%遮阳，林荫树种最好是落叶或常绿落叶混栽，既可起到夏季遮阳的作用，又能在冬季提供更多光照，如杭州植物园以落叶树种——槭属植物作为上层林荫树，建立槭树杜鹃园，为低海拔地区的杜鹃花引种栽培及园林应用提供了借鉴；同时，栽培地应气候凉爽、湿润，夏季最高气温不宜超过30℃，年降雨量应在1200mm以上，大部分时间空气湿度应达到70%以上。由于杜鹃花根系较浅，无主根，栽培地还要注意避免选择在常有强风或山洪发生的地带。理论上，如果能够提供与原生境相似的生长条件，杜鹃花的引种栽培容易成功。

由于不同的栽培地水热条件不同，具体的栽培地选择也有一定差异。如低海拔地区栽培高海拔分布的常绿杜鹃亚属和杜鹃亚属物种，栽培地宜选择上层乔灌木相对较多、土壤湿润的阴坡或沟谷地带，如庐山植物园鄱阳湖分园杜鹃园（海拔30～60m）选择在园区山丘的西北坡，上层乔灌木为樟树（*Cinnamomum camphora*）和鸡爪槭（*Acer palmatum*）等，林下栽培的近20种马银花亚属、映山红亚属和羊踯躅亚属杜鹃生长良好，猴头杜鹃等常绿杜鹃亚属种类也能存活；同时，有条件的单位还可通过构建喷雾设施增加环境及土壤湿度，如昆明植物园、武汉植物园在杜鹃园安装有喷雾设施。高海拔山区由于自身阴雨天多、日照时间少、空气湿度大，栽培地宜选择上层乔灌木相对较少、排水性良好的阳坡或缓坡地带，但不同物种对生境需求不同，应根据各自的生态习性科学的选择栽培地和立地环境。

3. 栽培与养护管理

（1）移栽时间

杜鹃花最佳苗木移栽和大苗定植时间为早春新梢萌动之前，此时气温较低，植物尚处于休眠期，植株蒸发量小，移栽易成活。一旦植株萌动、新梢长出，幼枝不仅易折断，且易失水萎蔫，造成当年生长量的损失，因此应尽量避免新梢生长时移栽。若在新梢生长1个月后移栽，枝条木质化程度增加，韧性增强，可有效避免运输过程中对幼枝、新叶的损伤，但此时气温较高，移栽后应采取遮阳处理以减少植株失水。秋季也适宜杜鹃花移栽，但南方地区秋季多干燥少雨，应加强栽后的水分管理；同时，在寒冷的山区，新移栽的苗木冬季易出现土壤冻结和根系冻拔等现象，不利于植株成活。

（2）移栽方法

①起苗：杜鹃花根系伸展面积远远大于深度，因此起苗时要注意保护根系，苗木所带土球的大小至少应为树冠直径的1/3。起苗时，应先在苗木四周进行斜向断根，再将底部撬起并借助外力拔起植株，可获得较为完整的根系，并可减少根系土球破裂；如果苗木移栽时间不长（3～5年），可在一侧斜向断根，再顺着根系走向将苗木拔起，可减少根系的损伤。长距离运输时，植株根系可用麻袋或编织袋包裹并用稻草绳捆扎，避免在搬运过程中土球散落。如果起苗时土球已松动或无法带土球，可在包装袋中加入少量腐殖土或用苔藓包根，以减少运输过程中根系失水。长途运输时最好使用保鲜类冷链车。

②栽植：栽培穴宜大不宜深，其直径及深度因根系土球大小而异，总体上栽培穴直径应大于根系土球直径20～30cm，深度应深于土球高度10～20cm。栽植步骤为：先将质地疏松、腐殖质丰富的表层土回填到底部，如果土壤肥力不足，可薄施基肥，如农家肥、粉碎的菜籽饼，并混合均匀；根系修剪，剪除受伤和过长的根系，然后将植株轻轻放入栽培穴内，梳理根系向四周伸展，避免根系重叠和曲折；再用腐殖土回填根系四周，轻压土壤，确保根系与土壤充分黏合。如果是大树移栽，在土壤回填时可轻摇树干，使土壤进入根系缝隙内，也可用尖木棍轻插土壤，以减少根系缝隙。由于杜鹃花根系多分布于表层土壤，移栽过程中忌用工具击压土球和回填土，否则易损伤表层根系并造成土壤板结。通常做法是用脚均匀地轻踩，使土壤与根系结合即可。

植株定植深度以所带土球上部与地表平行为宜，再在土球上加一薄层（2～5cm）腐殖土或枯枝落叶，以避免回填土下沉及雨水冲刷造成地表积水。杜鹃花移植时切忌栽培过深，如过深，根系会因缺氧而逐渐腐烂，并在根茎部重新发出少量新根，导致植株生长不良（如同积水环境栽培）；如栽培过浅，强风或暴雨时会造成植株倒伏，同时雨水冲刷也易引起根系外露而失水死亡。植株移栽后，可结合园林整形修剪，去除下部弱枝、病残枝、内膛枝和上层徒长枝，以减轻水分蒸发；如果移栽植株有大量花芽，应摘除以避免开花造成的营养消耗，提高移栽成活率。

疏松、透气和保湿、忌涝是杜鹃花栽培的关键。如果栽培地土壤黏性较强、通透性差，会影响杜鹃花纤维状根系的呼吸作用，应对土壤进行改良。改良方法为黏土中加入一定比例的腐殖土或腐熟的枯枝落叶、锯木屑、粉碎的树皮、农家肥，或排水性较好的粗沙、蛭石、珍珠岩等；同时可深挖排水沟以增加土壤的排水性。如果栽培地土壤沙质过多，保水保湿性差，可通过添加腐殖土或腐熟的锯木屑、农家肥等增加土壤的保水性，也可通过安装喷灌系统增加土壤与环境湿度。对于一些对生境有特殊要求的种类，如喜湿的灰背杜鹃和昭通杜鹃，喜石灰岩环境的荔波杜鹃（*R. liboense*）和百里杜鹃（*R. bailiense*），应特别注意满足其特殊的生态需求，才能栽培成功。

③栽后管理：植株移栽后应及时浇灌定根水。初次定根水必须浇透，如果浇水不足，表层土壤易板结，后期浇水难以渗入下层土壤，将导致根系失水死亡。同时应考虑定根水的沉落及底部排水问题，如浇水量太多，加之底部排水不良，易导致栽培穴积水，根系窒息而死。移栽后期可根据天气适时补水，特别是在气候干燥的秋季，由于当年移栽的植株根系发育差，且尚未与土壤完全黏合，应及时补水。

大型杜鹃花移栽时，由于植株冠幅较大，加之栽培较浅，风吹易摇晃或倒伏，移栽后应使用树木支撑架固定，待新根生长后再将树撑移除。低海拔地区光照较强的林缘、空地栽培，可搭建遮阳网，减少叶片蒸腾作用。

（3）日常管理

①根系覆盖：引种栽培地观察可以发现，杜鹃花特别是叶片较小的映山红类杜鹃的根部附近会生长大量杂草，严重影响根系土壤的透气性，常导致植株长势下降甚至逐渐死亡。因此，国外一些管理精细的植物园（如爱丁堡皇家植物园）中的杜鹃园，通常会在杜鹃花根系上层挖一个圆形浅池，再在池内覆盖一层粉碎的片状树皮或短条状木片，也可覆盖木屑、枯枝落叶、花生壳、碎玉米秸秆等。主要作用有：保护杜鹃花根系，使表层须根不致暴露；减少根系土壤的水分蒸发和冬季地温下降，避免根系受干、受冻；增加土壤有机质含量，提高土壤肥力；减少杂草滋生，从而更有利于杜鹃花生长（张长芹，2003）。

英国爱丁堡皇家植物园杜鹃花根系上层处理

②日常管理：杜鹃花日常管理主要有水分管理、除草、施肥、园林修剪及病虫害防治。水分管理取决于栽培地的自然条件、气候特征及栽培种类，是杜鹃花引种栽培的关键。庐山植物园、华西亚高山植物园等建在高海拔山地的植物园，全年有较大的降水量和较高的空气湿度，几乎不用浇灌就能满足杜鹃花生长发育对水分的需求；但降水及湿度不足的昆明或低海拔的植物园，在春季生长期和夏、秋高温干燥季节需要适时补水增湿。山地杜鹃园杂草多、生长快，对中小型灌木类杜鹃花生长影响较大，应在春季和夏季进行人工拔草，但忌用锄头锄草，以免损伤表层根系。杜鹃花对肥力需求不高，盆栽杜鹃花可在换盆时加基肥并在栽培过程中追加复合肥或叶面施肥；杜鹃园栽培的植株一般不需要施肥，如果植株缺肥可以采用点状穴施固体肥或配成液肥浇根。杜鹃花园林修剪因物种生长型而异，常绿杜鹃亚属的种类枝条萌发力弱，分枝少而粗壮，通常不需要修剪，但为了增加通风透光性，可在每年秋末去除内膛枝和弱枝；映山红亚属、马银花组的种类分枝多、耐修剪，除剪除内膛枝、弱枝外，还可根据观赏需求，修剪成球形、椭圆形或盆景状，有些种还可以列植和修剪成绿（花）篱。

杜鹃花密植与造形修剪（华西亚高山植物园玉堂园区）

杜鹃花列植与花篱（方永根 提供）

八、杜鹃花属植物病虫害及其防治

杜鹃花生长较慢，繁殖及栽培时易遭受各种病虫害危害，导致植株长势下降甚至全株死亡。但不同的栽培地、不同物种其病虫害发生种类、规律及危害程度存在差异，本节简单介绍杜鹃花常见病虫害的种类、发生规律及防治方法。

1. 病害

（1）猝倒病（*Rhizoctonia solani*）

又称立枯病，危害植物种类多、发生普遍，是杜鹃花播种育苗及扦插繁殖的苗床重要病害。播种繁殖多发于当年生幼苗，病菌从根颈部侵入，在主干未木质化时引起根颈部软腐，幼苗成片倒伏死亡（猝倒），特别是出苗不久的小幼苗发病最为严重，环境湿度大时可在病苗周围形成大片的灰白色菌丝；随着幼苗生长和主干的木质化，抗病能力增强、发病减轻，发病苗死亡但不倒伏（立枯）。扦插苗多发于插穗生根初期，病菌从根颈韧皮部侵入，造成韧皮部褐色腐烂，木质部外露，叶片变黄、脱落，直至整株萎蔫枯死；苗木移栽时也易受其侵染，影响移栽成活率。该菌为土壤习居菌，以菌丝、菌核在土壤及病残体上越冬，多发于空气湿度较高的梅雨季节，发病周期短、蔓延快、危害大；幼苗期可多次发病，导致幼苗成片死亡，重者整盆或整个苗床幼苗死亡。庐山5月中旬至7月中旬发病较重，8月随着空气湿度降低，发病减轻。

防治方法：①繁殖基质采用蒸汽锅炉高温消毒或300~400ml/m^{3}的40%福尔马林消毒，杀灭基质病原菌；②苗床选择在通风排水良好的地块，基质土尽量选用土质疏松、排水良好的土壤，避免使用黏性强的黏土；③避免播种量过大，幼苗过密，如幼苗过密应及时间苗或分栽；④发病时，将育苗盆移到离地的花架上，开窗通风，减少浇水次数，降低基质及环境湿度；⑤剔除病苗及周边带病基质，用50%多菌灵、70%甲基托布津或70%百菌清800~1000倍液喷雾，每7~10d一次，可控制其蔓延。

（2）根腐病（*Fusarium moniliforme*）

又称枯萎病，为镰孢属的土壤习居菌，多发于根系受伤的移栽苗及长势衰弱的老龄株。病菌从须根开始侵入并蔓延到上部根区，引起根部形成层褐色腐烂，皮层剥离、脱落，地上部表现为叶片变黄、失水下垂，最后全株枯萎、死亡。引起该病害的主要诱因是栽培地地势低洼、潮湿、积水，或过度浇水、土壤黏重、栽培过深等，使根系活力下降，从而引起病原菌入侵。该病为土传病害，发病率不高，但染病后防治效果差、死亡率高。

防治方法：①避免将植株栽培在低洼积水处，或在植株附近深挖排水沟，减少土壤积水；②采用孔隙度较大的粗沙、珍珠岩等改良土壤结构，增加土壤排水性；③发病初期，采用500~800倍的50%多菌灵、70%甲基托布津或50%的代森锌等杀菌剂溶液灌根以杀灭病菌。

（3）褐斑病（*Cercospora rhododendri*）

又称叶斑病，全国各地普遍发生，为害杜鹃花叶片。该菌以菌丝体在病叶上越冬，翌年春季形成分生孢子，借助风或雨水传播，多从叶面侵入，尤其是叶缘及伤口处，初期产生紫红色小斑点（叶背略淡），后沿叶脉扩展形成不规则形黑褐色斑块，病斑边缘正面黄色，背面红色，后期病斑中部灰褐色至灰白色，边缘深褐色，放大镜下可见明显的深褐色小点（病菌分生孢子器），严重时多个病斑连接成片，叶片发黄、卷曲、提前脱落。在湿度较大的高海拔地区，特别是通风透光性较差的林下环境栽培植株发病较重。庐山地区5月中旬开始发病，6月中下旬、8月中旬、10月上旬各出现一次发病高峰。不同物种间发病程度有显著差异，羊踯躅、锦绣杜鹃及云锦杜鹃易感病，西施花、江西杜鹃、百合花杜鹃及井冈山杜鹃抗性中等，猴头杜鹃抗性较强。

防治方法：①秋冬季摘除重病叶，清除地面落叶，并集中焚烧，减少侵染源；②种间混栽，重病区种植抗病种类；③合理疏伐上层乔灌木，增加环境的通风和透光性；④新叶展开初期，用1：1：120波尔多液进行保护性的预防；发病初期及各高峰期前10d，用1000倍的多菌灵或甲基托布津

猝倒病（*R. solani*）——杜鹃花播种苗受害症状　　褐斑病（*C. rhododendri*）——云锦杜鹃叶片受害症状

等杀菌剂溶液喷雾，可控制其大发生。

（4）叶肿病（*Exobasidium japonicum*）

又称饼病、瘿瘤病，空气湿度较大的高海拔地区发生普遍且严重，在庐山植物园主要为害锦绣杜鹃、映山红、满山红等映山红亚属种类及其品种；华西亚高山植物园多见危害云锦杜鹃亚组的种类，如大白杜鹃、亮叶杜鹃（*R. vernicosum*）、越峰杜鹃、繁花杜鹃（*R. floribundum*）等；昆明植物园大白杜鹃、露珠杜鹃受害较重。该病菌以菌丝体在病残体及土壤中越冬，翌年春季病原孢子借风传播，多危害嫩叶、嫩梢等幼嫩组织，花部也偶见受害。病菌多发生于叶片中脉及叶缘、叶尖附近，嫩叶发病后先出现褪绿色斑，渐呈淡绿色带粉红色肉质加厚、肿大，呈瘤状或半球状肉质瘿瘤，表面被白色粉状物（病菌担子和担孢子），严重时病斑相互连合、褐色干枯、收缩，叶片畸形、脱落。庐山4月底开始发病，5月杜鹃花抽梢、展叶期出现发病高峰，降雨日多、湿度大、日照少、气温低、植株栽培过密、通风差的环境有利于其发生与蔓延；叶片薄，蜡质少的杜鹃花易感病。

防治方法：该病仅为害少量的叶片、花瓣组织，对整株生长影响较小，可以不防治或采用预防为主的防治方法，如在发病组织尚未产生子实体前摘除病叶；清理上层乔灌木、避免密植、适当修剪、增加通风、降低空气湿度等；也可在发病初期用1000倍的多菌灵、代森锰锌或甲基托布津等杀菌剂溶液喷雾。

杜鹃花叶肿病（*E. japonicum*）

（左：多种杜鹃叶片受害症状——张长芹 提供，右：映山红类杜鹃花品种叶片受害症状）

67

（5）煤污病（*Capnodium* sp.）

又称煤烟病，是一种由蚜虫、介壳虫等产生的分泌物所引起的次生性病害，主要危害杜鹃花叶柄、叶片，其次为枝条。叶片发病时先于叶面基部产生黑色圆形煤点，逐渐扩大形成不规则煤斑，煤斑扩展并相互连接、增厚形成一层黑色的煤尘状菌苔覆盖整个叶面，菌苔表面粗糙，干燥时会收缩干裂、薄片状脱落，叶背煤层较少而薄。该病菌不侵入植物组织，不会对植株产生直接伤害，但会阻碍叶片光合作用。庐山植物园主要为害大叶常绿类杜鹃及其品种，如云锦杜鹃、井冈山杜鹃、大白杜鹃和猴头杜鹃，分枝多、栽培过密的高山杜鹃品种发病较重。该病害以菌丝体、子囊壳在病残体上越冬、越夏，借风、雨水及昆虫传播，多发于栽培过密、通风条件差的林下及空气湿度大、通风不畅的阴湿环境中。庐山在6月中旬至7月上旬、8月下旬至9月中旬分别出现一次发病高峰，蚜虫、介壳虫数量大，空气湿度高时易大发生，严重时导致大部分叶片密被黑色煤污层，影响光合作用和观赏性。

防治方法：①以治虫为主，在蚜虫、介壳虫大发生之前控制虫口基数，减少昆虫分泌物并切断病菌传播媒介；②适当清理上层乔灌木，避免密植，增加通气透光性，降低空气湿度；③冬季喷施石硫合剂或波尔多液，杀灭越冬病原体。

杜鹃花煤污病（*Capnodium* sp.）

（左：叶片受害症状，右：枝干受害症状）

（6）枯梢病（*Phytophthora* sp.）

又称疫霉枯梢病，是由多种疫霉属真菌引起的新梢枯死病。病原体以菌丝、卵孢子、厚垣孢子在土壤中越冬，翌年春季卵孢子萌发产生游动孢子囊，成熟后散出游动孢子，从植株新梢侵入，如空气湿度大时，造成新梢水渍状腐烂，后逐渐干枯。庐山植物园2016年底从比利时引进40个高山杜鹃品种，在隔离检疫期间放置于光照不足、通风不畅、湿度大的隔离室栽培，2017年6月上旬至7月上旬，也即新梢形成后不久，出现大量的新梢水渍状腐烂，部分老枝也出现褐色腐烂斑块，叶片大量脱落、新梢枯死，甚至整株死亡。该病害发生后，立即将所有盆栽苗移放到通风、光照良好的室外隔离环境，并按照检疫要求对病枝、病叶及其他病残体进行集中烧毁，用代森锰锌（80%）、多福（多菌灵10%+福美双30%）及"钮菲尔+霜霉威+苯醚甲环唑"组合，每10d交替喷雾1次；同时，暂停浇水，降低基质及空气湿度，病害可得到有效控制。

（7）花腐病（*Ovulinia azalea*）

又称瓣疫病，为害花瓣，发生普遍。花瓣受害初期出现圆形水渍状褪色斑，后扩大联合成褐色腐烂斑块，造成花期缩短、花朵下垂、早谢，影响观赏期。花瓣枯萎后产生黑色有光泽的菌核，并以其在地上越冬，翌年春季杜鹃花开花时菌核萌发，产生孢子，随风和雨水传播，温室内四季可发病，尤其是映山红类品种发病较重。

防治方法：①花期过后及时清除带病的地面枯花及植株上残花；②开花前用波尔多液或杀菌剂喷撒地面，杀灭越冬病原菌；③现蕾期用1000倍的多菌灵或甲基托布津等杀菌剂溶液喷雾，预防病害发生；④温室中盆栽杜鹃花，可通过增加通风、降低湿度来减轻危害。

（8）白粉病（*Eerrysiphe polygoni*）

在庐山植物园主要危害杜鹃花2～3年生播种苗的幼叶、幼枝，以刺毛杜鹃（*R. championiae*）、小溪洞杜鹃、井冈山杜鹃、云锦杜鹃和马缨杜鹃等受害严重。多发于叶正面，背面也见发病。发病初期病部出现褪绿色斑点，后逐渐形成白色粉状物或遍布白粉层（分生孢子）。该病菌以菌丝寄生在寄主叶片、幼枝表面，以吸器伸入表皮细胞内吸取养分，并与分生孢子一起在寄主受害部位形成圆形至不规则形的白色粉霉状病斑，后期病斑褐色坏死，并在菌丝体上产生深褐色小颗粒（闭囊壳）。借助气流传播和蔓延，在生长期内只要环境适宜可多次侵染；分生孢子是再侵染的来源，而病叶上越冬的闭囊壳释放的子囊孢子则是翌年侵染的来源。庐山地区多以春季和秋季发病，环境通风差、幼苗过密的盆播苗发病较重，严重时导致受害部位变褐坏死，甚至整个幼苗叶片、叶芽及幼枝枯死，叶片脱落，影响幼苗生长及次年新梢萌发。

防治方法：发病时用1000～1500倍的25%粉锈宁或1000倍的70%甲基托布津溶液喷洒，每隔7～10d喷1次，连续3次即可有效防治（张长芹，2003）。

杜鹃花白粉病（*E. polygoni*）

（左：刺毛杜鹃*R. championiae*幼苗叶片受害症状，右：井冈山杜鹃幼苗叶片受害症状）

（9）缺铁黄化病

又称缺铁症、黄叶病，是杜鹃花常见的生理性病害，多见于盆栽杜鹃花园艺品种。主要诱因是土壤偏碱导致可溶性铁元素缺乏，或土壤黏性重、地下水位高，植株根系正常生理活动受阻，抑制了根部对铁元素的吸收，从而影响叶绿素合成，引起叶片黄化。发病初期表现为顶部新叶叶肉发黄，失去光泽，并逐渐向下部叶片扩展，严重时叶片变小、泛白，叶脉变黄，叶尖、叶缘褐色焦枯，叶片干裂、易脆、早落。

防治方法：①多施堆肥、绿肥或有机肥，改良土壤结构，酸化土壤，避免土质黏重、板结；②使用螯合铁等复绿剂浇灌土壤；③发病时用1%～3%的硫酸亚铁水溶液喷施叶面或浇灌根系，每半个月1次，连续3～4次，病情可逐渐好转。

局部发生、危害较轻的病害。①灰霉病（*Botrytis cinerea*）：为害花瓣及叶片，引起花瓣腐烂枯萎，叶片受冻、虫咬、日灼后极易受其次生侵染，庐山气温低、湿度大，部分年份危害较重；②灰斑病（*Pestalotia rhododendri*）：又称轮纹病，也是一种次生病害，多发生于老叶叶缘、叶尖，尤其是树势衰老株较为常见，庐山多4月份发病；③扫帚病：又称丛枝病，多由蚜虫、蓟马等聚集性害虫为害幼梢所引起，映山红类杜鹃受害较重，被害株因新梢无法正常生长而呈扫帚状丛生，叶片泛黄、变小、重者长势下降，发病枝甚至整株逐渐死亡；④漆斑病（*Rhytisma rhododendri*）：又称黑痣病，6月气候温暖潮湿时易发病，仅见危害满山红等少数物种；⑤锈病（*Chrysomyxa rhododendri*）：为害大白杜鹃、猴头杜鹃等常绿杜鹃亚属物种，病斑叶面黄色，叶背产生圆形橙色的夏孢子堆及红褐色的冬孢子堆。⑥锈病（*Accimdium sinorhododendri*）：仅见危害猴头杜鹃等少数物种，病菌从叶面侵入，初为淡黄色小点，渐成橙黄至深红色直径2~4mm圆形病斑，叶背产生褐色锈子器；⑦栎树猝死病（*Phytophthora ramorum*）：20世纪90年代欧洲发现的检疫性病害，严重危害栎属（*Quercus*）、杜鹃花属、山茶属（*Camellia*）等数十种植物，发展快，扩散迅速，难以控制，国外已有大量报道，国内已列入检疫对象，目前未见发生的报道。

2. 虫害

相对于野生植株，引种栽培的杜鹃花虫害种类较多，危害较重的主要有15种。

（1）杜鹃冠网蝽（*Stephanitis pyrioides*）

又名杜鹃军配虫、拟梨冠网蝽，俗称臭大姐，为我国浙江、江西、湖南、贵州、四川等杜鹃花栽培区的重要害虫，特别是温室栽培的映山红类品种受害严重。近年来，该虫在华西亚高山植物园危害较重，但主要危害云锦杜鹃亚组的物种，如云锦杜鹃、山光杜鹃（*R. oreodoxa*）、腺果杜鹃等，受害物种叶片通常质地较薄，毛被、鳞片等附属物较少。以成虫、若虫群居在叶片背面特别是中脉附近危害，以刺吸式口器吸取叶片汁液，使被害叶正面产生褪绿色斑点，严重时全叶失绿、苍白、早落；同时，叶背有大量虫体粪便和蜕皮壳，形成锈褐色污斑，影响光合作用和观赏性，并可引发次生性病害发生，如煤污病。该害虫繁殖能力强，一年4~8代，因发生地而异，世代重叠明显。以成虫、若虫在落叶、树缝、土隙中越冬，庐山翌年4月底越冬虫体开始活动（华西亚高山植物园5月开始危害），产卵于叶背主脉两侧的叶肉组织中；高温、干旱天气有利其发生与蔓延，以7~8月危害严重；10月随着气温降低，危害减弱，10月底开始陆续越冬。

防治方法：①冬季清除林下枯枝落叶，减少越冬虫口数量；②适当稀植，合理修剪，避免株距或盆距过密，增强通风性；③大发生时，用吡虫啉、啶虫脒、阿维菌素及锌硫磷、氧化乐果等杀虫剂喷雾，每隔7~10d喷1次，连喷2~3次，喷药时应重点喷洒叶片背面并兼顾周边草丛。

（2）白粉虱（*Trialeurodes vaporariorum*）

又名小白蛾、白蝇，是一种世界性的杂食害虫，我国各地均有发生。环境适宜时可一年发生10余代，雌成虫有选择嫩叶群居并产卵于植株顶部嫩叶背面的习性，以卵越冬。若虫孵化后3d内在叶背做短距离行走后开始营固着生活，失去爬行能力；成、若虫群集叶片背面，以刺吸式口器吸食叶片汁液，受害叶片褪绿变黄、萎蔫，影响光合作用及观赏性，严重时全株枯死；同时，成、若虫会分泌蜜露，诱发煤污病。

防治方法：①成虫对黄色有较强的趋性，可用黄色黏虫板诱捕成虫；②清除杂草，适度修剪，去除内膛枝，增加通风透光性；③若虫孵化期和成虫期，用扑虱灵、啶虫脒、蓟虱净、天王星等农药喷雾，并重点喷洒叶片背面。

（3）蛇眼蚧（*Pseudaonidia duplex*）

又名茶树蛇眼蚧、樟网盾蚧、蛇目蚧。一年2~3代，以受精雌成虫在枝干上越冬，翌年4月中旬开始产卵，5月中旬孵化，初孵若虫找到合适部位后将口针插入枝、叶组织内固定不动，并分泌蜡质形成介壳；雌成虫和若虫多寄生于叶片主脉两侧、嫩梢和叶柄基部，刺吸汁液危害，并引发次生病害——煤污病，在高温、干燥季节易大发生，严重时造成叶片发黄、早落，植株衰弱直至死亡。由于蛇眼蚧有蜡质介壳，抗药性强，防治较为困难。

蛇眼蚧（*P. duplex*）为害杜鹃花嫩枝、叶芽及叶片

防治方法：若虫孵化初期用杀螟松、辛硫磷及菊酯类农药喷雾，喷药时要充分喷洒叶片背面、叶柄、叶芽及幼枝。

（4）杜鹃三节叶蜂（*Arge similis*）

为南方地区一种常见的杜鹃花食叶性害虫。一年3～5代，世代重叠，以蛹越冬，翌年4月越冬蛹陆续羽化为成虫，卵集中产在嫩叶背面；幼虫共5龄，1～2龄幼虫群集取食，食量较小，3龄幼虫开始分散为害，食量大增，具暴发性、暴食性特点，啃食叶片形成缺刻，严重时可将整株叶片吃光，影响光合作用和观赏性。庐山5～9月危害严重，10月下旬老熟幼虫入土或在枯枝落叶中化蛹越冬。

防治方法：①冬季清除地表枯枝落叶及杂草，减少次年虫口基数；②幼虫发生时，用菊酯类农药或高渗苯氧威等杀虫剂喷雾，效果良好。

（5）中华长毛象（*Enaptorrhinus sinensis*）

杂食性害虫，主要为害杜鹃花嫩叶、叶芽与新梢。庐山一年1代，生活史不整齐，以老熟幼虫在土室内越冬，翌年3月化蛹，4月中旬成虫羽化出土，爬上植株取食嫩叶、嫩梢及萌芽期的叶芽。成虫具有假死性，在4月中旬至7月上旬特别是4月下旬至5月中旬杜鹃花抽梢、展叶期危害严重，6～7月成虫交配后产卵于土壤中，7月幼虫孵化，为害杜鹃花及其他植物的根系。叶芽及嫩叶受害后叶片出现大量的缺刻和洞孔；嫩梢受害时出现缺刻，风吹易折断，甚至直接咬断嫩梢，受害严重时当年生新梢被全部啃食，无法正常展叶；叶柄被啃食后，叶片发黄、下垂、脱落。幼叶多绒毛且质地较厚的井冈山杜鹃、猴头杜鹃、桃叶杜鹃和短脉杜鹃（*R. brevinerve*）受害严重，尤其是苗期植株；幼叶光滑的云锦杜鹃、大白杜鹃，以及叶片多长柄腺毛或刺毛的小溪洞杜鹃、刺毛杜鹃受害较轻，而叶片较小、质地硬的满山红、丁香杜鹃（*R. farrerae*）几乎不受害。

防治方法：①秋冬季清除林下枯枝落叶，适当松土，破坏幼虫越冬环境，减少虫口基数；②利用成虫的假死性，通过地上铺设薄膜，轻敲树枝，使成虫掉进薄膜上再集中杀灭；③抽梢展叶期，也即成虫危害期，喷洒氧化乐果等内吸性的杀虫剂毒杀成虫。

（6）卡氏蹦蝗（*Sinopodisma kelloggii*）

杂食性害虫，山地植物园易发生，主要啃食杜鹃花叶片。庐山一年1代，以卵在土壤中越冬，若虫5月出土，共5龄，1～2龄若虫有群居性，聚集于植株顶部啃食幼叶，严重时吃光叶片或仅剩叶脉，如2020年5月，庐山植物园苗圃栽培的华顶杜鹃小苗在几天内叶片（展叶不久）被全部吃光；4龄后食量暴增并分散为害，4～5龄若虫及成虫大量啃食叶片，造成叶片残缺不全；10月成虫产卵于土壤中越冬。以叶片较小、纸质的映山红亚属种类受害较重，叶片大、革质的常绿杜鹃亚属种类受害较轻，干旱年份易暴发。

中华长毛象（*E. sinensis*）为害杜鹃花幼叶、新梢　　　　　卡氏蹦蝗（*S. kelloggii*）为害杜鹃花叶片

防治方法：①为杂食性害虫，若虫、成虫多潜伏于草丛中，可通过清除苗圃周边杂草，对该虫进行隔离；②在不影响环境和景观的前提下，可通过放养鸡、鸭等家禽减少虫口，如家庭苗圃、偏僻地带苗圃；③采用蝗虫微孢子虫、绿僵菌和印楝素等生物农药防治，也可喷洒氧化乐果等内吸性的杀虫剂毒杀害虫。

（7）木橑尺蠖（*Culcula panterinaria*）

为一种暴食性的杂食害虫，为害40余科数百种植物。在庐山世代发生不整齐，一年1~2代，以1代为主。一年1代的以蛹在根际土壤中越冬，翌年6月上旬陆续羽化，6月下旬为成虫产卵盛

木橑尺蠖（*C. panterinaria*）为害杜鹃花叶片的症状

期，7月上旬幼虫孵化，9月幼虫陆续入土化蛹。成虫有趋光性，产卵于寄主树皮裂缝、枝条及叶片背面，幼虫6龄，初孵幼虫群居，食叶肉，留下叶脉；2龄后分散并开始取食叶缘，爬行快、稍受惊动即吐丝下垂，借风力转移危害；老龄幼虫有保护色，体色与寄主枝干颜色相同，不易发现，老熟幼虫在潮湿的疏松浅土中化蛹越冬。6~7月干旱少雨有利于成虫羽化、交尾，易大发生；7~8月为杜鹃花受害高峰期，以常绿杜鹃亚属物种受害严重，如井冈山杜鹃、云锦杜鹃。

防治方法：①利用成虫的趋光性，在羽化高峰期用诱虫灯诱杀成虫；②幼虫大发生时，用氧化乐果、辛硫磷等内吸性农药或菊酯类触杀性农药喷雾；③成虫白天不活跃，可在盛发期人工捕捉成虫；10月至翌年5月可人工挖蛹，对控制其大发生有一定效果。

（8）斑蛾（*Artona* sp.）

危害多种杜鹃花科植物，如羊踯躅、映山红、刺毛杜鹃、云锦杜鹃及美丽马醉木等，多零星发生。庐山一年1代，10月下旬至11月上旬以老熟幼虫在树枝或叶背结茧越冬，翌年4月化蛹，5月上旬成虫羽化产卵于树冠顶部叶片上，初孵幼虫啃食叶片表皮，随着虫龄增大，将叶片吃成缺刻。虽然多零星发生，但幼虫危害期长，部分植株受害较重。

防治方法：①该虫多于叶片正面为害，易发现，可人工捕杀，但幼虫具毒刺，应避免刺伤；②幼虫大量发生时，用菊酯类农药或高渗苯氧威等杀虫剂喷雾，效果良好。

斑蛾（*Artona* sp.）为害杜鹃花叶片（左：老熟幼虫，右：蛹）

（9）红带网纹蓟马（*Selenothrips rubrocinctus*）

又名红带滑胸针蓟马、红腰带蓟马，也是杜鹃花较为常见的害虫。若虫淡黄色半透明，腹部背面前半段有一明显的横向红带；活动或为害时腹部末端常上举，并附有一珠状液泡（排泄物）。一年5～8代，以成虫、卵越冬，翌年4～5月开始活动，7～8月进入为害高峰期，11月陆续越冬。以成虫、若虫在叶片背面用锉吸式口器危害，受害叶片正面产生失绿点，严重时失绿点连片，形成灰白色斑块，背面有大量黑色排泄污点，造成叶片早落，影响光合作用及观赏性。气候干旱、郁闭度大、通风透光差的环境有利于其大发生。

防治方法：①清除杂草，适当修剪，增加通风透光性，可减轻其发生；②用1500倍的10%吡虫啉或35%伏杀磷等杀虫剂喷雾防治，喷药时要充分喷洒叶片背面，每隔7～10d喷1次，连喷2～3次。

（10）花蓟马（*Frankliniella intonsa*）

广布性的杂食害虫，成虫、若虫群集于花瓣及叶片上用锉吸式口器危害。花瓣受害后白化或水渍状腐烂，花朵早谢，干后变为黑褐色；叶片受害后呈现银白色斑点，严重时枯焦萎缩、早落。南方地区一年可发生10代以上，世代重叠明显，以成虫在枯枝落叶层、土壤表层越冬。翌年4月中下旬出现第1代，卵单产于花、叶组织表皮下，6～7月、9月主要危害叶片，10月下旬至11月上旬越冬。

防治方法：同红带网纹蓟马。

（11）卵形短须螨（*Brevipalpus obovatus*）

又名杜鹃红蜘蛛、扁螨等，在温室盆栽杜鹃花上极为常见。长江中下游地区一年6～7代，雌成螨产卵期长，世代重叠明显，以雌成螨群集在植株根颈部越冬，少数能以各虫态在叶背、叶芽或落叶中越冬。翌年4月越冬成螨开始迁移到植株上，卵散产在叶背、叶柄或伤口处，以成螨、若螨在叶背面吮吸汁液危害，叶脉附近受害尤为严重，主要危害老叶和成叶，也危害嫩叶；受害叶正面出现灰白色斑点，背面可见油渍状紫褐色斑点，严重时叶片枯黄、早落。高温、干燥有利于其发生，7～9月发生严重，降雨可使虫口显著下降，冬季严寒可导致成螨大量死亡。

防治方法：①越冬前清除枯枝落叶及杂草，降低越冬虫口基数；②大发生时，用三氯杀螨醇、克螨特等喷雾，喷药时重点喷洒植株中、下部叶片的背面；③有条件的机构可引进和培育瓢虫、草蛉、寄生蜂等天敌昆虫防治。

（12）杜鹃潜叶蛾（*Caloptilia azalea*）

为映山红类杜鹃花常见害虫，也为害云锦杜鹃等大叶常绿类杜鹃。一年多代，世代重叠，以蛹越冬；翌年4月成虫羽化产卵，卵一般产在嫩叶背面，也见叶面；幼虫孵化后潜入到叶片内为害，1～2龄幼虫为潜叶期，取食叶肉，形成不规则的管状虫道，3～4龄为卷边期，在卷边内取食叶肉，4龄后期和5龄幼虫进入卷苞期，将叶尖卷成三角形筒状虫苞，隐匿苞内咀嚼叶肉，幼虫常转叶结苞为害，将虫粪堆积在苞内，造成叶片坏死、变黄、脱落。7～9月危害较重，老熟幼虫在下方老叶背面吐丝结茧化蛹越冬。

杜鹃潜叶蛾（*C. azalea*）为害云锦杜鹃叶片的症状

防治方法：可用甲氧虫酰肼、氯虫苯甲酰胺等杀虫剂喷雾。

（13）梨剑纹夜蛾（*Acronicta rumicis*）

以幼虫蚕食叶片为害，造成叶片缺刻，为杜鹃花重要食叶害虫。一年2～3代，以蛹在土中越冬，翌年4月羽化；成虫有趋光性、趋化性，卵多聚产于叶片背面；5月第1代幼虫开始为害，幼虫7龄，1~3龄幼虫有群居性，初孵时群集于卵块附近啃食叶肉，4龄后分散为害，啃食叶片成缺刻和孔洞，5龄幼虫进入暴食期；幼虫有假死性，10月老熟幼虫入土结茧化蛹越冬。

防治方法：①冬季人工挖除越冬蛹，减少越冬虫口；②利用成虫趋光性和趋化性，设置诱虫灯和糖醋液诱杀成虫；③幼虫孵化期至3龄前，用灭蛾灵、灭幼脲、辛硫磷、溴氰菊酯等杀虫剂喷雾。

（14）一点钻夜蛾（*Earias pudicana*）

以幼虫蛀食杜鹃花叶芽、花芽、新梢或啃食嫩叶为害，尤以映山红类杜鹃及其品种受害严重。一年4代，世代重叠，10月下旬老熟幼虫在寄主基部枝干上结茧化蛹越冬，翌年4月上旬成虫陆续羽化，有趋光性；卵散产于叶芽、花芽和嫩叶尖端。第1代初孵幼虫蛀入叶芽后向下取食，蛀空新梢，导致新梢枯死，也可转移到梢外取食嫩叶成缺刻；秋季杜鹃花孕蕾后幼虫从花芽下方钻入，蛀空花芽。幼虫食量大，转移迅速，遇惊落地假死，并频繁的在不同叶芽、花芽、新梢中转移为害；发生严重时蛀空大部分叶芽、花芽和嫩梢，影响杜鹃花新梢生长和开花。

防治方法：①利用成虫的趋光性，在羽化高峰期用诱虫灯诱杀成虫；②少量发生时，及时摘除受害叶芽、花芽和新梢；③大量发生时，用杀螟松、灭幼脲、氧化乐果、辛硫磷等杀虫剂喷雾。

（15）蛞蝓（*Agriolimax agrestis*）

又名鼻涕虫，杂食性的软体动物，多生活在水沟、水道等阴暗潮湿处。雌雄同体、异体受精或同体受精繁殖，卵堆产在潮湿的土壤内；一年2~6代，以成虫体或幼体在潮湿土壤中越冬。蛞蝓怕光，强光下2~3h即死亡，夜间活动，白天潜伏，耐饥能力强；傍晚开始出动，22:00~23:00为危害高峰，天亮前又陆续潜入土中或隐蔽处；取食杜鹃花叶片成孔洞，特别是幼苗受害严重。春秋两季，特别是5~7月危害严重，入夏后气温升高，活动减弱，秋季气候凉爽后又活动为害。

防治方法：①加强通风、降低环境湿度，破坏其生存环境；②聚乙醛为杀蛞蝓的特效农药，可洒放于播种盆边沿或植株主干基部；也可用氧化乐果及除虫菊酯类杀虫剂喷杀。

局部发生、危害较轻的害虫。①金龟子：主要有中华弧丽金龟（*Popillia quadriuttata*）、苹毛丽金龟（*Proagopertha lucidula*）。幼虫栖息于地下，咀嚼杜鹃花根系，特别是纤细的须根，发生严重时每盆幼苗有4~6头幼虫，造成盆栽苗因无根系而死亡；②蚜虫：主要有桃蚜（*Myzus persicae*）、棉蚜（*Aphis gossypii*）。成、若虫有群居性，聚集在嫩叶、嫩梢、叶芽及花芽部位刺吸汁液为害，造成叶片皱缩，生长畸形，开花不正常，严重时引发次生性病害——煤污病、丛枝病发生；③红蜘蛛：主要有朱砂叶螨（*Tetranychus cinnabarinus*）、二斑叶螨（*T. urticae*）。朱砂叶螨锈红色或深红色，二斑叶螨淡黄色或黄绿色，体背两侧各有一块黑斑。虫体聚居在叶片背面近主脉处，以刺吸口器吸取叶片汁液，造成叶片点状失绿、泛黄，叶片变小、反卷，高温季节（6~8月）发生严重；④扁刺蛾（*Thosea sinensis*）：为广布性的杂食害虫，在庐山零星发生，主要为害杜鹃花及南烛等幼苗，每年发生2代，10月上旬以老熟幼虫在土层内结茧化蛹越冬。低龄幼虫啃食叶肉，稍大蚕食叶片成缺刻和孔洞，严重时可将叶片吃光，仅剩主脉基部；⑤舟形毛虫（*Phalera flavescens*）：杂食性害虫，庐山一年发生1代，以蛹在土壤中越冬，翌年7月中旬成虫羽化，产卵于叶背，8月上旬幼虫孵化，初孵幼虫群集叶背啃食叶肉，后分散危害，8月中旬至9月中旬危害高峰，严重时将叶片食光，仅留叶柄，9月下旬入土化蛹越冬；⑥麻点纹吉丁（*Coraebus leucospilotus*）：一年1代，主要以幼虫在树干韧皮部及木质部蛀干为害，5~6月成虫陆续羽化并啃食叶片和花瓣，5月下旬至6月中旬产卵于树干或枝条裂缝中，6月下旬幼虫开始孵化，陆续蛀入韧皮部、木质部为害并在坑道内越冬；⑦白蚁：常见种类有黄翅大白蚁（*Macrotermes barneyi*）和黑翅土白蚁（*Odontotermes formosanus*）。主要危害树势衰弱、生长不良的植株，以工蚁啃食植株根系、根颈部及主干树皮与浅木质层，在树干皮层形成蚁路，破坏韧皮部，加速植株死亡；⑧天牛：常见种类有云斑天牛（*Batocera horsfieldi*）、桑天牛（*Apriona germari*）和星天牛（*Anoplophora chinensi*）。成虫产卵于主干皮缝中，孵化后初龄幼虫即蛀入树干，最初在树皮下取食，

为害盆栽杜鹃花根系的金龟子幼虫

扁刺蛾（*T. sinensis*）为害盆栽南烛（*V. bracteatum*）幼苗叶片

麻点纹吉丁（*C. leucospilotus*）成虫为害杜鹃花花瓣

天牛幼虫蛀干为害马缨杜鹃（*R. delavayi*）主干

待龄期增大后钻入木质部危害，形成蛀食虫道，树干上有通气虫孔，虫孔外及树干下可见虫粪和木屑，导致植株受害部位以上的枝条死亡。主干粗壮、树皮粗糙的常绿杜鹃亚属种类（如马缨杜鹃、云锦杜鹃）易受害，特别是树势衰弱的老龄植株受害更为严重。成虫羽化后咬食寄主嫩枝、树皮，引起枯梢，也可食叶成缺刻状。

杜鹃花物种繁多，其病虫害种类及危害程度也因物种及栽培地生境而异。植物园内迁地栽培植物丰富多样，生态环境大多良好，而杜鹃花往往只是植物园栽培物种的很少部分，除温室、苗圃地等小范围病虫害易大发生外，园区栽培的杜鹃花病虫害通常发生较轻或区域性、单株发生。因此，植物园杜鹃花病虫害应本着预防为主，栽培技术、物理防治、生物防治及化学防治相结合的综合防治措施。如清除植株病残体和地面枯枝落叶，挖除越冬虫体或破坏其越冬环境，以减少翌年病虫来源；适度清理上层乔灌木，保持一定的行间距，科学剪枝整形，增强环境的通风透光性；因地制宜栽培杜鹃花种类，在病虫害高发地种植抗性强的物种，避免同一物种连片种植，并加强养护管理，提高植株长势及抗病虫能力；引进和培育天敌昆虫，增加生物多样性，通过生物防治控制害虫大发生；病虫害发生前采用一些保护性措施减轻病虫害发生，如冬季或早春新梢萌发前用波尔多液及石硫合剂喷洒植株，杀灭越冬病原菌；秋末用石灰水茎干涂白，杀死树皮内的越冬虫卵和蛀干害虫；在病虫害大发生时，根据其发生种类、规律或生活史、危害程度，针对性地开展化学防治。

各论
Genera and Species

杜鹃花科

Ericaceae Jussieu, Gen. Pl. 159-160. 1789.

常绿、半常绿或落叶灌木至乔木，体型小至大；地生，稀附生；冬芽具芽鳞。叶革质，稀纸质；互生，稀假轮生；全缘，稀具锯齿；被各式毛被、鳞片或干净；无托叶。花序顶生或腋生，总状、伞形、总状伞形花序或圆锥花序，稀单花；花两性，辐射对称或略两侧对称；花萼5~8裂，小至大，宿存，有时花后肉质；花冠合生呈钟状、漏斗状、管状、辐状、高脚碟状或坛状；5~8（~9）裂；雄蕊5~10（~23），常为花冠裂片的2倍，少有同数或更多，花丝分离，稀基部粘合，除杜鹃花属、假木荷属，花药背部或顶部通常有芒状或距状附属物，或顶部具伸长的管，顶孔开裂，稀纵裂；花柱和柱头单一。蒴果或浆果，稀浆果状蒴果。

全球有125属，4000余种（注：除特别注明外，均不含种下分类等级），除沙漠地区外，广布于南、北半球的亚热带、温带山地及北半球亚寒带，少数属、种环北极或北极分布，也分布于热带高山，大洋洲种类极少。《中国植物志》收录15属、757种，*Flora of China* 收录22属、826种，主产西南部山区，尤以四川、西藏和云南三省区及其相邻地区为盛，该地也是杜鹃花属植物的多样化中心，且极富特有类群。本书共收录国内9个植物园（树木园）栽培的杜鹃花科植物6属195种，其中杜鹃花属植物158种、13亚种和12变种，其他属植物12种。

杜鹃花科分属检索表

属 I　杜鹃花属

Rhododendron Linnaeus, Sp. Pl. 1: 392. 1753.

常绿、半常绿或落叶灌木至小乔木；植株被各式毛被、鳞片或干净。叶互生，稀假轮生；全缘，稀有不明显的细齿。花芽鳞多数，形态大小变化；总状、伞形、总状伞形或短总状花序，稀单花；通常顶生，稀腋生；花萼5～8裂或环状无明显裂片，宿存；花显著，大小、颜色变化；花冠漏斗状、钟状、管状、辐状或高脚碟状，辐射对称或略两侧对称；5～8（～9）裂，裂片在芽内覆瓦状；雄蕊5～10，稀11～16（～23），着生于花冠基部，花药无附属物，顶孔开裂或微偏斜孔裂；子房卵球形、圆锥形或圆柱形，被各式毛被、鳞片或干净，花柱细长劲直或粗短而弯弓状。蒴果卵球形、圆锥形、长圆形或圆柱形，被各式毛被、鳞片或干净，成熟后自顶部向下室间开裂，果瓣木质。

全球约1000种，广泛分布于亚洲、欧洲和北美洲；主产东亚和东南亚，形成本属植物的两个分布中心；2种分布至北极地区，2种产澳大利亚，非洲和南美洲不产。《中国植物志》收录542种、39亚种和101变种，*Flora of China*收录571种、40亚种和106变种；程洁婕等（2021）基于基础数据和文献资料的查证，中国记载有569种、45亚种、114变种和2变型，除宁夏、新疆外，其他各省区均有分布，但主产西南、华中和华南地区。本书收录158种、13亚种和12变种（含国外种）。

杜鹃花属分亚属检索表

1a. 植株被鳞片，有时兼有毛被。

 2a. 落叶至半常绿灌木。

  3a. 花序腋生；幼枝、花梗无长刚毛；花冠粉红色、淡紫红色，不为黄色··············
·· 亚属 iv . 迎红杜鹃亚属 **Subg. *Rhodorastrum***

  3b. 花序顶生；幼枝、花梗密被长刚毛；花冠黄色，或带红晕··········
·· 亚属 ii . 毛枝杜鹃亚属 **Subg. *Pseudazalea***

 2b. 常绿灌木，稀半常绿。

  4a. 花序腋生枝顶或上部叶腋·············· 亚属 iii . 糙叶杜鹃亚属 **Subg. *Pseudorhodorastrum***

  4b. 花序常顶生，稀腋生·············· 亚属 i . 杜鹃亚属 **Subg. *Rhododendron***

1b. 植株无鳞片，被各式毛被，或无毛。

 5a. 花序腋生·············· 亚属 vi . 马银花亚属 **Subg. *Azaleastrum***

 5b. 花序顶生。

  6a. 花和新叶枝出自同一顶芽·············· 亚属 viii . 映山红亚属 **Subg. *Tsutsusi***

  6b. 花和新叶枝出自不同的顶芽。

   7a. 落叶灌木；叶片纸质；雄蕊 5～10·············· 亚属 vii . 羊踯躅亚属 **Subg. *Pentanthera***

   7b. 常绿灌木至小乔木；叶片革质；雄蕊 10（～23）··········
·· 亚属 v . 常绿杜鹃亚属 **Subg. *Hymenanthes***

亚属 i 杜鹃亚属

Subg. *Rhododendron* – Subg. *Eurhododendron* K. Koch, Dendrologie 2: 157. 1852. —Subg.
Lepidorhodium (Koehne) Rehder, Bailey, Standard Cycl. Hort. 5: 2937. 1916.

常绿、稀半常绿灌木；幼枝被鳞片，少数被刚毛、绒毛或柔毛。叶通常革质，两面或至少背面被鳞片，少数被刚毛或柔毛。伞形、总状伞形、短总状或近头状花序顶生，稀单花，偶多个花序同时侧生枝顶叶腋；花萼5裂，裂片短小至宽大；花冠小至大，5裂，漏斗状、钟状、管状，稀高脚碟状，白色、红色、黄色、紫色或过渡色，内面常有斑点或斑块；雄蕊（5～）10，稀达18；子房卵球形、圆锥形至圆柱形，被鳞片，花柱细长劲直或短而弯弓。蒴果长圆形、长圆状卵形或卵球形，密被鳞片。

全球约500种，广泛分布于亚热带、温带和亚北极地区，也分布于热带山地。《中国植物志》收录174种、9亚种和26变种，*Flora of China* 收录184种、9亚种和25变种；主产西南地区，零星分布至中部和东部，少数种产甘肃、青海，北达黑龙江，南至广东，台湾有1种。本书收录32种、3亚种和1变种。

杜鹃亚属分组检索表

1a. 花冠长大，漏斗状、钟状或管状；雄蕊通常10，稀18～21；雄蕊和花柱伸出花冠管，稀短于管部 ·············
··· 组1. 杜鹃组 Sect. *Rhododendron*

1b. 花冠短小，高脚碟状；雄蕊5；雄蕊和花柱内藏，短于花冠管 ··
··· 组2. 髯花杜鹃组 Sect. *Pogonanthum*

组 1　杜鹃组

Sect. *Rhododendron* — Sect. *Lepipherum* G. Don, Gen. Hist. Dichlarn. Pl., 3: 845. 1834.

常绿灌木，稀半常绿；地生，稀附生。幼枝被鳞片，少数被刚毛、绒毛或柔毛。叶通常革质，两面或背面被鳞片，少数被刚毛或柔毛。伞形、总状伞形、短总状或近头状花序顶生，稀多个花序同时侧生枝顶叶腋；花萼5裂，裂片短小至宽大；花冠5裂，漏斗状、钟状或管状；雄蕊通常10，偶6~9或18~21，通常伸出花冠管；子房卵球形、圆锥形至圆柱形，被鳞片，花柱细长劲直，稀短而弯弓，干净或下部被鳞片，稀被柔毛。蒴果长圆形、长圆状卵形至卵球形，密被鳞片。

全球约170种，主产东喜马拉雅地区至我国四川、西藏和云南，7种产中南半岛，1种产阿富汗、巴基斯坦，日本1种，北美2种，欧洲4种。《中国植物志》收录147种、9亚种和19变种，*Flora of China* 收录153种、9亚种和19变种；大部分种类分布于西南地区，少数种产甘肃、黑龙江、青海和陕西，极少数种产华南、华中和华东地区。本书收录31种、3亚种和1变种。

杜鹃组分亚组检索表

1a. 花柱细长，劲直或向上弯曲。
  2a. 花柱下部被鳞片，稀无鳞；花萼通常发育，具长圆形或卵形的明显裂片，若花萼不发育，则边缘具长睫毛。
    3a. 花冠较大，长（3.2～）5.5～10cm，通常白色，有时带淡红色晕，稀黄色，外面被短柔毛或无·········
    ··· **亚组1. 有鳞大花亚组 Subsect. *Maddenia***
    3b. 花冠较小，长2.5～3.9cm，白色、粉红色，外面无毛······· **亚组8. 灰背杜鹃亚组 Subsect. *Tephropepla***
  2b. 花柱无鳞片，有时下部具短柔毛；花萼短小，裂片不明显，稀长达2～4mm。
    4a. 花冠漏斗状至宽漏斗状。
      5a. 小至中等大小的灌木，直立；叶片较大。
        6a. 花序有（1～）3～5（～7）花；花冠外面通常疏被鳞片或无，稀鳞片较密。
          7a. 通常为附生灌木；幼枝通常密被刚毛；花萼发育，裂片长圆形或卵圆形，长2～4mm·········
          ·· **亚组2. 川西杜鹃亚组 Subsect. *Moupinensia***
          7b. 地生灌木；幼枝通常无毛，稀被刚毛；花萼不发育，环状或齿裂，裂片卵圆形或三角形，长1～2mm·· **亚组3. 三花杜鹃亚组 Subsect. *Triflora***
        6b. 花序有4～10花；花冠外面被鳞片，管部更密········· **亚组4. 亮鳞杜鹃亚组 Subsect. *Heliolepida***
      5b. 矮小灌木，植株通常平卧；茎铺散或直立，或分枝密集呈垫状；叶片小至极小。
        8a. 花梗短，长2～4mm；花冠较小，长1～1.6cm，外面通常无毛········ **亚组5 高山杜鹃亚组 Subsect. *Lapponica***
        8b. 花梗较长，长（0.7～）1.5～2.5cm；花冠较大，长2.1～3cm，外面被短柔毛···············
        ································· **亚组6. 怒江杜鹃亚组 Subsect. *Saluenensia***
    4b. 花冠管状或钟形。
      9a. 花序顶生或腋生，有3～5花；花冠肉质，橙红色或朱砂红色，外面无鳞片；裂片短于花冠管，近直立··· **亚组7. 朱砂杜鹃亚组 Subsect. *Cinnabarina***
      9b. 花序顶生，有10花以上；花冠不为肉质，白色，外面被鳞片；裂片长于或等长于花冠管，开展··········
      ··· **亚组9. 照山白亚组 Subsect. *Micrantha***
1b. 花柱粗短，通常明显向下弯弓。
  10a. 叶背苍白色，鳞片间距为其直径的2～5倍············· **亚组10. 苍白杜鹃亚组 Subsect. *Glauca***
  10b. 叶背浅绿色，鳞片覆瓦状或间距为其直径的1/2············· **亚组11. 鳞腺杜鹃亚组 Subsect. *Lepidota***

亚组 1　有鳞大花亚组

Subsect. *Maddenia* (Hutchinson) Sleumer, Bot. Jahrb. Syst. 74: 533. 1949.

常绿灌木。幼枝被鳞片，有时具刚毛状粗毛或柔毛。叶薄革质、革质至厚革质，背面被大小不等的鳞片，少数种正面被细刚毛。伞形花序顶生，1至数花，常具芳香；花萼5裂，裂片通常长圆形至卵圆形，长0.5~1.2cm，稀齿裂，裂片长1~3mm；花冠在本亚属中最长大，长（3.2~）5.5~10cm，5裂，钟形、宽钟形、管状漏斗形、宽漏斗形至宽漏斗状钟形，通常白色或带红晕，稀鲜黄色，外面通常被鳞片；雄蕊10，稀18~21，花丝下部密被柔毛；子房卵球形、圆锥形至圆柱形，密被鳞片，花柱细长，稀短于雄蕊，稍向上弯曲，中部以下或下部被鳞片。蒴果长圆形、长圆状卵形至纺锤形，密被鳞片。

全球约45种，沿东喜马拉雅至中南半岛分布，即不丹、中国、印度、老挝、缅甸、尼泊尔、泰国和越南。《中国植物志》收录32种、2亚种和1变种，*Flora of China*收录34种、2亚种和2变种；主要分布于西藏、云南，零星散布于福建、广东、广西、贵州、湖南、江西、四川和浙江。本书收录7种、2亚种。

有鳞大花亚组分种检索表

1a. 雄蕊 18～21；花萼发育，裂片长约 1.2cm；叶柄正面有 "V" 字形纵沟 ························
··· **1. 滇隐脉杜鹃 *R. maddenii* subsp. *crassum***

1b. 雄蕊 10；花萼多变，裂片小至显著大；叶柄圆柱形或正面多少下凹。

  2a. 花萼明显 5 裂，裂片卵圆形至长圆状卵形，长 0.5～1.2cm。

    3a. 叶长大，长 10～17cm，宽 3～7cm；花冠长 8～10cm ···················· **2. 大喇叭杜鹃 *R. excellens***

    3a. 叶较小，长 2～9.5（～15）cm，宽 1.2～4cm；花冠长 3.2～7（～9）cm。

      4a. 花冠黄色，内外密被柔毛 ································· **5. 树枫杜鹃 *R. changii***

      4b. 花冠白色，内外无毛。

        5a. 幼枝无毛，花萼裂片开展 ····················· **4. 百合花杜鹃 *R. liliiflorum***

        5b. 幼枝密生或疏生粗毛，花萼裂片不开展。

          6a. 叶正面、叶缘密被长粗毛 ···················· **6. 南岭杜鹃 *R. levinei***

          6b. 叶正面无毛，叶缘密生或疏生粗毛 ··········· **3. 江西杜鹃 *R. kiangsiense***

  2b. 花萼环状，无明显裂片或 5 齿裂，裂片长不及 3mm。

    7a. 幼枝、叶柄密被黄褐色刚毛 ················· **9. 长柱睫毛萼杜鹃 *R. ciliicalyx* subsp. *lyi***

    7b. 幼枝、叶柄无毛或幼时被粗毛，但无刚毛。

      8a. 花萼边缘无毛；花梗长 1～2cm ················· **7. 红晕杜鹃 *R. roseatum***

      8b. 花萼边缘被长睫毛；花梗长 0.6～1.1cm ········· **8. 云上杜鹃 *R. pachypodum***

1
滇隐脉杜鹃

Rhododendron maddenii J. D. Hooker subsp. *crassum* (Franchet) Cullen, Notes Roy. Bot. Gard. Edinburgh 36(1): 107. 1978.

分布与生境

产西藏、云南；印度、缅甸、泰国和越南也有分布。生于海拔2000~3500m的针叶林、次生林下、岩坡灌丛或杜鹃花灌丛中。

迁地栽培形态特征

常绿灌木，高1.2~1.8m。

茎 主干棕褐色，皮层薄片状剥落，粗糙；幼枝暗红色，密被薄片状鳞片。

叶 厚革质，质地软，倒卵状椭圆形至椭圆形，长5.4~15.5cm，宽2.1~6cm，先端急尖或钝圆，具尖头，基部楔形；叶面深绿色，被近等大的鳞片，间距为其直径的3~5倍，叶背白绿色，密被不等大的鳞片，大鳞片褐色，散生，小鳞片黄褐色，邻接至其直径的2倍；中脉、侧脉正面凹陷，背面凸起，侧脉10~12对，不达叶缘网结；叶柄长0.7~2.8cm，具"V"字形纵沟，密被鳞片。

花 花芽鳞外面沿中脊两侧被鳞片和绒毛，边缘具睫毛；伞形花序顶生，有4~6花，具芳香，总轴长约3mm；花梗暗紫红色，长约1.5cm，密被鳞片；花萼发育，暗红色，5深裂，裂片长圆形，长约1.2cm，基部被鳞片，中上部和边缘干净；花冠管状漏斗形至漏斗状钟形，白色，长约8.2cm，冠檐径约7.5cm，花冠管外面及裂片中脊两侧密被鳞片，花冠管内面具黄色斑块；花冠5裂，裂片卵圆形，长约3.7cm，先端无缺刻；雄蕊18~21，不等长，长3.6~5.7cm，花丝白色，下部1/3或2/3被短柔毛，基部无，花药黄褐色；雌蕊短于花冠，子房卵圆形，长约1.2cm，密被鳞片，花柱紫红色，长约6cm，下部2/3或近通体密被鳞片，柱头紫红色，膨大呈盘状。

果 蒴果长卵形，长约2.5cm，径约1.2cm，具纵肋，密被鳞片。

受威胁状况评价

《中国生物多样性红色名录（*Redlist of China's Biodiversity*）——高等植物卷》（以下简称《RCB》）评估：无危（LC）；*The Red List of Rhododendrons*（以下简称《RLR》）评估：无危（LC）。

引种信息及栽培适应性

华西亚高山植物园 1997年10月，庄平、赵志龙从云南大理市苍山引种种子（登录号：970650）。生长旺盛，开花量较小，可结实，栽培适应性良好。

昆明植物园 1987年10月，张长芹从云南大理市苍山引种种子。杜鹃园栽培，长势良好，每年开花，但开花量小，未见结实，适应性一般。

物候

先叶后花、部分重叠物候型。

华西亚高山植物园（注：未注明地点均指龙池园区栽培，下同） 4月下旬叶芽膨大，5月中旬萌芽，5月下旬至6月下旬展叶；5月中旬花芽膨大，5月下旬至6月上旬现蕾，6月上旬始花、6月上中旬盛花、6月中下旬末花；10月中旬蒴果成熟。

　　昆明植物园　5月上旬叶芽膨大，5月中旬萌芽，5月下旬至6月中旬展叶；6月上旬花芽膨大，6月中旬现蕾，6月下旬至7月中旬开花；未见成熟蒴果。

　　　　注：物候中，"上中旬"、"中下旬"和"下旬至上旬"分别指每月的6～15日、16～25日和26日至次月的5日。

主要用途

　　观赏：株形优美，花大而芳香，观赏性强，适用于中海拔地区的景区绿化与园林造景。

植株　　叶芽　　叶背　　叶芽萌芽　　幼枝　　花芽　　花蕾　　花序　　花正面　　花侧面　　雄蕊　　雌蕊　　蒴果

2
大喇叭杜鹃

Rhododendron excellens Hemsley & E. H. Wilson, Bull. Misc. Inform. Kew 1910(4): 113-114. 1910.

分布与生境

产贵州、云南；越南也有分布。生于海拔800～2400m的常绿、落叶混交林下或灌丛中。

迁地栽培形态特征

常绿灌木，高1.4～1.8m。

茎 主干棕褐色，皮层层状剥落，光滑；幼枝紫褐色，叶痕明显，密被暗褐色鳞片。

叶 革质，长圆状椭圆形，长10～17cm，宽3～7cm，先端钝尖，具尖头，基部钝圆；叶面深绿色，幼时散生鳞片，后干净，叶背苍白色，密被不等大的褐色鳞片，大鳞片散生，小鳞片间距为其直径；中脉、侧脉正面明显凹陷，微呈泡状，背面明显突起，侧脉15～18对，两面明显；叶柄长1.5～3cm，暗紫色，圆柱形，无纵沟，密被鳞片，无毛。

花 花芽卵圆形；芽鳞花期早落，外面沿中脊两侧密被鳞片，边缘具短睫毛；伞形花序顶生，有3～4（～5）花，具芳香；花梗粗壮，长2～2.5cm，绿色，密被鳞片；花萼淡绿色，5裂，裂片大型，卵圆形，长1～1.2cm，直立或反折，外面基部被鳞片，中上部及边缘干净；花冠狭钟形至宽漏斗状钟形，长8～10cm，冠檐径9～11cm，白色，外面被鳞片，花冠管被鳞更密，花冠管内面具黄绿色斑块；花冠5裂，裂片圆形，先端缺刻；雄蕊10，短于花冠管，近等长，长6～7cm，花丝黄绿色，中下部被柔毛，花药大型，黑褐色，长达0.8～1.2cm；雌蕊与花冠近等长，子房圆锥形，长1～1.2cm，密被鳞片，花柱黄绿色，长8～9cm，下部1/2被鳞片，柱头绿色，膨大呈扁球形。

果 蒴果圆柱形，长4.5～5.5cm，径约1cm，具纵肋，密被鳞片，宿萼长1～1.5cm。

受威胁状况评价

《RCB》评估：近危（NT）；《RLR》评估：易危（VU）。

引种信息及栽培适应性

庐山植物园 2008年10月，张乐华从云南屏边苗族自治县（以下简称屏边县）大围山金平分水岭引种实生苗及种子（登录号：2009YN011）。保育温室栽培，生长良好，开花量一般，未见结实；杜鹃园栽培冬季冻害严重，适应性较差。

昆明植物园 1985年，冯国楣、吕正伟从云南个旧市后山引种实生苗；1987年11月，张长芹从云南个旧市后山引种种子；2008年10月，冯宝钧从云南屏边县大围山金平分水岭引种实生苗。杜鹃园栽培生长良好，开花量大，结实率较高，病虫害少，适应性良好。

物候

花叶同放物候型。

庐山植物园保育温室 4月下旬叶芽膨大，5月上旬萌芽，5月中旬至6月上旬展叶；4月下旬花芽膨大，5月上旬现蕾，5月中旬至6月上旬开花；未见成熟蒴果。

昆明植物园　4月中旬叶芽膨大，4月下旬萌芽，5月上旬至下旬展叶；4月中旬花芽膨大，4月下旬现蕾，5月2～11日始花、5月12～22日盛花、5月23～30日末花；10月上旬蒴果成熟。

主要用途

观赏：株形紧凑，花大而芳香，观赏性强，适用于盆栽及中海拔地区的景区绿化与园林造景。

植株

新叶与芽鳞

叶芽萌芽

成熟叶背面

花芽

花蕾

花序（示花侧面）

花正面

花枝

雌雄蕊

蒴果

3

江西杜鹃

Rhododendron kiangsiense W. P. Fang, Acta Phytotax. Sin. 7(2): 192. 1958.

分布与生境

中国特有种，产江西、浙江。生于海拔900～1700m的山坡灌丛、山顶岩坡上，多零星分布。

迁地栽培形态特征

常绿灌木，高0.6～1.5m；基部分枝多，常呈丛生状。

茎 主干灰色、灰褐色或红褐色，皮层层状剥落，光滑；幼枝幼时被灰白色刚毛状粗毛和鳞片，后粗毛逐渐脱落，2年生枝鳞片宿存。

叶 薄革质至革质，长圆状椭圆形，长4～7（～9.5）cm，宽2.5～3.5（～4）cm，先端钝尖至近圆形，具尖头，基部宽楔形至钝圆，边缘幼时密被纤细的睫毛，后脱落或基部多少残存；叶面深绿色，疏被棕褐色近等大的鳞片，间距为直径的2～5倍，叶背灰白色，密被褐色不等大的鳞片，间距为其直径的1～2倍，成熟叶两面无毛；中脉正面微凹，背面凸起，侧脉7～9对，两面微凸；叶柄长0.3～1cm，上面平坦或微凹，密被鳞片，两侧被刚毛状粗毛。

花 花芽长卵形；芽鳞外面沿中脊两侧被鳞片，边缘密被柔毛；伞形花序顶生，有1～2（～5）花，具芳香；花梗黄绿色带红晕，长1～2.2cm，密被鳞片，无毛；花萼发育，与花梗同色，5深裂，裂片卵圆形，不开展，长5～8mm，外面密被鳞片，边缘疏生鳞片和缘毛或干净；花冠宽漏斗形至钟形，白色，外面有时具紫红色肋纹，长5.5～6.5cm，冠檐径7.5～8.5cm，内外无毛，外面散生鳞片；花冠5裂至中部以下，裂片卵圆形，长2.3～3.2cm，宽2.7～3cm，先端波状，无缺刻，上方裂片内面基部具黄绿色斑块；雄蕊10，不等长，长2～3.5cm，稍短于或等长于花冠管，花丝白色，下部被白色微柔毛，花药浅褐色；雌蕊短于花冠，子房圆锥形，长5～6mm，径约4mm，密被鳞片，花柱白色或带红晕，长4.5～5.5cm，下部被鳞片，柱头淡绿色，膨大呈头状，顶端具沟纹。

果 蒴果长圆锥形，长1.2～1.8cm，径0.7～1cm，具5纵肋，密被金黄色鳞片。

受威胁状况评价

《RCB》评估：濒危（EN）；《RLR》评估：近危（NT）。

列入《国家重点保护野生植物名录》（2021）二级保护植物。

引种信息及栽培适应性

庐山植物园 1990年代，刘永书从江西井冈山引种实生苗；近20余年中，张乐华、单文和王兆红等先后多次从江西井冈山、武夷山、武功山等地引种实生苗和种子。杜鹃园栽培生长较好，每年大量开花结实，林缘栽培好于林下环境，适应性良好。

华西亚高山植物园 2009年11月，庄平从庐山植物园引种种子（登录号：2009L013）。生长旺盛，开花量大，结实率高，栽培适应性良好。

物候

先花后叶、部分重叠物候型。

庐山植物园（注：未注明地点均指杜鹃园栽培，下同） 4月上旬叶芽膨大，4月下旬萌芽，5月3～12日展叶始期、5月13～20日盛期、5月21日至6月2日末期；3月中旬花芽膨大，4月上旬现蕾，4月12～19日始花、4月20～26日盛花、4月27日至5月9日末花；10月中下旬蒴果成熟。

华西亚高山植物园 4月上旬叶芽膨大，4月下旬萌芽，5月上旬至6月上旬展叶；4月上旬花芽膨大，4月中旬现蕾，4月18～25日始花、4月26日至5月7日盛花、5月8～15日末花；10月下旬蒴果成熟。

主要用途

观赏：分枝多、株形紧凑，枝条萌发力强、耐修剪，花大而芳香，观赏性强，为优良的盆栽材料，也适用于中海拔地区的景区绿化与岩石园造景。作为我国区域性分布的国家二级重点保护植物，可通过园林应用促进其多样性保护。

植株　　主干　　叶芽　　叶背　　花芽　　正面花　　花蕾　　花枝　　花侧面（具红晕）　　花侧面（无红晕）　　雌雄蕊　　蒴果

4

百合花杜鹃

Rhododendron liliiflorum H. Léveillé, Repert. Spec. Nov. Regni Veg. 12(312-316): 102. 1913.

植株

椿年杜鹃（*R. chunienii* Chun & W. P. Fang，Acta Phytotax. Sin. 6(2): 169. 1957.）在《中国植物志》、*Flora of China* 均收录。原文与百合花杜鹃比较，区别是椿年杜鹃雄蕊5枚，且长度仅花冠管之半。庐山植物园曾于20世纪80年代末从广西龙胜各族自治县（以下简称龙胜县）模式产地引种实生苗，开花后发现该物种雄蕊10枚，雄蕊长度及花、叶鳞片和被毛特征与百合花杜鹃完全一致。接受将其作为百合花杜鹃的异名归并（耿玉英，2004）。

分布与生境

中国特有种，产广西、贵州、湖南和云南。生于海拔890～2100m的疏林下、林缘或山坡灌丛中。

迁地栽培形态特征

常绿灌木，高0.7～2.3m；基部多分枝，常呈丛生状。

🌿 主干红褐色，皮层层状剥落，光滑；幼枝密被不等大的鳞片，无毛，2年生枝鳞片宿存。

91

叶 革质，长圆形至长圆状椭圆形，长 6~15cm，宽 2~4.3cm，先端急尖至钝圆，具尖头，基部宽楔形至近圆形；叶面暗绿色，幼时密被鳞片，疏生刚毛状柔毛，成熟时残存少数鳞片或无鳞，无毛，叶背白绿色，被不等大的褐色鳞片，大鳞片散生，小鳞片间距为其直径的 1~3 倍；中脉正面微凸或凹陷，背面明显凸起，侧脉 10~14 对，正面微凹，背面微凸；叶柄长 1~2.5cm，圆柱形，无纵沟，被鳞片。

花 花芽长卵形；芽鳞花期早落，外面沿中脊两侧密被鳞片，边缘具白色柔毛；伞形花序顶生，有 2~3（~5）花，具芳香；花梗粗壮，淡黄绿色，长 1.3~2.2cm，密被白色鳞片；花萼与花梗同色，5 深裂，裂片大型，开展，稀反卷，长圆状卵形，长 6~9mm，基部被鳞片，中上部干净，边缘有时散生鳞片；花冠管状钟形，乳白色，长 7~9cm，冠檐径 8~9cm，内面基部具浅黄色斑块，外面被鳞片，向裂片先端渐稀；花冠 5 浅裂，裂片卵圆形，稍反卷，长 2.4~3cm，宽 3.5~4.3cm，先端波状，具浅缺刻或无；雄蕊 10，近等长，长 5~6cm，短于花冠，花丝中部以下白色、扁平并被柔毛，上半部黄绿色，干净，花药较大，暗褐色，椭圆形，长达 7~8mm；雌蕊稍短于花冠，子房圆锥形，长 1~1.1cm，密被白色鳞片，花柱黄绿色，长 6~7.5cm，下部被鳞片，柱头绿色，膨大呈头状，顶端具浅沟纹。

果 蒴果圆柱形或纺锤形，长 3.2~4.5cm，径 1~1.3cm，具纵肋，密被鳞片，花柱宿存。

受威胁状况评价

《RCB》评估：无危（LC）；《RLR》评估：近危（NT）。

引种信息及栽培适应性

庐山植物园 1980 年代，刘永书从广西龙胜县花坪引种实生苗；2010 年 10 月，张乐华从昆明植物园引种种子（登录号：2011KM007）。杜鹃园栽培长势良好，每年大量开花结实，适应性良好。

华西亚高山植物园 2007 年 9 月，冯正波、张超从广西龙胜县花坪引种种子（登录号：20071293）；2007 年 10 月，庄平、冯正波和张超从广西金秀瑶族自治县（以下简称金秀县）大瑶山引种种子（登录号：20071322）。生长旺盛，开花量大，结实率高，栽培适应性良好。

昆明植物园 2016 年 4 月，冯宝钧从庐山植物园引种实生苗。生长旺盛，每年开花结实，栽培适应性良好。

贵州省植物园 1990 年代，陈训、金平和张维从贵州赫章县引种实生苗；2006 年 12 月，陈训、巫华美、龙成昌和路黔从贵州花溪区高坡乡引种实生苗。杜鹃园栽培生长旺盛，每年开花结实，适应性良好。

物候

先花后叶、部分重叠物候型。

庐山植物园 4 月下旬叶芽膨大，5 月中旬萌芽，5 月 20~31 日展叶始期、6 月 1~12 日盛期、6 月 13~23 日末期；4 月中旬花芽膨大，4 月下旬现蕾，5 月 2~11 日始花、5 月 12~20 日盛花、5 月 21~30 日末花；10 月下旬蒴果成熟。

华西亚高山植物园 5 月下旬叶芽膨大，6 月上旬萌芽，6 月中旬至 7 月上旬展叶；4 月下旬花芽膨大，5 月上旬现蕾，5 月 10~17 日始花、5 月 18~31 日盛花、6 月 1~11 日末花；10 月下旬蒴果成熟。

昆明植物园 5 月上旬叶芽膨大，5 月中旬萌芽，5 月下旬至 6 月中旬展叶；4 月下旬花芽膨大，5 月上旬现蕾，5 月 9~18 日始花、5 月 19~27 日盛花、5 月 28 日至 6 月 7 日末花；10 月下旬蒴果成熟。

贵州省植物园 3 月下旬叶芽膨大，4 月中旬萌芽，4 月下旬至 5 月下旬展叶；3 月中下旬花芽膨大，4 月上中旬现蕾，4 月中下旬始花、5 月上中旬盛花、5 月中下旬末花；10 月上中旬蒴果成熟。

主要用途

观赏：分枝多、株形紧凑，花色素雅、清香宜人，枝条萌发力强、耐修剪，观赏性及适应性强，为优良的盆栽材料，也适用于中海拔地区的景区绿化与岩石园造景。

药用： 全株入药，有清热利湿、活血止血功效。

工业： 花富含挥发油，且无毒性，可用于香料和日用化工开发。

主干

叶芽与叶背

幼叶及芽鳞

花芽

花蕾

花序（5花）

花梗与花萼

花正面

花侧面

雌雄蕊

蒴果

5

树枫杜鹃

Rhododendron changii (W. P. Fang) W. P. Fang, Acta Phytotax. Sin. 21(4): 465-466. 1983.

分布与生境

中国特有种，产重庆、贵州。生于海拔 1200～2030m 的疏林下、林缘或灌丛中，多零星分布。

迁地栽培形态特征

常绿小灌木，高 0.35～0.7m；基部分枝较多，呈丛生状。

茎 主干灰色至红褐色，皮层层状剥落，光滑；枝条细瘦；幼枝密被棕色细刚毛，散生鳞片，2年生枝刚毛及鳞片宿存。

叶 薄革质，常聚生枝顶，长圆状椭圆形至长圆状倒卵形，较小，长 2～4.5cm，宽 1.2～3cm，先端急尖至钝圆，稀顶端微凹，具尖头，基部宽楔形至近圆形，边缘微反卷，密被刚毛状长睫毛；叶面深绿色，散生鳞片，基部和中脉下半部疏被细刚毛，叶背灰白色至暗红色，密被不等大的褐色鳞片，鳞片不重叠，间距为其直径的 1/2～1 倍，无毛；中脉正面凹陷，背面凸起，侧脉 8～10 对，正面微陷，背面不明显；叶柄长 4～8mm，扁圆形，具纵沟，被细刚毛和鳞片。

花 花芽鳞花期宿存，外面沿中脊两侧被褐色鳞片，具缘毛；伞形花序顶生，有 2（～3）花，具芳香；花梗粗壮，黄绿色，长 0.8～1.2cm，密被鳞片，无毛；花萼发育，与花梗同色，5 深裂，裂片长卵圆形，不开展，长 5～9mm，外面和边缘密被鳞片，无毛；花冠宽漏斗形至漏斗状钟形，黄色，长 3.2～4cm，冠檐径 4.5～5.5cm，外面密被棕黄色鳞片，向裂片边缘渐稀，花冠管内外两面密被白色柔毛；花冠 5 裂，裂片卵圆形，长 2～2.5cm，宽 2～2.2cm，先端边缘具鳞片，无缺刻，上方裂片内面基部具绿色斑块；雄蕊 10，不等长，长 2.1～3.7cm，花丝淡黄色，下部 2/3 或 1/2 密被白色开展的柔毛，花药黄褐色；雌蕊长于花冠，子房圆锥形，长 5～7mm，径约 4mm，密被鳞片，花柱淡黄绿色，长 4～5cm，下部 2/3 疏生鳞片，柱头紫红色，膨大呈头状。

果 未见。

受威胁状况评价

《RCB》评估：易危（VU）；《RLR》评估：极危（CR）。

列入《中国物种红色名录（第一卷：红色名录）》（2004）濒危（EN）种。

引种信息及栽培适应性

庐山植物园 2012 年 10 月，张乐华从重庆南川区金佛山引种种子（登录号：2013CQ010）；2014 年 5 月，张乐华、王书胜从重庆南川区金佛山引种实生苗；2019 年 11 月，张乐华从重庆南川区金佛山引种种子（登录号：2020CQ002）。保育温室栽培生长良好，2021 年首次开花，开花量小，未见结实；由于引种时间短，且杜鹃园未栽培，不作适应性评价。

华西亚高山植物园 2015 年 9 月，王飞、汪宣奕从重庆南川区金佛山引种实生苗（登录号：2015S0001）。长势较好，开花量较小，未见结实，栽培适应性较好。

物候

先花后叶、部分重叠物候型，或花叶同放物候型。

庐山植物园保育温室　3月上旬叶芽膨大，3月下旬萌芽，4月上旬至下旬展叶；2月下旬花芽膨大，3月中旬现蕾，3月中下旬始花、3月下旬盛花、4月上旬末花；未见成熟蒴果。

华西亚高山植物园　4月上旬叶芽膨大，4月中旬萌芽，4月中下旬至5月下旬展叶；4月上旬花芽膨大，4月中旬现蕾，4月中下旬至5月上旬开花；未见成熟蒴果。

主要用途

观赏：中小型灌木，分枝多、株形紧凑，花色鲜艳而芳香，枝条萌发力强、耐修剪，观赏性强，为优良的盆栽材料，也适用于中海拔地区的景区绿化与岩石园造景。作为我国区域性分布的受威胁物种，可通过园林应用促进其多样性保护。

植株　　主干　　叶芽与叶背
花芽　　花与小枝　　幼叶与芽鳞
花序　　花正面
花侧面　　花梗、花萼及雌蕊　　雄蕊

6

南岭杜鹃

Rhododendron levinei Merrill, Philipp. J. Sci. 13(3): 153-154. 1918.
别名： 北江杜鹃

分布与生境

中国特有种，产福建、广东、广西、贵州和湖南。生于海拔900~1500m的山地林下、林缘或灌丛中。

迁地栽培形态特征

常绿灌木，高0.5~0.7m。

茎 主干紫红色至暗红色，皮层层状剥落，光滑；幼枝密被棕色鳞片和刚毛状长粗毛，2年生枝粗毛脱落，鳞片宿存。

叶 薄革质，长椭圆形或椭圆状倒卵形，长2.5~6.5cm，宽1.2~2.8cm，先端钝圆至宽圆形，稀顶端微凹，具尖头，基部宽楔形至近圆形，边缘反卷，密被细刚毛状睫毛；叶面深绿色，幼时密被细刚毛和疏生鳞片，成熟时被鳞片和刚毛多少宿存，沿中脉被白色柔毛和鳞片，叶背灰白色，幼时被柔毛，不久脱落，成熟时被不等大的金黄色鳞片，大鳞片散生，小鳞片间距为其直径的1~2倍；中脉正面微陷，背面凸起，侧脉约9对，正面微现，背面不明显；叶柄长0.4~1cm，扁圆形，无纵沟，被鳞片和长粗毛。

花 花芽鳞花期宿存，外面沿中脊散生鳞片，边缘密被短柔毛；花单生枝顶，偶2花，微香，花梗绿色，长1.5~2.5cm，密被银白色鳞片，无毛；花萼发育，与花梗同色，5深裂，裂片长卵圆形，长0.7~1cm，外面疏生鳞片，边缘被微柔毛；花冠宽漏斗形，长5.5~6.5cm，冠檐径6.5~8cm，白色，内外无毛，内面基部具黄色斑块，外面散生鳞片；花冠5浅裂，裂片卵圆形，长1.5~2.5cm，宽3.2~4cm，顶部边缘散生短柔毛，先端缺刻；雄蕊10，不等长，长2.5~4.2cm，短于花冠，花丝白色，下部被柔毛，花药褐色；雌蕊与花冠近等长，子房卵球形，长约6mm，密被白色鳞片，无毛，花柱长4.5~6.2cm，下部浅黄绿色，被鳞片，其余白色，干净，柱头黄绿色，稍膨大。

果 蒴果长圆形，长约1.8cm，径约9mm，具5纵肋，密被鳞片。

受威胁状况评价

《RCB》评估：近危（NT）；《RLR》评估：数据缺乏（DD）。

引种信息及栽培适应性

庐山植物园　2011年3月，张乐华从湖南省植物园引种苗木，种源为来自湖南宜章县莽山的实生苗。保育温室栽培长势良好，开花量一般，结实率较低；由于引种时间短，且杜鹃园未栽培，不作适应性评价。

华西亚高山植物园　引种信息不详。长势较好，开花量一般，但结实率高，栽培适应性良好。

物候

先花后叶、部分重叠物候型，或花叶同放物候型。

庐山植物园保育温室　3月中旬叶芽膨大，4月上旬萌芽，4月上中旬至5月上旬展叶；3月上旬花芽膨大，3月中下旬现蕾，3月下旬始花、4月上中旬盛花、4月下旬末花；10月中旬蒴果成熟。

　　华西亚高山植物园　4月上旬叶芽膨大，4月下旬萌芽，5月上旬至6月上旬展叶；4月上旬花芽膨大，4月下旬现蕾，5月2～9日始花、5月10～17日盛花、5月18～25日末花；10月下旬蒴果成熟。

主要用途

　　观赏：分枝多、株形紧凑，花色素雅而芳香，枝条萌发力强、耐修剪，观赏性强，为优良的盆栽材料，也适用于中海拔景区的园林绿化及低海拔城市林下、林缘造景。

7

红晕杜鹃

Rhododendron roseatum Hutchinson, Notes Roy. Bot. Gard. Edinburgh 12(56): 57-58. 1919.

植株

幼叶

叶背

分布与生境

产云南；缅甸也有分布。生于海拔2000～3000m的常绿阔叶林下、山坡阳处、山脊林内或岩坡灌丛中。

迁地栽培形态特征

常绿灌木，高约1.2m。

🟤茎 主干灰褐色，皮层片状开裂，粗糙；枝条绿色至淡褐色，疏被长粗毛和褐色鳞片。

🟤叶 革质，常聚生枝顶，长倒卵形至长椭圆状倒卵形，长6～10cm，宽2～4.5cm，先端三角状锐尖，具尖头，基部宽楔形，边缘幼时疏生长睫毛，不久脱落或基部多少宿存；叶面亮深绿色，幼时密被鳞片，后脱落或多少宿存，叶背灰白色，被不等大的鳞片，大鳞片褐色，散生，小鳞片黄褐色，间距为其直径的1～4倍，沿中脉被鳞更密；中脉正面略凹，背面凸起，侧脉6～8对，纤细，两面不明显；叶柄长0.8～1.2cm，具纵沟，幼时两侧疏生粗毛和鳞片，后鳞片多少宿存。

🟤花 花芽鳞外面沿中脊两侧被鳞片，边缘被白色柔毛；伞形花序顶生，有2～4花，具芳香；花梗绿色，长1~2cm，密被鳞片，基部密被灰白色短柔毛；花萼淡绿色，波状5齿裂，裂片三角状卵形，长2~3mm，外面及边缘被鳞片，无缘毛；花冠宽漏斗状，蕾期粉红色，盛开后白色带淡红色晕，长5.5~7cm，外面被鳞片和短柔毛，花冠管外面被毛更密；花冠5裂至中部，裂片圆形，长2.8~3.6cm，上方裂片内面具黄色斑块；雄蕊10，不等长，长2.5~3.6cm，长达花冠裂片的中部，花丝白色，中部以下密被开展的白色柔毛，花药浅褐色；雌蕊短于花冠或近等长，子房圆柱形，长约5mm，密被鳞片，花柱黄绿色，长4.5~5.5cm，中部以下被鳞片，柱头绿色，膨大呈盘状。

🔴 果　未见。

受威胁状况评价

《RCB》评估：近危（NT）；《RLR》评估：易危（VU）。

引种信息及栽培适应性

昆明植物园　1987年，张长芹从云南福贡县匹河怒族乡知子罗村引种种子。生长旺盛，每年开花，但未见结实，栽培适应性较好。

物候

先花后叶物候型。

昆明植物园　3月下旬叶芽膨大，4月上旬萌芽，4月中旬至5月上旬展叶；3月上旬花芽膨大，3月中旬现蕾，3月19~26日始花、3月27日至4月8日盛花、4月9~15日末花；未见成熟蒴果。

主要用途

观赏：分枝多、枝繁叶茂，花色素雅而芳香，观赏性强，适用于中海拔地区园林绿化与花境造景。

花芽　　花蕾　　小花分开

花枝　　花序　　雄蕊

花正面　　雌蕊

8
云上杜鹃

Rhododendron pachypodum I. B. Balfour & W. W. Smith, Notes Roy. Bot. Gard. Edinburgh 9(44-45): 254-256. 1916.

别名: 粗柄杜鹃、白豆花、波瓣杜鹃

分布与生境

产云南;缅甸也有分布。生于海拔1200～2800m的干燥山坡灌丛中、山坡杂木林下或石山阳处。

迁地栽培形态特征

常绿灌木,高1～2m。

茎 主干红褐色,皮层层状剥落,光滑;老枝灰色;幼枝幼时密被银白色鳞片,无毛,后鳞片变为褐色。

叶 革质,长椭圆形、椭圆状披针形至倒卵形,长7～10cm,宽2.5～3.5cm,先端渐尖或急尖,基部宽楔形至近圆形,边缘幼时疏生长睫毛,后多少宿存;叶面深绿色,幼时疏生鳞片,后逐渐脱落,叶背灰白色,密被褐色或红褐色不等大的鳞片,大鳞片散生,小鳞片间距为其直径的0.5～4倍;中脉、侧脉正面凹陷,背面凸起,侧脉9～11对,纤细;叶柄长1～1.5cm,具纵沟,密被褐色鳞片,疏生长纤毛。

花 花芽鳞外面密被褐色鳞片,边缘具白色缘毛;伞形花序顶生,有3～4花,稀2花;花梗绿色,长0.6～1.1cm,密被鳞片,无毛;花萼不发育,5浅裂,裂片圆齿形或三角形,长约1mm,稀发育呈披针形,长达1.5cm,外面被鳞片,边缘被长睫毛;花冠宽漏斗状,白色或外面带淡红色晕,长6～7cm,冠檐径7～8cm,花冠管外面被鳞片及灰白色微柔毛,内面被微柔毛;花冠5裂,裂片卵圆形,外面沿中脊两侧密被鳞片,上方裂片内面基部具黄绿色斑块;雄蕊10,不等长,长2～3.5cm,长雄蕊长达花冠裂片中部,花丝白色,下部被柔毛,花药棕褐色;雌蕊与花冠近等长,子房圆柱形,长约5mm,密被鳞片,花柱基部黄绿色,上半部白色,长4.5～5.5cm,下部2/3被鳞片,柱头黄绿色,膨大呈头状。

果 蒴果卵圆形或长圆状卵形,长1.8～2.5cm,具6纵肋,密被鳞片。

受威胁状况评价

《RCB》及《RLR》评估:均为无危(LC)。

引种信息及栽培适应性

庐山植物园 2006年10～11月,张乐华从英国Brodick Castle, Garden & Country Park引种种子(登录号:2007B054);2008年3月,张乐华从云南大理市苍山引种种子(登录号:2008K10);2010年10月,张乐华从昆明植物园引种种子(登录号:2011KM14)。保育温室栽培生长良好,开花量较小,结实率较低;杜鹃园栽培生长较好,但冬季冻害严重,适应性差。

昆明植物园 1990年代,张长芹、冯宝钧从云南屏边县引种种子。杜鹃园栽培生长旺盛,每年开花结实,适应性较好。

物候

先花后叶、部分重叠物候型。

庐山植物园 4月中旬叶芽膨大，4月下旬至5月上旬萌芽，5月上中旬至6月上旬展叶；花芽被冻死，未见开花。**保育温室** 4月上旬叶芽膨大，4月中下旬萌芽，4月下旬至5月中旬展叶；3月中旬花芽膨大，3月下旬至4月上旬现蕾，4月上旬至下旬开花；10月下旬蒴果成熟。

昆明植物园 3月下旬叶芽膨大，4月中旬萌芽，4月下旬至5月中旬展叶；3月中旬花芽膨大，3月下旬现蕾，4月1～10日始花、4月11～18日盛花、4月19～29日末花；9月下旬蒴果成熟。

主要用途

观赏：株形优美，花繁叶茂，耐修剪，观赏性强，适用于大型盆栽及中海拔地区的园林绿化。

食用：花大，可食用，云南白族、彝族、纳西族等将其花作为蔬菜食用，风味独特。

幼叶与芽鳞　新叶　植株　花芽与叶背面　小花分开　花序　花正面　花枝　花正面（示雌雄蕊）　花侧面　蒴果

9

长柱睫毛萼杜鹃

Rhododendron ciliicalyx Franchet subsp. ***lyi*** (H. Léveillé) R. C. Fang, Fl. Yunnan. 4: 479. 1986.

别名： 长柱睫萼杜鹃、长柱杜鹃

植株　幼枝　叶芽

分布与生境

　　产贵州、云南；印度、老挝、缅甸、泰国和越南也有分布。生于海拔 1200~2740m 混交林下、石山灌丛中或干燥山坡上。

迁地栽培形态特征

　　常绿灌木，高 2~3m。

　　茎　主干棕褐色，皮层层状剥落，光滑；幼枝密被黄褐色刚毛和疏被鳞片，2~3 年生枝刚毛宿存。

　　叶　革质，长圆状椭圆形、狭倒卵形至长圆状披针形，长 6~10cm，宽 2~4cm，先端渐尖至急尖，基部楔形，边缘幼时被刚毛状长睫毛，后多少宿存；叶面深绿色，幼时疏生鳞片，后脱落，背面灰白色，密被褐色不等大的鳞片，间距小于其直径至近邻接；中脉正面凹陷，背面明显凸起，侧脉 8~10 对，细脉明显；叶柄长 0.6~1cm，具纵沟，疏生鳞片，密被黄褐色刚毛。

　　花　花芽鳞外面沿中脊两侧密被黄色鳞片，边缘具白色缘毛；伞形花序顶生，有 2~5 花，具芳香；花梗粗壮，黄绿色，长 0.6~1cm，密被鳞片；花萼绿色，波状至齿状 5 裂，裂片大小变化，圆齿形或三角形，长 1~3mm，外面密被鳞片，边缘疏生刚毛状睫毛；花冠宽漏斗形，花蕾期紫红色，盛开后白色带红晕或淡紫色，长 6~7.5cm，冠檐径 7~8cm，外面沿中脊两侧疏被鳞片，花冠管外面被微柔毛；花冠5裂，裂片卵圆形，与花冠管近等长，长3～3.5cm，宽2.5～3cm，边缘波状，上方裂片内面基部具淡黄色至橘黄色斑块；雄蕊10，不等长，长3.5～5cm，短于花冠，花丝白色带粉色，下部疏被柔毛，花药米黄色，长约6mm；雌蕊长于花冠，子房圆柱形，长5～6mm，密被鳞片，花柱淡黄色，长6.5～7.5cm，中部以下被鳞片，柱头黄绿色，膨大呈头状。

果 蒴果长圆状卵形，长1.5～2cm，径约1cm，具6纵肋，密被鳞片。

受威胁状况评价

《RCB》及《RLR》评估：均为无危（LC）。

引种信息及栽培适应性

昆明植物园 1990年代，谢坚从云南宣威市野外引种种子。杜鹃园、所办公区大量栽培，生长旺盛，每年开花结实，适应性良好。

物候

先花后叶物候型。

昆明植物园 3月中旬叶芽膨大，4月上旬萌芽，4月中旬至5月上旬展叶；2月下旬花芽膨大，3月上中旬现蕾，3月15～22日始花、3月23日至4月5日盛花、4月6～12日末花；9月下旬至10月蒴果成熟。

主要用途

观赏：株形紧凑，花大而芳香，耐修剪，观赏性强，适用于大型盆栽及中海拔地区的园林绿化。

药用：花入药，有止咳、平喘功效，主治哮喘、咳嗽。

新叶

花芽

幼叶与芽鳞

小花分开

花枝

花正面

花侧面（示雌雄蕊）

蒴果

亚组 2　川西杜鹃亚组

Subsect. *Moupinensia* (Hutchinson) Sleumer, Bot. Jahrb. Syst. 74: 534. 1949.

中国特有亚组，共3种。《中国植物志》和 *Flora of China* 均全部收录。本书收录1种，亚组主要形态特征见种描述。

10
宝兴杜鹃

Rhododendron moupinense Franchet, Bull. Soc. Bot. France 33: 233, 237. 1886.

植株

花芽与叶芽

叶芽与叶背

主干

新梢、新叶与芽鳞

分布与生境

中国特有种，产贵州、湖北、四川和云南。通常附生于海拔1300~3000m的林中树上，或生于岩石上。

迁地栽培形态特征

常绿小灌木，高约0.9m。

🌿 **茎** 主干棕褐色，皮层层状剥落，光滑；幼枝被鳞片，密被刚毛。

🍃 **叶** 叶芽鳞长卵形，外面被鳞片，边缘具缘毛，早落；叶多聚生枝顶，假轮生，革质，长圆状椭圆形或卵状椭圆形，长2~6cm，宽1~2.4cm，先端急尖至钝圆，具尖头，基部宽楔形或近圆形，边缘反卷，幼时密被缘毛，后多少宿存；叶面暗绿色，除中脉近基部被褐色短硬毛外，其余干净，叶背浅

105

绿色至黄绿色，密被近等大的褐色鳞片，间距为其直径至邻接；中脉正面明显凹陷，背面凸起，侧脉约8对，正面凹陷呈细沟纹，背面不明显；叶柄较短，紫红色，长0.4~1cm，密被鳞片和棕色刚毛。

花　花芽鳞外面沿中脊两侧尤其是近顶端密被鳞片，边缘被白色柔毛；伞形花序顶生，有1~2花；花梗黄绿色或带红晕，长0.6~1.6cm，密被鳞片和柔毛或刚毛；花萼黄绿色，5深裂，裂片长圆形或卵圆形，长2~4mm，外面密被鳞片，边缘具细刚毛；花冠宽漏斗形，白色，具黄色肋纹，长约5.5cm，冠檐径约6cm，外面干净，内面中下部具橙黄色斑点，基部具柔毛；花冠5裂，裂片卵形，长约2.5cm，先端缺刻或不明显；雄蕊10，不等长，长2.2~3.5cm，花丝白色，中部以下被开展的白色柔毛，花药紫褐色；雌蕊短于花冠，子房卵圆形，长约6mm，密被鳞片，花柱淡黄色，长约3.5cm，干净或基部与子房连接处疏生少数柔毛和鳞片，柱头黄绿色，膨大呈头状。

果　蒴果卵圆形，长1.5~2cm，径0.8~1cm，无纵肋，密被褐色不等大的鳞片。

受威胁状况评价

《RCB》评估：易危（VU）;《RLR》评估：近危（NT）。

引种信息及栽培适应性

华西亚高山植物园　1998年9月，庄平、张超和冯正波从四川都江堰市龙池引种种子（登录号：980204）。长势较好，开花量大，结实率高，栽培适应性良好。

物候

先花后叶物候型。

华西亚高山植物园　3月中旬叶芽膨大，4月上旬萌芽，4月中旬至5月下旬展叶；1月下旬花芽膨大，2月中旬现蕾，2月20日至3月1日始花、3月2~19日盛花、3月20~30日末花；8月下旬蒴果成熟。

主要用途

观赏：分枝多，枝条开展，具附生习性，适用于中海拔地区的立体（如树杈、枯木和假山）造景。

花蕾

花序

花正面

花侧面

雄蕊

雌蕊和花梗、花萼

蒴果

亚组3 三花杜鹃亚组

Subsect. *Triflora* Sleumer, Bot. Jahrb. Syst. 74: 536. 1949.

常绿、稀半常绿灌木。幼枝被鳞片，少数种被刚毛或柔毛。叶纸质至硬革质，幼时两面被鳞片，成熟时叶面无鳞或疏生鳞片，叶背疏被或密被不等大的鳞片，通常两面无毛。伞形或短总状花序顶生，稀多个花序同时侧生枝顶叶腋；花少至多数，通常3花；花萼环状或5齿裂，裂片短小，长1~2mm，密被鳞片；花冠宽漏斗状，5裂，裂片与花冠管近等长或稍长，外面有或无鳞片，稀有毛；雄蕊10，花丝中下部被毛，基部无；子房圆锥形至长圆形，密被鳞片，被毛或无，花柱通常干净。蒴果长圆形至圆锥形，密被鳞片。

全球约25种，分布于不丹、中国、印度、日本、缅甸和尼泊尔。《中国植物志》收录23种、2亚种和2变种，*Flora of China*收录24种、2亚种和2变种，主产四川、云南，少数种分布于甘肃、河南、湖北和陕西。本书收录14种，其中原产日本1种。

三花杜鹃亚组分种检索表

1a. 花冠淡黄色、黄色或黄绿色。

  2a. 叶背鳞片疏生，间距为其直径的2～4倍；叶片先端长渐尖或长尾状尖；花冠外密被短柔毛··13. **黄花杜鹃 _R. lutescens_**

  2b. 叶背鳞片密生，间距为其直径或小于直径或近邻接；叶片先端锐尖、钝圆或渐尖；花冠外无毛，或被微柔毛或短柔毛。

    3a. 叶背鳞片不等大··14. **问客杜鹃 _R. ambiguum_**

    3b. 叶背鳞片近等大。

      4a. 叶卵圆形、椭圆形；花冠外被鳞片和柔毛··15. **三花杜鹃 _R. triflorum_**

      4b. 叶卵状披针形、长圆状披针形或披针形；花冠外疏生鳞片，无毛··········24. **阴地杜鹃 _R. keiskei_**

1b. 花冠白色、淡红色或紫色，不为黄色。

  5a. 叶柄被刚毛，无柔毛。

    6a. 幼枝、叶正面、花梗、花萼、花冠外及子房被刚毛··11. **长毛杜鹃 _R. trichanthum_**

    6b. 幼枝、叶正面、花梗、花萼、花冠外及子房无刚毛······································19. **紫花杜鹃 _R. amesiae_**

  5b. 叶柄无毛或被柔毛，稀有刚毛。

    7a. 叶两面有毛。

      8a. 叶背鳞片密生，间距为其直径的0.5～2倍；花芽通常单生顶生。

        9a. 成熟叶中脉正面疏被柔毛，中脉背面密被柔毛····························12. **毛肋杜鹃 _R. augustinii_**

        9b. 成熟叶中脉两面疏被柔毛或无毛··18. **秀雅杜鹃 _R. concinnum_**

      8b. 叶背鳞片疏生，间距为其直径的2～6倍；除顶生花芽外，通常有多个花芽同时侧生枝顶叶腋。

        10a. 叶常绿；花冠外无鳞片··16. **基毛杜鹃 _R. rigidum_**

        10b. 叶常绿至半常绿；花冠外疏生鳞片··17. **云南杜鹃 _R. yunnanense_**

    7b. 叶两面无毛。

      11a. 叶革质。

        12a. 叶面密被或疏被鳞片；花冠外密被或疏生鳞片。

          13a. 叶背鳞片不等大，大鳞片散生，小鳞片彼此邻接或覆瓦状，稀间距为其直径之半··22. **多鳞杜鹃 _R. polylepis_**

          13b. 叶背鳞片近等大，间距为其直径的0.5～2倍···············23. **锈叶杜鹃 _R. siderophyllum_**

        12b. 叶面无鳞片；花冠外无鳞片··20. **山育杜鹃 _R. oreotrephes_**

      11b. 叶硬革质··21. **硬叶杜鹃 _R. tatsienense_**

11

长毛杜鹃

Rhododendron trichanthum Rehder, J. Arnold Arbor. 26(4): 480. 1945.

植株　小枝　幼枝　新叶　花蕾

分布与生境

　　中国特有种，产四川。生于海拔1600～3650m的林下或杜鹃花灌丛中。

迁地栽培形态特征

　　常绿灌木，高约1.7m。

　　茎 主干灰褐色，皮层片状剥落；幼枝被鳞片，密被刚毛和短柔毛。

　　叶 薄革质，椭圆状披针形、长圆状披针形或卵状披针形，长3.2～8.8cm，宽1.1～2.8cm，先端渐尖或锐尖，具尖头，基部楔形至钝圆；叶面疏生鳞片，被细刚毛，叶背被亮黄色至黄褐色不等大的鳞片，鳞片中心凹陷，边缘整齐，间距为其直径的1～4倍，被细刚毛，沿中脉毛被更密更长；中脉正面凹陷，背面凸起，侧脉约13对；叶柄长3～7mm，具纵沟，被鳞片和密刚毛。

花 花芽鳞外面沿中脊被鳞片，边缘密被柔毛；伞形或短总状花序顶生，有2～4花，总轴长约4mm，被鳞片和刚毛；花梗黄绿色或带暗红色，长1.5～2.3cm，被鳞片和密刚毛；花萼与花梗同色，5齿裂，裂片三角形，长约2mm，外面和边缘被鳞片和密刚毛；花冠宽漏斗形，两侧对称，紫色，长4～4.2cm，冠檐径5～5.4cm，外面被鳞片和刚毛，花冠管内面被短柔毛；花冠5裂，裂片长卵形至卵状三角形，长2～2.6cm，上方裂片内面具黄绿色斑点；雄蕊10，不等长，伸出花冠外，长2.2～3.5cm，花丝下部白色，其余淡紫色，中部以下密被开展的柔毛，基部无，花药棕黄色；雌蕊长于花冠，子房圆柱形，长约5mm，密被鳞片和刚毛，花柱肉色或黄绿色，长约3.9cm，干净，柱头紫红色，稍膨大，头状。

果 蒴果长圆柱形，长约1.4cm，径约4mm，被鳞片和刚毛。

受威胁状况评价

《RCB》及《RLR》评估：均为易危（VU）。

引种信息及栽培适应性

华西亚高山植物园 1997年10月，耿玉英、冯正波从四川泸定县海螺沟引种种子（登录号：970423）。生长旺盛，开花量一般，可结实，适应性良好。

物候

先叶后花、部分重叠物候型。

华西亚高山植物园 4月上旬叶芽膨大，4月中旬萌芽，4月中下旬至5月中旬展叶；4月中旬花芽膨大，5月上旬现蕾，5月10～15日始花、5月16～25日盛花、5月26～31日末花；翌年3月中旬蒴果成熟。

主要用途

观赏：株形紧凑，枝繁叶茂，花色靓丽，观赏性强，适用于大型盆栽及中海拔地区的园林造景。

花序　　花正面　　花侧面　　花内面

雄蕊　　雌蕊　　蒴果

12

毛肋杜鹃

Rhododendron augustinii Hemsley, J. Linn. Soc., Bot. 26(173): 19-20. 1889.

分布与生境

中国特有种，产贵州、湖北、陕西和四川。生于海拔1000~2680m的山谷、山坡林下或林缘、山坡灌丛中。

迁地栽培形态特征

常绿灌木，高约2.2m。

茎 主干褐色，皮层层状剥落；幼枝被鳞片和柔毛。

叶 革质，椭圆形、长圆形或长圆状披针形，长2.9~5cm，宽0.7~2cm，先端锐尖至渐尖，具尖头，基部楔形至钝圆，边缘幼时疏生长柔毛，不久脱落；叶面深绿色，密被或散生鳞片至无鳞，疏或密被短柔毛，沿中脉被毛更密，成熟叶毛较少，叶背浅绿色，密被不等大的鳞片，大鳞片褐黑色，散生，小鳞片棕黄色，间距为其直径的1~2倍，沿中脉下半部密被白色柔毛，毛被通常延伸至叶柄，其余无毛；中脉正面凹陷，背面凸起，侧脉9~11对，两面不明显；叶柄长3~5mm，被鳞片，密被短柔毛或微硬毛。

花 花芽鳞花期早落，外面沿中脊两侧被鳞片，边缘被柔毛；伞形花序顶生，有3~5花，总轴长约5mm，被鳞片；花梗绿色或带红晕，长1.5~1.8cm，疏生鳞片，近无毛；花萼与花梗同色，环状或5齿裂，裂片卵形或三角形，长约1mm，外面和边缘被鳞片，有时疏生缘毛；花冠宽漏斗形，两侧对称，淡蓝紫色、淡紫色，长3~3.1cm，冠檐径3.5~4.2cm，外面被鳞片，花冠管外面疏生柔毛，内面被微柔毛；花冠5裂，裂片长圆形，长0.9~1.8cm，上方裂片内面具黄绿色斑点；雄蕊10，不等长，长1.9~3cm，花丝白色，下部密被开展的柔毛，基部无，花药黄褐色；雌蕊长于花冠，子房圆柱形，长约3mm，密被鳞片，无毛或基部被柔毛，花柱淡绿色，长约3.5cm，干净，稀下部被微柔毛，柱头紫褐色，稍膨大。

果 蒴果长圆形，长1~1.5cm，径4~6mm，密被鳞片。

受威胁状况评价

《RCB》及《RLR》评估：均为无危（LC）。

引种信息及栽培适应性

华西亚高山植物园　1987—1989年春季、秋季，陈明洪、赵志龙等从四川都江堰市龙池引种实生苗。生长旺盛，开花量大，结实率较高，栽培适应性良好。

物候

先叶后花、部分重叠物候型。

华西亚高山植物园　3月中旬叶芽膨大，4月上旬萌芽，4月中旬至5月中旬展叶；4月中旬花芽膨大，4月下旬至5月上旬现蕾，5月5~12日始花、5月13~23日盛花、5月24~30日末花；11月上旬蒴果成熟。

　　观赏： 分枝多、株形紧凑，花繁叶茂、色泽艳丽，适用于大型盆栽和中海拔地区的园林绿化。

　　药用：《中国有毒植物图谱数据库》收录。果、叶萃取物有抑菌作用，可用于药物开发。

植株

主干

叶背面

花序

花正面

幼枝与幼叶

小花分开与叶芽萌芽

花侧面（示花梗与花萼）

雄蕊

雌蕊

蒴果

117

15

三花杜鹃

Rhododendron triflorum J. D. Hooker, Rhododendron Sikkim Himalaya 2: t. 19. 1851.

分布与生境

产西藏、云南；不丹、印度、缅甸和尼泊尔也有分布。生于海拔2500~3700m的针叶林、混交林下或山坡灌丛中。

迁地栽培形态特征

常绿灌木，高约1.3m。

🟢 **茎** 主干棕褐色，皮层层状剥落，光滑；幼枝密被鳞片。

🟢 **叶** 薄革质，卵圆形或椭圆形，长3.1~5cm，宽1.6~2.2cm，先端渐尖、锐尖或稍钝，具尖头，基部钝圆或浅心形；叶面亮绿色，无鳞片，叶背灰白色或淡绿色，密被近等大的小鳞片，间距为其直径或不及；中脉正面凹陷，背面凸起，侧脉9~13对；叶柄长4~6mm，有纵沟，密被鳞片。

🟢 **花** 花芽鳞外面被鳞片，边缘密被柔毛；短总状或伞形花序顶生，有2~4花，具芳香，总轴长2~4mm，被鳞片；花梗紫红色，长1.5~1.9cm，被鳞片；花萼与花梗同色，环状或波状5浅裂，裂片三角形，长约1mm，外面及边缘密被鳞片，无缘毛；花冠宽漏斗状，略呈两侧对称，淡黄色，有时带杏红色，长2.5~2.8cm，冠檐径2.7~3.7cm，外面被鳞片和短柔毛；花冠5裂，裂片卵圆形至长圆形，长1.2~1.6cm，上方裂片内面具红褐色或黄绿色斑点；雄蕊10，不等长，长1.2~2.4cm，花丝白色带粉色，下部密被长柔毛，基部无，花药黄褐色；雌蕊长于花冠，子房圆柱形，长3~4mm，密被鳞片，花柱黄绿色至紫红色，长2.5~2.8cm，干净，柱头黄绿色，稍膨大。

🟢 **果** 蒴果长圆形，直立，长0.7~1.2cm，径约5mm，具5纵肋，密被鳞片。

受威胁状况评价

《RCB》及《RLR》评估：均为无危（LC）。

引种信息及栽培适应性

庐山植物园　2006年10~11月，张乐华分别从Brodick Castle, Garden & Country Park（登录号：2007B010）、Crarae Garden（登录号：2007C095）引种种子。保育温室栽培生长良好，开花量较小，未见结实；杜鹃园未栽培，不作适应性评价。

华西亚高山植物园　1998年9月，庄平、张超和冯正波从西藏米林县多雄拉山引种种子（登录号：980126、980148）；2010年9月，庄平、王飞、朱大海和李建书从西藏巴宜区色季拉山引种种子（登录号：1009099）。生长旺盛，开花量大，结实率一般，适应性良好。

物候

先叶后花、部分重叠物候型。

庐山植物园保育温室　3月中旬叶芽膨大，3月下旬至4月上旬萌芽，4月上旬至5月上旬展叶；3月中旬花芽膨大，3月下旬至4月上旬现蕾，4月上中旬至5月上旬开花；未见成熟蒴果。

华西亚高山植物园　3月下旬叶芽膨大，4月上中旬萌芽，4月中旬至5月中旬展叶；4月上旬花芽膨大，4月中旬现蕾，4月18～24日始花、4月25日至5月4日盛花、5月5～12日末花；11月上旬蒴果成熟。

主要用途

观赏：分枝多、株形紧凑，花繁叶茂、色泽鲜艳而芳香，枝条萌发力强、耐修剪，观赏性强，适用于大型盆栽及中海拔地区的景区绿化与园林造景。

药用：花、叶入药，具消炎止咳、祛风利湿、活血调经功效，主治咽喉炎、气管炎、肺病、妇科疾病。

植株　主干　叶芽及叶背　花及新叶　花正面　花侧面（示花梗与花萼）　雄蕊　雌蕊　蒴果

16

基毛杜鹃

Rhododendron rigidum Franchet, Bull. Soc. Bot. France 33: 233. 1886.

分布与生境

中国特有种，产贵州、四川和云南。生于海拔1700~3400m的疏林、林缘或杜鹃花灌丛中。

迁地栽培形态特征

常绿灌木，高0.7~1.8m。

茎 主干灰褐色，皮层片状剥落，粗糙；幼枝疏生鳞片，无毛。

叶 革质，椭圆形、长圆状椭圆形或长圆状披针形，长3.5~6.5cm，宽1.5~3cm，先端急尖、锐尖或短渐尖，具尖头，基部宽楔形或近圆形，边缘稍反卷，幼时疏生缘毛，后脱落或基部多少宿存；叶面暗绿色，成熟时散生棕色鳞片和疏被灰白色柔毛，中脉基部密生微柔毛，叶背灰绿色，散生不等大的金黄色鳞片，间距为其直径的3~6倍，无毛；中脉正面凹陷，背面凸起，侧脉10~12对，细脉背面纤细、清晰；叶柄长3~9mm，有纵沟，被鳞片，无毛或凹槽内疏生柔毛。

花 花芽鳞外面密被鳞片，边缘被白色柔毛；短总状花序顶生，或多个花序同时侧生枝顶叶腋，每个花序有3~6花，多4花，少数仅1~2花，具淡香，总轴长2~5mm，疏生鳞片；花梗黄绿色或带红晕，长1~2.5cm，疏生鳞片；花萼与花梗同色，环状或波状5浅裂，裂片三角形，长约1mm，外面密被鳞片，边缘干净或有时散生鳞片；花冠宽漏斗状，两侧对称，蕾期淡紫色，开放后白色、淡红色或淡紫红色，长3~3.5cm，冠檐径4.2~4.6cm，内外干净；花冠5裂，裂片长圆形至卵形，长1.7~2.2cm，宽1.5~1.8cm，上方裂片内面具橘黄色至紫红色斑点；雄蕊10，不等长，长1.6~3.8cm，长雄蕊长于花冠，花丝白色，下部被短柔毛，基部无，花药米黄色至紫色；雌蕊长于雄蕊，子房圆柱形，长约3mm，密被鳞片，无毛，花柱白色至淡黄绿色，长3~4.5cm，干净，柱头黄绿色至紫红色，稍膨大。

果 蒴果圆柱形，长1~1.4cm，径约6mm，密被鳞片。

受威胁状况评价

《RCB》及《RLR》评估：均为无危（LC）。

引种信息及栽培适应性

庐山植物园 2006年10~11月，张乐华从英国Crarae Garden引种种子（登录号：2007C115）；2008年3月，张乐华从云南昆明市呈贡区梁王山引种实生苗和种子（登录号：2008K012）。杜鹃园栽培生长旺盛，开花量较大，但结实率较低，适应性较好。

华西亚高山植物园 1997年10月，庄平、赵志龙从云南玉龙纳西族自治县（以下简称玉龙县）玉龙雪山引种种子（登录号：970530）；2004年9月，冯正波从四川盐源县小高山引种种子（登录号：20041020）；2008年9月，张超、王飞、朱大海和杨学康从云南香格里拉市小雪山引种种子（登录号：20086035）。生长旺盛，开花量大，结实率较高，栽培适应性良好。

昆明植物园 1990年代，冯宝钧、张长芹从云南昆明市呈贡区梁王山引种种子和插穗。杜鹃园栽培初期长势较好，后期长势差，开花量一般，结实率低，适应性一般。

物候

先花后叶、部分重叠物候型。

庐山植物园 3月下旬叶芽膨大，4月上中旬萌芽，4月中旬至5月中旬展叶；3月中旬花芽膨大，4月上旬现蕾，4月上中旬至5月上旬开花；11月上旬蒴果成熟。

华西亚高山植物园 4月上旬叶芽膨大，4月中旬萌芽，4月下旬至5月下旬展叶；4月上旬花芽膨大，4月中旬现蕾，4月19~26日始花、4月27日至5月12日盛花、5月13~19日末花；10月下旬至11月中旬蒴果成熟。

昆明植物园 4月上旬叶芽膨大，4月中旬萌芽，4月下旬至5月中旬展叶；3月下旬花芽膨大，4月上旬现蕾，4月上中旬始花、4月中下旬盛花、5月上旬末花；未见成熟蒴果。

主要用途

观赏：株形优美，花团锦簇，色泽靓丽而芳香，观赏性强，适用于盆栽及中海拔地区园林绿化。

叶芽与花芽

新叶

植株

小花分开

花枝

花正面

多个花芽聚生枝顶

花侧面（示花梗与花萼）

雄蕊

雌蕊

蒴果

17

云南杜鹃

Rhododendron yunnanense Franchet, Bull. Soc. Bot. France 33: 232-233. 1886.

别名：滇杜鹃

分布与生境

产贵州、陕西、四川、西藏和云南；缅甸也有分布。生于海拔1200～3600m的针叶林、混交林下或山坡灌丛中。

迁地栽培形态特征

半常绿至常绿灌木，高1.2～3m。

茎 主干黑褐色，皮层片状剥落；幼枝疏生褐色鳞片，无毛。

叶 薄革质，长圆形、披针形或长圆状披针形、长圆状倒卵形，长4.5～7.9cm，宽1～3cm，先端渐尖至急尖，具尖头，基部楔形，边缘幼时具睫毛，后脱落；叶面深绿色，无鳞或疏生鳞片，无毛或沿中脉被微柔毛，少数整个叶面被微柔毛并散生刚毛，叶背淡绿色或灰绿色，疏生不等大的鳞片，鳞片中等大小，间距为其直径的2～5倍；中脉正面凹陷，背面凸起，侧脉10～12对，细脉纤细，清晰；叶柄长3～8mm，有纵沟，疏生鳞片，被短柔毛或有时疏生刚毛。

花 花芽鳞外面密被鳞片，边缘密被柔毛；伞形或短总状花序顶生，或多个花序同时侧生枝顶叶腋，每个花序有4～5花，总轴长约3mm，被鳞片；花梗黄绿色或紫红色，长1.7～2cm，被鳞片；花萼与花梗同色，环状或波状5浅裂，裂片三角形，长约1mm，外面及边缘被鳞片，疏生缘毛或无；花冠宽漏斗状，两侧对称，白色、淡红色或淡紫色，长3～3.2cm，冠檐径3.2～4.5cm，外面疏生鳞片或无；花冠5裂，裂片长卵圆形，长1.5～2cm，上方裂片内面具黄绿色或紫红色斑点；雄蕊10，不等长，长1～3cm，长雄蕊与花冠近等长，花丝白色，下部被短柔毛，基部无，花药米黄色或紫红色；雌蕊长于花冠，子房圆柱形，长约4mm，径2～3mm，密被鳞片，花柱淡绿色至淡紫红色，长3～3.8cm，干净，柱头黄绿色或紫红色，稍膨大。

果 蒴果圆柱形，长0.6～1.4cm，径4～6mm，密被鳞片。

受威胁状况评价

《RCB》及《RLR》评估：均为无危（LC）。

引种信息及栽培适应性

庐山植物园 2006年10月，张乐华从英国Crarae Garden引种种子（登录号：2007C140）；2008年3月，张乐华、王书胜从昆明植物园引种种子（登录号：2008K009）。杜鹃园栽培生长旺盛，开花量较大，结实率一般，但冬季有轻微冻害，适应性较好。

华西亚高山植物园 1997年10月，庄平、赵志龙、耿玉英和冯正波从四川荥经县泥巴山引种种子（登录号：970275）；1997年10月，耿玉英、冯正波从四川木里藏族自治县（以下简称木里县）屋脚山引种种子（登录号：970398）；1997年10月，庄平、赵志龙从云南玉龙县玉龙雪山引种种子（登录号：970525）；2000年9月，庄平、冯正波和张超从云南宁蒗彝族自治县（以下简称宁蒗县）泸沽湖引种种子（登录号：000208）。生长旺盛，开花量大，结实率较高，栽培适应性良好。

昆明植物园 1990年代、2000年代，张长芹从云南禄劝彝族苗族自治县（以下简称禄劝县）轿子雪山及丽江市、香格里拉市野外引种实生苗和种子。生长旺盛，每年开花结实，栽培适应性良好。

物候

先花后叶或先叶后花、部分重叠物候型。

庐山植物园 4月上旬叶芽膨大，4月中旬萌芽，4月中下旬至5月中旬展叶；3月下旬花芽膨大，4月上中旬现蕾，4月中旬至5月上旬开花；10月下旬至11月上旬蒴果成熟。

华西亚高山植物园 当地栽培为先叶后花、部分重叠物候型。3月下旬叶芽膨大，4月上旬萌芽，4月中旬至5月中旬展叶；4月上旬花芽膨大，4月中旬现蕾，4月22～29日始花，4月30日至5月16日盛花、5月17～30日末花；10月下旬至11月中旬蒴果成熟。

昆明植物园 4月上旬叶芽膨大，4月中旬萌芽，4月下旬至5月中旬展叶；3月上中旬花芽膨大，3月下旬现蕾，4月1～9日始花、4月10～24日盛花、4月25日至5月10日末花；10月蒴果成熟。

主要用途

观赏：株形紧凑，花繁叶茂，色泽艳丽，观赏性强，适用于大型盆栽及中海拔地区的园林绿化。

药用：《中国有毒植物图谱数据库》收录。花入药，有清热、止血、调经功效，主治便血、咯血、月经不调等。

植株　　花芽与叶芽　　幼枝　　叶背面　　雄蕊

花枝（白色花）　　多个花芽聚生枝顶　　花侧面（紫色花，示花梗与花萼）　　花正面（淡紫色花）　　雌蕊　　蒴果

18

秀雅杜鹃

Rhododendron concinnum Hemsley, J. Linn. Soc., Bot. 26(173): 21-22. 1889.

分布与生境

中国特有种，产贵州、河南、湖北、陕西、四川和云南。生于海拔1800~3500m的针叶林下或山坡灌丛中。

迁地栽培形态特征

常绿灌木，高1.2~1.4m。

茎 主干灰褐色，皮层片状剥落；幼枝被短柔毛和散生鳞片，柔毛不久脱落。

叶 薄革质，长圆形，卵圆形或长圆状披针形、卵状披针形，长2~6.5cm，宽1.5~3cm，先端渐尖，具明显尖头，基部宽楔形至钝圆；叶面暗绿色，被灰色或灰褐色近等大的鳞片，间距为其直径2~5倍，沿中脉被柔毛或仅具毛痕迹，叶背黄绿色，密被金黄色或黄褐色不等大的鳞片，邻接或间距为其直径0.5~1倍，沿中脉被短柔毛或近无毛；中脉正面凹陷，背面凸起，侧脉9~11对；叶柄长0.5~1cm，有纵沟，被鳞片和短柔毛，柔毛不久脱落。

花 花芽鳞花期早落，外面密被短绒毛，无鳞片，边缘具缘毛；伞形花序顶生，有3~5花，总轴长3~5mm，疏被柔毛；花梗紫红色，长1.5~2cm，被鳞片；花萼与花梗同色，环状至波状5浅裂，裂片三角形，长约1mm，外面及边缘密被鳞片，具缘毛或无；花冠宽漏斗形，两侧对称，紫红色至淡紫色，长2.2~3.5cm，冠檐径4.5~5.5cm，外面疏生鳞片，花冠管内面被微柔毛；花冠5裂，裂片长卵圆形，长1.8~2.3cm，宽1.4~1.6cm，上方裂片内面具深红色斑点；雄蕊10，不等长，长2~3.5cm，长雄蕊稍长于花冠，花丝淡紫色，下部被柔毛，基部无，花药黄褐色；雌蕊稍长于花冠，子房圆锥形，长4~5mm，径约2mm，密被鳞片，有时先端疏生柔毛，花柱白色或淡紫色，长3~4cm，干净，柱头黄绿色，稍膨大。

果 蒴果圆柱形，长1~1.6cm，径4~5mm，具5纵肋，密被金黄色鳞片。

受威胁状况评价

《RCB》及《RLR》评估：均为无危（LC）。

引种信息及栽培适应性

庐山植物园 2006年10~11月，张乐华从英国Crarae Garden引种种子（登录号：2007C161）。杜鹃园栽培长势一般，开花量一般，结实率低，且叶片病斑较多，适应性较差。

物候

先花后叶、部分重叠物候型。

庐山植物园 3月中旬叶芽膨大，4月上旬萌芽，4月上中旬至5月上旬展叶；3月上旬花芽膨大，3月下旬现蕾，4月上旬始花、4月上中旬盛花、4月中下旬末花；10月中旬蒴果成熟。

主要用途

　　观赏：株形优美，花繁叶茂，色泽艳丽，观赏性强，适用于中海拔地区的园林绿化及林缘栽培。

　　药用：《中国有毒植物图谱数据库》收录。花、叶入药，有抗菌消炎、清热解毒、止血调经、健胃顺气功效，主治久喘、肺病、尿道炎、消化不良、胃下垂、肝脾肿大。

植株　　叶芽　　叶背面　　花蕾与叶芽

花序（示花梗与花萼）　　花正面

花侧面　　雌雄蕊　　蒴果

19

紫花杜鹃

Rhododendron amesiae Rehder & E. H. Wilson, Pl. Wilson 1(3): 523-524. 1913.

分布与生境

中国特有种,产四川。生于海拔2200~3000m的林下或山坡灌丛中。

迁地栽培形态特征

常绿灌木,高约1.5m。

茎 主干黄褐色,皮层纵裂,稀薄片状剥落;幼枝密被鳞片,无毛。

叶 革质,卵圆形、卵状椭圆形或椭圆状长圆形,长3.5~8.1cm,宽1.5~3.4cm,先端锐尖,具尖头,基部宽楔形至圆形;叶面暗绿色,疏生鳞片,沿中脉被柔毛或有毛痕迹,叶背淡绿色,密被不等大的鳞片,鳞片黄褐色或褐色,间距为其直径0.5~1倍;中脉正面凹陷,背面凸起,侧脉12~13对;叶柄长5~9mm,具纵沟,被鳞片和刚毛。

花 花芽鳞外面被鳞片,边缘具缘毛;短总状花序顶生,有3~5花,总轴长约3mm;花梗紫红色,长1.1~1.5cm,被鳞片,无毛;花萼黄绿色带红晕,环状或波状5裂,裂片钝圆或齿状三角形,长约1mm,外面和边缘密被鳞片;花冠宽漏斗形,两侧对称,紫色至紫红色,长3.3~4cm,冠檐径4~5cm,外面被柔毛和鳞片,向先端渐稀;花冠5裂,裂片长卵圆形,长1.7~2.2cm,上方裂片内面具深红色斑点或无;雄蕊10,不等长,长1.8~3.2cm,花丝白色或淡粉色,下部密被长柔毛,基部无,花药棕黄色;雌蕊长于花冠或近等长,子房圆锥形,长约3mm,密被鳞片,花柱基部黄绿色,其余浅粉紫色,长约3.9cm,干净,柱头暗紫色,稍膨大。

果 未见。

受威胁状况评价

《RCB》及《RLR》评估:均为极危(CR)。

考察发现,该物种野外有较多的种群分布(本书主编之一马永鹏近年先后发现9个种群,有些种群数量达千株以上),且其分类地位也值得商榷。建议保护等级降为濒危(EN)种。

引种信息及栽培适应性

华西亚高山植物园 1997年10月,庄平、赵志龙、耿玉英和冯正波从四川会理市龙肘山引种种子(登录号:970292)。长势较好,开花量小,未见结实,栽培适应性较好。

物候

花叶同放物候型。

华西亚高山植物园 4月上旬叶芽膨大,4月中旬萌芽,4月中下旬至5月中旬展叶;4月上旬花芽膨大,4月中旬现蕾,4月中下旬至5月上旬开花;未见成熟蒴果。

主要用途

观赏： 株形紧凑，枝繁叶茂，花色艳丽，观赏性强，适用于中海拔地区的园林绿化及花境造景。

药用： 花、叶、嫩枝入药，有抑菌消炎、镇痛安神、止咳化痰、润肺平喘功效，主治咳嗽、哮喘、慢性支气管炎等。

植株

主干

叶芽与花芽

幼枝与新叶

花序

花正面

花背面

雄蕊

雌蕊

幼果

20

山育杜鹃

Rhododendron oreotrephes W. W. Smith, Notes Roy. Bot. Gard. Edinburgh 8(38): 201-202. 1914.
别名： 山生杜鹃

植株

叶芽萌芽与花芽膨大

幼枝与新叶

分布与生境

　　中国特有种，产四川、西藏和云南。生于海拔2500～3700m的混交林、针叶林下或林缘、杜鹃花灌丛中。

迁地栽培形态特征

　　常绿灌木，高约1.8m。

茎　主干灰褐色，皮层片状剥落；幼枝绿色带紫红色，被鳞片。

叶　革质，椭圆形、长圆形或卵形，长5.5～6.3cm，宽2.5～3.3cm，先端急尖至钝圆，具尖头，基部钝圆至微心形，稀宽楔形；叶面绿色，幼时疏生淡红色鳞片，后脱落，叶背灰绿色，密被近等大的鳞片，鳞片初时浅粉色至浅黄色，成熟时黄褐色，间距小于其直径至近邻接；中脉正面凹陷，背面凸起，侧脉不明显；叶柄长1.2～1.7cm，具纵沟，疏被鳞片，无毛。

花　花芽鳞花期宿存，外面被鳞片，边缘密被柔毛；短总状花序顶生，有1～6花，总轴长约5mm；花梗绿色或紫红色，较长，长1.5～2.5cm，疏生鳞片；花萼与花梗同色，波状5浅裂，裂片卵圆形，长约1mm，外面和边缘密被鳞片；花冠宽漏斗状，两侧对称，淡紫色至粉紫色，长约3.5cm，冠檐径约4.5cm，外面干净，花冠管内面被微柔毛；花冠5裂，裂片卵圆形，长约1.6cm，上方裂片内面具暗红色斑点；雄蕊10，不等长，长1.4～3.3cm，花丝白色，下部被开展的短柔毛，基部无，花药浅棕色；雌蕊与花冠近等长，子房圆锥形，长约4mm，密被鳞片，花柱淡紫红色，长约3.2cm，干净，柱头黄绿色，稍膨大。

果 蒴果圆柱形，长约1.5cm，径约5mm，密被金黄色鳞片。

受威胁状况评价

《RCB》及《RLR》评估：均为无危（LC）。

引种信息及栽培适应性

华西亚高山植物园 1997年10月，耿玉英、冯正波从四川普格县螺髻山引种种子（登录号：970324）；2010年9月，庄平、王飞、朱大海和李建书分别从西藏亚东县巴得姆扎（登录号：1009016）、亚东县康布乡（登录号：1009037）、错那县县城至麻玛乡途中（登录号：1009059）、波密县扎木镇（登录号：1009134）、波密县县城至24km途中（登录号：1009143）引种种子。生长旺盛，开花量一般，可结实，适应性良好。

物候

先叶后花、部分重叠物候型。

华西亚高山植物园 3月下旬叶芽膨大，4月上中旬萌芽，4月中旬至5月上旬展叶；4月上旬花芽膨大，4月中旬现蕾，4月20~25日始花、4月26日至5月9日盛花、5月10~15日末花；10月下旬蒴果成熟。

主要用途

观赏：枝繁叶茂，花色艳丽，耐修剪，观赏性强，适用于大型盆栽及中海拔地区的园林绿化。

药用：花入药，有化痰止咳、活血化瘀、调理经血、平喘功效，主治咳嗽痰多、鼻衄咯血、风湿、跌打损伤、瘀血肿痛；嫩叶入药，外敷患处，主治痈疮、疔、肿毒。

叶背面　花蕾　小花分开

花侧面（示花梗与花萼）　雌蕊

花正面　雄蕊　蒴果

21
硬叶杜鹃

Rhododendron tatsienense Franchet, J. Bot. (Morot) 9(21): 394. 1895.

别名：黑水杜鹃

植株　　叶芽与叶背　　花芽与叶芽

分布与生境

中国特有种，产贵州、四川和云南。生于海拔1700~3600m的针叶林、混交林下或山谷、山坡灌丛中。

迁地栽培形态特征

常绿灌木，高约0.8m。

茎 主干灰褐色，皮层纵裂，稀薄片状剥落；幼枝被鳞片和疏生柔毛，柔毛不久脱落。

叶 硬革质，椭圆形、长圆状椭圆形至椭圆状披针形，长3.5~6.5cm，宽1.5~2.8cm，先端渐尖至锐尖，具尖头，基部宽楔形至近圆形，边缘稍反卷，无毛或基部疏生长粗毛；叶面暗绿色，幼时密被鳞片，成熟时密被或散生鳞片，稀无鳞，叶背淡绿色，被金黄色至黄褐色不等大的小鳞片，鳞片中部凹陷，间距为其直径的1~2倍，两面无毛；中脉正面凹陷，背面凸起，侧脉约11对；叶柄长4~8mm，具纵沟，被鳞片。

花 花芽鳞外面沿中脊两侧散生鳞片，边缘具缘毛；短总状花序顶生，有2~5（~7）花，总轴长约3mm，被鳞片；花梗绿色带紫色晕，长1~1.5cm，密被或散生鳞片；花萼与花梗同色，环状或波状5浅裂，裂片三角形，长约1mm，外面和边缘密被鳞片，无缘毛；花冠宽漏斗状，两侧对称，长2.5~3.5cm，冠檐径4.5~5.5cm，淡紫红色或近白色，内面干净，外面散生鳞片；花冠5裂，裂片卵圆形，长1.8~2.5cm，宽1.2~1.7cm，上方裂片内面具黄绿色或紫红色斑点；雄蕊10，不等长，长2~3.5cm，花丝白色，下部密被柔毛，基部无，花药暗紫色；雌蕊长于花冠，子房圆柱形，长约4mm，径约2mm，密被鳞片，花柱白色至淡绿色，细长，长3~3.5cm，干净，柱头黄绿色至暗紫色，稍膨大。

果 蒴果长卵圆形，长 1～1.2cm，径约 5mm，密被鳞片。

受威胁状况评价

《RCB》及《RLR》评估：均为无危（LC）。

引种信息及栽培适应性

　　庐山植物园　1990 年代，刘永书从云南原产地引种种子，种源信息不详；2006 年 10～11 月，张乐华从英国 Crarae Garden 引种种子（登录号：2007C116）。杜鹃园林下栽培生长较好，开花量小，结实率低，冬季有轻微冻害，适应性一般。

物候

　　先叶后花、部分重叠物候型。

　　庐山植物园　3 月中旬叶芽膨大，3 月下旬至 4 月上旬萌芽，4 月上旬至下旬展叶；3 月下旬花芽膨大，4 月上中旬现蕾，4 月中旬至 5 月上旬开花；10 月下旬蒴果成熟。

主要用途

　　观赏：分枝多、株形紧凑，花色淡雅，耐干旱，适用于盆栽及中海拔地区园林绿化与林缘造景。

　　药用与工业：《中国有毒植物图谱数据库》收录。花、叶有毒，可用于药物及化工开发。

幼枝　　　　　小花分开与叶芽　　　　　花序　　　花序（白色）与幼叶

花正面（淡紫红色）　　　　花侧面（示花梗与花萼）　　　　蒴果

22
多鳞杜鹃

Rhododendron polylepis Franchet, Bull. Soc. Bot. France 33: 232. 1986.

分布与生境

中国特有种，产甘肃、陕西和四川。生于海拔1500～3300m的林下、灌丛中。

迁地栽培形态特征

常绿大灌木，高1.8～2.5m。

🌿 **茎** 主干灰褐色，皮层层状剥落；幼枝细长，密被重叠的薄片状鳞片。

🍃 **叶** 革质，狭椭圆形、长圆形或长圆状披针形，长4～11cm，宽1.5～3.5cm，先端锐尖或短渐尖，具尖头，基部楔形至宽楔形；叶面深绿色，幼时密被鳞片，成熟时无鳞，叶背黄绿色，密被不等大的鳞片，鳞片无光泽，大鳞片褐色，散生，小鳞片黄褐色，邻接或覆瓦状或间距为其直径之半；中脉、侧脉正面凹陷，背面凸起，侧脉10～12对，两面明显；叶柄长0.5～1cm，具纵沟，密被鳞片。

🌸 **花** 花芽鳞外面沿中脊两侧密被鳞片和绒毛，边缘密被柔毛；伞形或短总状花序顶生，稀多个花序同时腋生枝顶，每个花序有3～6花，总轴长1～3mm，被鳞片；花梗淡紫红色，长0.8～2cm，密被白色鳞片；花萼黄绿色或带红晕，波状5齿裂，裂片三角状卵形，长1～1.5mm，外面和边缘密被鳞片，无毛；花冠宽漏斗状，两侧对称，淡紫红色或深紫红色，长2.8～3.3cm，冠檐径3.7～4.2cm，外面密被或散生鳞片，向裂片先端渐稀，管部内面被微柔毛；花冠5裂，裂片长圆形，长1.5～2cm，上方裂片内面具浅黄色或橘黄色斑点，稀无，边缘皱褶；雄蕊10，不等长，长2～4.5cm，部分雄蕊长于花冠，花丝淡紫色至白色，下部被密被白色柔毛，基部无，花药紫褐色；雌蕊长于花冠，子房圆柱形，长4～5mm，径2～3mm，密被鳞片，花柱白色，细长，长3.7～4.9cm，干净，柱头紫红色，稍膨大。

🍈 **果** 蒴果圆柱形，长1.2～1.6cm，径4～5mm，具5深纵肋，密被鳞片。

受威胁状况评价

《RCB》及《RLR》评估：均为无危（LC）。

引种信息及栽培适应性

庐山植物园　2005年9月，张乐华、杜有新等从华西亚高山植物园引种苗木，种源为来自四川都江堰市龙池的实生苗。杜鹃园栽培生长旺盛，每年大量开花结实，适应性良好。

华西亚高山植物园　1987—1989年春季、秋季，陈明洪、赵志龙等从四川都江堰市龙池引种实生苗。生长旺盛，每年大量开花结实，园内见自然更新苗，栽培适应性良好。

物候

先花后叶、部分重叠物候型。

庐山植物园　3月上旬叶芽膨大，3月下旬萌芽，4月上旬展叶始期、4月中下旬盛期、5月上旬末期；3月上旬花芽膨大，3月中下旬现蕾，3月下旬始花、4月上旬盛花、4月中旬末花；10月下旬至11月上旬蒴果成熟。

华西亚高山植物园 3月中旬叶芽膨大,4月上旬萌芽,4月中旬至5月下旬展叶;3月中旬花芽膨大,4月上旬现蕾,4月4~12日始花、4月13~21日盛花、4月22~30日末花;10月下旬至11月中旬蒴果成熟。

主要用途

观赏:株形紧凑,花色靓丽,观赏性及适应性强,适用于中海拔地区园林绿化与林缘、花境造景。

药用:《中国有毒植物图谱数据库》收录。叶入药,有祛痰、止咳、平喘功效,在凉山彝医药中,主治慢性气管炎。

植株　　叶芽萌芽　　幼枝与新叶

成熟叶背面与新叶　　花芽

小花分开　　花枝　　花正面　　花侧面　　雌雄蕊　　蒴果

23

锈叶杜鹃

Rhododendron siderophyllum Franchet, J. Bot. (Morot) 12(15-16): 262. 1898.

分布与生境

中国特有种，产贵州、四川和云南。生于海拔1300~3200m的针叶林、杂木林下或山坡灌丛中。

迁地栽培形态特征

常绿灌木，高0.8~1.8m。

茎　主干灰褐色，皮层层状剥落；幼枝密被褐色鳞片。

叶　薄革质，椭圆形或椭圆状披针形，长4~7.8cm，宽1.7~3.2cm，先端渐尖、急尖或钝圆，基部宽楔形至近圆形；叶面绿色，密被下陷的银灰色小鳞片，叶背淡绿色，密被小或中等大小、近等大的黄褐色下陷鳞片，间距为其直径0.5~2倍，两面无毛；中脉正面凹陷，背面凸起，侧脉约13对，两面不明显；叶柄长0.5~1.2cm，具纵沟，密被鳞片。

花　花芽鳞外面被鳞片和柔毛，边缘具柔毛；短总状花序顶生，或多个花芽同时腋生枝顶，每个花序有3~6花，总轴长2~5mm，被鳞片；花梗紫红色，长1~1.7cm，密被鳞片，无毛；花萼黄绿色或带红晕，环状或波状5浅裂，裂片三角形，长约1mm，外面密被鳞片，无缘毛；花冠宽漏斗形，白色或淡紫红色，长2.5~3cm，冠檐径3.5~4.5cm；花冠5裂，裂片长卵圆形，长1.5~2.2cm，外面疏生鳞片，上方裂片内面具黄绿色至淡紫红色斑点，先端无缺刻；雄蕊10，不等长，长1.9~3cm，花丝白色至淡紫色，下部被短柔毛，基部无，花药淡紫色；雌蕊长于花冠，子房圆柱形，长约5mm，径约2mm，密被鳞片，无毛，花柱淡紫色，长2.6~3cm，干净，柱头黄绿色或紫红色，膨大呈头状。

果　蒴果圆柱形，长1~1.6cm，径5~7mm，有5纵肋，密被鳞片。

受威胁状况评价

《RCB》及《RLR》评估：均为无危（LC）。

引种信息及栽培适应性

庐山植物园　2008年3月，张乐华、王书胜从云南嵩明县阿子营引种实生苗和种子（登录号：2008K008）；2008年11月，张乐华从云南嵩明县阿子营引种种子（登录号：2009Y013）。杜鹃园栽培长势较好，开花量较大，但未见结实，适应性较好。

华西亚高山植物园　1997年10月，耿玉英、冯正波从四川木里县912林场至913林场途中引种种子（登录号：970374）；2000年10月，庄平、冯正波和张超从四川美姑县椅子垭口引种种子（登录号：000303）。生长旺盛，每年开花结实，栽培适应性良好。

昆明植物园　1990年代，张长芹、冯宝钧从云南嵩明县阿子营、大理市苍山引种种子。生长量小，开花结实少，栽培适应性一般。

贵州省植物园　1990年代，陈训、金平和张维从贵州赫章县野外引种实生苗。杜鹃园栽培生长旺盛，每年开花结实，适应性良好。

物候

先花后叶物候型，或先叶后花、部分重叠物候型，不同栽培地物候节律有差异。

庐山植物园　3月下旬叶芽膨大，4月中旬萌芽，4月下旬至5月下旬展叶；2月下旬至3月上旬花芽膨大，3月中旬现蕾，3月中下旬始花、3月下旬盛花、4月上旬末花；未见成熟蒴果。

华西亚高山植物园　当地栽培为先叶后花、部分重叠物候型。4月上旬叶芽膨大，4月中旬萌芽，4月下旬至5月下旬展叶；4月上旬花芽膨大，4月下旬现蕾，5月2~9日始花、5月10~21日盛花、5月22~28日末花；11月中旬蒴果成熟。

昆明植物园　3月下旬叶芽膨大，4月上旬萌芽，4月中旬至5月中旬展叶；2月中旬花芽膨大，2月下旬现蕾，3月1~8日始花、3月9~17日盛花、3月18~27日末花；9~10月蒴果成熟。

贵州省植物园　3月下旬叶芽膨大，4月中旬萌芽，4月中下旬至5月中下旬展叶；3月中旬花芽膨大，4月上旬现蕾，4月上中旬（稀4月2日）始花、4月中下旬盛花、5月上中旬末花；9月下旬至10月上旬蒴果成熟。

主要用途

观赏：株形紧凑，花繁叶茂，观赏性及适应性强，适用于大型盆栽及中海拔地区的园林造景。

药用：枝、叶、花萃取物对葡萄球菌、痢疾杆菌、变形杆菌等有广谱的杀菌抑菌作用，可用于药物开发。

食用：花富含氨基酸，经处理可作为蔬菜食用，风味独特。

植株　幼枝　多个花序聚生枝顶　花蕾与叶芽萌芽　花序　花枝　花正面　花侧面（示花梗与花萼）　雄蕊　雌蕊　蒴果

24

阴地杜鹃

Rhododendron keiskei Miquel, Ann. Mus. Lugduno-Batavi 2: 163. 1866.

分布与生境

日本特有种，产本州、九州和四国。生于海拔400~1900m的常绿落叶混交林下、林缘或岩坡灌丛中。

迁地栽培形态特征

常绿灌木，高1~1.5m。

茎 主干灰褐色，皮层层状剥落；分枝多，轮生状；幼枝被褐色鳞片和短柔毛，柔毛不久脱落，2年生枝鳞片宿存。

叶 薄革质，互生或4~6枚聚生枝顶，卵状披针形、长圆状披针形或披针形，长4~7cm，宽1.5~2.2cm，先端渐尖，具尖头，基部钝圆，边缘幼时被睫毛，不久脱落；叶面深绿色，疏生下陷的棕黄色鳞片，沿中脉被黏结的柔毛或仅存毛基，叶背黄绿色，密被金黄色和褐色两色近等大的下陷鳞片，间距为其直径的0.5~2倍，无毛；中脉正面凹陷，背面凸起，侧脉7~9对，两面不明显；叶柄长0.4~1cm，密被鳞片和散生长粗毛，具纵沟，沟槽内被短柔毛。

花 花芽椭圆状卵形，先端锐尖，长1~1.2cm，径6~7mm；芽鳞卵圆形，外面被灰白色短绒毛，沿中脊两侧散生鳞片，边缘具白色柔毛；短总状花序顶生，有3~5花，总轴长3~5mm，密被鳞片和短柔毛；花梗黄绿色，长0.8~1.3cm，密被鳞片；花萼与花梗同色，波状5齿裂，裂片三角形，长1~2mm，外面密被鳞片，边缘散生长睫毛；花冠宽漏斗状，黄绿色至淡黄色，长2~2.5cm，冠檐径2.9~3.5cm，外面疏生鳞片；花冠5裂至中部，两侧对称，裂片长圆形至卵形，长1.2~1.5cm，宽1~1.5cm，上方裂片内面具黄绿色斑点；雄蕊10，不等长，长2~2.7cm，长雄蕊等长或稍长于花冠，花丝白色，中部以下被白色短柔毛，基部无，花药米黄色；雌蕊长于花冠和雄蕊，子房圆柱形，长4~5mm，径2~3mm，密被鳞片，无毛，花柱白色或淡黄绿色，长3~4cm，干净，柱头黄绿色，稍膨大。

果 蒴果圆柱形，长1.3~1.5cm，径3~4mm，果皮凹凸不平，密被棕色鳞片；果梗花后增长，长1.6~2cm，密被鳞片。

受威胁状况评价

《RCB》及《RLR》评估：均为未评估（NE）。

引种信息及栽培适应性

庐山植物园 2004年3月，张乐华从德国不莱梅植物园引种种子（登录号：2004G094）。杜鹃园栽培生长旺盛，每年大量开花结实，适应性良好。

物候

先花后叶、部分重叠物候型。

庐山植物园 3月上旬叶芽膨大，3月中下旬萌芽，3月下旬至4月上旬展叶始期、4月上中旬盛期、

4月下旬末期；3月上旬花芽膨大，3月中旬现蕾，3月下旬始花、4月上旬盛花、4月中旬末花；10月下旬至11月上旬蒴果成熟。

主要用途

观赏：分枝多、株形紧凑，花量大、色泽淡雅，枝条萌发力强、耐修剪，观赏性和适应性强，具有较大的园林应用前景，适用于盆栽及中海拔地区的园林绿化与岩石园造景。

植株　花芽与叶芽　叶背　花蕾及叶芽萌芽　花序　花枝　雌雄蕊　幼枝与幼果　花正面　花侧面（示花梗与花萼）　蒴果

亚组 4　亮鳞杜鹃亚组

Subsect. *Heliolepida* (Hutchinson) Sleumer, Bot. Jahrb. Syst. 74: 536. 1949.

全球有5种、4变种，分布于中国、缅甸。《中国植物志》和 *Flora of China* 均全部收录，分布于甘肃、四川、西藏和云南。本书收录1种，亚组主要形态特征见种描述。

25

红棕杜鹃

Rhododendron rubiginosum Franchet, Bull. Soc. Bot. France 34: 282-283. 1887.
别名： 茶花叶杜鹃

分布与生境

产四川、西藏和云南；缅甸也有分布。生于海拔2400~3600m的混交林、云杉林下或林缘、灌丛中，可形成纯灌木林或优势种群。

迁地栽培形态特征

常绿灌木，高1~2.5m。

茎 主干灰褐色，皮层层状剥落；幼枝棕红色，密被鳞片。

叶 革质，椭圆形、椭圆状披针形或长圆状卵形，长4.5~9cm，宽2.2~4.2cm，先端渐尖或急尖，尖头不明显，基部楔形至宽楔形，稀钝圆；叶面深绿色，密被不等大的两型棕色鳞片，大鳞片散生，小鳞片间距为其直径的2~3倍，沿中脉被短柔毛；叶背棕黄色，密被不等大的锈红色或锈褐色两型鳞片，大鳞片颜色较深，向外凸起，散生，沿中脉两侧密生，小鳞片覆瓦状排列或间距为其直径之半，向内凹陷；中脉正面微凹，背面凸起并密生两型鳞片，侧脉7~10对；叶柄长0.7~1.7cm，具纵沟，密生鳞片。

花 花芽鳞外面密被鳞片，边缘密被白色柔毛；总状伞形花序顶生，有4~8（~10）花，总轴长0.6~1cm，被鳞片；花梗紫红色，长1.2~2cm，密被鳞片；花萼黄绿色或带红晕，波状5齿裂，裂片三角形，长1~2mm，外面和边缘密被鳞片，无毛；花冠宽漏斗形至宽漏斗状钟形，紫红色、淡紫色、长2.7~3.5cm，冠檐径3.5~4.7cm，外面被鳞片，管部更密，内外无毛；花冠5裂，裂片卵圆形，长1.5~1.8cm，边缘波状皱褶，上方3裂片内面具紫红色斑点；雄蕊10，不等长，长1.5~3cm，长雄蕊伸出花冠外，花丝白色或淡紫色，下部被短柔毛，基部无，花药紫褐色；雌蕊短于花冠，子房圆锥形至圆柱形，长约3mm，径约2mm，密被鳞片，花柱淡紫色，长于雄蕊，长2.8~3.2cm，稀短而弯弓，长约1.3cm，干净，柱头淡紫色，稍膨大。

果 蒴果长圆形，长0.9~1.3cm，径3~5mm，有5纵肋，密被黄褐色鳞片。

受威胁状况评价

《RCB》及《RLR》评估：均为无危（LC）。

引种信息及栽培适应性

庐山植物园 1980年代，刘永书从云南野外引种种子，种源信息不详；2006年10~11月，张乐华分别从英国Arduaine Garden（登录号：2007A001）、Brodick Castle, Garden & Country Park（登录号：2007B096）及Crarae Garden（登录号：2007C196）引种种子；2008年11月，张乐华从云南禄劝县轿子雪山引种种子（登录号：2009Y017）。杜鹃园栽培生长较好，开花量一般，结实率较低，冬季有轻度冻害，适应性较好。

华西亚高山植物园 1997年10月，耿玉英、冯正波从四川木里县屋脚山引种种子（登录号：970397）；1997年10月，庄平、赵志龙分别从云南玉龙县玉龙雪山（登录号：970522）、维西傈僳族自治县（以下简称维西县）一碗水（登录号：970618）、大理市苍山（登录号：970657）引种种子；1999年

10月，耿玉英、赵志龙和冯正波从四川会理市龙肘山引种种子（登录号：990016）；2000年9月，庄平、冯正波和张超从云南宁蒗县泸沽湖引种种子（登录号：000223）。生长旺盛，每年开花结实，栽培适应性良好。

物候

先花后叶、部分重叠物候型。

庐山植物园　3月下旬叶芽膨大，4月上中旬萌芽，4月中下旬至5月中旬展叶；3月下旬花芽膨大，4月上旬现蕾，4月上中旬至下旬开花；10月下旬蒴果成熟。

华西亚高山植物园　4月上旬叶芽膨大，4月下旬萌芽，5月上旬至下旬展叶；3月下旬花芽膨大，4月上旬现蕾，4月10～16日始花、4月17～25日盛花、4月26日至5月2日末花；10月下旬蒴果成熟。

主要用途

观赏： 株形紧凑，花色靓丽，观赏性强，适用于大型盆栽及中海拔地区的园林绿化与生态修复。

药用： 叶入药，有镇咳、祛痰、平喘功效，主治慢性气管炎，临床上还有防感冒、降血压作用。

工业： 叶含苯基丁醇类化合物，有美白祛斑作用，可用于化妆品开发。

植株　　花芽与叶芽　　叶背　　幼叶　　花蕾　　花正面　　花序　　花侧面（示花梗与花萼）　　花内面　　雌雄蕊（示短而弯弓的雌蕊）　　雌雄蕊（示细长而劲直的雌蕊）　　蒴果

亚组 5　高山杜鹃亚组

Subsect. *Lapponica* (Hutchinson) Sleumer, Bot. Jahrb. Syst. 74: 535. 1949.

　　全球有 40 种，分布于不丹、中国、印度、缅甸、尼泊尔、俄罗斯（西伯利亚）和北欧（斯堪的纳维亚）、北美北部（阿拉斯加、加拿大、格陵兰岛）。《中国植物志》收录 39 种、2 亚种和 7 变种，*Flora of China* 收录 40 种、2 亚种和 7 变种；主要分布于四川、西藏和云南，少数产于甘肃、内蒙古、青海、陕西和东北地区。本书收录 1 变种；亚组主要形态特征见变种描述。

26
木里多色杜鹃

Rhododendron rupicola W. W. Smith var. *muliense* (I. B. Balfour & Forrest) Philipson & M. N. Philipson, Notes Roy. Bot. Gard. Edinburgh 34(1): 63-64. 1975.

分布与生境
中国特有变种，产四川、云南。生于海拔3000～4500m的空旷砾石草地、高山草甸中或松林下。

迁地栽培形态特征
常绿小灌木，高约0.5m。

茎 主干黄褐色，皮层脱落，光滑；分枝多，密集；幼枝被暗褐色至暗黑色鳞片。

叶 常簇生枝顶，革质，宽椭圆形、长圆形或卵形，长0.6～2cm，宽0.3～1.2cm，先端钝圆，具尖头，基部宽楔形至圆形，边缘反卷；叶面暗绿色，密被近邻接的淡琥珀色鳞片和混生黑褐色鳞片，叶背黄绿色，具两色、近等大的鳞片，暗褐色或琥珀色鳞片与金黄色鳞片混生，重叠或稍分开；中脉正面凹陷，背面凸起，侧脉不明显；叶柄短，长1～3mm，具浅纵沟，被暗褐色鳞片。

花 花芽鳞外面密被绒毛和鳞片，边缘具睫毛；伞形花序顶生，有3～6花，总轴不明显；花梗紫红色，长2～4mm，被鳞片；花萼发育，淡紫红色，5深裂，裂片舌形或长圆形，长约4mm，外面被鳞片，边缘具睫毛；花冠宽漏斗状，淡金黄色，较小，长1～1.6cm，冠檐径1.8～2.2cm，外面被鳞片，沿中脊两侧更密，花冠管长约5mm，内面喉部被长柔毛；花冠5裂，裂片长于花冠管，长约8mm，开展；雄蕊5、6或8，不等长，长0.7～1.2cm，花丝白色，下部密被长柔毛，基部无，花药黄褐色；雌蕊与花冠近等长，子房圆锥形，长约2mm，密被鳞片，花柱白色，长约1.4cm，干净或下部被极稀的微柔毛，柱头黄绿色，稍膨大。

果 未见。

受威胁状况评价
《RCB》评估：无危（LC）；《RLR》评估：未评估（NE）。

引种信息及栽培适应性
华西亚高山植物园　2008年9月，张超、王飞、朱大海和杨学康从云南德钦县白马雪山引种种子（登录号：20086006）。长势弱，开花量小，未见结实，栽培适应性较差。

物候
先叶后花、部分重叠物候型。

华西亚高山植物园　4月中旬叶芽膨大，4月下旬萌芽，5月上旬至下旬展叶；4月下旬花芽膨大，5月上旬现蕾，5月12～18日始花、5月19～25日盛花、5月26日至6月2日末花；未见成熟蒴果。

主要用途
观赏：植株矮小而紧凑，耐修剪，花色靓丽，适用于高海拔地区的园林绿化，也可用于岩石园造景。

花芽、叶芽与叶背面

花侧面

植株

雄蕊

花蕾

花正面与幼叶

雌蕊

143

亚组6　怒江杜鹃亚组

Subsect. *Saluenensia* (Hutchinson) Sleumer, Bot. Jahrb. Syst. 74: 534. 1949.

　　常绿小灌木。幼枝被鳞片，有刚毛或绒毛。叶革质，两面被鳞片，叶背更密，叶缘有时具刚毛状睫毛。伞形花序顶生，有1~3花；花梗密被鳞片，具刚毛或柔毛；花萼发育，5深裂，裂片长6~8mm，具缘毛；花冠5裂，宽漏斗状，紫色或紫红色，外面被鳞片和柔毛；雄蕊10，花丝下部密被柔毛；子房圆锥形，密被鳞片，被微柔毛或无，花柱干净或基部被柔毛。蒴果卵球形，为宿萼包被。

　　全球有4种，分布于中国、印度和缅甸。《中国植物志》收录3种、3变种，*Flora of China* 收录4种、2变种；分布于四川、西藏和云南。本书收录2种。

怒江杜鹃亚组分种检索表

1a. 幼枝、叶柄和花梗密生长刚毛；子房及花柱下部被微柔毛 ·················· 27. **怒江杜鹃 *R. saluenense***
1b. 幼枝、叶柄和花梗无刚毛；子房及花柱无毛 ·················· 28. **美被杜鹃 *R. calostrotum***

27

怒江杜鹃

Rhododendron saluenense Franchet, J. Bot. (Morot) 12(15-16): 263. 1898.

植株

叶芽萌芽与展叶

分布与生境

产四川、西藏和云南；缅甸也有分布。生于海拔3000~4000m的杜鹃花灌丛、高山草地或山谷流石坡上。

迁地栽培形态特征

常绿小灌木，高约0.5m。

🌿 **茎** 主干黄褐色；分枝短而密；幼枝密被鳞片和长刚毛，2年生枝鳞片和刚毛宿存。

🍃 **叶** 革质，椭圆形至长圆状椭圆形，长1.5~3cm，宽0.8~1.4cm，先端钝圆，具通常反折的短尖头，基部钝圆，边缘反卷，幼时被刚毛状长睫毛，后无毛或多少宿存；叶面绿色，疏或密被鳞片，叶背灰黄色，密被褐色和黄褐色两色鳞片，覆瓦状，沿中脉疏生长刚毛；中脉正面凹陷，背面凸起，侧脉不明显；叶柄长2~4mm，被鳞片和长刚毛。

🌸 **花** 伞形花序顶生，有1~3花；花梗紫红色，长0.7~1.5cm，被鳞片和密生刚毛；花萼发育，与花梗同色，5深裂，裂片宽卵形或卵状椭圆形，长约8mm，外面密被鳞片和短柔毛，内面被微柔毛，边缘具长睫毛；花冠宽漏斗状，紫色至紫红色，长约3cm，冠檐径约3.6cm，外面被鳞片和密被柔毛，沿中脊两侧更密；花冠5裂，裂片长圆形，长约1.5cm，边缘皱褶，上方裂片内面有紫红色斑点；雄蕊10，不等长，花丝紫色，中部以下或下部密被长柔毛，花药棕褐色；雌蕊短于花冠，子房卵圆形，长约2mm，被鳞片和柔毛，花柱紫红色，中部以下被极稀的短柔毛，柱头紫褐色，稍膨大。

🔴 **果** 蒴果卵球形，长5~8mm，径约5mm，被鳞片，宿存大萼片。

受威胁状况评价

《RCB》评估：近危（NT）；《RLR》评估：无危（LC）。

引种信息及栽培适应性

　　华西亚高山植物园　2016年5月，王飞从四川宝兴县东拉山引种实生苗（登录号：2016S0001）。长势一般，开花量小，结实率低，栽培适应性一般。

物候

　　先叶后花、部分重叠物候型。

　　华西亚高山植物园　3月上旬叶芽膨大，3月中旬萌芽，3月下旬至4月下旬展叶；3月下旬花芽膨大，4月上中旬现蕾，4月16～22日始花、4月23～29日盛花、4月30日至5月5日末花；10月中下旬蒴果成熟。

主要用途

　　观赏：植株矮小而紧凑，分枝多而密集，耐修剪，花色靓丽，观赏性强，适用于盆栽及中高海拔地区的园林绿化与岩石园造景，也可用于生态修复。

幼枝与新叶　　　　　　　　　　叶背

花枝　　　　　　　　　　　　　花正面

花背面（示花梗与花萼）　　　　雄、雌蕊及蒴果

28
美被杜鹃

Rhododendron calostrotum I. B. Balfour & Kingdon-Ward, Notes Roy. Bot. Gard. Edinburgh 13(61): 35. 1920.

分布与生境
产西藏、云南；印度、缅甸也有分布。生于海拔3400～4500m的高山灌丛或岩坡灌丛中。

迁地栽培形态特征
常绿小灌木，高约0.5m。

茎 主干褐色；幼枝密被黄褐色有柄鳞片和灰色无柄鳞片。

叶 叶芽鳞宿存；叶革质，椭圆形至卵状椭圆形，长1.1～2cm，宽0.6～1.1cm，先端急尖，具通常反折的尖头，基部近圆形，边缘反卷，幼时具长刚毛状睫毛，后脱落或多少宿存；叶面暗绿色，密被鳞片，间距为其直径，叶背黄褐色，密被褐色覆瓦状鳞片，除叶缘外两面无毛；中脉正面凹陷，背面凸起，侧脉两面不明显；叶柄长2～4mm，具纵沟，密被鳞片，无毛。

花 花芽鳞外面沿中脊被褐色鳞片，顶端及边缘密被白色柔毛；伞形花序顶生，约3花；花梗深紫红色，长2～2.5cm，密被近邻接的黄褐色有柄和无柄鳞片；花萼与花梗同色，5深裂，裂片卵圆形，长约6mm，外面中下部密被黄褐色鳞片，中部以上及边缘被柔毛；花冠宽漏斗状，紫色至紫红色，长约2.1cm，冠檐径3.1～3.5cm，花冠外面被柔毛，沿花瓣中脊两侧密被黄色鳞片，花冠管内面喉部密被柔毛；花冠5裂，裂片卵圆形，长约1.3cm，宽约1.5cm，先端缺刻或无，上方裂片内面具深色斑点；雄蕊10，不等长，伸出花冠外，长1.2～1.8cm，花丝紫色，下部密被白色柔毛，基部无，花药紫褐色；雌蕊稍长于花冠，子房卵球形，长约3mm，密被鳞片，无毛，花柱红色，长约2cm，干净，柱头紫褐色，稍膨大。

果 未见。

受威胁状况评价
《RCB》及《RLR》评估：均为无危（LC）。

引种信息及栽培适应性
华西亚高山植物园 1998年9月，庄平、张超和冯正波从西藏米林县多雄拉山引种种子（登录号：980136）。长势一般，植株冬季有冻害，2021年首次开花，未见结实，栽培适应性一般。

物候
先花后叶，部分重叠物候型。

华西亚高山植物园 3月下旬叶芽膨大，4月上中旬萌芽，4月中旬至5月上旬展叶；3月中旬花芽膨大，3月下旬至4月上旬现蕾，4月上旬至下旬开花；未见成熟蒴果。

主要用途
观赏：植株矮小而紧凑，分枝多而密集，耐修剪，花色鲜艳，观赏性较强，为优良的盆栽材料，也适用于中高海拔地区的园林绿化与岩石园造景。

植株　　　　　　　　　叶芽

幼枝与新叶　　　　　　小枝（示宿存的芽鳞）

花芽　　　　　　　　　花蕾　　　　　　　　　花序

花正面　　　　　　　　花背面（示花梗与花萼）　　雄蕊

雌蕊

亚组7 朱砂杜鹃亚组

Subsect. *Cinnabarina* (Hutchinson) Sleumer, Bot. Jahrb. Syst. 74: 534. 1949.

常绿灌木。幼枝被鳞片。叶薄革质至革质，被鳞片。伞形或短总状花序，顶生或腋生，有3~5花；花萼环状或5齿裂，裂片小，长1~3mm，被鳞片，有时具缘毛；花冠5裂，管状，肉质，橙红色或朱砂红色，裂片短而直立或稍开展，管部外面光滑；雄蕊10，花丝被柔毛；子房圆锥形，密被鳞片，花柱中下部被柔毛。蒴果卵圆形，被鳞片。

全球有8种，分布于不丹、中国、印度、缅甸和尼泊尔。《中国植物志》收录6种、2变种，*Flora of China* 收录6种、1变种；分布于西藏、云南。本书收录2种。

朱砂杜鹃亚组分种检索表

29

朱砂杜鹃

Rhododendron cinnabarinum J. D. Hooker, Rhododendron Sikkim Himalaya 1: t. 8. 1849.

植株　叶背与叶芽　叶芽与幼叶　幼枝与芽鳞

分布与生境

产西藏；不丹、印度和尼泊尔也有分布。生于海拔1900~4000m的针叶林、混交林下或林缘、山坡灌丛中。

迁地栽培形态特征

常绿灌木，高约1.2m。

茎 主干灰褐色，皮层薄片状剥落；幼枝密被鳞片。

叶 叶芽鳞宿存；叶革质，椭圆形、长圆状椭圆形至长圆状披针形，长1.9~9cm，宽1.1~3.7cm，先端钝圆至锐尖，具尖头，基部近圆形；叶面绿色，幼时被鳞片，易脱落，叶背灰白色，密被不等大的褐色鳞片，大鳞片散生，小鳞片间距为其直径至近邻接；中脉正面凹陷，背面凸起，侧脉不明显；叶柄长0.3~1cm，圆柱形，密被鳞片，偶被毛。

花 花芽鳞花期早落，外面被鳞片，边缘具短柔毛；伞形花序顶生，有3~5花，总轴长约5mm，疏被鳞片；花梗紫红色，长1~1.2cm，通常下弯，被鳞片；花萼黄绿色或带红晕，波状5齿裂，裂片三角形，长1～2mm，外面及边缘被鳞片；花冠管状，向上稍扩大而呈狭钟状，肉质，橙红色或朱砂红色，长3.7～4.2cm，冠檐径3.2～4.5cm，外面干净，内面基部被柔毛，无斑点；花冠5浅裂至全长的1/3，裂片稍开展，卵圆形，长1.5～1.7cm，先端钝尖，无缺刻；雄蕊10，不等长，长2.1～3.6cm，花丝淡橙红色，下部疏被开展的柔毛，花药棕褐色；雌蕊长于花冠，子房圆锥形，长约5mm，密被鳞片，花柱淡橙红色，长约4.4cm，下部被极疏的柔毛，柱头黄绿色，稍膨大，顶部具5浅沟纹。

🍎 果 未见。

受威胁状况评价

《RCB》及《RLR》评估：均为无危（LC）。

引种信息及栽培适应性

华西亚高山植物园 2010年9月，庄平、王飞、朱大海和李建书从西藏亚东县康布乡引种种子（登录号：1009035）。长势较好，开花量小，未见结实，栽培适应性较好。

物候

先花后叶、部分重叠物候型。

华西亚高山植物园 4月上旬叶芽膨大，4月中旬萌芽，4月下旬至5月下旬展叶；3月下旬花芽膨大，4月上中旬现蕾，4月中旬至5月上旬开花；未见成熟蒴果。

主要用途

观赏：分枝多、株形优美，花色鲜艳，观赏性强，适用于盆栽及中高海拔地区的园林绿化与岩石园造景，也可用于荒山、荒坡美化和生态修复。

药用：《中国有毒植物图谱数据库》收录。叶、果萃取物富含花青素、多酚类化合物，具广谱的杀菌抑菌作用，可用于药物开发。

新叶 | 小花分开 | 花正面

花侧面（示花梗与花萼） | 雄蕊 | 雌蕊

30
管花杜鹃

Rhododendron keysii Nuttall, Hooker's J. Bot. Kew Gard. Misc. 5: 353. 1853.

新叶

叶芽

幼枝

植株

花芽

花序（示花梗与花萼）

分布与生境

产西藏；不丹、印度也有分布。生于海拔2400～3900m的混交林、针叶林、河谷杂木林或高山灌丛、杜鹃花灌丛、草地。

迁地栽培形态特征

常绿灌木，高约1.7m。

茎 主干灰褐色，皮层薄片状剥落；枝条细长；幼枝绿色带紫红色，密被鳞片，2～3年生枝鳞片宿存。

叶 散生，薄革质，椭圆状披针形或长圆状披针形，长3～10.5cm，宽0.9～3.3cm，先端锐尖或急尖，具尖头，基部楔形；叶面暗绿色，成熟时有光泽，被褐色鳞片，间距为其直径的1～3倍，叶背苍绿色，密被不等大的淡褐色至暗褐色鳞片，间距为其直径或不及；中脉正面凹陷，背面凸起，侧脉约10对，较明显；叶柄长0.5～1.2cm，具纵沟，被鳞片。

花 花芽鳞花期早落，外面被鳞片，边缘具缘毛；短总状花序腋生，有3~5花，总轴长约1cm，疏被鳞片；花梗紫红色，长1~1.2cm，纤细，被鳞片；花萼与花梗同色，5裂，裂片形状变化，宽至窄三角形，长1~3mm，外面及边缘疏被鳞片，边缘偶有疏柔毛；花冠管状，橙红色，长约2.7cm，冠檐径约1.1cm，外面具蜡质，干净，光滑；花冠5浅裂，裂片不及全长的1/4，长圆形，橙黄色，直立，长约6mm；雄蕊10，近等长，长2.1~2.3cm，花丝肉红色，中部以下被开展的柔毛，花药短小，卵圆形，棕褐色；子房圆锥形，长约3.5mm，密被鳞片，花柱白色带红晕，长约2.2cm，中部以下被开展的长柔毛，柱头绿色至棕红色，稍膨大。

果 蒴果卵圆形，长约7mm，径约3mm，密被鳞片。

受威胁状况评价

《RCB》及《RLR》评估：均为无危（LC）。

引种信息及栽培适应性

华西亚高山植物园 2010年9月，庄平、王飞、朱大海和李建书分别从西藏错那县麻玛乡（登录号：1009064）、墨脱县52km至80km途中（登录号：1009159）引种种子。生长旺盛，开花量大，但结实率低，栽培适应性良好。

物候

先叶后花物候型。

华西亚高山植物园 4月上旬叶芽膨大，4月中旬萌芽，4月下旬至5月下旬展叶；5月下旬花芽膨大，6月上旬现蕾，6月5~16日始花、6月17~28日盛花、6月29日至7月10日末花；11月上旬蒴果成熟。

主要用途

观赏：分枝多，花形奇特，色泽鲜艳，耐修剪，观赏性强，适合于中高海拔地区的园林绿化。

花正面　雄蕊　花侧面　雌蕊　蒴果

亚组 8　灰背杜鹃亚组

Subsect. *Tephropepla* Sleumer, Bot. Jahrb. Syst. 74: 532. 1949.

常绿小灌木。幼枝被鳞片。叶革质，两面被鳞片。伞形或短总状花序顶生，有（1~）4~5花；花萼大，5深裂，裂片长圆形至披针形，长5~8mm，被鳞片，无缘毛；花冠5裂，管状钟形或漏斗状钟形，白色、粉红色，外面有或无鳞片；雄蕊10，花丝被毛；子房卵球形，被鳞片，花柱下部被鳞片或无。

全球有6种，分布于中国、印度和缅甸。《中国植物志》收录5种、1亚种，*Flora of China* 收录6种、1亚种，分布于四川、西藏和云南。本书收录2种。

灰背杜鹃亚组分种检索表

1a. 花冠管状钟形，淡红色，外面无鳞片；花萼裂片长圆形至卵圆形，开展 …… **31. 灰被杜鹃 R. tephropeplum**

1b. 花冠漏斗状钟形，白色，外面散生鳞片；花萼裂片卵状长圆形至披针形，不开展 …… **32. 疏叶杜鹃 R. hanceanum**

31

灰被杜鹃

Rhododendron tephropeplum I. B. Balfour & Farrer, Notes Roy. Bot. Gard. Edinburgh 13: 302. 1922.

植株

叶芽萌芽

小枝与幼枝

分布与生境

产西藏、云南；印度、缅甸也有分布。生于海拔2400～4000m的高山岩坡、悬崖或高山草地、灌丛中。

迁地栽培形态特征

常绿小灌木，高约0.3m。

茎 主干灰褐色，皮层鳞状剥落；幼枝密被黑褐色鳞片。

叶 革质，散生，狭椭圆形或长圆状倒披针形，长2～6.9cm，宽0.7～2.8cm，先端急尖至钝圆，具尖头，基部宽楔状或近圆形，边缘稍反卷；叶面暗绿色，被近等大的褐色鳞片，鳞片小，间距为其直径的2～4倍，或部分脱落，叶背灰白色，被黄褐色不等大的鳞片，大鳞片散生，沿中脉分布较多，小鳞片间距为其直径的1～3倍；中脉正面凹陷，背面凸起，侧脉约9对，正面明显，背面不明显；叶柄长4～7mm，具浅纵沟，密被鳞片。

花 花芽鳞外面被鳞片，边缘具长柔毛；伞形或短总状花序顶生，有4～5花，总轴不明显；花梗淡紫红色，长2～3cm，被鳞片；花萼发育，黄绿色或淡紫红色，5深裂，裂片长圆形至卵圆形，开展，长6～8mm，外面及边缘被鳞片，无毛；花冠管状钟形，粉红色，长3.5～3.9cm，冠檐径3.8～4cm，内外干净；花冠5裂，裂片卵圆形，长1.8～2cm，先端钝尖，无缺刻；雄蕊10，不等长，长1.7～2.5cm，花丝白色，下部被微柔毛，基部无，花药黄褐色；雌蕊短于花冠，子房卵球形，长约4mm，密被红色鳞片，无毛，花柱白色，长约2.6cm，下部被红色鳞片，无毛，柱头淡粉色，稍膨大。

果 未见。

受威胁状况评价

《RCB》评估：无危（LC）；《RLR》评估：近危（NT）。

引种信息及栽培适应性

华西亚高山植物园 2010年9月，庄平、王飞、朱大海和李建书从西藏东南部野外引种种子（登录号：不详）。长势较好，开花量小，未见结实，栽培适应性较好。

物候

先叶后花、部分重叠物候型。

华西亚高山植物园 3月中旬叶芽膨大，4月上旬萌芽，4月上中旬至5月中旬展叶；3月下旬花芽膨大，4月中旬现蕾，4月20～26日始花、4月27日至5月6日盛花、5月7～12日末花；未见成熟蒴果。

主要用途

观赏：植株低矮，分枝多，株形紧凑，花色靓丽，适合于盆栽及中海拔地区地被布置与岩石园造景。

叶背

花序

花芽

花蕾

雄蕊

雌蕊

花正面

花侧面（示花梗与花萼）

幼果

32
疏叶杜鹃

Rhododendron hanceanum Hemsley, J. Linn. Soc., Bot. 26(173): 24. 1889.

植株

分布与生境

中国特有种，产四川。生于海拔1200～2000m的林下或灌丛中。

迁地栽培形态特征

常绿小灌木，高约0.5m。

茎 主干灰黑色；幼枝密被鳞片，2年生枝鳞片宿存。

叶 叶芽鳞外面被鳞片和短柔毛，边缘具柔毛；叶革质，卵状披针形至倒卵形，长5～11cm，宽1.5～5cm，先端锐尖至渐尖，具尖头，基部楔形、宽楔形或近圆形；叶面亮绿色，被近等大的黄褐色小鳞片，间距为其直径的2～5倍，叶背黄绿色，被不等大的褐色鳞片，大鳞片散生，沿中脉较密，小鳞片间距为其直径的1.5～4倍；中脉正面凹陷，背面凸起，侧脉纤细，约8～15对；叶柄长5～8mm，具纵沟，密被鳞片。

花 花芽鳞花期宿存，外面密被鳞片和柔毛，边缘具柔毛；总状花序顶生，有1～2花（非正常开花），总轴不明显；花梗黄绿色，长约1cm，被鳞片；花萼与花梗同色，5深裂，裂片卵状长圆形至披针形，不开展，长5～7mm，外面及边缘散生鳞片；花冠漏斗状钟形，白色，长约2.5cm，冠檐径约

3cm，外面散生鳞片，内面基部被疏柔毛，无斑点；花冠5裂，裂片长卵形，长约1cm，短于花冠管；雄蕊10，不等长，长1.5~2.2cm，花丝白色，中部以下密被柔毛，花药黄褐色；雌蕊稍长于花冠，子房卵球形，长约5mm，密被鳞片，花柱白色，近顶端绿色，长约2.4cm，干净，柱头绿色，稍膨大。

果 未见。

受威胁状况评价

《RCB》及《RLR》评估：均为易危（VU）。

引种信息及栽培适应性

华西亚高山植物园　2015年9月，王飞从四川洪雅县瓦屋山引种实生苗（登录号：2015S0002）。长势较好，开花量小，未见结实，栽培适应性较好。

物候

先叶后花、部分重叠物候型。

华西亚高山植物园玉堂园区　3月上旬叶芽膨大，3月中旬萌芽，3月中下旬至4月中下旬展叶；3月下旬花芽膨大，4月上中旬现蕾，4月16~20日始花、4月21~25日盛花、4月26~30日末花；未见成熟蒴果。

主要用途

观赏：植株低矮，分枝多，株形紧凑，花色素雅，适用于中海拔地区地被布置及岩石园造景。

药用与工业：《中国有毒植物图谱数据库》收录。花、叶有毒，可用于药物及化工开发。

花芽与叶芽　　新叶　　幼枝　　花正面　　叶背　　花侧面（示花梗与花萼）　　花侧面与叶面

亚组 9 照山白亚组

Subsect. *Micrantha* (Hutchinson) Sleumer, Bot. Jahrb. Syst. 74: 533. 1949.

全球有3种，分布于中国、朝鲜。《中国植物志》和 *Flora of China* 均全部收录，分布于东北、华北、西北地区及贵州、河南、湖北、湖南、山东和四川。本书收录1种，亚组的主要形态特征见种描述。

33

照山白

Rhododendron micranthum Turczaninow, Bull. Soc. Imp. Naturalistes Moscou 10(7): 155. 1837.

分布与生境

产北京、甘肃、河北、河南、黑龙江、湖北、湖南、吉林、辽宁、内蒙古、青海、山东、山西、陕西和四川；朝鲜也有分布。生于海拔1000～3000m的山坡林下、灌丛、山谷、峭壁及石岩上。

迁地栽培形态特征

常绿灌木，高1.2～1.5m。

茎 主干灰褐色，皮层层状剥落，光滑；枝条细瘦；幼枝被棕黄色凸起的鳞片和柔毛，渐脱落。

叶 薄革质，长椭圆形、倒披针形或狭倒卵圆形，较小，长1.8～3.5cm，宽0.7～1.5cm，先端钝或急尖，具尖头，基部楔形至宽楔形，边缘幼时具不明显的疏细齿；叶面深绿色，有光泽，散生鳞片，沿中脉被短柔毛，叶背黄绿色，密生棕褐色不等大的鳞片，鳞片相互重叠、邻接或间距小于其直径；中脉两面微凸，侧脉6～9对，两面不明显；叶柄长3～7mm，圆柱形或上面平坦，被鳞片和短柔毛。

花 花芽鳞花期早落，外面中上部被鳞片，边缘具柔毛；总状伞形花序顶生，有10～20花，花密集，总轴长0.6～1.5cm，黄绿色，被短柔毛；花梗黄绿色，长0.6～1.2cm，密被糠皮状鳞片；花萼粉红色，5深裂，裂片三角形至卵状三角形，长1～2mm，外面疏生鳞片，边缘疏生长柔毛；花冠小，钟形，白色或基部淡粉色，长5～8mm，冠檐径0.8～1cm，外面沿中脊两侧被棕黄色鳞片，内面干净；花冠5裂，裂片卵圆形，长于花冠管，长3～5mm，宽3～4mm；雄蕊10，不等长，伸出花冠外，长5～8mm，花丝白色，基部膨大，无毛，花药棕黄色；子房卵球形，长约2mm，径1～1.5mm，密被鳞片，花柱白色至淡绿色，短于雄蕊，长3～4mm，干净，由基部至先端渐细，柱头黄绿色，点状。

果 蒴果长圆形，长4～7mm，径约2mm，密被鳞片。

受威胁状况评价

《RCB》及《RLR》评估：均为无危（LC）。

引种信息及栽培适应性

庐山植物园 1980年代，刘永书引种实生苗，种源信息不详。2006年10月、2010年10月，张乐华从中国科学院植物所植物园引种种子（登录号：分别为2007BJ002、2011BJ002）。杜鹃园栽培生长良好，每年大量开花结实，适应性良好。

昆明植物园 1980年代，冯国楣从沈阳市园林科学研究院引种种子（登录号：不详）。生长旺盛，每年开花结实，适应性较好。

物候

先叶后花物候型，或先叶后花、部分重叠物候型。

庐山植物园 4月上旬叶芽膨大，4月中下旬萌芽，4月下旬至5月下旬展叶；4月下旬花芽膨大，

5月上中旬现蕾，由现蕾至开花的持续时间较长，花期长，5月下旬至6月上旬始花、6月上中旬盛花、6月中下旬末花；2021年花叶物候较正常年份早7天左右；11月上旬蒴果成熟。

昆明植物园 3月下旬叶芽膨大，4月上旬萌芽，4月中旬至5月上旬展叶；4月上旬花芽膨大，4月中旬现蕾，4月下旬始花、5月上中旬盛花、5月下旬末花；10月蒴果成熟。

主要用途

观赏：植株生长慢，分枝多而细瘦，耐修剪，花量大而玲珑，观赏性和适应性较强，适用于中海拔地区园林绿化及公园造景。因全株大毒，特别是幼叶毒性更大，不宜用作盆栽或制作盆景，特别是不宜室内布置。

药用：《中国有毒植物图谱数据库》收录。枝、叶入药，有止咳化痰、祛风通络、调经止痛等功效，主治咽喉肿痛、咳喘痰多、慢性气管炎、风湿麻痹、腰痛、月经不调、痛经等。

植株　花芽与叶芽萌芽　幼叶

幼枝与花蕾　小花分开　花枝

花序　花正面

花侧面（示花梗与花萼）　雌雄蕊　蒴果

161

亚组10 苍白杜鹃亚组

Subsect. *Glauca* (Hutchinson) Sleumer, Bot. Jahrb. Syst. 74: 530, 1949.

全球有6种，分布于不丹、中国、印度、缅甸和尼泊尔。《中国植物志》和 *Flora of China* 均收录5种、2亚种；分布于西藏、云南及东喜马拉雅山区。本书收录1亚种，亚组的主要形态特征见亚种描述。

34
藏布雅容杜鹃

Rhododendron charitopes I. B. Balfour & Farrer subsp. *tsangpoense* (Kingdon-Ward) Cullen, Notes Roy. Bot. Gard. Edinburgh 36(1): 114. 1978.

别名： 藏布杜鹃

分布与生境

中国特有亚种，产西藏。生于海拔2500~4100m的山谷、岩坡或灌丛中。

迁地栽培形态特征

常绿小灌木，高约0.4m。

茎 主干黄褐色，皮层薄片状剥落；幼枝被鳞片。

叶 革质，椭圆形或倒卵状椭圆形，长1~3.3cm，宽0.8~2cm，先端钝圆，具尖头，基部宽楔形至卵圆形；叶面深绿色，密被褐色鳞片，叶背灰白色，被不等大的鳞片，大鳞片黄褐色，散生，小鳞片淡黄色，间距为其直径的2~5倍；中脉、侧脉正面凹陷，背面凸起，侧脉约8对；叶柄长2~5mm，具纵沟，密被鳞片。

花 花芽鳞花期宿存，外面被鳞片，边缘具柔毛；伞形花序顶生，有3~5花，总轴长约2mm；花梗淡紫红色，细长，长2.5~3.2cm，密被鳞片；花萼淡绿色或带红晕，5深裂，裂片长圆形或卵圆形，长约5mm，外面基部和边缘被鳞片；花冠短钟状或宽钟形，紫红色至蔷薇色，长1.8~2cm，冠檐径约3.2cm，外面散生鳞片，内面中下部被柔毛，无斑点；花冠5裂，裂片卵圆形，开展后与花冠管呈一垂直面，长约1.1cm；雄蕊10，不等长，长0.9~1.5cm，短于花冠，花丝淡紫色，通体被开展的柔毛，花药黄褐色，长椭圆形；子房卵球形，长约4mm，密被鳞片，花柱紫红色，粗短而向下强度弯弓，长约7mm，短于花冠，干净，柱头黄绿色，稍膨大。

果 蒴果长圆状卵形，长6~8mm，径约6mm，密被鳞片，被包于宿萼内。

受威胁状况评价

《RCB》及《RLR》评估：均为无危（LC）。

引种信息及栽培适应性

华西亚高山植物园 2010年10月，庄平、王飞、朱大海、李建书和阿克基洛从西藏墨脱县汉密至多雄拉山途中引种种子（登录号：1009184）。长势较好，开花量大，结实率低，栽培适应性良好。

物候

先叶后花、部分重叠物候型。

华西亚高山植物园 3月上旬叶芽膨大，3月下旬萌芽，4月上旬至5月上旬展叶；4月中旬花芽膨大，4月下旬现蕾，5月1~6日始花、5月7~12日盛花、5月13~18日末花；10月上旬蒴果成熟。

主要用途

观赏： 植株生长慢，分枝多、株形紧凑，花形奇特、色泽靓丽，观赏性强，适用于盆栽及中海拔地区的园林绿化与岩石园造景，也可用于地被布置及生态修复。

植株

叶芽及花芽膨大

叶背

幼枝与花芽

花序

花正面

花侧面（示雄蕊）

花侧面（示花梗与花萼）

蒴果

雌蕊

亚组 11　鳞脉杜鹃亚组

Subsect. *Lepidota* (Hutchinson) Sleumer, Bot. Jahrb. Syst. 74: 531. 1949.

　　全球有3种，分布于不丹、中国、印度、缅甸和尼泊尔。《中国植物志》和 *Flora of China* 均收录1种，分布于我国的横断山区及东喜马拉雅地区。本书收录1种，亚组的主要形态特征见种描述。

35

鳞腺杜鹃

Rhododendron lepidotum Wallich ex G. Don, Gen. Hist. 3: 845. 1834.

植株　幼叶与花芽　花蕾与新叶

分布与生境

产四川、西藏和云南；不丹、印度、缅甸和尼泊尔也有分布。生于海拔2500～3700m的混交林、针叶林下或杜鹃花灌丛、高山矮灌丛中。

迁地栽培形态特征

常绿小灌木，高0.4～1m。

茎 主干黄褐色，皮层层状剥落，光滑；幼枝细长，有疣状突起，密被鳞片，无毛。

叶 散生或集生枝顶，薄革质，叶形和大小变化，倒卵形、倒卵状椭圆形、长圆状披针形至披针形，长1～3cm，宽0.3～1.2cm，先端急尖，具尖头，基部楔形至宽楔形；叶面深绿色，密被鳞片，叶背浅绿色，密被灰白色至黄褐色鳞片，鳞片重叠呈覆瓦状或间距为其直径的1/2；中脉正面凹陷，背面凸起，侧脉两面不明显；叶柄长1～3mm，被鳞片。

花 花芽鳞外面密被鳞片和柔毛，边缘具短柔毛；伞形花序顶生，有1～3花；花梗黄绿色或带紫红色，细长，长1.4～1.7cm，密被鳞片，无毛；花萼与花梗同色，深5裂，裂片形状多变，卵形、长圆形、匙形至圆形，长2～4mm，外面和边缘被鳞片，无毛；花冠宽钟形，淡红色或黄色，长约1.2cm，冠檐径约2cm，外面密被鳞片；花冠管较短，花冠5裂，裂片卵圆形，长约7mm，先端无缺刻，上方裂片内面具深色斑点；雄蕊10，不等长，较短，长5～7mm，花丝淡黄色或淡紫色，下部1/2或2/3密被白色柔毛，基部无，花药宽大，棕红色；子房圆锥形，长约3mm，密被鳞片，花柱黄绿色带红晕或淡紫红色，粗短而向下强度弯弓，长约3mm，短于花冠，干净，柱头黄绿色，膨大呈头状。

果 未见。

受威胁状况评价

《RCB》及《RLR》评估：均为无危（LC）。

引种信息及栽培适应性

华西亚高山植物园 2010年9月，庄平、王飞、朱大海和李建书从西藏亚东县巴得姆扎引种种子（登录号：1009013、1009018）。生长旺盛，开花量大，未见结实，栽培适应性较好。

物候

先叶后花物候型。

华西亚高山植物园 3月下旬叶芽膨大，4月上旬萌芽，4月中旬至5月中旬展叶；4月下旬花芽膨大，5月中旬现蕾，5月20～25日始花、5月26日至6月5日盛花、6月6～15日末花；未见成熟蒴果。

主要用途

观赏： 植株低矮，分枝多、株形紧凑，花形奇特、色泽靓丽，适用于盆栽及中高海拔地区的园林绿化、岩石园造景或地被布置。

药用： 叶、花入药，有消炎、止咳、镇痛功效，主治头痛、发热、咳嗽、感冒和扁桃体炎。

工业： 枝、叶富含天然香料或合成香料成分，可用于食品和化妆品的香料开发。

幼枝　　花序　　花正面（淡红色）

花正面（黄色）　　花侧面（示花背鳞片）

花侧面（示花梗与花萼鳞片）　　雄蕊　　雌蕊

组2 髯花杜鹃组

Sect. *Pogonanthum* G. Don, Gen. Hist. 3: 845. 1834.

全球有22种，分布于阿富汗、不丹、中国、印度、克什米尔、蒙古、缅甸、尼泊尔和俄罗斯。《中国植物志》收录19种、5变种，*Flora of China*收录20种、5变种；除少数分布于甘肃、青海外，多集中分布于横断山区的高山地带。本书收录1种，组的主要形态特征见种描述。

36

毛嘴杜鹃

Rhododendron trichostomum Franchet, J. Bot. (Morot) 9(21): 396-397. 1895.

分布与生境

中国特有种，产青海、四川、西藏和云南。生于海拔3000～4000m的山坡灌丛、林下、高山草甸及崖坡。

迁地栽培形态特征

常绿小灌木，高约0.7m；基部多分枝，常呈丛生状。

茎 主干黄褐色，皮层层状剥落；分枝多，枝条细瘦；幼枝密被鳞片，无毛。

叶 叶芽鳞早落；叶革质，卵形或卵状长圆形，长0.5～1.2cm，宽3～6mm，先端钝圆，具尖头，基部卵圆形，边缘反卷，幼时疏生细刚毛，后脱落；叶面深绿色，疏被鳞片，有光泽，沿中脉被微柔毛，叶背淡黄褐色至灰褐色，被重叠成2～3层长短不齐的有柄鳞片，最下层鳞片金黄色，较其他层鳞片色浅；中脉正面凹陷呈沟纹，背面凸起，侧脉不明显；叶柄长2～4mm，具浅纵沟，被鳞片。

花 花芽鳞花期宿存，外面密被鳞片，边缘具睫毛；头状花序顶生，约6花；花梗较短，黄绿色，长1～2mm，被鳞片；花萼与花梗同色，5裂，裂片形态、大小变化，长圆形至卵圆形，长0.5～2mm，外面和边缘被鳞片；花冠狭管状至高脚碟状，浅粉色，长约1.2cm，冠檐径约1cm，外面干净，花冠管长于裂片，内面喉部密被白色长柔毛，无斑点；花冠5浅裂，裂片开展，卵圆形，长约4mm，先端无缺刻；雄蕊5，隐于花冠管内，近等长，长约5mm，花丝白色，纤细，无毛，花药棕褐色；雌蕊短于花冠和雄蕊，子房卵圆形，长约1.5mm，密被鳞片，花柱黄绿色带红晕，粗短，长不及1.5mm，干净，柱头黄绿色，稍膨大。

果 未见。

受威胁状况评价

《RCB》及《RLR》评估：均为无危（LC）。

引种信息及栽培适应性

华西亚高山植物园 2020年5月，王飞从四川道孚县雅拉雪山引种实生苗（登录号：2020S0001）。长势一般，开花量较大，但未见结实；因引种时间短，不作适应性评价。

物候

先叶后花、部分重叠物候型。

华西亚高山植物园 5月上旬叶芽膨大，5月下旬萌芽，6月上旬至7月中旬展叶；5月中旬花芽膨大，5月下旬至6月上旬现蕾，6月8～13日始花、6月14～20日盛花、6月21～27日末花；未见成熟蒴果。

主要用途

　　观赏：植株矮小、分枝多，花形奇特、色泽靓丽，适用于高海拔地区地被布置及林缘造景。

　　药用：《中国有毒植物图谱数据库》收录。藏药中，叶入药，主治培根病、寒病；花入药，主治寒性培根病、龙病、呃逆、赤巴病。

植株　　叶芽　　幼枝　　新叶

花正面　　花侧面

雄蕊　　雌蕊　　花枝

亚属 II　毛枝杜鹃亚属

Subg. *Pseudazalea* Sleumer, Bot. Jahrb. Syst. 74: 525. 1949.

全球有6种，分布于中国、印度、缅甸和尼泊尔。《中国植物志》和 *Flora of China* 均全部收录；分布于西藏、云南。本书收录1种，亚属的主要形态特征见种描述。

37

显绿杜鹃

Rhododendron viridescens Hutchinson, Gard. Chron., ser. 3 94: 116. 1933

叶芽与秋叶

植株

新叶

分布与生境

　　中国特有种，产西藏。生于海拔3000～3900m的潮湿草地、山谷林下或岩坡、灌丛中。

迁地栽培形态特征

　　半常绿灌木，高约1m。

　　茎 主干灰褐色，皮层片状剥落；枝条密集，细瘦；幼枝密被长刚毛和疏生鳞片。

　　叶 革质，椭圆形至倒卵形，长1.4～4.4cm，宽0.7～2.4cm，先端急尖至近圆形，具尖头，基部宽楔形至卵圆形，边缘幼时疏生刚毛状睫毛，后脱落或多少宿存；叶面蓝绿色，干净，叶背黄绿色，被近等大的淡紫色和淡黄色两色鳞片，间距为其直径的1～3倍，无毛；中脉正面凹陷，背面凸起，侧脉约9对；叶柄长1～2mm，被鳞片和长刚毛。

　　花 花芽鳞花期早落，外面被褐色鳞片，边缘具缘毛；伞形或短总状花序顶生，有3～5花，总轴长约2mm；花梗黄绿色，长1.7～2.1cm，被鳞片和白色长刚毛；花萼与花梗同色，5裂，裂片卵状三角形，长2～3mm，外面被鳞片，边缘密被长刚毛；花冠宽漏斗状钟形，黄色，先端带红晕，长2.7～2.9cm，冠檐径3.7～3.9cm，外面被鳞片，无毛，花冠管内面近基部密被白色柔毛；花冠5裂，裂片卵圆形至长圆形，长1.2～1.3cm，上方裂片内面具红褐色斑点；雄蕊10，不等长，长1～2.3cm，花丝黄绿色，短雄蕊下部2/3密被白色长柔毛，长雄蕊仅下部被柔毛，基部无，花药黄褐色；雌蕊略等长于花冠，子房卵球形，长约5mm，密被鳞片，花柱黄绿色，向上弯曲，长约2.5cm，干净，柱头淡黄色，稍膨大。

果 蒴果圆柱形，长约1.3cm，径约5mm，密被鳞片。

受威胁状况评价

《RCB》评估：无危（LC）；《RLR》评估：易危（VU）。

引种信息及栽培适应性

华西亚高山植物园 1998年9月，庄平、张超和冯正波从西藏米林县转运站至多雄拉山途中引种种子（登录号：980131）；2010年9月，庄平、王飞、朱大海和李建书从西藏波密县县城至24km途中引种种子（登录号：1009148）。生长旺盛，开花量大，结实率高，栽培适应性良好。

物候

先叶后花物候型。

华西亚高山植物园 4月中旬叶芽膨大，4月下旬萌芽，5月上旬至下旬展叶；5月上旬花芽膨大，5月中下旬现蕾，5月26日至6月2日始花、6月3～11日盛花、6月12～20日末花；11月中下旬蒴果成熟。

主要用途

观赏：分枝多、株形紧凑，花色靓丽，适用于中高海拔地区的园林绿化与生态修复。

花蕾与幼枝　　花序　　花枝　　花正面　　花侧面　　雄蕊　　雌蕊（示花梗与花萼）　　蒴果

亚属Ⅲ 糙叶杜鹃亚属

Subg. *Pseudorhodorastrum* Sleumer, Bot. Jahrb. Syst. 74: 529. 1949.

常绿小灌木。幼枝被鳞片和柔毛、硬毛或刚毛。叶坚纸质至革质，两面被鳞片，有或无毛；伞形花序腋生，有（1～）2~5花；花萼环状或5浅裂，裂片长1~2mm，外面通常被柔毛；花冠5裂，漏斗形、管状钟形至管状，外面干净或具鳞片、短柔毛，内面无毛；雄蕊10，花丝下部被柔毛或无；子房圆锥形，密被鳞片，被柔毛或无，花柱细长，下部疏被柔毛或无，有或无鳞片。蒴果短，密被鳞片，有柔毛或无。

全球有10种，分布于不丹、中国和印度。《中国植物志》和*Flora of China*均全部收录，主要分布于四川、云南，少数分布于贵州、西藏。本书收录7种。

糙叶杜鹃亚属分组检索表

1a. 叶正面被柔毛或糙硬毛；背面被毛，稀无毛 ························组1. 糙叶杜鹃组 Sect. ***Trachyrhodion***
1b. 叶正面通常无毛，稀有缘毛；背面无毛或沿中脉被微柔毛。
　2a. 多个花序聚生枝顶叶腋或排列成总状式，单花，偶2花；花冠外密被短柔毛和鳞片 ·····················
　　　··组2. 帚枝杜鹃组 Sect. ***Rhabdorhodion***
　2b. 1至数个花序聚生枝顶或上部叶腋，有2~5花；花冠外无毛，散生鳞片 ·······························
　　　··组3. 腋花杜鹃组 Sect. ***Rhodobotrys***

组1 糙叶杜鹃组

Sect. *Trachyrhodion* Sleumer, Bot. Jahrb. Syst. 74: 529. 1949.

　　常绿小灌木。幼枝被鳞片和柔毛、硬毛或刚毛。叶坚纸质、薄革质至革质，通常两面或至少正面被毛和鳞片。1至数个花芽腋生枝顶，伞形花序有2~5花；花萼环状或5浅裂，裂片长1~2mm；花冠5裂，漏斗形、管状钟形至管状；雄蕊10，花丝下部被柔毛，稀无毛；子房圆锥形，密被鳞片，通常被毛，花柱干净或下部被柔毛。蒴果长圆形，密被鳞片，密被或疏生柔毛。

　　中国特有组，共7种、3变种。《中国植物志》和 *Flora of China* 均全部收录，分布于贵州、四川和云南。本书收录4种。

糙叶杜鹃组分种检索表

1a. 植株被短柔毛，无刚毛或硬毛；花冠宽漏斗形 ·················38. **粉背碎米花 R. hemitrichotum**
1b. 植株被短柔毛和刚毛或硬毛；花冠管状、管状钟形或漏斗形。
　2a. 花萼环状或三角状浅裂，裂片长不及1mm；花冠管状或管状钟形，裂片直立或稍开展。
　　3a. 花冠管状，裂片短于花冠管，直立不开展；花冠朱红色、橙红色至鲜红色；叶片较大，长3~8cm，宽1~3cm；花丝无毛·················39. **爆杖花 R. spinuliferum**
　　3b. 花冠管状钟形，裂片与花冠管近等长，稍开展；花冠桃红色或粉红色；叶片较小，长2~3.5cm，宽0.8~1.6cm；花丝下部密被短柔毛·················40. **粉红爆杖花 R. × duclouxii**
　2b. 花萼裂片明显，长卵圆形，长1~2mm；花冠漏斗形，裂片开展·················
　　　·················41. **碎米花 R. spiciferum**

38

粉背碎米花

Rhododendron hemitrichotum I. B. Balfour & Forrest, Notes Roy. Bot. Gard. Edinburgh 12(57-58): 115-117. 1920.

分布与生境

中国特有种，产四川、云南。生于海拔2200~4000m的松林或灌丛中。

迁地栽培形态特征

常绿小灌木，高约0.7m。

茎 主干灰褐色；分枝多，密集；幼枝被白色短柔毛和鳞片，2~3年生枝柔毛宿存。

叶 多聚生枝顶，革质，窄长圆形、长卵形或长椭圆形，长1~4cm，宽0.4~1.3cm，先端急尖，有短尖头，基部宽楔形，边缘反卷，具缘毛；叶面深绿色，密被短柔毛，有时多少脱落，叶背灰白色，被亮黄色鳞片，间距为其直径的1~2倍，沿中脉被短柔毛；中脉正面下凹，背面凸起，侧脉不明显；叶柄长1~3mm，密被短柔毛和鳞片。

花 花芽鳞外面被鳞片和短柔毛，边缘密被短柔毛；常多个花芽聚生枝顶叶腋，伞形花序有2~3花；花梗纤细，黄绿色带紫晕，长0.8~1cm，被鳞片和疏生柔毛；花萼与花梗同色，环状或三角状5浅裂，裂片长不及1mm，被鳞片和疏柔毛；花冠宽漏斗形，白色，长1~1.2cm，冠檐径1.6~2cm，内外干净或外面疏生鳞片；花冠5裂，裂片长卵圆形至卵状长三角形，长7~9mm；雄蕊10，不等长，花丝白色，长0.9~1.2cm，近无毛，花药淡紫色；子房圆锥形，长约2mm，密被鳞片和微柔毛，花柱淡紫色，长约1.1cm，干净，柱头棕褐色，稍膨大，头状。

果 蒴果长圆形，长6~8mm，密被鳞片和短柔毛。

受威胁状况评价

《RCB》评估：易危（VU）；《RLR》评估：近危（NT）。

引种信息及栽培适应性

华西亚高山植物园　2000年9月，庄平、冯正波和张超从云南玉龙县老君山引种种子（登录号：000235）。长势一般，开花量小，可结实，栽培适应性一般。

物候

先花后叶、部分重叠物候型。

华西亚高山植物园　4月上旬叶芽膨大，4月下旬萌芽，5月上旬至下旬展叶；3月下旬花芽膨大，4月上中旬现蕾，4月15~22日始花、4月23~30日盛花、5月1~6日末花；10月上旬蒴果成熟。

主要用途

观赏：植株低矮紧凑，花繁叶茂，色泽淡雅，耐修剪，适用于盆栽及中高海拔地区的园林绿化与岩石园造景，也可用于生态修复。

植株

花芽与叶芽

叶芽萌芽

叶背与多个花芽聚生枝顶

花正面

花侧面与雄蕊

雌蕊

蒴果

39

爆杖花

Rhododendron spinuliferum Franchet, J. Bot. (Morot) 9(21): 399-400. 1895.

别名： 爆杖杜鹃、密通花

花芽和叶芽

植株

新叶

分布与生境

中国特有种，产贵州、四川和云南。生于海拔1900～2500m的山谷、山坡灌丛或松林、次生松–栎林、油杉林下。

迁地栽培形态特征

半常绿至常绿灌木，高1～3m。

茎 主干灰褐色；幼枝疏生鳞片，被灰色柔毛和散生长刚毛，2～3年生枝毛被宿存。

叶 散生，薄革质至坚纸质，倒卵形、椭圆形至椭圆状披针形，长3～8cm，宽1～3cm，先端渐尖，具尖头，基部楔形至宽楔形，边缘反卷，具缘毛；叶面深绿色或黄绿色，散生粗柔毛，叶背浅绿色，被灰白色柔毛和不等大的黄褐色鳞片，间距为其直径的0.5～3倍；中脉、侧脉和细脉正面明显凹陷呈皱纹，背面凸起，侧脉约8对；叶柄长2～6mm，被鳞片和柔毛、刚毛。

花 花芽鳞花期宿存，外面密被鳞片和被白色柔毛，边缘具柔毛；伞形花序腋生枝顶成假顶生，偶多个花芽同时侧生枝顶叶腋，每个花序有2～5花，总轴长约2mm，被柔毛和鳞片；花梗黄绿色，长0.5～1cm，密被灰白色柔毛和鳞片；花萼与花梗同色，环状或三角状5浅裂，裂片不明显，长不及1mm，外面被柔毛和鳞片；花冠管状，朱红色、橙红色至鲜红色，长1.5～2.1cm，冠檐径约5mm，内外干净，内面无斑点；花冠5浅裂，裂片卵圆形，长5～8mm，内缩，不开展，先端钝圆至具小尖头，无缺刻；雄蕊10，不等长，长2～2.8cm，伸出花冠外，花丝白色至淡紫色，直立，干净，花药紫黑色；子房圆锥形，长4～5mm，径2～3mm，密被绒毛和鳞片，花柱黄绿色，长2.5～3.2cm，伸出花冠外并长于雄蕊，干净，柱头黄绿色，膨大呈头状。

果 蒴果长圆形，长1～1.2cm，径约6mm，被柔毛和鳞片。

受威胁状况评价

《RCB》及《RLR》评估：均为无危（LC）。

该物种观赏价值高且分布区海拔相对较低。野外调查发现，由于人为干扰、采挖与砍伐，其生境片段化严重，多分布零星，种群数量较少。建议列为易危（VU）种。

引种信息及栽培适应性

庐山植物园 2008年3月，张乐华、王书胜从昆明植物园引种种子（登录号：2008K003）；2008年11月，张乐华从云南嵩明县阿子营引种种子（登录号：2009K015）。杜鹃园栽培长势一般，林下环境开花量一般，结实率较低，冬季有轻微冻害，适应性一般。

华西亚高山植物园 2016年10月，王飞从四川会东县野外引种种子（登录号：20160001）。生长旺盛，植株有冻害现象，开花量大，未见结实，栽培适应性较好。

昆明植物园 1980年代，张长芹从云南嵩明县阿子营引种种子。生长旺盛，每年大量开花结实，喜光照充足的栽培环境，适应性良好。

物候

先花后叶、部分重叠物候型，或花叶同放物候型。

庐山植物园 4月上旬叶芽膨大，4月中旬萌芽，4月中下旬至5月中旬展叶；3月下旬花芽膨大，4月上旬现蕾，4月中旬至5月上旬开花；未见成熟蒴果。**保育温室** 3月下旬叶芽膨大，4月上旬萌芽，4月上中旬至5月上旬展叶；3月中旬花芽膨大，3月下旬现蕾，4月上旬至下旬开花；未见成熟蒴果。

华西亚高山植物园 4月上旬叶芽膨大，4月中下旬萌芽，4月下旬至5月中旬展叶；4月上旬花芽膨大，4月中下旬现蕾，4月22～30日始花、5月1～9日盛花、5月10～18日末花；未见成熟蒴果。

昆明植物园 2月下旬叶芽膨大，3月上旬萌芽，3月上中旬至4月上旬展叶；2月上旬花芽膨大，2月中旬现蕾，2月17～24日始花、2月25日至3月6日盛花、3月6～12日末花；9月蒴果成熟。

主要用途

观赏：分枝多、株形紧凑，花形奇特、色泽鲜艳，耐干旱、瘠薄，观赏性和适应性强，适用于盆栽及中海拔地区的园林绿化与岩石园造景，也可用于生态修复。

药用：《中国有毒植物图谱数据库》收录，全株有毒。花、叶、根入药，有祛风除湿、通经活络、祛痰止咳、止血消炎功效，主治崩漏、白带、慢性气管炎，外用治跌打损伤、疮、疖痈、顽癣。

食用：花酸甜，可用于吸食蜜汁，但不宜多食。

多个花芽聚生枝顶

花蕾

花序

花枝

花正面

雌蕊与幼枝

花侧面（示花梗与花萼）

雄蕊

蒴果

40

粉红爆杖花

Rhododendron × duclouxii H. Léveillé, Symb. Sin. 7(4): 775. 1936.

别名： 昆明杜鹃

分布与生境

中国特有的自然杂交种，产云南。生于海拔1900～2400m的松林林缘或山谷林中。

迁地栽培形态特征

半常绿至常绿小灌木，高0.8～1.3m。

（茎）主干灰褐色；幼枝密被灰色短柔毛和散生长刚毛，2～3年生枝毛被宿存。

（叶）薄革质至坚纸质，狭长圆形或长椭圆形，长2～3.5cm，宽0.8～1.6cm，先端渐尖至钝圆，具尖头，基部宽楔形或近圆形，边缘反卷，具刚毛状缘毛；叶面深绿色或黄绿色，被柔毛和散生刚毛，无鳞片，叶背淡绿色，密被灰白色柔毛和棕黄色鳞片，间距为其直径的1.5～3倍；中脉、侧脉和细脉正面明显凹陷，微具皱纹，背面显著凸起，侧脉约7对，两面明显；叶柄长2～4mm，密被灰色柔毛和散生长刚毛。

（花）花芽鳞外面被柔毛和鳞片，边缘具白色短柔毛；伞形花序腋生枝顶，或多个花序同时侧生枝顶叶腋，每个花序有2～5花，总轴长约2mm；花梗紫红色，长0.6～1.2cm，密被白色柔毛和黄色鳞片；花萼黄绿色，环状或三角状5浅裂，裂片不等大，长约1mm，外面被柔毛和鳞片，边缘具长缘毛；花冠管状钟形，长1.5～2cm，冠檐径1.4～1.8cm，颜色由基部到顶端渐深，桃红色或粉红色，内外无毛；花冠管长0.7～1cm，花冠5裂至中部以上，裂片长圆形，直立或稍开展，长0.7～1cm，宽6～8mm，裂片外面疏生银白色鳞片，内面无斑点，先端钝圆，无缺刻；雄蕊10，不等长，伸出花冠外，长1.4～2cm，花丝淡紫红色，下部被白色短柔毛，花药紫黑色至紫褐色；雌蕊长于花冠和雄蕊，子房圆锥形，长约3mm，径2～3mm，密被长柔毛和鳞片，花柱淡紫红色，长2～2.5cm，下部疏被柔毛，柱头紫红色，稍膨大，顶端具5浅沟纹。

（果）蒴果长卵圆形，长0.7～1cm，径约4mm，被柔毛和鳞片。

受威胁状况评价

自然杂交种，《RCB》及《RLR》评估：均为未评估（NE）。

引种信息及栽培适应性

庐山植物园　2008年11月，张乐华从云南嵩明县阿子营引种种子（登录号：2009K014）。杜鹃园栽培生长较好，林缘栽培好于林下，开花量一般，结实率低，冬季有轻微冻害，适应性较好。

昆明植物园　1980年代，张长芹从云南嵩明县阿子营引种种子。杜鹃园栽培生长旺盛，每年大量开花结实，喜光照充足的栽培环境，适应性良好。

物候

先花后叶物候型，或先花后叶、部分重叠物候型。

庐山植物园　3月下旬叶芽膨大，4月上中旬萌芽，4月中旬至5月中旬展叶；3月中旬花芽膨大，

3月下旬现蕾，4月上旬至下旬开花；11月上旬蒴果成熟。**保育温室** 3月中旬叶芽膨大，3月下旬萌芽，4月上旬至5月上旬展叶；3月上旬花芽膨大，3月中旬现蕾，3月下旬至4月中旬开花；10月下旬蒴果成熟。

昆明植物园 3月上旬叶芽膨大，3月中旬萌芽，3月下旬至4月中旬展叶；2月上中旬花芽膨大，2月中下旬现蕾，2月23日至3月1日始花、3月2～12日盛花、3月13～18日末花；9月蒴果成熟。

主要用途

观赏：分枝多、株形优美，耐修剪，花色艳丽，耐干旱、瘠薄，观赏性和适应性强，适用于盆栽及中海拔地区的园林绿化，也可用于生态修复和荒山、荒坡治理。

幼枝与新叶

植株

花芽

花蕾

多个花序腋生枝顶

花正面

花侧面（示花梗与花萼）

花枝

雄蕊

雌蕊

蒴果

41

碎米花

Rhododendron spiciferum Franchet, J. Bot. (Morot) 9(21): 400. 1895.

分布与生境

中国特有种，产贵州、云南。生于海拔800～1330m的山坡灌丛、林缘或松林、杂木林下。

迁地栽培形态特征

半常绿至常绿灌木，高0.5～1m。

茎 主干灰褐色；分枝多，枝条细瘦；幼枝密被灰白色短柔毛和散生长硬毛，2～3年生枝毛被宿存。

叶 散生，坚纸质，狭长圆形至长圆状披针形，长2～4cm，宽0.4～1cm，先端锐尖至钝圆，有尖头，基部宽楔形，边缘反卷，具睫毛；叶面深绿色，幼时被鳞片、柔毛和长硬毛，成熟时被短柔毛和长硬毛，叶背黄绿色，被金黄色鳞片和灰白色柔毛，沿中脉、侧脉毛被更长；中脉、侧脉和细脉正面凹陷，微具皱纹，背面凸起，侧脉7～9对，不达叶缘连接；叶柄长2～4mm，被毛同幼枝。

花 花芽鳞花期宿存，外面密被鳞片和灰白色柔毛，边缘具白色柔毛；常多个花芽同时侧生枝顶叶腋，短总状花序有2～4（～5）花；花梗黄绿色带红晕，长0.4～1.2cm，被鳞片，密被短柔毛和疏生长硬毛；花萼与花梗同色，5裂，裂片卵形，长1～2mm，外面疏生鳞片和密被灰白色柔毛，边缘密被粗毛状睫毛；花冠漏斗形，粉红色，长1.5～2cm，冠檐径1.8～2.5cm；花冠5裂至中部，裂片长圆形，开展，长0.8～1.1cm，宽6～8mm，裂片外面疏生灰白色鳞片，内面无斑点，先端钝圆，无缺刻；雄蕊10，不等长，长1.4～2cm，长雄蕊与花冠近等长，花丝白色，下部被短柔毛，花药紫褐色；雌蕊长于花冠和雄蕊，子房圆锥形，长约3mm，径2～3mm，密被灰白色短柔毛和鳞片，花柱淡紫红色至紫红色，长2～2.5cm，干净或下部疏被柔毛，柱头黄绿色至紫红色，稍膨大。

果 蒴果长卵圆形，长0.6～1cm，密被柔毛和鳞片。

受威胁状况评价

《RCB》及《RLR》评估：均为无危（LC）。

引种信息及栽培适应性

庐山植物园 2008年3月，张乐华、王书胜分别从云南昆明市金殿植物园（登录号：2008JD001）、昆明植物园（登录号：2008K006、2008K019）引种种子；2008年11月，张乐华从云南嵩明县阿子营引种种子（登录号：2009Y016）。杜鹃园栽培生长较好，开花量一般，结实率低，冬季有轻微冻害，适应性一般。

昆明植物园 1980年代，张长芹、冯宝钧从云南嵩明县阿子营、大理市苍山引种实生苗。生长旺盛，每年开花结实，喜光照充足的栽培环境，适应性较好。

物候

先花后叶物候型，或先花后叶、部分重叠物候型。

庐山植物园 3月中旬叶芽膨大，4月上旬萌芽，4月中旬至5月中旬展叶；3月上中旬花芽膨大，3月下旬现蕾期，4月上旬始花、4月中旬盛花、5月上旬末花；10月下旬蒴果成熟。**保育温室** 3月上旬叶芽膨大，3月下旬萌芽，4月上旬至5月上旬展叶；3月上旬花芽膨大，3月中下旬现蕾，3月下旬至4月上旬始花、4月上中旬盛花、4月下旬末花；11月上旬蒴果成熟。

昆明植物园 3月上旬叶芽膨大，3月下旬萌芽，4月上旬至下旬展叶期；2月中旬花芽膨大，2月下旬现蕾，3月1~8日始花、3月9~17日盛花、3月18~27日末花；9~10月蒴果成熟。

主要用途

观赏：分枝多、株形优美，花色靓丽，耐干旱、瘠薄，适用于盆栽及中海拔地区的绿化与生态修复。

药用：根富含黄酮类、木脂素类及三萜类等化合物，有杀菌抑菌和免疫调节活性，且无毒，可用于药物及保健品开发。

植株

幼枝与幼叶

花芽与花蕾

小花分开（示多个花序侧生枝顶）

花序

花枝

花正面

花侧面（示花梗与花萼）

蒴果

组 2　帚枝杜鹃组

Sect. *Rhabdorhodion* Sleumer, Bot. Jahrb. Syst. 74: 529. 1949.

单型组，全球仅1种，分布于不丹、中国和印度。《中国植物志》和*Flora of China*均收录，分布于西藏、云南。本书收录1种，组的主要形态特征见种描述。

42
柳条杜鹃

Rhododendron virgatum J. D. Hooker, Rhododendron Sikkim Himalaya 3: t. 26(A). 1851.
别名： 油叶杜鹃

分布与生境

产西藏、云南；不丹、印度也有分布。生于海拔1700~3000m的山坡林中、林缘或灌丛、湿润草地。

迁地栽培形态特征

常绿小灌木，高0.5~1.2m。

茎 主干灰褐色；分枝多，枝条细长；幼枝密被鳞片，2年生枝鳞片宿存。

叶 革质，狭长圆形至长圆状披针形，长1.5~4.5cm，宽0.8~1.8cm，先端锐尖或急尖，具尖头，基部宽楔形或近圆形，边缘微反卷；叶面深绿色，密被棕褐色鳞片，后渐脱落或多少宿存，叶背灰绿色至灰白色，被不等大的鳞片，大鳞片黄褐色，散生，小鳞片淡黄色，间距为其直径的1~2倍；中脉正面凹陷，背面凸起，侧脉纤细，8~12对，正面不明显，背面微显；叶柄长3~5mm，密被褐色鳞片。

花 花芽鳞花期甚至果期不脱落，覆瓦状排列，外面被鳞片和微柔毛，边缘被灰白色柔毛；常多花序聚生枝顶叶腋或于枝上排列成总状式，单花，偶2花；花梗黄绿色带红晕，长约4mm，密被鳞片；花萼黄绿色，5裂，裂片不等大，长卵圆形，长1~3mm，外面中下部密被鳞片，先端及边缘干净；花冠漏斗状钟形至漏斗形，淡粉紫色或淡红色，长3.5~4.2cm，冠檐径4.2~4.7cm，外面密被鳞片和灰白色短柔毛，内面干净，无斑点；花冠5裂，偶6裂，裂片开展，卵圆形，长约2cm；雄蕊10，不等长，长2.2~3.2cm，花丝白色至淡紫色，下部疏生短柔毛，基部无，花药褐色；子房卵圆形，长3~4mm，密被鳞片，花柱淡紫红色，长3.4~3.6cm，伸出花冠，下部疏生鳞片和柔毛，柱头紫红色，膨大呈头状。

果 蒴果卵球形，长0.7~1.2cm，径约5mm，密被黄褐色鳞片，花柱宿存。

受威胁状况评价

《RCB》评估：近危（NT）；《RLR》评估：无危（LC）。

引种信息及栽培适应性

庐山植物园 2008年3月，张乐华从云南大理市苍山引种实生苗和种子（登录号：2008K007、2008K024）。杜鹃园栽培生长较好，开花量一般，结实率低，适应性一般。

华西亚高山植物园 2010年10月，庄平、王飞、朱大海和李建书从西藏波密县县城至24km途中引种种子（登录号：1009147）。生长旺盛，植株冬季有冻害现象，开花量较大，结实率较高，适应性良好。

昆明植物园 1990年代，张长芹从云南大理市苍山引种实生苗；长势一般，每年开花量小，未见结实，易感病害，栽培适应性一般。2018年，尹擎从中国西南野生生物种质资源库引种实生苗，杜鹃园栽培生长旺盛，能正常开花结实，适应性较好。

物候

先花后叶物候型。

庐山植物园　3月下旬叶芽膨大，4月中旬萌芽，4月下旬至5月下旬展叶；3月中旬花芽膨大，3月下旬至4月上旬现蕾，4月上旬始花、4月中旬盛花、4月下旬末花；10月上旬蒴果成熟。

　　华西亚高山植物园　4月上旬叶芽膨大，4月下旬萌芽，5月上旬至6月中旬展叶；3月中旬花芽膨大，3月下旬现蕾，4月3～13日始花、4月14～25日盛花、4月26日至5月3日末花；10月上旬蒴果成熟。

　　昆明植物园　1990年代引种的植株：5月上旬叶芽膨大，5月中旬萌芽，5月下旬至6月中旬展叶；4月上旬花芽膨大，4月中旬现蕾，4月下旬至5月中旬开花；未见成熟蒴果。2018年引种的植株：2021年首次开花，开花展叶物候较早；4月上旬叶芽膨大，4月中旬萌芽，4月下旬至5月中旬展叶；3月上旬花芽膨大，3月中旬现蕾，3月下旬至4月中旬开花；未见成熟蒴果。

主要用途

　　观赏：分枝多、株形紧凑，耐修剪，花序奇特、花色靓丽，可丛植、片植，用于中高海拔地区的园林绿化，也可用于生态修复。

植株　　叶芽与叶背　　腋生花芽　　聚生枝顶花蕾　　花正面　　花枝　　花侧面　　花内面　　雌雄蕊　　蒴果

组3　腋花杜鹃组

Sect. *Rhodobotrys* Sleumer, Bot. Jahrb. Syst. 74: 529. 1949.

常绿小灌木。幼枝被鳞片。叶革质，两面被鳞片，叶背通常灰白色。1至多个伞形花序簇生枝顶或上部叶腋，每个花序有2~5花；花萼环状或5浅裂，裂片长约1mm，被鳞片，有或无缘毛；花冠5裂，宽漏斗形，粉红色至淡紫红色；雄蕊10，花丝下部被柔毛；子房圆锥形，密被鳞片，花柱干净。蒴果长圆形，密被鳞片。

中国特有组，共2种。《中国植物志》和 *Flora of China* 均全部收录，分布于贵州、四川和云南。本书收录2种。

腋花杜鹃组分种检索表

43

腋花杜鹃

Rhododendron racemosum Franchet, Bull. Soc. Bot. France 33: 235. 1886.

多个花芽聚生枝顶

植株

花芽膨大与叶背

分布与生境

中国特有种，产贵州、四川和云南。生于海拔1500～3800m的针叶林下、松－栎林林下或林缘、灌丛，可形成纯灌丛或优势种。

迁地栽培形态特征

常绿小灌木，高0.5～1.2m。

🌿 **茎** 主干灰褐色；分枝多，枝条短；幼枝被棕黄色至褐色鳞片。

🍃 **叶** 革质，散生，揉之具芳香，长圆形、椭圆形或长圆状倒卵形，长1.5～3.7cm，宽0.8～2cm，先端钝圆或急尖，具尖头，基部楔形至圆形，边缘反卷，无缘毛；叶面深绿色，疏生褐色鳞片，叶背灰白色，密被褐色近等大的鳞片，间距小于其直径但不邻接；中脉正面微凹，背面凸起，侧脉两面不明显；叶柄长2～4mm，具浅纵沟，被鳞片。

🌸 **花** 花芽鳞覆瓦状排列，花期宿存，外面被鳞片和短柔毛，边缘被灰色柔毛；常多个花芽聚生枝顶叶腋，伞形花序有2～3（～4）花；花梗黄绿色或带红晕，长6～9mm，被鳞片，无毛；花萼与花梗同色，不发育，环状或波状5浅裂，裂片长约1mm，外面被鳞片，无缘毛；花冠宽漏斗形，粉红色或淡紫红色，长1.3～1.8cm，冠檐径2～3cm，外面沿中脊两侧散生鳞片；花冠5裂至中部以下，偶6裂，裂片长圆形，长0.8～1.2cm，上方裂片内面具紫红色斑点或无；雄蕊10，不等长，长0.9～1.2cm，伸出花冠外，花丝白色，下部疏生柔毛，花药紫色；雌蕊长于花冠和雄蕊，子房圆锥形，长约2mm，密被鳞片，花柱白色至淡紫红色，长1.8～2.2cm，干净，柱头紫红色，稍膨大。

🍎 **果** 蒴果长圆形，长0.5～1cm，径约3mm，被鳞片。

受威胁状况评价

《RCB》及《RLR》评估：均为无危（LC）。

引种信息及栽培适应性

庐山植物园　2006年10～11月，张乐华从英国Crarae Garden（登录号：2007C147）、Glendoick Garden & Garden Centre（登录号：2007G005）引种种子；2008年3月，张乐华从云南大理市苍山引种实生苗及种子（登录号：2008K026）；2010年10～11月，张乐华从Royal Botanic Garden Edinburgh引种种子（登录号：2011ED015）。杜鹃园栽培生长较慢，开花量较大，但结实率较低，适应性较好。

华西亚高山植物园　1997年10月，庄平、赵志龙从云南玉龙县玉龙雪山引种种子（登录号：970542）；2000年9～10月，庄平、冯正波和张超从云南宁蒗县战河（登录号：000216）、四川美姑县椅子垭口（登录号：000308）引种种子。生长旺盛，开花量较大，结实率较高，栽培适应性良好。

昆明植物园　1980—1990年代，冯宝钧、张长芹从云南昆明嵩明县、丽江高山植物园引种实生苗及种子。生长量小，长势一般，每年开花，但结实率低，栽培适应性一般。

物候

先花后叶、部分重叠物候型，或花叶同放物候型。

庐山植物园　3月下旬叶芽膨大，4月上中旬萌芽，4月中旬至5月上旬展叶；3月中旬花芽膨大，3月下旬至4月上旬现蕾，4月上旬至下旬开花；10月下旬蒴果成熟。**保育温室**　3月中旬叶芽膨大，4月上旬萌芽，4月上中旬至5月上旬展叶；2月下旬至3月上旬花芽膨大，3月中旬现蕾，3月中下旬至4月中旬开花；10月上旬蒴果成熟。

华西亚高山植物园　3月中旬叶芽膨大，4月上旬萌芽，4月中旬至5月上旬展叶；3月中旬花芽膨大，4月上中旬现蕾，4月15～21日始花、4月22日至5月4日盛花、5月5～15日末花；10月下旬蒴果成熟。

昆明植物园　3月中旬叶芽膨大，3月下旬萌芽，4月上旬至下旬展叶；2月下旬花芽膨大，3月上旬现蕾，3月中旬至4月上旬开花；9～10月蒴果成熟。

主要用途

观赏：分枝多、株形优美，耐修剪，花繁叶茂、色泽靓丽，观赏性强，适用于盆栽及中高海拔地区的园林绿化与林缘、岩石园造景，也可用于生态修复。

药用：《中国有毒植物图谱数据库》收录。叶入药，有祛痰、止咳、平喘功效，主治痰喘咳嗽、慢性气管炎；枝入药，主治糖尿病。

幼枝与幼叶

花蕾

花正面

花枝

花正面

雄蕊（示花梗与花萼）

花侧面与雌蕊

蒴果

44

富源杜鹃

Rhododendron fuyuanense Z. H. Yang, Acta Phytotax. Sin. 35(2): 189. 1997.

分布与生境

中国特有种，产贵州、云南。生于海拔1800~2740m的疏林、林缘或灌丛中，可形成优势种。

迁地栽培形态特征

常绿小灌木，高0.5~0.8m。

🌿 主干灰褐色；分枝多，枝条短；幼枝被褐黑色鳞片。

🍃 散生或密生枝顶，革质，狭椭圆形或椭圆形，长2~3.5cm，宽0.7~1.4cm，先端渐尖或锐尖，具尖头，基部宽楔形至钝圆，边缘明显反卷，被长睫毛；叶面绿色，散生棕褐色的小鳞片，无毛或残存毛基，叶背灰白色，密被褐色鳞片，间距为其直径的1~3倍，沿中脉散生鳞片和被微柔毛；中脉正面凹陷，背面凸起，侧脉5~8对，背面较明显；叶柄长2~4mm，具浅纵沟，被鳞片。

🌸 花芽鳞覆瓦状排列，花期宿存，外面被鳞片和短柔毛，边缘具柔毛；伞形花序腋生枝顶，或多个花序同时侧生枝顶叶腋，每个花序有2~5花，总轴不明显；花梗黄绿色，长0.8~1.2cm，被鳞片，疏生柔毛或无；花萼与花梗同色，不发育，环状或波状5浅裂，裂片卵状三角形，长1~1.5mm，外面被鳞片，边缘疏生长缘毛；花冠漏斗形，蕾期紫红色，后紫红色至淡紫红色，长1.4~1.8cm，冠檐径3.5~4cm，外面沿中脊两侧散生鳞片，内外无毛，内面无斑点；花冠5裂，深裂至中部以下，裂片长圆形至长卵形，开展，长0.8~1.2cm，宽0.8~1cm；雄蕊10，不等长，长1.6~2.5cm，伸出花冠外，花丝白色，下部被开展的柔毛，基部无，花药紫色；雌蕊长于花冠和雄蕊，子房圆锥形至圆柱形，长约3mm，径约2mm，密被重叠的白色鳞片，无毛，花柱淡黄绿色，长2.4~2.6cm，干净，柱头棕红色，稍膨大，顶端具5浅沟纹。

🍒 蒴果长圆形，较小，长5~6mm，径2~3mm，被金黄色鳞片。

受威胁状况评价

《RCB》评估：未评估（NE）；《RLR》评估：数据缺乏（DD）。

引种信息及栽培适应性

庐山植物园 2008年3月、11月，张乐华、王书胜从云南沾益区马雄山引种种子（登录号：2008Y011、2009Y019）；2008年3月、2010年11月，张乐华、王书胜从昆明植物园引种种子（登录号：分别为2008KM004、2011KM003）。杜鹃园栽培长势良好，开花量大，但结实率低，适应性良好。

物候

先花后叶、部分重叠物候型。

庐山植物园 3月下旬叶芽膨大，4月上中旬萌芽，4月中下旬至5月中旬展叶；3月中旬花芽膨大，3月下旬至4月上旬现蕾，4月上旬至5月上旬开花；10月下旬蒴果成熟。**保育温室** 3月中旬叶芽膨大，

3月下旬至4月上旬萌芽，4月上中旬至5月上旬展叶；3月上旬花芽膨大，3月中下旬现蕾，3月下旬至4月下旬开花；10月中旬蒴果成熟。

主要用途

观赏：植株低矮紧凑，耐修剪，花繁叶茂，适用于盆栽及中海拔地区的园林绿化与生态修复。

植株　叶芽萌芽与叶背　多个花芽腋生枝顶　花蕾　小花分开　花序　花正面　花侧面　雌雄蕊　蒴果与叶背

亚属IV　迎红杜鹃亚属

Subg. *Rhodorastrum* (Maximowicz) C. B. Clarke, Fl. Brit. India 3(9): 474. 1882.

落叶至半常绿灌木。幼枝及叶两面被鳞片。花序腋生或多个花序聚生枝顶叶腋呈假顶生，单花，偶2花；花萼5齿裂，裂片小，长约1mm；花冠宽漏斗状至近碟形，紫红色，外面无鳞片，被短柔毛；雄蕊10，花丝下部被短柔毛；子房圆锥形，密被鳞片，无毛，花柱细长，干净。蒴果小，长圆形，被鳞片。

全球有2种，分布于中国、日本、朝鲜、蒙古和俄罗斯。《中国植物志》和*Flora of China*均全部收录，分布于河北、黑龙江、吉林、江苏、辽宁、内蒙古和山东。本书收录2种。

迎红杜鹃亚属分种检索表

1a. 半常绿；叶片近革质，先端钝圆；叶面无毛，叶背鳞片覆瓦状或彼此邻接，或间距为其直径的0.5～1.5倍·· **45. 兴安杜鹃 *R. dauricum***

1b. 落叶；叶片纸质，先端锐尖、渐尖，稀钝圆；叶面幼时疏生细刚毛，叶背鳞片间距为其直径的2～3倍·· **46. 迎红杜鹃 *R. mucronulatum***

45

兴安杜鹃

Rhododendron dauricum Linnaeus, Sp. Pl. 1: 392. 1753.

别名： 达子香、满山红

分布与生境

产黑龙江、吉林和内蒙古；日本、朝鲜、蒙古和俄罗斯也有分布。生于海拔200～1100m桦木林、落叶松林下或林缘、灌丛中。

迁地栽培形态特征

半常绿灌木，高0.8～1.5m。

茎 主干灰褐色，皮层层状剥落；分枝多，枝条呈轮生状，灰色；幼枝细而弯曲，被柔毛和鳞片，2～3年生枝柔毛和鳞片宿存。

叶 近革质，椭圆形或长圆状卵圆形，长2.5～4.5cm，宽1～1.7cm，两端钝，幼时基部微下延于叶柄，呈楔形，全缘或有细钝齿，叶面深绿色，冬季暗绿色，密被灰白色鳞片，沿中脉被灰色绒毛，叶背淡绿色，密被灰白色至褐色近等大的鳞片，鳞片覆瓦状或彼此邻接，或间距为其直径的0.5～1.5倍，沿中脉疏生短绒毛或仅具鳞片；中脉正面凹陷，背面凸起，侧脉5～7对，背面较明显；叶柄长4～7mm，具浅纵沟，被微柔毛和鳞片。

花 花芽鳞花期早落或宿存，外面密被鳞片，边缘具长睫毛；花芽腋生枝顶呈假顶生，或多个花芽同时侧生枝顶叶腋，单花，偶2～3花，先叶开放；花梗黄绿色或带红晕，长2～8mm，疏生鳞片；花萼与花梗同色，波状5浅裂，裂片长不及1mm，外面及边缘密被鳞片；花冠宽漏斗形至近碟形，长1.7～2.4cm，冠檐径2.5～3.8cm，粉红色或紫红色，外面被柔毛，向先端渐稀，内面干净，无斑点；花冠5裂，深裂至全长的2/3，开展，裂片长卵圆形，长1.4～1.7cm，宽1.5～1.8cm，边缘皱褶，无缺刻；雄蕊10，不等长，稍短于花冠，长1.1～2.3cm，花丝淡紫色，下部被短柔毛，花药紫红色；雌蕊等长或稍长于花冠，子房卵圆形，长2～2.5mm，径1.5～2mm，密被鳞片，花柱淡紫红色，干净，长2～2.3cm，柱头紫红色，不膨大，点状。

果 蒴果长圆形，长1～1.4cm，径约5mm，被鳞片，先端5瓣开裂。

受威胁状况评价

《RCB》及《RLR》评估：均为无危（LC）。

野外考察发现，该物种分布较广，种群数量较多。但近十余年因人为盗挖、破坏严重，资源量日趋减少，已被《国家重点保护野生植物名录》（2021）列为二级保护植物。建议列为易危（VU）种。

引种信息及栽培适应性

庐山植物园 2020年11月，张乐华、李丹丹和李晓花从黑龙江尚志市森科兴安杜鹃种植专业合作社引种实生苗。杜鹃园栽培生长良好，开花量一般，结实率较低；因引种时间短，不作适应性评价。

沈阳树木园 2018年7月，赵大庆从黑龙江大兴安岭地区呼中区新林大岭引种实生苗（登录号：20180048）。园区栽培生长旺盛，开花量大，结实率一般，适应性较好。

物候

先花后叶、部分重叠物候型。

庐山植物园　2月下旬叶芽膨大，3月上旬萌芽，3月上中旬至4月上旬展叶；2月中旬花芽膨大，2月下旬现蕾，3月上旬始花、3月中旬盛花、3月下旬末花，在气温较高的秋冬季有少量开花；10月上旬蒴果成熟。

沈阳树木园　3月下旬叶芽膨大，4月上旬萌芽，4月中旬至5月中旬展叶；3月中旬花芽膨大，3月下旬现蕾，3月下旬至4月上旬始花、4月上中旬盛花、4月下旬至5月上旬末花；9月下旬蒴果成熟。10月中旬部分叶片脱落。

主要用途

观赏：分枝多、株形紧凑，花期早、花量大、色泽艳丽，是早春少花季节优良的观花灌木，亦是杜鹃花耐寒性培育的优良亲本；适用于中海拔地区园林绿化，也可用于生态修复。作为国家二级重点保护植物，应加大宣传及保护力度，严禁野外盗挖，并通过园林应用促进其多样性保护。

药用：《中国有毒植物图谱数据库》收录，也是重要的药用植物，《中华人民共和国药典》（2020年版，一部）收录：辛、苦，寒；归肺、脾经。花、叶、根入药，有止咳祛痰功效，主治咳嗽、气喘、痰多；幼枝、叶提取物有潜在的抗艾滋病病毒活性，可用于药物开发。

工业：叶含芳香油及香豆素等，可用于提取芳香油，调制香精；茎、枝、果含草鞣质，可提制栲胶。

植株　　小枝与叶芽　　新叶　　叶片　　多个花芽腋生枝顶　　花蕾　　花序　　花枝　　花正面　　花侧面　　雌雄蕊　　蒴果与花芽

46

迎红杜鹃

Rhododendron mucronulatum Turczaninow, Bull. Soc. Imp. Naturalistes Moscou 10(7): 155. 1837.

植株

开花植株

分布与生境

产河北、江苏、辽宁、内蒙古和山东；日本、朝鲜、蒙古和俄罗斯也有分布。生于海拔100～1400m的桦木林、落叶松林下或林缘、灌丛中，有时形成纯灌丛。

迁地栽培形态特征

落叶灌木，高0.8～1.6 m。

茎 主干灰褐色，皮层层状剥落；分枝多，枝条纤细；幼枝疏生鳞片。

叶 纸质，卵状披针形或长椭圆形，长2.5～6cm，宽1.2～2.5cm，先端渐尖、锐尖，稀钝圆，具尖头，基部楔形，微下延于叶柄，边缘全缘或有细钝齿，幼时疏生细刚毛，不久脱落；叶面绿色，幼时被白色细刚毛和凸起的鳞片，刚毛不久脱落，鳞片宿存，叶背浅绿色至灰白色，被不等大的褐色鳞片，

197

间距为其直径的2~3倍；中脉正面凹陷，背面凸起，侧脉细，5~7对；叶柄长3~6mm，具纵沟，幼时被细刚毛和鳞片，后刚毛脱落。

花　花芽鳞花期宿存，外面被鳞片和短柔毛，边缘具缘毛；常1~3花序腋生枝顶或假顶生，多单花；花梗黄绿色带红晕，长0.7~1cm，疏生鳞片；花萼黄绿色，不发育，波状5齿裂，裂片长不及1mm，被鳞片，无毛或疏生刚毛；花冠宽漏斗形至近碟形，淡紫红色，长2.3~2.8cm，冠檐径3.4~4cm，外面被短柔毛，无鳞片；花冠5裂，裂片卵圆形，长1.3~1.7cm，上方裂片内面基部具深色斑点，边缘皱褶，无缺刻；雄蕊10，不等长，稍短于花冠，长1.8~2.5cm，花丝淡紫色，下部被短柔毛，花药蓝紫色；雌蕊长于花冠，子房圆锥形，长约4mm，径约3mm，密被鳞片，无毛，花柱紫红色，长2~2.8cm，干净，柱头紫红色，不膨大，点状。

果　蒴果圆柱形，长1~1.5cm，径4~5mm，被鳞片，先端5瓣开裂。

受威胁状况评价

《RCB》及《RLR》评估：均为无危（LC）。

引种信息及栽培适应性

庐山植物园　2006年10月、2007年10月和2010年10月，张乐华分别从中国科学院植物研究所北京植物园栽培地引种种子（登录号：分别为2007BJ001、2008BJ001、2011BJ001）；2010年10月，张乐华从山东青岛市崂山引种种子（登录号：2011SD001）。保育温室栽培生长良好，开花量较大，但结实率低；杜鹃园栽培生长较慢，长势较好，开花量较小，未见结实，适应性较好。

华西亚高山植物园　2012年10月，王飞从中国科学院沈阳应用生态研究所树木园引种种子（登录号：20120001）。生长旺盛，开花量较大，可结实，栽培适应性良好。

沈阳树木园　1999年，张粤从辽宁本溪满族自治县野外引种实生苗（登录号：T19990008）。园区栽培生长旺盛，开花量大，结实率较低，适应性良好。

物候

先花后叶、部分重叠物候型。

庐山植物园　2月下旬叶芽膨大，3月上旬萌芽，3月上中旬至4月上旬展叶；2月中旬花芽膨大，2月下旬现蕾，3月上旬始花、3月中旬盛花、3月下旬末花；未见成熟蒴果。**保育温室**　2月中旬叶芽膨大，2月下旬萌芽，3月上旬至4月上旬展叶；2月上旬花芽膨大，2月中旬现蕾，2月下旬始花、3月上旬盛花、3月中旬末花；9月下旬蒴果成熟。

华西亚高山植物园玉堂园区　2月中旬叶芽膨大，2月下旬萌芽，3月上旬至下旬展叶；1月下旬花芽膨大，2月上旬现蕾，2月12~19日始花、2月20日至3月2日盛花、3月3~10日末花；9月上旬蒴果成熟。

沈阳树木园　3月中旬叶芽膨大，3月下旬萌芽，4月上旬至下旬展叶；3月上旬花芽膨大，3月下旬花现蕾、3月下旬至4月上旬始花、4月中旬盛花、4月下旬至5月上旬末花；9月下旬蒴果成熟。10月中旬落叶。

主要用途

观赏：分枝多、株形紧凑，花期早、花量大、色泽艳丽，耐修剪，观赏性和适应性强，是早春少花季节优良的观花灌木，亦是杜鹃花耐寒性培育的重要亲本，适用于中海拔地区的园林绿化和生态修复，也可用于华北、东北和华东地区低海拔城市的林下、林缘造景。

药用：叶、花入药，有解表清肺、化痰止咳、平喘、抗菌消炎功效，主治咳嗽、哮喘、支气管炎、肠炎及跌打疼痛。

新叶

花序

叶背

花背面与叶芽

花正面

花枝

雄蕊

雌蕊与新叶

蒴果

亚属 V　常绿杜鹃亚属

Subg. *Hymenanthes* (Blume) K. Koch, Dendrologie 2(1): 170. 1872.

常绿灌木至小乔木。幼枝被各式毛或无毛。叶革质，被各式毛或无毛，无鳞片。总状伞形花序顶生，偶2~3个花序聚生枝顶，花多数；花萼5~8裂，裂片通常较小，长1~3mm，稀达1.2（~1.5）cm；花冠较大，5~8（~9）裂，钟状、斜钟形、管状钟形、漏斗状钟形，稀杯状至碟形，基部有深色的蜜腺囊或无；雄蕊常为花冠裂片的2倍，通常10，稀12~23，不等长；子房圆柱形或卵圆形，疏生或密被各式毛或无毛，花柱无毛，或被柔毛、腺毛。蒴果常圆柱形，直或弯曲，被毛或无。

全球有277种，多集中分布于亚洲，少数种类分布于欧洲、北美。《中国植物志》收录251种、30亚种和57变种，*Flora of China* 收录259种、31亚种和60变种，多集中分布于我国西南部，少数种类向东分布至台湾。本书收录65种、10亚种和8变种，其中原产日本1种、1亚种。

常绿杜鹃组

Sect. *Ponticum* G. Don, Gen. Hist. 3: 843. 1834.

本亚属仅有 1 组，组的形态特征同亚属。

常绿杜鹃组分亚组检索表

1a. 幼枝、叶柄被刚毛或腺头刚毛，少数兼有绒毛、丛卷毛，稀无腺毛。
  2a. 花冠7裂；雄蕊14～16 ···**亚组2 耳叶杜鹃亚组 Subsect. *Auriculata***
  2b. 花冠5裂；雄蕊10。
    3a. 花冠管外密被绒毛和散生腺毛 ·································**亚组14 朱红大杜鹃亚组 Subsect. *Griersoniana***
    3b. 花冠管外无毛。
      4a. 花冠管状钟形，常深红色，基部有蜜腺囊 ·············**亚组15 星毛杜鹃亚组 Subsect. *Parishia***
      4b. 花冠钟状、漏斗状钟形或浅杯形，白色、粉红色或鲜黄色，基部无蜜腺囊。
        5a. 叶长圆形至倒卵状披针形；子房密被腺头刚毛 ·······**亚组7 粘毛杜鹃亚组 Subsect. *Glischra***
        5b. 叶长圆状椭圆形至卵圆形；子房被短柄腺毛 ·······**亚组5 弯果杜鹃亚组 Subsect. *Campylocarpa***
1b. 幼枝、叶柄通常被柔毛、丛卷毛、短柄腺毛或无毛，稀混生刚毛。
  6a. 花冠基部通常无蜜腺囊，稀有蜜腺囊；花白色至粉紫色，稀淡黄色。
    7a. 花冠通常7～8（～9）裂，稀5～6裂；雄蕊通常14～20，稀12。
      8a. 成熟叶通常两面无毛，少数叶背疏被腺毛或沿中脉被绒毛、丛卷毛 ·························
        ···**亚组1 云锦杜鹃亚组 Subsect. *Fortunea***
      8b. 成熟叶背面具连接的毛被。
        9a. 叶背有两层毛被，上层毛被杯状 ·····················**亚组4 杯毛杜鹃亚组 Subsect. *Falconera***
        9b. 叶背有一或两层毛被，无杯状毛被 ·················**亚组3 大叶杜鹃亚组 Subsect. *Grandia***
    7b. 花冠通常5裂，稀6～7裂；雄蕊通常10，稀达21。
      10a. 叶背通常无毛，少数沿中脉被柔毛、绒毛或腺头刚毛。
        11a. 幼枝、叶柄幼时被腺毛、柔毛或丛卷毛，不久脱落；叶背中脉通常无毛，稀被腺毛、绒毛或
          丛卷毛；花冠管状钟形、宽钟状、钟状至碟形 ·········**亚组8 露珠杜鹃亚组 Subsect. *Irrorata***
        11b. 幼枝、叶柄及叶背中脉通常被腺头刚毛、粗毛、绒毛或腺毛，毛被宿存，稀不久脱落或无毛；
          花冠宽钟形至管状钟形 ·································**亚组6 麻花杜鹃亚组 Subsect. *Maculifera***
      10b. 叶背通常被连接毛被，稀无毛。
        12a. 蒴果细瘦，强度弯弓 ·······························**亚组13 镰果杜鹃亚组 Subsect. *Fulva***
        12b. 蒴果圆柱状至卵圆形，直或稍弯弓。
          13a. 花冠5裂；花梗通常密被绒毛，稀被有柄腺毛至无毛
            ···**亚组12 大理杜鹃亚组 Subsect. *Taliensia***
          13b. 花冠5～7裂；花梗通常疏被绒毛、丛卷毛或柔毛，稀被有柄腺毛。
            14a. 花冠5裂；花序总轴长0.4～3cm；花梗长0.8～5.2cm ····························
              ···**亚组10 银叶杜鹃亚组 Subsect. *Argyrophylla***
            14b. 花冠5～7裂；花序总轴长0.5～2cm；花梗长2.5～4cm ····························
              ···**亚组9 长序杜鹃亚组 Subsect. *Pontica***
  6b. 花冠基部有蜜腺囊；通常深红色，稀橘红色、洋红色。
    15a. 花冠质地稍薄；子房被腺毛，无绒毛 ·························**亚组17 蜜腺杜鹃亚组 Subsect. *Thomsonia***
    15b. 花冠肉质；子房被绒毛，无腺毛。
      16a. 常绿灌木至小乔木；花序花多而密集，常10～17（～22）花 ·····························
        ···**亚组11 树形杜鹃亚组 Subsect. *Arborea***
      16b. 常绿灌木至矮生灌木；花序少花，常2～8花 ·········**亚组16 火红杜鹃亚组 Subsect. *Neriiflora***

亚组1 云锦杜鹃亚组

Subsect. *Fortunea* (Tagg) Sleumer, Bot. Jahrb. Syst. 74: 546,1949.

常绿灌木至小乔木；树皮粗糙。幼枝幼时被绒毛、腺毛，不久脱落。叶革质至厚革质，成熟叶通常两面无毛，少数种叶背沿中脉被绒毛、丛卷毛。总状伞形花序顶生，花序疏松，有5~17（~19）花，总轴长0.5~8.2（~13）cm；花萼环状或5~7（~8）齿裂，裂片较小，长1~3mm，稀达5mm；花冠5~7（~9）裂，漏斗状钟形、钟形至宽钟形，白色、粉红色、淡紫色至紫红色，无蜜腺囊；雄蕊10~16（~23），花丝被毛或无；子房卵圆形、圆锥形至圆柱形，被腺毛，稀无毛，花柱无毛或被腺毛，柱头通常膨大呈头状或盘状。蒴果圆柱形至长圆状椭圆形，毛被宿存。

全球有31种、5亚种和11变种，分布于不丹、中国、印度、缅甸、尼泊尔和越南。《中国植物志》收录27种、5亚种和9变种，*Flora of China* 收录31种、5亚种和9变种；接受李光照（1995）发表及修订的变种各1种，接受耿玉英（2014）修订的1变种；1种移到耳叶杜鹃亚组；广泛分布在除华北和东北以外的各地。本书收录15种、3亚种和3变种。

云锦杜鹃亚组分种检索表

1a. 花萼较大，裂片长卵圆形，长约 5mm ·······································67. 凉山杜鹃 *R. huanum*
1b. 花萼较小，裂片环状至齿裂，长 1～3mm。
　2a. 花冠外面密被长柄腺毛 ·····································47. 大果杜鹃 *R. glanduliferum*
　2b. 花冠外面无腺毛或疏被短柄腺毛。
　　3a. 花冠 5 裂；子房无毛。
　　　4a. 叶片较长，长 10～29cm，宽 2.9～7.7cm；侧脉正面明显凹陷，背面凸起。
　　　　5a. 总状伞形花序，总轴较长，长 1.5～3cm；花冠内面无毛，具紫红色斑点或无，无斑块；
　　　　　雄蕊 16～18，长 2.5～4.2cm ·······················49. 井冈山杜鹃 *R. jingangshanicum*
　　　　5b. 短总状伞形花序，总轴短，长 0.5～1.2cm；花冠内面疏生柔毛，具紫红色斑块和斑点；雄蕊
　　　　　20～23，长 1.1～2.2cm ······························48. 美容杜鹃 *R. calophytum*
　　　4b. 叶片较短，长 5.8～19.2cm，宽 2.6～7.9cm；侧脉两面平坦 ·······54. 四川杜鹃 *R. sutchuenense*
　　3b. 花冠常 6～8（～9）裂，偶见 5 裂；子房被腺毛，若无毛，则花冠 7 裂。
　　　6a. 花丝下部被柔毛。
　　　　7a. 叶基部楔形或钝，稀近于圆形。
　　　　　8a. 柱头大，宽约 4mm ·································51. 大白杜鹃 *R. decorum*
　　　　　8b. 柱头小，宽约 2mm ················52. 小头大白杜鹃 *R. decorum* subsp. *parvistigmaticum*
　　　　7b. 叶基部狭心形 ························53. 心基大白杜鹃 *R. decorum* subsp. *cordatum*
　　　6b. 花丝无毛或近无毛。
　　　　9a. 叶片宽短，长圆形至近圆形，长 5.3～12cm，宽 3.5～8cm。
　　　　10a. 花冠漏斗状钟形至钟形；花柱通体被腺毛。
　　　　　11a. 叶厚革质；叶柄粗短，长 1.5～2.5cm，径 3～5mm；花冠粉红色至淡粉紫色 ···········
　　　　　　······················64. 越峰杜鹃 *R. platypodum* var. *yuefengense*
　　　　　11b. 叶革质；叶柄细长，长 1.9～4cm，径 2～3mm；花冠白色 ····················
　　　　　　······················62. 猫岭杜鹃 *R. orbiculare* subsp. *maolingense*
　　　　10b. 花冠宽钟形至杯状；花柱无毛或下部被极稀的腺毛 ··········61. 团叶杜鹃 *R. orbiculare*
　　　　9b. 叶片窄长，长椭圆形至倒卵状披针形，长 7～31cm，宽 2.2～9.4cm。
　　　　12a. 花冠白色，稀具红色肋纹。
　　　　　13a. 叶基宽楔形至近圆形；叶宽 2.2～7.5cm；边缘不呈波状。
　　　　　　14a. 叶长圆状椭圆形至狭长圆形，长 10.5～31cm，宽 2.5～7.5cm····50. 卧龙杜鹃 *R. wolongense*
　　　　　　14b. 叶长圆状倒卵形至长圆状披针形，长 7～16cm，宽 2.2～4.2cm····65. 喇叭杜鹃 *R. discolor*
　　　　　13b. 叶基心形至耳形；叶宽 7～9.4cm；边缘波状 ···········58. 波叶杜鹃 *R. hemsleyanum*
　　　　12b. 花冠白色带粉色、粉红色至紫色。
　　　　　15a. 子房、花梗无腺毛 ·······························55. 山光杜鹃 *R. oreodoxa*
　　　　　15b. 子房、花梗被腺毛。
　　　　　　16a. 子房、花梗密被长柄腺毛 ······················63. 猫儿山杜鹃 *R. maoerense*
　　　　　　16b. 子房、花梗被短柄腺毛。
　　　　　　　17a. 花柱无腺毛 ···················56. 粉红杜鹃 *R. oreodoxa* var. *fargesii*
　　　　　　　17b. 花柱有腺毛。
　　　　　　　　18a. 总状花序；花冠较小，宽钟形，紫色 ···········66. 腺果杜鹃 *R. davidii*
　　　　　　　　18b. 总状伞形花序；花冠较大，漏斗状钟形至宽漏斗状钟形，粉红色。
　　　　　　　　　19a. 叶较小，有光泽，长圆状椭圆形至长圆状卵形，长 8～12cm，宽 3～4.7cm ·········
　　　　　　　　　　······························57. 亮叶杜鹃 *R. vernicosum*
　　　　　　　　　19b. 叶较大，无光泽，长圆形至长圆状倒披针形，长 10～18cm，宽 3.5～8cm。
　　　　　　　　　　20a. 叶长圆形、长圆状椭圆形，长 10～18cm，宽 4～8cm；花冠漏斗状钟形，长
　　　　　　　　　　　5～6cm，冠檐径 7～9cm ·······················59. 云锦杜鹃 *R. fortunei*
　　　　　　　　　　20b. 叶长倒披针形或长倒卵状椭圆形，长 10～17cm，宽 3.5～6.5cm；花冠宽漏斗
　　　　　　　　　　　状钟形，长 6.5～7.5cm，冠檐径 7.5～11cm
　　　　　　　　　　　······················60. 广福杜鹃 *R. fortunei* var. *kwangfuense*

47

大果杜鹃

Rhododendron glanduliferum Franchet, Bull. Soc. Bot. France 33: 231. 1886.

别名： 腺花杜鹃

分布与生境

中国特有种，产贵州、云南。生于海拔1500～2500m的混交林、山顶林下或杜鹃花灌丛中。

迁地栽培形态特征

常绿大灌木，高1.2～1.9m。

茎 主干褐色，皮层纵裂，片状剥落；老枝粗壮，黄褐色；幼枝具叶痕和腺毛，腺毛不久脱落。

叶 革质，长圆状披针形，长11～25cm，宽3.8～6.5cm，先端短渐尖至急尖，基部宽楔形，边缘反卷，幼时被腺毛，不久脱落；叶面绿色，幼时被纤细的腺毛，叶背白绿色，幼时沿中脉被腺毛，成熟叶两面无毛；中脉正面明显凹陷，背面显著凸起，侧脉18～22对，背面明显；叶柄圆柱形，无纵沟，长2～3cm，幼时密被刚毛状有柄腺毛，不久脱落。

花 花芽鳞外面被短绒毛，边缘具棕色睫毛；总状伞形花序顶生，有5～9花，总轴长约2cm，具短柄腺毛；花梗绿色，长约2cm，密被不等长的有柄腺毛；花萼黄绿色，7～8裂，裂片三角状卵圆形，反卷，长约3mm，外面及边缘被长柄腺毛；花冠漏斗状钟形，白色，长6～7cm，外面尤其是花冠管密被长柄腺毛；花冠7～8裂，裂片宽圆形，长约2.4cm，宽约3cm，先端皱褶，无缺刻，花冠管内面基部具黄绿色斑块；雄蕊16，不等长，短于花冠，长3～4.5cm，花丝淡黄色，无毛，花药窄长，长约5mm，棕色；子房圆锥形，长约7mm，径4～5mm，密被有柄腺毛，花柱黄绿色，长4.2～5cm，通体被腺毛，下部腺毛具柄，向先端渐变为无柄腺毛，柱头黄色，膨大呈盘状，径约4mm。

果 蒴果圆柱形，粗壮，长2～3cm，有明显纵肋和腺毛残迹。

受威胁状况评价

《RCB》评估：数据缺乏（DD）；《RLR》评估：易危（VU）。

引种信息及栽培适应性

昆明植物园 1991年，张长芹从云南文山市野外引种种子。长势较好，每年开花结实，但结实率低，栽培适应性良好。

物候

先花后叶、部分重叠物候型。

昆明植物园 5月上旬叶芽膨大，5月中旬萌芽，5月下旬至6月下旬展叶；4月中旬花芽膨大，4月下旬现蕾，5月上旬始花、5月中旬盛花、5月下旬至6月上旬末花；10月蒴果成熟。

主要用途

观赏： 株形优美，花大而洁白，观赏价值高，适用于中海拔地区的景区绿化与园林造景。

植株

叶片

叶芽与幼叶

花芽

花蕾

花序

花侧面（示花冠管外的腺毛）

花正面

花枝

雄蕊

雌蕊

蒴果

48

美容杜鹃

Rhododendron calophytum Franchet, Bull. Soc. Bot. France 33: 230. 1886.

别名： 美丽杜鹃

开花植株

花序（粉红色花）

分布与生境

    中国特有种，产重庆、甘肃、贵州、湖北、陕西、四川和云南。生于海拔1400～4000m的常绿阔叶林、混交林、冷杉林下或灌丛中。

迁地栽培形态特征

常绿小乔木，高 2.2～2.8m。

茎 主干灰褐色，树皮纵裂，稀薄片状剥落；枝条粗壮，幼时被灰白色绒毛，后逐渐脱落。

叶 革质，常集生枝顶，长圆状倒披针形或长圆状披针形，长 10～22cm，宽 2.9～5.9cm，先端急尖，有尖头，基部楔形，边缘稍反卷；叶面深绿色，叶背黄绿色，幼时两面被白色绒毛，成熟后两面无毛或沿叶背中脉被灰色绒毛；中脉、侧脉正面凹陷，背面凸起，侧脉 16～21 对；叶柄长 1.5～3.5cm，具浅纵沟，幼时被白色绒毛，不久脱落。

花 花芽鳞内外面及边缘被长柔毛；短总状伞形花序顶生，有 11～19 花，总轴短，长 0.5～1.2cm，被柔毛；花梗粗壮，黄绿色带红晕或紫红色，长 3.3～5.6cm，被稀疏绒毛至无毛；花萼与花梗同色，波状 5 齿裂，裂片三角形，长 1～2mm，无毛；花冠斜宽钟形，白色、粉白色、粉红色，具红色肋纹，长 5～6cm，冠檐径 4.6～5.2cm，内面基部疏生柔毛，外面无毛；花冠 5 裂，裂片卵圆形，长 1.8～2.1cm，宽 2.2～2.6cm，上方裂片内面基部具紫红色斑块，斑块上方扩展为斑点，先端具深缺刻；雄蕊 20～23，不等长，长 1.1～2.2cm，花丝白色，下部被微柔毛，花药米黄色至黄褐色；子房圆柱形，长约 9mm，无毛，花柱粗壮，浅黄绿色，长约 3.2cm，短于花冠，无毛，柱头黄绿色，膨大呈盘状，径达 7mm。

果 蒴果斜生于果梗，圆柱形至长圆状椭圆形，长 3.5～4.5cm，径约 1cm，具纵肋；花柱宿存。

受威胁状况评价

《RCB》及《RLR》评估：均为无危（LC）。

引种信息及栽培适应性

庐山植物园 1980 年代，刘永书从贵州野外引种实生苗，种源信息不详；2008 年 3 月，张乐华从云南昭通市野外引种实生苗；2010 年 6 月，张乐华从华西亚高山植物园引种实生苗。杜鹃园栽培生长较好，开花量较大，结实率一般，适应性较好。

华西亚高山植物园 1987—1989 年春季、秋季，陈明洪、赵志龙等从四川都江堰市龙池引种实生苗；1991 年 3 月，陈明洪、章志强等从四川都江堰市龙池引种实生苗；1996 年 10 月，庄平、张超、冯正波和汪宣奕从四川大邑县西岭雪山引种种子（登录号：960434）；1997 年 10 月，耿玉英、冯正波从四川泸定县海螺沟引种种子（登录号：970422）。生长旺盛，每年开花结实，栽培适应性良好。

物候

先花后叶物候型。

庐山植物园 4 月上旬叶芽膨大，4 月中旬萌芽，4 月下旬至 5 月下旬展叶；3 月上旬花芽膨大，3 月中下旬现蕾，3 月下旬至 4 月中旬开花；10 月下旬蒴果成熟。

华西亚高山植物园 4 月上旬叶芽膨大，4 月下旬萌芽，5 月上旬至 6 月上旬展叶；3 月上旬花芽膨大，3 月中下旬现蕾，3 月 21 日至 4 月 1 日始花、4 月 2～14 日盛花、4 月 15～27 日末花；11 月上旬蒴果成熟。

主要用途

观赏：株形紧凑优美，花大色艳，观赏性强，适用于中海拔地区的景区绿化与园林造景。

药用：《中国有毒植物图谱数据库》收录。根入药，有祛风、除湿功效；嫩叶、花入药，有清热、解毒、止咳功效。

工业：叶、嫩枝富含挥发油（芳樟醇），可用于香料工业、化工提取挥发油。

花芽与叶芽

小花分开

幼叶

花蕾

花序（白色花）

花正面

花侧面（示花梗与花萼）

雄蕊

雌蕊

蒴果

49

井冈山杜鹃

Rhododendron jingangshanicum P. C. Tam, Bull. Bot. Res., Harbin 2(1): 89-90. 1982.

分布与生境

中国特有种，产江西。生于海拔1000～1400m的山谷林下、林缘及灌丛中。

迁地栽培形态特征

常绿大灌木，高1.8～2.5m。

茎 主干灰褐色，皮层纵裂，稀薄片状剥落；枝条粗壮，有半圆形叶痕；幼枝被灰白色丛卷毛，后逐渐脱落。

叶 革质，长椭圆形至长圆状倒披针形，长15～29cm，宽5～8cm，先端渐尖，具尖头，基部楔形至宽楔形，边缘稍反卷；叶面深绿色，叶背浅绿色，幼时两面被灰白色星状丛卷毛，成熟时两面无毛或沿叶背中脉两侧被棕褐色丛卷毛；中脉、侧脉正面凹陷，背面凸起，侧脉17～21对；叶柄粗壮，长1.5～2.5cm，正面平坦，具浅纵沟，幼时被灰色丛卷毛，后无毛。

花 花芽鳞外面和边缘被绒毛；总状伞形花序顶生，有6～11花，总轴长1.5～3cm，疏被绒毛至近无；花梗淡红色或黄绿色带红晕，长2.5～3.5cm，疏生短绒毛；花萼与花梗同色，5齿裂，裂片三角形，长约2mm，无毛；花冠斜钟形，一面膨胀，粉红色至淡紫红色，长6.5～8cm，冠檐径7.5～8.5cm，内外无毛；花冠5裂，裂片卵圆形，长2.3～2.6cm，先端皱缩，具缺刻，上方裂片内面有深色斑点，稀无；雄蕊16～18（～20），不等长，长2.5～4.2cm，花丝白色，下部疏生短柔毛，花药棕黄色；雌蕊短于花冠，子房长圆状卵形至圆柱形，长约1cm，径5～6mm，无毛，花柱黄绿色至白色，粗壮，长3.8～4.5cm，无毛，柱头淡黄色，膨大呈浅盘状，径约6mm。

果 蒴果斜生于果梗，圆柱形，长3～5.5cm，径0.9～1.6cm，具纵肋，无毛。

受威胁状况评价

《RCB》及《RLR》评估：均为濒危（EN）。

列入《国家重点保护野生植物名录》（2021）二级保护植物。

引种信息及栽培适应性

庐山植物园　1980年代，刘永书从江西井冈山引种实生苗；2000—2020年，张乐华、刘向平和王兆红等多次从江西井冈山引种实生苗和种子。杜鹃园栽培生长良好，每年大量开花结实，适应性良好。

华西亚高山植物园　2009年10月，庄平从庐山植物园引种种子（登录号：2009L012）。生长旺盛，开花量大，结实率高，栽培适应性良好。

物候

先花后叶物候型。

庐山植物园　4月上旬叶芽膨大，4月中下旬萌芽，4月25日至5月2日展叶始期、5月3～12日盛期、

5月13～22日末期；2月下旬至3月上旬花芽膨大，3月上中旬现蕾，3月14～26日始花、3月27日至4月7日盛花、4月8～19日末花；因花期较早，现蕾及开花时间受早春气温变化影响较大；10月下旬蒴果成熟。

华西亚高山植物园　4月上旬叶芽膨大，4月中旬萌芽，4月下旬至5月中旬展叶；3月上旬花芽膨大，3月中下旬现蕾，3月27日至4月1日始花、4月2～7日盛花、4月8～15日末花；10月上旬蒴果成熟。

主要用途

观赏：分枝多、株形优美、枝繁叶茂，开花早、花期长，花序硕大、色泽艳丽，为一种花、叶、株形俱佳的优良观赏花木，适用于中海拔地区的景区绿化与园林造景。作为我国区域性分布的濒危及国家二级重点保护植物，可通过园林应用促进其多样性保护。

叶芽　　幼枝与幼叶　　花芽

植株开花　　花蕾　　小花分开

花序　　花正面　　花正面及传粉昆虫

花侧面（示花梗、花萼）　　雌雄蕊　　蒴果

50

卧龙杜鹃

Rhododendron wolongense W. K. Hu, Acta Phytotax. Sin. 26: 303. 1988.

分布与生境

中国特有种，产四川。生于海拔1600~1700m的山谷阔叶林或疏林中。

迁地栽培形态特征

常绿小乔木，高2.5~3.5m。

茎 主干黄褐色，树皮纵裂，片状剥落；枝条粗壮，具明显叶痕；幼枝幼时疏生短柄腺毛，不久脱落。

叶 革质，长圆状椭圆形、长圆状披针形或狭长圆形，长10.5~31cm，宽2.5~7.5cm，先端急尖，有尖头，基部宽楔形至近圆形；叶面深绿色，叶背灰绿色，成熟叶两面无毛；中脉正面凹陷，背面凸起，侧脉约23对，纤细，两面平坦；叶柄圆柱形，长1.1~1.5cm，无纵沟，无毛。

花 花芽鳞花期早落，外面被绒毛，边缘具长睫毛；短总状伞形花序顶生，有7~8花，具芳香，总轴长约1cm；花梗黄绿色或淡紫红色，长2.5~3cm，疏生短柄腺毛；花萼黄绿色，环状或7齿裂，裂片三角形至卵圆形，长1~2mm，外面和边缘疏生腺毛；花冠漏斗状钟形，白色，长8~9cm，冠檐径8.2~9.5cm，内面基部具浅黄色斑块，外面疏被短腺毛；花冠7裂，裂片卵圆形，长2.5~3cm，先端无缺刻；雄蕊15~16，不等长，长3.8~5.6cm，花丝黄绿色，向基部渐宽，无毛，偶见下部被极疏的柔毛，花药狭椭圆形，淡黄色；雌蕊短于花冠，子房长圆状卵形，长约9mm，密被白色短腺毛，花柱黄绿色，长约6.8cm，通体被白色短腺毛，柱头浅棕色，膨大呈盘状，顶端具浅沟纹。

果 蒴果长圆柱形，弯曲，长4~5cm，径1~1.2cm，具纵肋和腺毛残迹，花柱通常宿存。

受威胁状况评价

《RCB》评估：无危（LC）；《RLR》评估：易危（VU）。

引种信息及栽培适应性

华西亚高山植物园 1998年9月，耿玉英从四川汶川县卧龙引种种子（登录号：980487）。生长旺盛，每年开花结实，栽培适应性良好。

物候

先叶后花、部分重叠物候型。

华西亚高山植物园 5月下旬叶芽膨大，6月中旬萌芽，6月下旬至7月下旬展叶；6月上旬花芽膨大，6月下旬现蕾，6月29日至7月14日始花、7月15~31日盛花、8月1~15日末花；12月上旬蒴果成熟。

主要用途

观赏：株形优美，花大、洁白而具芳香，观赏性强，适用于中海拔地区的景区绿化与园林造景。

叶芽

新叶

植株

花芽

花正面

雄蕊

雌蕊

蒴果

213

51

大白杜鹃

Rhododendron decorum Franchet, Bull. Soc. Bot. France 33: 230. 1886.

别名： 大白花杜鹃

开花植株

分布与生境

产贵州、四川、西藏和云南；缅甸也有分布。生于海拔 1000～3700m 的灌丛中或森林下，可形成纯林或优势种群。

迁地栽培形态特征

常绿灌木至大灌木，高 1～2.5m。

🌿 主干灰褐色至褐黑色，树皮纵裂，不剥落；幼枝幼时疏生短柄腺毛，不久脱落。

🍃 叶芽鳞被毛同花芽；叶厚革质，椭圆形、长圆形或长圆状倒卵形，长 7～16cm，宽 3～6cm，先端急尖至钝圆，具尖头，基部宽楔形或近圆形；叶面墨绿色，叶背白绿色，幼时两面疏生短柄腺毛，不久脱落；中脉正面凹陷，黄绿色，背面凸起，侧脉 13～18 对，背面清晰；叶柄长 2～4cm，圆柱形，或上部扁平或具浅纵沟，幼时散生短腺毛，不久脱落。

🌸 花芽鳞外面被无柄腺毛和绒毛，具黏质，边缘具柔毛；总状伞形花序顶生，有6~12花，具香味，总轴长1.5~3.5cm，疏生白色短柄腺毛或近无；花梗黄绿色带红晕，长3~5cm，疏被白色短腺毛；花萼与花梗同色，环状或三角状6~7齿裂，裂片不等大，长1~2mm，外面和边缘被短腺毛；花冠漏斗状钟形，白色，稀淡红色，长5.2~6cm，冠檐径6.5~7.5cm，外面被极稀的白色短腺毛，内面基部具黄绿色斑块并被白色微柔毛；花冠6~8裂，多7裂，裂片卵圆形，长1.7~2.2cm，宽2.3~2.7cm，先端缺刻或无；雄蕊（13~）14~16（~17），不等长，长1.8~3.7cm，花丝黄绿色至白色，下部被白色微柔毛，花药米黄色；雌蕊短于花冠，子房长卵形至圆柱形，长约7mm，径4~5mm，密被白色短腺毛，花柱黄绿色至白色，长3.5~4cm，通体被白色短腺毛，柱头黄绿色，膨大呈头状，径4~5mm。

🌰 蒴果圆柱形，稍弯曲，长2.8~3.8cm，径1~1.5cm，具腺毛和纵肋。

受威胁状况评价

《RCB》及《RLR》评估：均为无危（LC）。

引种信息及栽培适应性

庐山植物园 1980年代，刘永书从云南野外引种实生苗，种源信息不详；2008年3月，张乐华、王书胜从贵州大方县百里杜鹃引种种子（登录号2008GZ017、2008GZ025）；2008年11月，张乐华从云南嵩明县阿子营引种种子（登录号：2009Y003）。杜鹃园栽培生长旺盛，每年大量开花结实，适应性良好。

华西亚高山植物园 1997年10月，庄平、赵志龙从云南大理市苍山引种种子（登录号：970652）；1998年9月，耿玉英从贵州大方县百里杜鹃引种种子（登录号：980528）；1999年9月，庄平、冯正波和张超从四川马尔康市梦笔山（登录号：990418）、小金县锅庄坪（登录号：990433）引种种子；2002年9月，庄平、张超、冯正波和杨学康从云南玉龙县玉龙雪山（登录号：20021006）、腾冲市北风坡（登录号：20021045）引种种子；2004年9月，冯正波从四川越西县小山（登录号：20041016）、木里县912林场至913林场途中（登录号：20041024）、木里县康坞梁子（登录号：20041042）引种种子。生长旺盛，每年开花结实，栽培适应性良好。

昆明植物园 1990年代，张长芹从云南嵩明县梁王山引种实生苗和种子。生长旺盛，每年大量开花结实，栽培适应性良好。

幼枝与新叶

花芽与叶芽

花蕾

　　杭州植物园　2001年4月，朱春艳从庐山植物园引种实生苗（登录号：01C23001-007）；2004年5月，朱春艳从华西亚高山植物园引种实生苗（登录号：04C23001-073）；2012年10月，王恩从贵州引种实生苗（登录号：不详）。杜鹃园栽培长势一般，幼叶易受蝗虫等危害，根部易受白蚁等害虫危害，开花量、结实率一般，适应性较好。

　　贵州省植物园　1990年代初，陈训、金平和张维从贵州赫章县野外引种实生苗；2006年12月，陈训、巫华美、龙成昌和路黔从贵州大方县野外引种实生苗。杜鹃园栽培生长旺盛，每年开花结实，适应性良好。

花序

花枝　　花正面（7裂）

物候

先叶后花、部分重叠物候型，或花叶同放物候型。

庐山植物园 4月上旬叶芽膨大，4月下旬萌芽，4月28日至5月6日展叶始期、5月7~16日盛期、5月17~26日末期；4月上中旬花芽膨大，4月下旬现蕾，5月2~9日始花、5月10~18日盛花、5月19~27日末花；11月上旬蒴果成熟。

华西亚高山植物园 3月下旬叶芽膨大，4月中旬萌芽，4月下旬至5月下旬展叶；4月上旬花芽膨大，4月下旬现蕾，4月28日至5月6日始花、5月7~17日盛花、5月18~28日末花；11月上旬蒴果成熟。

玉堂园区 3月下旬叶芽膨大，4月上旬萌芽，4月中旬至5月下旬展叶；4月上旬花芽膨大，4月中旬现蕾，4月20~28日始花、4月29日至5月8日盛花、5月9~15日末花；10月上旬蒴果成熟。

昆明植物园 3月中旬叶芽膨大，3月下旬至4月上旬萌芽，4月上中旬至5月上旬展叶；3月下旬花芽膨大，4月上中旬现蕾，4月15~21日始花、4月22日至5月2日盛花、5月3~10日末花；10月蒴果成熟。

杭州植物园 4月上旬叶芽膨大，4月下旬萌芽，5月上旬至下旬展叶；4月下旬花芽膨大，5月上中旬现蕾，5月中旬至6月上旬开花；11月上旬蒴果成熟。

贵州省植物园 3月中旬叶芽膨大，4月上旬萌芽，4月中旬至5月上旬展叶；3月下旬花芽膨大，4月中旬现蕾，4月17~25日（稀4月9日）始花、4月26日至5月15日盛花、5月16日至6月6日末花；10月下旬至11月上旬蒴果成熟。

主要用途

观赏： 分枝多、株形优美，花量大、花色素雅而具芳香，观赏性和适应性强，适用于大型盆栽及中海拔地区的园林绿化与生态修复。

药用：《中国有毒植物图谱数据库》收录。根、叶入药，有清热利湿、活血止痛功效，主治白浊、带下、风湿麻痹；花入药，有清热解毒、止咳、止痒、止血、调经、固精功效，主治肾虚、阳痿、腹痛、下痢、红崩、痔疮等。

食用： 花有较大毒性，误食常引起人、畜中毒，但富含氨基酸，经处理可作为蔬菜食用（云南）。

花正面（8裂）　花侧面（示花梗与花萼）　雄蕊　雌蕊　蒴果

52

小头大白杜鹃

Rhododendron decorum subsp. *parvistigmatis* W. K. Hu, Bull. Bot. Res., Harbin 8(3): 57-58. 1988.

别名：小柱大白杜鹃

植株

幼枝与新叶

分布与生境

中国特有亚种，产贵州、四川。生于海拔1500～2740m的林下或湿地、灌丛中。

迁地栽培形态特征

常绿灌木，高约0.6m。

🌿 主干黄褐色，皮层纵裂；幼枝幼时被短柄腺毛，不久脱落。

🍃 厚革质，椭圆形，长5.6～10.7cm，宽2.2～4.2cm，先端渐尖至急尖，有短尖头，基部阔楔形至卵圆形；叶面深绿色，叶背灰绿色，幼时两面疏被短柄腺毛，不久脱落；中脉正面凹陷，背面凸起，侧脉约18对，两面微现；叶柄长1.2～1.6cm，被毛同幼枝。

🌸 总状伞形花序顶生，有5～8花，具香味，总轴长达6.4cm，疏被短柄腺毛；花梗黄绿色，长约3.3cm，被短腺毛；花萼与花梗同色，波状7齿裂，裂片三角状卵形，长1～2mm，外面疏生腺毛，边缘密被腺毛；花冠宽漏斗状钟形，白色，长约4cm，冠檐径约5cm，外面密被短腺毛，内面基部具黄绿色斑块；花冠7裂，裂片卵圆形，长约1.7cm，宽约1.1cm，先端无缺刻；雄蕊16，不等长，长1.1～2cm，花丝黄绿色，下部被白色微柔毛，花药浅褐色；雌蕊短于花冠，子房卵圆形，长约5mm，密被白色短腺毛，花柱黄绿色，长约3cm，通体被白色短腺毛，柱头紫红色，较小，径约2mm。

🍎 未见。

受威胁状况评价

《RCB》评估：无危（LC）；《RLR》评估：未评估（NE）。

引种信息及栽培适应性

华西亚高山植物园　引种信息不详。生长旺盛，2021年首次开花，未见结实，栽培适应性较好。

物候

先叶后花、部分重叠物候型。

华西亚高山植物园　3月下旬叶芽膨大，4月上旬萌芽，4月上中旬至5月上旬展叶；4月上旬花芽膨大，4月中下旬现蕾，4月26日至5月2日始花、5月3～10日盛花、5月11～16日末花；未见成熟蒴果。

主要用途

观赏：同大白杜鹃。

花芽与叶芽　　花正面　　花侧面

花侧面（示花梗与花萼）　　雄蕊　　雌蕊

53

心基大白杜鹃

Rhododendron decorum subsp. *cordatum* W. K. Hu, Bull. Bot. Res., Harbin 8(3): 58. 1988.

别名：心叶大白杜鹃

分布与生境

中国特有亚种，产云南。分布于海拔2000~2500m的林下或灌丛中。

迁地栽培形态特征

常绿灌木，高1.6m。

🌿**茎**　主干灰褐色，皮层纵裂；幼枝幼时疏生短柄腺毛，不久脱落。

🍃**叶**　厚革质，长圆形至长卵圆形，较原亚种短小，长7~9cm，宽3~4.5cm，先端圆，具尖头，基部狭心形，边缘稍反卷；叶面暗绿色，叶面白绿色，幼时两面疏生短柄腺毛，不久脱落；中脉正面微凹，黄绿色，背面凸起，侧脉13~16对，背面清晰；叶柄较短，长1.5~2cm，圆柱形，幼时疏生短腺毛，不久脱落。

🌸**花**　花芽鳞外面密被短腺毛，具黏质，边缘具柔毛；总状伞形花序顶生，有8~10花，具芳香，总轴长2~2.5cm，疏生白色短柄腺毛；花梗黄绿色带红晕，粗壮，长2.5~3.5cm，具白色短柄腺毛；花萼与花梗同色，波状7~8齿裂，裂片不等大，长1~2mm，被短腺毛；花冠宽漏斗状钟形，白色，长3~5cm，外面疏生白色短腺毛，内面基部被白色微柔毛，具淡黄绿色斑块，无斑点；花冠7~8裂，裂片近圆形，长约2cm，宽约2.4cm，顶端无缺刻；雄蕊14~16，不等长，长2~3cm，花丝淡黄色，下部被白色微柔毛，花药长圆形，长约3mm，浅棕色；子房圆柱形，长约6mm，密被白色短腺毛，花柱淡黄色，长3.4~4cm，通体被白色短腺毛，柱头黄绿色，膨大呈头状，径约4mm。

🍎**果**　未见。

受威胁状况评价

《RCB》及《RLR》评估：均为数据缺乏（DD）。

引种信息及栽培适应性

昆明植物园　1987年，张长芹从云南玉龙县新主后山引种种子。长势一般，生长量小，隔年开花，未见结实，栽培适应性一般。

物候

先叶后花、部分重叠物候型。

昆明植物园　4月下旬叶芽膨大，5月上旬萌芽，5月中旬至6月上旬展叶；5月上旬花芽膨大，5月中旬现蕾，5月下旬至6月中旬开花；未见成熟蒴果。

主要用途

观赏：同大白杜鹃。

叶芽

叶芽萌芽

叶片

花芽

花枝

花正面

植株

花枝

54
四川杜鹃

Rhododendron sutchuenense Franchet, J. Bot. (Morot) 9(21): 392. 1895.

别名： 山枇杷、大羊角、羊角树

分布与生境

中国特有种，产重庆、甘肃、广西、贵州、湖北、湖南、陕西和四川。生于海拔1400~2300m的林中，可形成优势种群。

迁地栽培形态特征

常绿灌木，高约1.8m。

🌿 主干灰褐色，皮层纵裂，薄片状剥落；枝条粗壮，有明显半圆形叶痕；幼枝被薄层灰白色绒毛，2年生枝绒毛宿存。

🍃 革质，长圆状倒披针形，长5.8~19.2cm，宽2.6~7.9cm，先端锐尖至急尖，具尖头，基部楔形，边缘稍反卷；叶面深绿色，叶背黄绿色，幼时叶面及沿叶背中脉被丛卷绒毛，成熟时除叶背沿中脉被灰色丛卷绒毛外，其余无毛；中脉正面凹陷，黄绿色，背面凸起，侧脉15~18对，两面平坦；叶柄粗壮，长0.6~2.4cm，上面平坦，毛被同幼枝。

🌸 花芽近球形；芽鳞密被绒毛，边缘具睫毛；短总状伞形花序顶生，有5~12花，总轴极短，花密集；花梗粗壮，黄绿色带红晕或紫红色，长约2cm，疏被白色微柔毛至无毛；花萼黄绿色，三角状5齿裂，裂片长约2mm，无毛；花冠斜钟形，粉红色至紫红色，长6~6.5cm，冠檐径7~7.5cm，外面无毛，内面基部被白色微柔毛；花冠5裂，裂片卵圆形，长2~2.5cm，先端有深缺刻，上方裂片内面具紫红色斑点，无斑块；雄蕊（15~）16（~17），不等长，长2.6~4.6cm，花丝白色，下部具白色微柔毛，花药紫褐色；雌蕊短于花冠，子房圆锥形，长6~8mm，无毛，花柱黄绿色至白色，长3.8~4cm，无毛，柱头淡红色，膨大呈盘状。

🍒 蒴果长圆状椭圆形，长约2cm，径1~1.2cm，具浅纵肋，无毛。

受威胁状况评价

《RCB》评估：近危（NT）；《RLR》评估：无危（LC）。

引种信息及栽培适应性

华西亚高山植物园 1997年10月，庄平、赵志龙、耿玉英和冯正波从四川荥经县泥巴山引种种子（登录号：970273）；2009年9月，庄平、王飞、李烨和杨学康从陕西眉县太白山引种种子（登录号：2009095）；2009年9月，庄平、王飞、李烨和杨学康从四川南江县米仓山引种种子（登录号：2009110）。生长旺盛，开花量大，结实率较高，栽培适应性良好。

物候

先花后叶物候型。

华西亚高山植物园 4月上旬叶芽膨大，4月中下旬萌芽，4月下旬至5月下旬展叶；3月上旬花芽膨大，3月中旬现蕾，3月20~28日始花、3月29日至4月5日盛花、4月6~15日末花；10月中下旬蒴果成熟。

主要用途

观赏：株形优美，花繁叶茂，色泽靓丽，观赏性强，适用于中海拔地区园林绿化与生态修复。

药用：根、叶入药，有镇咳、祛痰功效，主治肺炎、老年慢性气管炎等。

工业：花富含挥发油，可用于香料和食品工业。

展叶期植株　开花期植株　幼枝

花芽与叶芽　花蕾侧面　小花分开

花正面　花侧面

雄蕊　雌蕊　蒴果

55
山光杜鹃

Rhododendron oreodoxa Franchet, Bull. Soc. Bot. France 33: 230. 1886.

展叶期植株　　开花期植株

分布与生境

中国特有种，产甘肃、湖北和四川。生于海拔2100～3600m的林下或箭竹、杜鹃花灌丛中。

迁地栽培形态特征

常绿大灌木，高约2.2m。

茎 主干黄褐色，皮层纵裂，薄片状剥落；幼枝幼时被白色绒毛，不久脱落。

叶 革质，狭椭圆形、倒椭圆形至椭圆状倒卵形，长4～10.2cm，宽1.3～3.3cm，先端渐尖至急尖，具尖头，基部楔形至阔楔形；叶面深绿色，叶背灰绿色，幼时两面被白色绒毛，成熟时两面无毛；中脉正面凹陷，背面凸起，侧脉纤细，约18对；叶柄长0.6～1.5cm，有浅纵沟，幼时被灰白色绒毛，不久脱落。

花 花芽鳞早落，外面及边缘被绒毛；总状伞形花序顶生，有7～10花，总轴长约1.5cm，无毛；花梗黄绿色带红晕，长约8mm，无毛；花萼与花梗同色，环状或三角状7齿裂，裂片长约1mm，无毛；

花冠狭钟形，粉红色，长4.5~5cm，冠檐径4~4.4cm，内外无毛，内面通常无斑点；花冠7浅裂，裂片卵圆形，长约1cm，先端缺刻；雄蕊14，不等长，长3~4.7cm，花丝白色，无毛，花药黑褐色，雌蕊与花冠近等长，子房圆锥形至卵圆形，长约6mm，无毛，花柱淡黄绿色至白色，长约4.5cm，无毛，柱头黄绿色，稍膨大，头状。

果 未见。

受威胁状况评价

《RCB》及《RLR》评估：均为无危（LC）。

引种信息及栽培适应性

华西亚高山植物园 引种信息不详。生长旺盛，2021年首次开花，未见结实，栽培适应性较好。

物候

先花后叶物候型。

华西亚高山植物园 3月中旬叶芽膨大，3月下旬萌芽，4月上旬至5月上旬展叶；2月下旬花芽膨大，3月上旬现蕾，3月上中旬至下旬开花；未见成熟蒴果。

主要用途

观赏：株形优美，花序硕大，色泽艳丽，适用于中海拔地区的景区绿化与园林造景。

药用：叶入药，有消炎、止痛功效，主治气管炎、冠心病、高血压。

新叶　　花序　　叶芽萌芽　　花正面　　花侧面　　雄蕊（示花梗与花萼）　　雌蕊

56

粉红杜鹃

Rhododendron oreodoxa var. *fargesii* (Franchet) D. F. Chamberlain, Notes Roy. Bot. Gard. Edinburgh 37(2): 331. 1979.

分布与生境

中国特有变种，产甘肃、湖北、陕西和四川。生于海拔 1800~3500m 的林下或灌丛中。

迁地栽培形态特征

常绿大灌木，高约 2.5m。

茎 主干浅褐色至黄褐色，树皮纵裂，薄片状剥落；幼枝幼时被短柄腺毛，不久脱落。

叶 革质，椭圆形、矩圆形或椭圆状倒卵形，长 7.7~10.1cm，宽 3.3~4.1cm，先端钝圆，具尖头，基部阔楔形或卵圆形；叶面深绿色，叶背黄绿色，幼时两面疏被绒毛，不久脱落，成熟时两面无毛；中脉正面凹陷，背面凸起，侧脉 16~18 对；叶柄长 1.1~1.3cm，有浅纵沟，被毛同幼枝。

花 花芽鳞外面密被绒毛，边缘具睫毛；总状伞形花序顶生，有 9~11 花，总轴长 1.1~1.6cm，疏生腺毛和绒毛；花梗绿色，长约 6mm，密被红色腺头的短柄腺毛；花萼与花梗同色，三角状 7 齿裂，裂片长约 1mm，外面和边缘被红色腺头的短腺毛；花冠钟形，白色至淡紫色，长 4.1~5.2cm，冠檐径 3~5.5cm，内外无毛；花冠 7 裂，裂片卵圆形，长 1.1~1.3cm，先端缺刻，上方裂片内面具浅紫色斑点或无；雄蕊 14，不等长，长 2.5~4.6cm，花丝白色，无毛，花药褐色至黑褐色；雌蕊短于花冠，子房卵圆形，长约 6mm，密被红色腺头短腺毛，花柱淡黄绿色，长约 4cm，无毛，柱头黄绿色，稍膨大，头状。

果 蒴果圆柱形，稍弯曲，长 1.8~3.2cm，径约 1cm，具纵沟，密被短柄腺毛。

受威胁状况评价

《RCB》评估：无危（LC）；《RLR》评估：未评估（NE）。

引种信息及栽培适应性

华西亚高山植物园 1987—1989 年春季、秋季，陈明洪、赵志龙等从四川都江堰市龙池引种实生苗；2009 年 9 月，庄平、王飞、李烨和杨学康从湖北兴山县老君山引种种子（登录号：2009068）。生长旺盛，每年开花结实，栽培适应性良好。

物候

先花后叶、部分重叠物候型。

华西亚高山植物园 3 月上旬叶芽膨大，3 月下旬萌芽，4 月上旬至 5 月上旬展叶；2 月下旬花芽膨大，3 月上中旬现蕾，3 月 15~22 日始花、3 月 23 日至 4 月 8 日盛花、4 月 9~20 日末花；10 月上旬蒴果成熟。

主要用途

观赏： 株形优美，枝繁叶茂，花序硕大，色泽淡雅，适用于中海拔地区的景区绿化与园林造景。

花蕾与叶芽

展叶期植株

开花植株

叶芽萌芽

花序

花正面

花侧面（示花梗与花萼）

花内面

雄蕊

雌蕊

蒴果

57

亮叶杜鹃

Rhododendron vernicosum Franchet, J. Bot. (Morot) 12(15-16): 258. 1898.

分布与生境

中国特有种，产四川、西藏和云南。生于海拔2650~4300m的森林中。

迁地栽培形态特征

常绿小乔木，高约3.5m。

茎　主干褐黑色，树皮纵裂，薄片状剥落；幼枝幼时疏生短柄腺毛，不久脱落。

叶　革质，长圆状椭圆形至长圆状卵形，长8~12cm，宽3~4.7cm，先端急尖至钝圆形，具尖头，基部宽楔形至近圆形；叶面深绿色，具蜡质，有光泽，叶背灰绿色或白绿色，成熟叶两面无毛；中脉正面微凹，背面凸起，侧脉12~16对；叶柄圆柱形，长1.3~3cm，具浅纵沟，幼时散生短腺毛，不久脱落。

花　花芽鳞外面及边缘被短柔毛；总状伞形花序顶生，有8~11花，总轴长1.5~5cm，散生极稀的短柄腺毛和白色柔毛，不久脱落；花梗绿色或带红晕，长3~4.5cm，疏被白色短腺毛；花萼绿色，环状或三角状7齿裂，裂片长1~2mm，外面疏生腺毛，边缘密被短腺毛，呈流苏状；花冠宽漏斗状钟形，淡粉红色、白色带粉红色，长6~7cm，冠檐径7~8cm，内外无毛，内面基部有黄绿色斑块；花冠（5~）7裂，裂片近圆形，长2~2.5cm，宽2.8~3.2cm，先端缺刻；雄蕊（11~）14（~16），不等长，长3.2~4.6cm，花丝乳白色，无毛，花药淡黄色至棕褐色；雌蕊短于花冠，子房圆锥形，长5~6mm，径4~5mm，密被白色短腺毛，花柱白绿色，长4~5.2cm，通体散生白色短柄至无柄腺毛，柱头黄绿色，稍膨大呈盘状，顶端具浅沟纹。

果　蒴果圆柱形，斜生，微弯曲，长3~4.2cm，径1.1~1.3cm，具纵肋，有腺毛残存。

受威胁状况评价

《RCB》及《RLR》评估：均为无危（LC）。

引种信息及栽培适应性

庐山植物园　1980年代，刘永书从云南野外引种实生苗，种源信息不详。杜鹃园栽培生长良好，每年大量开花结实，适应性良好。

物候

先花后叶、部分重叠物候型。

庐山植物园　4月上旬叶芽膨大，4月中下旬萌芽，4月23日至5月2日展叶始期、5月3~10日盛期、5月11~21日末期；3月下旬花芽膨大，4月上中旬现蕾，4月15~22日始花、4月23~30日盛花、5月1~9日末花；10月下旬至11月上旬蒴果成熟。

主要用途

观赏：株形优美，花团锦簇，色泽淡雅，适用于中海拔地区的景区绿化与园林造景。

药用与工业:《中国有毒植物图谱数据库》收录。花、叶有毒,可用于药物及化工开发。

花芽

幼枝与新叶

花蕾

花序

植株

花枝

花正面(花冠5~6裂、11雄蕊)

花正面(花冠6裂、13雄蕊)

雌雄蕊

花侧面(示花梗与花萼)

蒴果

花正面(花冠7裂、15雄蕊)

58

波叶杜鹃

Rhododendron hemsleyanum E. H. Wilson, Bull. Misc. Inform. Kew 1910(4): 109-110. 1910.

分布与生境

中国特有种，产四川。生于海拔1200~2000m的森林中。

迁地栽培形态特征

常绿小乔木，高约3m。

茎 主干黄褐色，树皮纵裂，稀薄片状剥落；幼枝密被短柄腺毛，后逐渐脱落。

叶 革质，矩圆形、椭圆形至椭圆状卵形，长14.2~19.2cm，宽7~9.4cm，先端钝圆，具尖头，基部心形或耳状心形，耳片常互相叠盖，边缘波状，幼时密被短腺毛，不久脱落；叶面深绿色，有光泽，叶背灰绿色，幼时两面密被短柄腺毛，不久脱落，成熟时两面无毛；中脉正面微凹，背面凸起，侧脉16~18对，正面微凹，背面微凸；叶柄长3~5cm，无纵沟，幼时具短腺毛，具黏质，后仅存毛基。

花 花芽卵圆形；芽鳞外面及边缘密被绒毛；总状伞形花序顶生，有11~17花，具芳香，总轴长6~8cm，疏被短柄腺毛；花梗黄绿色至紫红色，长2.7~3.5cm，密被不等长的有柄腺毛；花萼与花梗同色，波状至三角状7齿裂，裂片不等长，长1~3mm，有时外卷，外面和边缘密被有柄腺毛；花冠宽漏斗形至漏斗状钟形，白色，偶见具红色肋纹，长6~6.2cm，冠檐径9.1~10.2cm，外面无毛或基部疏生腺毛，内面无毛，基部具黄绿色斑块；花冠7（~9）裂，裂片卵圆形，长3.1~3.5cm，先端缺刻；雄蕊15~18，不等长，长3.2~5.6cm，花丝浅黄绿色，纤细，无毛，花药米黄色；雌蕊短于花冠，子房长圆状锥形，长5~6mm，密被白色短腺毛，花柱黄绿色，长4.5~5.7cm，通体密被由基部有柄至先端无柄的腺毛，柱头黄绿色，膨大呈盘状。

果 蒴果长卵圆形至圆柱形，长约3.8cm，径约1.2cm，具纵肋，密被短柄腺毛。

受威胁状况评价

《RCB》及《RLR》评估：均为极危（CR）。

引种信息及栽培适应性

华西亚高山植物园 1996年10月、1998年10月，庄平、张超、冯正波和汪宣奕从四川峨眉山引种种子（登录号：分别为960436、980199）。生长旺盛，每年开花结实，栽培适应性良好。

物候

先叶后花、部分重叠物候型。

华西亚高山植物园 4月下旬叶芽膨大，5月上旬萌芽，5月中旬至6月中旬展叶；5月中旬花芽膨大，6月上旬现蕾，6月10~20日始花、6月21~27日盛花、6月28日至7月2日末花；11月上旬蒴果成熟。

玉堂园区 3月下旬叶芽膨大，4月中旬萌芽，4月下旬至5月下旬展叶；5月上旬花芽膨大，5月中旬现蕾，5月18~23日始花、5月24~29日盛花、5月30日至6月2日末花；10月上旬蒴果成熟。

主要用途

观赏：株形优美，叶形奇特，花序硕大，色泽素雅，观赏性强，适用于中海拔地区的景区绿化与园林造景。作为我国区域性分布的极危种，可通过园林应用促进其多样性保护。

花芽与叶芽

幼枝与幼叶

植株

叶片

花序

花梗与花萼

花正面（7裂）

花正面（8裂）

花正面（9裂）

花侧面（示红色花肋）

雌雄蕊

蒴果

59
云锦杜鹃

Rhododendron fortunei Lindley, Gard. Chron. 1859: 868. 1859.
别名： 天目杜鹃

植株

分布与生境

　　中国特有种，产安徽、重庆、福建、广东、广西、贵州、河南、湖北、湖南、江西、陕西、四川、云南和浙江。生于海拔600～2000m的山脊阳处或山坡林下、林缘，可形成纯林或优势种群。

迁地栽培形态特征

　　常绿大灌木或小乔木，高1.5～4m。

　　茎 主干褐色，树皮纵裂，稀薄片状剥落；幼枝幼时被短柄腺毛，不久脱落。

　　叶 厚革质，长圆形、长圆状椭圆形或长圆状倒卵形，长10～18cm，宽4～8cm，先端钝尖至近圆形，具尖头，基部宽楔形、圆形或浅心形；叶面深绿色，叶背淡绿色，幼时两面沿中脉疏生短柄腺毛，不久脱落，成熟时两面无毛；中脉正面微凹，背面显著凸起，侧脉12～16对，正面微凹，背面平坦；叶柄圆柱形，暗紫红色或黄绿色，长1.5～4.5cm，具浅纵沟或无，幼时疏生短腺毛，不久脱落。

花 花芽鳞外面被绒毛和短柄腺毛，具黏质，边缘具短绒毛；总状伞形花序顶生，有6～12花，具淡香，总轴长3～5cm，淡绿色，疏生短腺毛至近无；花梗绿色带红晕，长2.2～4.5cm，疏生短腺毛；花萼与花梗同色，环状或7齿裂，裂片长约1mm，外面无毛，边缘被短腺毛；花冠宽漏斗形至漏斗状钟形，长5～6cm，冠檐径7～9cm，粉红色或淡紫红色，外面被稀疏的短腺毛或近无，花冠管内面基部具橘红色或黄绿斑块；花冠7裂，偶见8裂，裂片宽卵形，长2.2～2.8cm，宽3.2～4cm，先端波状，具缺刻或无；雄蕊（13～）14～16，不等长，长2～4cm，花丝白色，无毛，花药米黄色；雌蕊与花冠近等长，子房卵球形或圆锥形，长6～7mm，径4～6mm，密被白色短腺毛，花柱绿白色，长4～5.5cm，通体被白色短腺毛，柱头黄绿色，稍膨大呈头状，顶端具浅沟纹。

果 蒴果长圆状卵形，直立或微弯曲，长2.2～3.3cm，径0.7～1.3cm，具纵肋和腺毛残迹。

受威胁状况评价

《RCB》及《RLR》评估：均为无危（LC）。

引种信息及栽培适应性

庐山植物园 1934—1938年，冯国楣等从江西庐山引种实生苗；1980年代，刘永书从江西庐山及井冈山引种实生苗；2000—2020年，张乐华、刘向平和王书胜等多次从江西庐山、井冈山、武夷山、崇义县齐云山及湖南桂东县、炎陵县等地引种实生苗和种子。杜鹃园栽培生长旺盛，每年大量开花结实，且园区可见自然更新苗，适应性良好。

华西亚高山植物园 1998年10月，耿玉英从庐山植物园引种种子（登录号：980563）；2000年11月，庄平从庐山植物园引种种子（登录号：000323）；2009年9月，庄平、王飞、李烨和杨学康从重

开花植株

花芽与叶芽萌芽　　花蕾与叶芽　　幼叶叶柄（示腺毛）

花枝

花序　　花正面（引自庐山）　　花正面（引自井冈山）

庆武隆区仙女山引种种子（登录号：2009012）；2009年10月，庄平从庐山植物园引种种子（登录号：2009L009）。生长旺盛，每年开花结实，栽培适应性良好。

昆明植物园　2003年4月，冯宝钧从庐山植物园引种种子。生长量小，长势较好，每年开花，但结实率低，栽培适应性较好。

杭州植物园　1987年1月，邱新军从庐山植物园引种种子（登录号：87C23001S95-185）；2001年4月，朱春艳从庐山植物园引种实生苗（登录号：01C23001-006）；2001年10月，黎念林从浙江天台山引种实生苗（登录号：01C11003-043）；2002年4月，朱春艳从浙江安吉县引种实生苗；2003年3月，朱学南从昆明植物园引种种子；2004年2月，朱春艳从庐山植物园引种种子（登录号：04C23001-068）；2005年12月，朱春艳从浙江台州市华顶山引种实生苗；2006年4月，朱春艳从庐山植物园引种种子；2012年10月，王恩从贵州引种实生苗。杜鹃园栽培长势一般，幼叶易受蝗虫等危害，根部易受白蚁等害虫危害，开花量较大，结实率一般，适应性较好。

物候

先花后叶或先叶后花、部分重叠物候型，不同的栽培地物候节律存在差异。

庐山植物园　3月下旬叶芽膨大，4月中旬萌芽，4月21~30日展叶始期、5月1~10日盛期、5月11~22日末期；3月中下旬花芽膨大，4月上中旬现蕾，4月13~22日始花、4月23至5月4日盛花、5月5~17日末花；10月下旬至11月上旬蒴果成熟。

华西亚高山植物园　3月下旬叶芽膨大，4月中旬萌芽，4月下旬至5月中旬展叶；4月上旬花芽膨大，4月下旬现蕾，4月29日至5月5日始花、5月6~20日盛花、5月21~28日末花；11月中旬蒴果成熟。

玉堂园区　3月上旬叶芽膨大，3月中下旬萌芽，3月下旬至4月下旬展叶；3月中旬花芽膨大，3月下旬现蕾，4月2~12日始花、4月13~25日盛花、4月26日至5月5日末花；10月上旬蒴果成熟。

昆明植物园　4月上旬叶芽膨大，4月中旬萌芽，4月下旬至5月中旬展叶；3月下旬花芽膨大，4月上旬现蕾，4月中旬始花、4月下旬盛花、5月上旬末花；10月蒴果成熟。

杭州植物园　3月下旬叶芽膨大，4月中旬萌芽，4月下旬至5月上中旬展叶；3月下旬至4月上旬花芽膨大，4月上中旬现蕾，4月中旬至5月上旬开花；11月上旬蒴果成熟。

主要用途

观赏：株形优美，花色艳丽，灿若云锦（又名"云锦花"），观赏性强；分布广，适应性较强，在我国已有1200余年的栽培历史，也是世界杜鹃花育种的重要亲本之一。适用于大型盆栽及中海拔景区的园林绿化与生态修复，也可用于长江流域低海拔城市的林下、林缘造景。

药用：根、叶、花入药，有清热解毒、生肌敛疮功效，主治消化道出血、咽喉肿疼、衄血、咯血、月经不调、炎症、皮肤溃烂、跌打损伤。

工业：花含芳香化合物，可用于香精、香料等日用化工开发。

花侧面

雌雄蕊

蒴果

60

广福杜鹃

Rhododendron fortunei var. *kwangfuense* (Chun & W. P. Fang) G. Z. Li, Guihaia 15(3): 195. 1995.

植株

该物种于1957年发表于植物分类学报（*Rhododendron kwangfuense* Chun & W. P. Fang, Acta Phytotax. Sin. 6:170, t. 41. 1957.）；Chamberlain（1982）及《中国植物志》（1994）将其作为喇叭杜鹃（*R. discolor*）的同物异名归并；李光照（1995）将其作为云锦杜鹃的变种；*Flora of China*（2005）仍保留Chamberlain（1982）修订处理；耿玉英（2014）则接受李光照处理意见。该物种形态特征及物候期与喇叭杜鹃差异较大，更接近云锦杜鹃，但形态上与后者仍有一定差异，故接受李光照（1995）、耿玉英（2014）修订意见，将其作为云锦杜鹃的变种处理。

分布与生境

中国特有变种，产广西。生于海拔700～1400m的疏林或灌丛中。

迁地栽培形态特征

常绿大灌木至小乔木，高1.8～3m。

🌱 **茎** 主干褐色，树皮纵裂，稀薄片状剥落；幼枝幼时被短柄腺毛，不久脱落。

🍃 **叶** 革质，长倒披针形或长倒卵状椭圆形，长10～17cm，宽3.5～6.5cm，先端急尖或钝圆，具尖头，基部宽楔形至近圆形；叶面深绿色，有光泽，叶背灰绿色，幼时两面疏被短柄腺毛，不久脱落，成熟叶两面无毛；中脉正面凹陷，背面凸起，侧脉18～20对；叶柄长1.3～3cm，圆柱形或具浅纵沟，幼时被短腺毛，不久脱落。

🌸 **花** 花芽长卵圆形；芽鳞外面密被短柄腺毛，具黏质，边缘具柔毛；总状伞形花序顶生，偶2～3个花序聚生枝顶，每个花序有9～14花，具淡香，总轴长2.5～5cm，稀达13cm，无毛或散生无柄腺毛；花梗黄绿色，长1.5～4（～5.7）cm，密被短腺毛；花萼与花梗同色，环状或7齿裂，裂片长1～3mm，外面无毛，边缘被短腺毛；花冠宽漏斗状至漏斗状钟形，粉紫红色，长6.5～7.5cm，冠檐径7.5～11cm，外面散生短腺毛，内面无毛，管部基部有黄绿色斑块；花冠7裂，稀8裂，裂片卵圆形，

花芽与叶芽

幼枝与芽鳞

3个花芽聚生枝顶

花蕾

花序

花枝

花正面（内面白色）

长 2.5~3cm，宽 2.7~3.7cm，边缘皱褶和疏生短腺毛，先端缺刻；雄蕊 15~16，不等长，长 2.5~4cm，花丝白色，无毛，花药棕褐色；雌蕊短于花冠，子房圆锥形，长 6~8mm，径约 5mm，密被短腺毛，花柱淡黄绿色，长 4.5~5.7cm，通体被短腺毛，柱头黄绿色，膨大呈头状，顶端具浅沟纹。

　果　蒴果圆柱形，稍弯曲，长 3~4.5cm，径 1.4~1.8cm，具纵肋，有腺毛残迹。

受威胁状况评价

　《RCB》及《RLR》评估：均为未评估（NE）。

　野外考察发现，该变种为狭域分布种，多零星分布，种群数量较小，且分布区域受人为干扰严重。

建议列为易危（VU）种。

引种信息及栽培适应性

    庐山植物园 1989年11月，刘永书、张乐华等从广西龙胜县花坪引种实生苗。杜鹃园栽培生长旺盛，每年大量开花结实，适应性良好。

    华西亚高山植物园 2007年9月，庄平、冯正波和张超从广西临桂区花坪引种种子（登录号：20071298）。生长旺盛，每年开花结实，栽培适应性良好。

物候

    先花后叶、部分重叠物候型，或花叶同放物候型。

    庐山植物园 4月上旬叶芽膨大，4月中下旬萌芽，4月23～30日展叶始期、5月1～8日盛期、5月9～17日末期；3月下旬花芽膨大，4月上中旬现蕾，4月15～21日始花、4月22～30日盛花、5月1～12日末花；10月下旬蒴果成熟。

    华西亚高山植物园 3月下旬叶芽膨大，4月中旬萌芽，4月中下旬至5月中旬展叶；3月下旬花芽膨大，4月中旬现蕾，4月18～24日始花、4月25日至5月5日盛花、5月6～16日末花；11月上旬蒴果成熟。

主要用途

    观赏：株形优美，花序硕大，色泽靓丽而清香，适用于中海拔地区的景区绿化与园林造景。

花侧面   蒴果

花正面（内面淡紫色）   雌雄蕊

61
团叶杜鹃

Rhododendron orbiculare Decaisne, Ann. Gén. Hort. 22: 169. 1877.

开花期植株

分布与生境

　　中国特有种，产四川。生于海拔950～3500m的针叶林下或岩坡上。

迁地栽培形态特征

　　常绿灌木，高0.7～1m，株形低矮紧凑。

茎 主干褐色，皮层纵裂，薄片状剥落；老枝黄褐色，分枝多而短；幼枝幼时疏被短柄腺毛，不久脱落。

叶 叶芽外侧芽鳞无黏质，外面和边缘被柔毛，内侧芽鳞初时宿存，外面和边缘具短柄腺毛，具黏质；叶厚革质，常3～5枚集生枝顶，近轮生，宽卵形至近圆形，长5～9cm，宽4.1～7cm，先端钝圆，具尖头，基部耳状心形；叶面深绿色，幼时疏被短腺毛，多生于基部和中脉附近，叶背苍白色，幼时中脉附近疏被腺毛，成熟叶两面无毛；中脉、侧脉正面平坦或微凹，背面凸起，侧脉10～12；叶柄紫红色至黄绿色，长1.5～4cm，圆柱形，无纵沟，幼时疏生短腺毛，后仅有腺毛残迹。

花 花芽鳞外面密被柔毛，内面具黏质，边缘具缘毛；总状伞形花序顶生，有6～13花，总轴长1.2～2.2cm，疏被短柄腺毛；花梗紫红色或黄绿色，长2～3.6cm，被短腺毛；花萼与花梗同色，环状或7齿裂，裂片长约1mm，外面和边缘密被短腺毛；花冠宽钟形至杯状，粉红色或蔷薇色，长3.6～4.2cm，冠檐径5～6.5cm，内外无毛；花冠7浅裂，裂片扁圆形，长1.3～1.7cm，宽1.6～1.8cm，先端无缺刻，上方裂片内面基部有少数深色斑点或无；雄蕊14，不等长，长1.2～2.8cm，花丝白色，无毛，花药棕褐色；雌蕊稍短于花冠，子房圆锥形，长5～7mm，径3mm，淡红色，密被白色短腺毛，花柱浅黄绿色，长2.7～3.5cm，无毛或基部与子房连接处疏生少数腺毛，柱头黄绿色，膨大呈头状，顶端具浅沟纹。

果 蒴果圆柱形，弯曲，长2.2～3cm，径5～6mm，有腺毛残迹。

受威胁状况评价

《RCB》评估：无危（LC）；《RLR》评估：易危（VU）。

花芽与叶芽

花蕾

幼叶

小花分开

花序

花枝

引种信息及栽培适应性

　　庐山植物园　2006年10～11月，张乐华从英国Arduaine Garden引种种子（登录号：2007A011）。杜鹃园栽培长势较好，开花量较大，但结实率较低，适应性较好。

　　华西亚高山植物园　1987—1989年春季、秋季，陈明洪、赵志龙等从四川都江堰市龙池引种实生苗。长势较好，开花量较大，未见结实，栽培适应性较好。

先叶后花、部分重叠物候型。

　　庐山植物园　3月上旬叶芽膨大，3月下旬萌芽，4月上旬至下旬展叶；3月中旬花芽膨大，4月上旬现蕾，4月上中旬至5月上旬开花；9月下旬至10月上旬蒴果成熟。

　　华西亚高山植物园　4月上旬叶芽膨大，4月中下旬萌芽，4月下旬至5月下旬展叶；4月中旬花芽膨大，4月下旬现蕾，4月29日至5月2日始花、5月3～12日盛花、5月13～20日末花；未见成熟蒴果。

主要用途

　　观赏：株形低矮紧凑，花繁叶茂，色泽艳丽，适用于盆栽及中海拔地区的景区绿化与园林造景。

　　药用：根、叶、花入药，有祛风除湿、活血调经、止痛功效。

花正面

花侧面　　　　　雌雄蕊　　　　　蒴果

243

62

猫岭杜鹃

Rhododendron orbiculare subsp. *maolingense* G. Z. Li, Guihaia 15(4): 294-295. 1995.

分布与生境

中国特有亚种，产广西。生于海拔900～1800m的疏林中。

迁地栽培形态特征

常绿灌木，高约1m。

🌿 **茎** 主干黄褐色，皮层纵裂，薄片状剥落；幼枝幼时被短柄腺毛，不久脱落。

🍃 **叶** 革质，长圆形至卵状长圆形，长5.3～12cm，宽3.5～7.2cm，先端钝圆，具尖头，基部心形；叶面绿色，叶背灰绿色，幼时两面疏被短柄腺毛，沿中脉腺毛尤为显著，不久脱落；中脉正面凹陷，背面凸起，侧脉约11对；叶柄圆柱形，无纵沟，黄绿色带红晕，长1.9～4cm，宽2～3mm，幼时被短腺毛，不久脱落。

🌸 **花** 花芽鳞外面密被绒毛；总状伞形花序顶生，有5～10花，具淡香，总轴长4～5.2（～10）cm，疏被短柄腺毛；花梗绿色至紫红色，长2.5～3.5cm，密被短腺毛；花萼与花梗同色，环状或7齿裂，裂片不规则，长约1mm，外面及边缘被短腺毛；花冠漏斗状钟形，初时淡紫色，盛开时白色具淡紫色肋纹，长5.7～6.1cm，冠檐径8.6～9.6cm，外面具短腺毛，花冠管内面基部具黄绿色斑块；花冠7裂，裂片卵圆形，长2.2～2.6cm，先端缺刻或不明显；雄蕊15，不等长，长2～3.5cm，花丝白色至淡黄色，无毛，花药棕褐色；雌蕊短于花冠，子房圆锥形，长5～6mm，密被白色短腺毛，花柱淡黄绿色，长4～4.2cm，通体密被短腺毛，柱头黄绿色，膨大呈头状，顶端具浅沟纹。

🍈 **果** 蒴果圆柱形，稍弯曲，长4～4.5cm，径1.2～1.4cm，有腺毛残迹。

受威胁状况评价

《RCB》及《RLR》评估：均为未评估（NE）。

野外考察发现，该亚种为狭域分布种，多零星分布，种群数量较小，且分布区域受人为干扰严重。建议列为易危（VU）种。

引种信息及栽培适应性

华西亚高山植物园　2007年10月，庄平、冯正波和张超等从广西兴安县猫儿山引种种子（登录号：20071306）。生长旺盛，开花量大，结实率高，栽培适应性良好。

物候

先叶后花、部分重叠物候型。

华西亚高山植物园　4月上旬叶芽膨大，4月中旬萌芽，4月中下旬至5月中旬展叶；4月中旬花芽膨大，4月下旬现蕾，4月30日至5月11日始花、5月12～23日盛花、5月24日至6月5日末花；11月上旬蒴果成熟。

主要用途

　　观赏： 分枝多，株形紧凑优美，花色淡雅而清香，适用于中海拔地区的景区绿化与园林造景。

　　注：此亚种开花植株由采自广西兴安县猫儿山的种子培育，最初作为长圆团叶杜鹃R. orbiculare subsp. oblongum定名引种。经对开花植株的查证，主编之一（邵慧敏）对原定名提出疑义，主编（张乐华）及主审（耿玉英）认为，无论是叶形还是生长习性以及花、果各部的性状观察，以及相近种的模式标本和野外材料的对比，查证此物种与猫岭杜鹃R. orbiculare subsp. maolingense更为接近，故本书暂作为后一亚种收录。需要说明的是该物种除叶形外，其花和果以及叶、花萌动时期的性状均与原亚种有较大差异，如：总轴长度、花色及花冠形状、花冠外面及花柱通体被短柄腺毛、蒴果长度等特征与原亚种差异明显，其分类地位有待进一步查证。

开花植株　　　　幼枝与幼叶　　　　花芽与叶芽

花序（示总轴与花梗）

展叶期植株　　　花正面　　　　花侧面（示花梗与花萼）

雄蕊　　　　　　雌蕊　　　　　　蒴果

63
猫儿山杜鹃

Rhododendron maoerense W. P. Fang & G. Z. Li, Bull. Bot. Res., Harbin 4(1): 1-2. 1984.

分布与生境

中国特有种，产广西。生于海拔1800~1900m的林下或溪边灌丛中。

迁地栽培形态特征

常绿灌木，高约2m。

茎 主干黄褐色，皮层纵裂，薄片状剥落；枝条具叶痕，幼时淡紫色，被短柄腺毛，不久脱落。

叶 叶芽鳞外面密被短柄腺毛，具黏质，先端边缘被绒毛；叶革质，长椭圆形至倒卵状披针形，长10.4~17cm，宽3~4.7cm，先端渐尖至急尖，具尖头，基部宽楔形至近圆形；叶面深绿色，叶背黄绿色，幼时两面疏被短腺毛，不久脱落，成熟叶两面无毛；中脉正面凹陷，背面凸起，侧脉12~17对；叶柄长1.5~3.5cm，圆柱形，无纵沟，被毛同幼枝。

花 花芽鳞外面密被短柄腺毛，边缘两侧具棕黄色柔毛，先端被黄褐色绒毛；总状伞形花序顶生，偶见2~4个花序聚生枝顶，每个花序有9~13花，具淡香，总轴淡紫红色，较长，长6~12cm，疏被短柄腺毛；花梗黄绿色带红晕，长3.2~5.8cm，密被不等长的有柄腺毛；花萼与花梗同色，波状7浅裂，裂片三角形至卵圆形，长1~2mm，边缘被腺毛；花冠漏斗状钟形，淡粉色，长5.5~6.5cm，冠檐径7.5~9cm，内外无毛，内面基部有黄绿色斑块；花冠7裂，裂片卵圆形，长2.3~2.7cm，先端缺刻或不明显；雄蕊15，不等长，短于花冠和雌蕊，长2.4~3.6cm，花丝淡乳黄色至白色，无毛，花药棕褐色；雌蕊稍短于花冠，子房卵圆形，长5~6mm，密被不等长的白色腺毛，花柱淡黄绿色，长4.2~5cm，通体密被白色短腺毛，中部以下混生长柄腺毛，柱头黄绿色，膨大呈头状，顶端具浅沟纹。

果 蒴果长卵圆形，稍弯曲，长3~4.5cm，径1.4~1.8cm，密被腺毛，花柱宿存。

受威胁状况评价

《RCB》评估：近危（NT）；《RLR》评估：易危（VU）。

野外考察发现，该种的种群数量较小，且分布区域受人为干扰严重。建议列为易危（VU）种。

引种信息及栽培适应性

华西亚高山植物园 2007年9月，庄平、冯正波和张超从广西兴安县猫儿山引种种子（登录号：20071307）。生长旺盛，开花量大，结实率高，栽培适应性良好。

物候

先叶后花、部分重叠物候型。

华西亚高山植物园 3月下旬叶芽膨大，4月上中旬萌芽，4月中旬至5月中旬展叶；3月下旬花芽膨大，4月中旬现蕾，4月18~24日始花、4月25日至5月5日盛花、5月6~16日末花；11月上旬蒴果成熟。

主要用途

　　观赏：株形优美，花序硕大，色泽靓丽而清香，适用于中海拔地区的景区绿化与园林造景。

植株

叶芽萌芽

幼枝

花芽与叶芽

多个花芽聚生枝顶

花蕾

花侧面（示花梗与花萼）

雄蕊

花正面

雌蕊

蒴果

64

越峰杜鹃

Rhododendron platypodum Diels var. *yuefengense* (G. Z. Li) Y. Y. Geng, Gen. Rhodod. China 78. 2014.

分布与生境

中国特有变种,产广西。生于海拔1700~2200m的林中。

迁地栽培形态特征

常绿灌木,高0.6~0.8m。

茎 主干黄褐色,皮层纵裂,片状剥落;枝条具叶痕,幼时疏生短腺毛,不久脱落。

叶 叶芽外侧芽鳞外面无毛,边缘具睫毛,内侧芽鳞初时宿存,外面和边缘散生短腺毛;叶常4~5枚集生枝顶,厚革质,近圆形或心形,长5.5~9.5cm,宽4~8cm,先端圆形,具尖头,基部近圆形至浅心形;叶面深绿色,叶背淡绿色至黄绿色,幼时叶面、叶缘和叶背中脉散生短柄腺毛,成熟时仅叶缘、尤其是叶缘基部多少宿存,其余无毛;中脉正面凹陷,背面凸起,侧脉8~10对,背面明显;叶柄长1.5~2.5cm,宽3~5mm,紫红色或绿色,圆柱形,两侧无宽翅,具浅纵沟或无,幼时疏生短腺毛,后无毛或具腺毛残迹。

花 花芽鳞花期宿存,外面密被绒毛和短柄腺毛,具黏质,边缘先端具棕色柔毛;总状伞形花序顶生,稀多个花序聚生枝顶,有7~11花,疏松,总轴紫红色或绿色,长5.5~6.5cm,散生短腺毛或近无;花梗与总轴同色,长2~4cm,密被或散生短腺毛;花萼与花梗同色,环状或7齿裂,裂片长1~2mm,外面和边缘密被短腺毛;花冠漏斗状钟形至钟形,粉红色至淡粉紫色,具深色肋纹,长4.5~5.5cm,冠檐径5.5~7.5cm,外面散生短腺毛,内面无毛,基部具黄绿色斑块;花冠6~7裂,裂片卵圆形,长1.2~2cm,宽1.6~2.4mm,先端缺刻或无;雄蕊12~16,不等长,长1.5~2.7cm,花丝白色,无毛,花药棕褐色;雌蕊短于花冠,子房圆锥形,长4~6mm,径3~4mm,密被白色腺毛,花柱浅黄绿色,长2.7~3.5cm,通体被由基部向先端渐短的有柄腺毛,柱头黄绿色,膨大呈盘状,顶端具浅沟纹。

果 蒴果长圆形,长2.5~3.5cm,径0.8~1cm,具纵肋,密被腺毛,花柱宿存。

受威胁状况评价

《RCB》及《RLR》评估:均为未评估(NE)。

野外考察发现,该物种为狭域分布种,主要分布在广西兴安县猫儿山的山顶区域,种群数量较小。建议列为易危(VU)种。

引种信息及栽培适应性

庐山植物园 2015年7月,张乐华从华西亚高山植物园引种实生苗,种子来源于广西兴安县猫儿山。保育温室栽培,长势良好,2021年首次开花,开花量较大,未见结实;由于引种时间短,且杜鹃园未栽培,不作适应性评价。

华西亚高山植物园 2007年10月,庄平、冯正波和张超从广西兴安县猫儿山引种种子(登录号:20071308)。生长旺盛,开花量大,结实率高,栽培适应性良好。

物候

先叶后花、部分重叠物候型。

庐山植物园保育温室 3月中旬叶芽膨大，4月上旬萌芽，4月中旬至5月中旬展叶；4月上旬花芽膨大，4月下旬现蕾，5月上旬始花、5月中旬盛花、5月下旬末花；未见成熟蒴果。

华西亚高山植物园 4月下旬叶芽膨大，5月上中旬萌芽，5月中旬至6月中旬展叶；5月上旬花芽膨大，5月中旬现蕾，5月15～25日始花、5月26日至6月9日盛花、6月10～25日末花；10月上旬蒴果成熟。**玉堂园区** 3月中旬叶芽膨大，3月下旬萌芽，4月上旬至5月上旬展叶；3月下旬花芽膨大，4月中旬现蕾，4月15日至5月1日始花、5月2～20日盛花、5月21～30日末花；9月上旬蒴果成熟。

主要用途

观赏：植株低矮，株形紧凑，叶片厚而近心形，花序硕大，色泽靓丽，观赏性强，适用于盆栽及中海拔地区的景区绿化与岩石园造景。

植株

叶芽

幼枝

花芽

花蕾与幼枝（示芽鳞）

花序

花正面（花冠6裂）

多个花序聚生枝顶

花正面（花冠7裂）

花侧面

雌雄蕊（示花梗与花萼）

蒴果

249

65

喇叭杜鹃

Rhododendron discolor Franchet, J. Bot. (Morot) 9(21): 391. 1895.

植株

分布与生境

　　中国特有种，产安徽、重庆、广东、广西、贵州、湖北、湖南、江西、陕西、四川、云南和浙江。生于海拔900~2090m的林下或密林中。

迁地栽培形态特征

常绿灌木至小乔木，高2～3.5m。

茎 主干灰褐色至黑褐色，树皮纵裂，不剥落或稀薄片状剥落；老枝暗红色至灰白色；幼枝较细，幼时疏被无柄或短柄腺毛，不久脱落。

叶 革质，长圆状倒卵形至长圆状披针形，长7～16cm，宽2.2～4.2cm，先端急尖至钝圆，有尖头，基部楔形至宽楔形，两侧多不对称；叶面深绿色，叶背白绿色，幼时两面疏被短柄腺毛，不久脱落，成熟叶两面无毛；中脉正面微凹，背面显著凸起，侧脉13～16对，纤细，两面平坦；叶柄长1～2.7cm，圆柱状，无纵沟，幼时被短腺毛，不久脱落。上年度的叶片在新叶开展过程中或展叶后全部脱落。

花 花芽卵球形；芽鳞花期早落，外面密被短绒毛，疏生无柄腺毛，有黏质，边缘被睫毛；总状伞形花序顶生，有4～10花，具芳香，总轴长0.5～2.2cm，疏被短柄腺毛；花梗黄绿色，长1.5～3.5cm，被短腺毛；花萼与花梗同色，环状或三角状7齿裂，裂片长约1mm，外面和边缘疏被短腺毛；花冠漏斗状钟形，白色，长5～6.7cm，冠檐径7～9cm，外面被极疏的短腺毛，内面无毛，基部具黄绿色斑块；花冠（6～）7（～8）浅裂，裂片卵圆形，长1.9～2.5cm，宽2.2～2.8cm，边缘多皱褶，先端无或有浅缺刻；雄蕊14～18，不等长，长2.5～3.7cm，花丝浅黄绿色至白色，纤细，无毛或下部疏被短柔毛，花药米黄色，狭长圆形，长约3mm，径0.6～0.7mm；雌蕊短于花冠，子房圆锥形，长5～7mm，径4～5mm，密被白色短腺毛，花柱淡黄绿色，长3.7～4.6cm，通体被白色短腺毛，柱头黄绿色，稍膨大呈头状，顶端具浅沟纹。

果 蒴果圆柱形，斜生，稍弯曲，长2.5～3.5cm，径0.9～1.2cm，具纵肋和腺毛残存。

受威胁状况评价

《RCB》及《RLR》评估：均为无危（LC）。

引种信息及栽培适应性

庐山植物园 1980年代，刘永书从广西野外引种，种源信息不详；2010年6月，张乐华从华西亚高山植物园引种苗木，种源为来自四川都江堰市龙池的实生苗。杜鹃园栽培生长旺盛，每年大量开花结实，适应性良好。

华西亚高山植物园 1987—1989年春季、秋季，陈明洪、赵志龙等从四川都江堰市龙池引种实生苗。生长旺盛，每年开花结实，栽培适应性良好。

物候

先叶后花、部分重叠物候型。

庐山植物园 5月下旬叶芽膨大，6月中旬萌芽，6月16～25日展叶始期、6月26日至7月2日盛期、7月3～12日末期；6月中下旬上年度的叶片开始脱落、6月下旬至7月上旬落叶盛期、7月下旬绝大部分老叶脱落；6月上旬花芽膨大，6月中下旬现蕾，开花延续时间较长，6月23日至7月4日始花、7月5～16日盛花、7月17～27日末花；2021年物候期较正常年份提前7天左右；11月上旬蒴果成熟。

华西亚高山植物园玉堂园区 5月上旬叶芽膨大，5月中旬萌芽，5月中下旬至6月中旬展叶；5月中旬花芽膨大，5月下旬现蕾，6月1～10日始花、6月11～21日盛花、6月22日至7月1日末花；未见成熟蒴果。

主要用途

观赏： 分枝多、株形优美，开花晚、花期长、色泽淡雅，观赏性和适应性强，为晚花类杜鹃花育种的重要材料，适用于中海拔地区的景区绿化与园林造景。

药用： 根入药，有活血化瘀、除湿止痛功效，主治消化道出血、咯血、月经不调、痢疾、风湿关节炎。

花芽与幼枝

花蕾

小花分开

花轴、花梗及花萼

花正面（花冠6裂）

花序

花正面（花冠7裂）

花正面（花冠8裂）

花侧面

雌雄蕊

蒴果

66
腺果杜鹃

Rhododendron davidii Franchet, Bull. Soc. Bot. France 33: 230-231. 1886.

分布与生境

中国特有种，产四川、云南。生于海拔1200～2500m的林下或灌丛中。

迁地栽培形态特征

常绿灌木，高1.2～2.5m。

茎 主干褐黑色，树皮纵裂，稀薄片状剥落；幼枝幼时密被短柄腺毛，不久脱落。

叶 厚革质，常集生枝顶，狭长圆状披针形或长圆状倒披针形，长10～18cm，宽2.3～4.5cm，先端锐尖至急尖，具尖头，基部楔形；叶面深绿色，具蜡质，叶背淡绿色，幼时两面疏生短柄腺毛，不久脱落，成熟叶两面无毛；中脉正面凹陷，背面凸起，侧脉14～19对；叶柄紫红色，长1.5～2.5cm，具浅纵沟，幼时散生短腺毛，不久脱落。

花 花芽鳞外面密被绒毛，边缘具柔毛；花序伸长呈总状，顶生，有9～16花，总轴长2.5～3.5（～6）cm，疏生短柄腺毛和白色微柔毛；花梗黄绿色至暗红色，长1～1.8cm，密被短腺毛；花萼与花梗同色，盘状或7齿裂，裂片不等大，长1～2（～4）mm，外面和边缘被短腺毛；花冠宽钟形，淡紫色，长4.1～5cm，冠檐径5～6cm，内外无毛，内面具深紫色斑点或无；花冠7裂，裂片卵圆形，长约1.9cm，宽2～2.5cm，先端缺刻；雄蕊14，不等长，长2.7～4.5cm，花丝白色，无毛，花药黑褐色；雌蕊与花冠近等长，子房圆锥形，长6～7mm，径4～5mm，密被短腺毛，花柱浅紫色至白色，长3.6～4.3cm，下部疏生少数腺毛，柱头浅黄色，稍膨大，头状，顶端具浅沟纹。

果 蒴果圆柱形，长1.1～1.7cm，基部斜生，稍弯曲，具纵沟，密被腺毛。

受威胁状况评价

《RCB》及《RLR》评估：均为近危（NT）。

引种信息及栽培适应性

庐山植物园 2010年11月，昆明植物园冯宝钧先生赠送种子（登录号：2011KM011），种源来自云南野外。杜鹃园栽培长势良好，2021年首次开花并结实，但蒴果不饱满，适应性良好。

华西亚高山植物园 1987—1989年春季、秋季，陈明洪、赵志龙等从四川都江堰市龙池引种实生苗；1991年3月，陈明洪、章志强等从四川都江堰市龙池引种实生苗。生长旺盛，每年大量开花结实，园区可见自然更新苗，栽培适应性良好。

物候

先花后叶、部分重叠物候型。

庐山植物园 3月中旬叶芽膨大，4月上旬萌芽，4月上中旬至5月上旬展叶；2月下旬花芽膨大，3月上中旬现蕾，3月15～20日始花、3月21～28日盛花、3月29日至4月9日末花；6月下旬蒴果成熟。

　　华西亚高山植物园　3月下旬叶芽膨大，4月上旬萌芽，4月中旬至5月中旬展叶；3月上旬花芽膨大，3月中旬现蕾，3月20~31日始花、4月1~13日盛花、4月14~25日末花；7月上旬蒴果成熟。

主要用途

　　观赏：株形优美，花繁叶茂，色泽靓丽，观赏性强，适用于中海拔地区的景区绿化与园林造景。

　　药用与工业：《中国有毒植物图谱数据库》收录。花入药，有清热、止血、调经等功效；枝、叶有大毒，可用于药物及化工开发。

植株　叶芽　幼枝　花芽　新叶　雄蕊　雌蕊　花蕾　总状花序　花正面　花侧面（示花梗与花萼）　蒴果

67
凉山杜鹃

Rhododendron huanum W. P. Fang, Contr. Biol. Lab. Chin. Assoc. Advancem. Sci., Sect. Bot. 12: 38. 1939.

分布与生境
中国特有种，产重庆、贵州、四川和云南。生于海拔1200～3000m的森林或灌丛中。

迁地栽培形态特征
常绿灌木，高约1.2m。

茎 主干红褐色；幼枝具叶痕，幼时密被短柄腺毛，不久脱落。

叶 革质，长椭圆形至长圆状披针形，长5.3～13cm，宽1.4～4.4cm，先端钝尖，具尖头，基部楔形至宽楔形；叶面深绿色，叶背灰白色，幼时两面疏生短腺毛，不久脱落，成熟叶两面无毛；中脉正面凹陷，背面凸起，侧脉纤细，约18对；叶柄长1.3～2.5cm，具浅纵沟，幼时疏生短柄腺毛，不久脱落。

花 花芽鳞外面无毛；总状伞形花序顶生，有9～12花，总轴长约3.5cm，无毛或花梗着生处具棕色长柔毛；花梗黄绿色带红晕，长3.2～4cm，疏被短腺毛，易脱落；花萼浅粉紫色，7裂，裂片形态变化，长圆形、三角形至宽卵形，长约5mm，宽约4mm，外面和边缘密被短腺毛；花冠宽钟形，紫红色，长4～5cm，冠檐径约4.6cm，外面疏生短腺毛，内面基部具深色斑块，喉部无斑点，无毛；花冠（6～）7裂，裂片扁圆形，长1.6～1.8cm，宽2～2.5cm，先端有或无缺刻；雄蕊（12～）14，不等长，长1.2～2.2cm，花丝白色，无毛，花药棕褐色；雌蕊短于花冠，子房圆锥形，长约5mm，密被白色短腺毛，花柱淡黄绿色，长约2.6cm，通体密被白色短腺毛，柱头黄绿色，稍膨大，头状。

果 蒴果长圆柱形，弯曲，长约3cm，径约8mm，具纵肋，密被短柄腺毛。

受威胁状况评价
《RCB》评估：近危（NT）；《RLR》评估：未评估（NE）。

考察发现，该物种野外居群较少，数量稀少。建议列为易危（VU）种。

引种信息及栽培适应性
华西亚高山植物园 2007年9月，张超、冯正波从重庆南川区金佛山引种种子（登录号：20071263）。生长旺盛，2021年首次开花，开花量较大，结实率较高，栽培适应性良好。

物候
先叶后花物候型。

华西亚高山植物园 3月下旬叶芽膨大，4月上中旬萌芽，4月中旬至5月上旬展叶；4月下旬花芽膨大，5月上旬现蕾，5月9～14日始花、5月15～22日盛花、5月23～28日末花；10月中下旬蒴果成熟。

主要用途
观赏：株形优美，花繁叶茂，色泽靓丽，适用于中海拔地区的景区绿化与园林造景。

植株

幼枝与芽鳞

花蕾

新叶与叶背

花正面

花序

花侧面（示花梗与花萼）

雄蕊

雌蕊

蒴果

亚组 2　耳叶杜鹃亚组

Subsect. *Auriculata* (Tagg) Sleumer, Bot. Jahrb. Syst. 74: 543. 1949.

常绿大灌木至小乔木。幼枝密被有柄腺毛和绒毛。叶芽和花芽长圆锥形或尖卵圆形，芽鳞狭长，卵状披针形，先端长尾状渐尖，外面被腺毛。叶薄革质至革质，两面密被或疏被腺毛或近无毛。总状伞形花序顶生，有6~15花；花萼7裂，裂片不等大，长0.1~1.1cm；花冠7裂，漏斗形、宽漏斗形或管状漏斗形，白色、粉红色至淡紫红色；雄蕊13~16，花丝无毛；子房卵球形或圆锥形，密被腺毛，花柱通体被有柄腺毛。蒴果圆柱形，被腺毛。

中国特有亚组。《中国植物志》和 *Flora of China* 均收录2种，分布于重庆、广西、贵州、湖北、湖南、陕西和四川。本书将小溪洞杜鹃从云锦杜鹃亚组移到本亚组，共收录3种。

耳叶杜鹃亚组分种检索表

1a. 叶薄革质，叶片两面、幼枝密被刚毛状长柄腺毛；花冠外密被长柄腺毛························
···69. **小溪洞杜鹃** *R. xiaoxidongense*
1b. 叶革质，叶片两面、幼枝疏被较短的有柄腺毛；花冠外无毛或疏生短柄腺毛。
　2a. 叶芽鳞先端反卷；花萼裂片长圆形或齿状三角形，长约1~5mm；花冠白色，外面疏生短柄腺毛
···68. **耳叶杜鹃** *R. auriculatum*
　2b. 叶芽鳞先端不反卷；花萼碟形，裂片不等大，长约2mm；花冠粉红色至淡紫红色，外面无毛
···70. **红滩杜鹃** *R. chihsinianum*

68

耳叶杜鹃

Rhododendron auriculatum Hemsley, J. Linn. Soc., Bot. 26(173): 20. 1889.

分布与生境

中国特有种，产重庆、广西、贵州、湖北、湖南、陕西和四川。生于海拔600~2230m的沟谷林下或山坡灌丛中。

迁地栽培形态特征

常绿大灌木至小乔木，高2.5~3.5m。

茎 主干灰褐色至棕褐色，树皮纵裂，稀薄片状剥落；枝条粗壮，叶痕明显，花枝直径达1.1cm；幼枝被白色有柄腺毛，2~3年生枝宿存褐色腺毛。

叶 叶芽长圆锥形；外层芽鳞卵状披针形，先端呈长尾状渐尖，直立或稍反卷，外面和边缘密被纤细的有柄腺毛，具黏质，后腺毛的腺头逐渐脱落呈棕黄色卷毛状；叶革质，长圆形或长圆状披针形，长13~22（~26）cm，宽6.5~8.5（~10）cm，先端急尖至近圆形，具尖头，基部耳状心形，两侧对称或不对称，有时疏生腺毛；叶面幼时淡紫红色，中脉基部1/2散生纤细的长柄腺毛，成熟时深绿色，无毛或沿中脉基部凹陷处残存少量腺毛；叶背白绿色至黄绿色，幼时密被纤细的白色腺毛，成熟时腺头多脱落呈卷毛状，沿中脉两侧被纤细的长柄腺毛；中脉正面凹陷，背面凸起，侧脉14~18对，背面微凸；叶柄长2~3.7cm，有纵沟，幼时密被不等长的腺毛，后腺毛多少残存。上年度叶片在新叶开展过程中完全脱落。

花 花芽大，尖卵圆形；芽鳞长卵形，先端长渐尖或长尾状渐尖，被毛同叶芽鳞；总状伞形花序顶生，有6~11花，疏松，具芳香，总轴长3.5~5.8cm，疏被短柄腺毛；花梗粗壮，黄绿色，长2~2.7cm，密被不等长的腺毛；花萼淡绿色，7裂，裂片不等大，长圆形或齿状三角形，长1~5mm，宽2~6mm，反卷，外面和边缘被短腺毛；花冠漏斗状或管状漏斗形，白色，长9.5~11.5cm，冠檐径9~10cm，外面疏生腺毛，内面基部具黄绿色斑块，无毛；花冠7浅裂，裂片卵形，长1.8~2.7cm，宽2.7~3.6cm，边缘波状皱褶，先端微缺；雄蕊（14~）15（~16），不等长，长6~6.8cm，花丝白色，纤细，无毛，花药米黄色，长约6mm；雌蕊短于花冠，子房圆锥形，长0.9~1.2cm，径6~8mm，密被短腺毛，花柱粗壮，淡黄绿色，长7.5~8.5cm，通体密被白色短腺毛，柱头黄绿色，膨大呈盘状，径5~6mm，顶端具浅沟纹。

果 蒴果斜圆柱形，稍弯曲，长1.8~3cm，径1~1.2cm，具纵肋，密被短柄腺毛，宿存的花柱长达10cm。

受威胁状况评价

《RCB》评估：无危（LC）；《RLR》评估：易危（VU）。

引种信息及栽培适应性

庐山植物园 1989年10月，刘永书、张乐华等从贵州野外引种实生苗，种源信息不详；2006年10~11月，张乐华从Benmore Botanic Garden引种种子（登录号：2007BE017）；2009年3月，张乐华从湖南新宁县野外引种实生苗。杜鹃园栽培生长旺盛，开花量较大，结实率较低，适应性良好。

物候

先叶后花、部分重叠物候型。

庐山植物园 6月上旬叶芽膨大，6月中下旬萌芽，6月22～30日展叶始期、7月1～9日盛期、7月10～17日末期；上年度老叶脱落时间相对集中，6月中下旬开始脱落、7月上旬落叶盛期、7月中下旬全部脱落；6月上旬花芽膨大，6月下旬现蕾，6月28日至7月6日始花、7月7～17日盛花、7月18～29日末花；11月上中旬蒴果成熟。

主要用途

观赏： 分枝多、株形紧凑优美，枝繁叶茂，开花晚、花期长，花大、洁白而芳香，观赏性强，为晚花类杜鹃花育种的重要材料，适用于中海拔地区的景区绿化与园林造景。

药用： 根入药，有理气、止咳功效；叶含二萜类化合物，具消炎、镇痛活性，可用于药物开发。

植株　叶芽　小枝（示腺毛）

展叶期老叶脱落　花芽（示叶片基部）　花序

小花分开及芽鳞

花正面

蒴果　花侧面　雌雄蕊　花解剖特征

259

69

小溪洞杜鹃

Rhododendron xiaoxidongense W. K. Hu, J. Sichuan Univ., Nat. Sci. Ed. 27(4): 492. 1990.

该物种原放置于云锦杜鹃亚组，根据其幼枝、叶柄密被刚毛状腺毛，叶芽和花芽尖卵圆形，芽鳞呈尾状渐尖等特征，调整至本亚组。该物种在形态学上与耳叶杜鹃（*R. auriculatum*）较为相似，但后者叶片革质，较小，长圆状椭圆形，基部耳状心形，正面近无毛，且全株被毛相对较短、较少，叶柄具纵沟；而本种叶片薄革质，较大，长圆状倒卵形，基部宽楔形至近圆形，两面密被刚毛状长柄腺毛，花器官及蒴果密被长柄腺毛，叶柄无纵沟；两者在展叶物候及老叶脱落规律上也有较大差异。

分布与生境

中国特有种，产江西。生于海拔1390~1680m的林缘路旁、沟谷林下或山坡灌丛中。

原产地形态特征

模式标本采自江西井冈山小溪洞五指峰林场（海拔1393.64m），仅1株，位于沟谷中的林下环境，附近未发现更新苗；其他产地（居群）为井冈山江西坳（海拔1640~1680m）等地。

模式株为常绿小乔木。经实测，株高8~9m，胸径19.4cm，冠幅7.5m×6.6m。

🌿 主干红褐色或灰褐色，树皮纵裂，稀薄片状剥落，粗糙，部分植株主干和侧枝皮层具横向裂纹；枝条粗壮，上年度花枝直径达1.4cm，叶痕明显；幼枝密被长3~4.5mm的刚毛状长柄腺毛，腺头白色或暗红色，2~3年生枝腺毛的腺头大多脱落，呈棕褐色刚毛状。

🍃 叶芽尖卵圆形至长圆锥形，长2.6~3.8cm，径1.2~1.5cm；外侧芽鳞长卵形，先端长尾状渐尖，侧向旋转，外面基部和边缘密被腺毛；叶薄革质，长圆状倒卵形或椭圆状倒卵形，叶片大型，长15~27（~34）cm，宽6~12（~15）cm，上部2/3处最宽，先端急尖至圆形，具尖头，基部宽楔形至近圆形（不呈耳状心形），边缘稍反卷，被腺头睫毛；叶面绿色，叶背淡绿色，幼时两面密被长2.5~4mm的长柄腺毛，沿中脉被毛更密、更长，成熟时两面腺毛的腺头大多脱落呈刚毛状或卷毛状，背面沿中脉腺毛的腺头多宿存；中脉、侧脉正面凹陷，背面明显凸起，侧脉17~22对，两面清晰；叶柄粗壮，圆柱形，无纵沟，长2.5~4.2（~5.5）cm，径5~7mm，幼时密被白色、长3.5~5mm的刚毛状腺毛，腺头暗红色或白色，后腺头部分脱落呈棕褐色刚毛状。上年度叶片在次年展叶期约2/3脱落，落叶时间不集中。

🌸 花芽大，尖卵圆形，现蕾前长5.8~6.2cm，径3~3.5cm；外侧芽鳞长卵形，先端渐尖，外面和边缘密被腺毛，内面光滑；总状伞形花序顶生，有7~12花，具香味，总轴长4.5~6cm，疏被长约0.8mm的短柄腺毛；花梗黄绿色，长1.8~3.2cm，密被长3~4mm的长柄腺毛；花萼淡绿色，稀淡粉色，6~7裂，裂片不等大，形态变化，舌状至长圆状三角形，反卷，长0.4~1.1cm，宽2~5mm，外面和边缘密被长2.5~3.5mm腺毛；花冠漏斗状钟形，白色，长9~9.5cm，冠檐径10~11cm，外面被由基部向先端渐稀、渐短的长1~2mm腺毛，内面基部有黄绿色斑块，无毛；花冠7裂，裂片近圆形，长1.9~3.1cm，宽3~3.5cm，边缘波状皱褶，无缺刻；雄蕊14~16，不等长，长6~8cm，花丝乳白色，纤细，无毛，花药棕黄色；雌蕊短于花冠，子房圆锥形，长0.9~1.2cm，径7~8mm，密被长1.5~2mm

植株（模式株）

开花植株

主干

主干（示主干及侧枝横裂纹）

幼叶（示腺毛）

花芽及成熟叶（示叶片基部）

小花分开

花正面

花正面

花侧面

花序

蒴果

腺毛，花柱淡黄绿色，长7.2～8.2cm，通体密被由基部至先端渐短的长0.6～1.5mm腺毛，柱头绿色，膨大呈盘状，径4～5mm，顶端具浅沟纹。

果　蒴果粗壮，肾形或圆柱形，稍弯曲，长2.6～4.7cm，径1.2～1.5cm，具纵肋，密被长1～1.8mm的腺毛。

迁地栽培形态特征

常绿灌木，高0.6～1.2m。

茎　主干灰褐色，皮层纵裂，稀片状剥落；枝条粗壮；幼枝密被刚毛状腺毛，2～3年生枝腺毛宿存。

叶　部分植株叶芽鳞宿存，至秋冬季脱落；其他特征与原产地形态特征一致。

花　未开花。

果　未结实。

受威胁状况评价

《RCB》评估：灭绝（EX）；《RLR》评估：数据缺乏（DD）。

该物种被《RCB》误认为灭绝（EX）。野外考察发现，仅分布于井冈山山脉海拔1390～1680m的范围内，受山地开矿、人工造林及其他因素影响，野外种群数量极少。建议列为极危（CR）种。

引种信息及栽培适应性

庐山植物园　2019年10月、12月，张乐华、单文和王兆红分别从江西井冈山引种种子（登录号：2020JGS001）及实生苗；2020年7月，张乐华、王兆红和李丹丹从江西井冈山引种实生苗；2021年2月，张乐华从江西井冈山引种种子（登录号：2021JGS001）。杜鹃园及保育温室栽培长势良好，冬季无冻害等现象；播种繁殖幼苗数千株，生长良好；因引种时间短，且未开花结实，不作适应性评价。

物候

先叶后花、部分重叠物候型。

井冈山原产地　不同产地及植株间展叶期相差较大，4月上中旬叶芽膨大，4月下旬至5月上旬萌芽、5月上旬至5月中旬展叶始期、5月下旬至6月中旬盛期、6月下旬至7月上旬末期；上年度叶片脱落时间为5月中旬落叶始期、6月中旬盛期、7月上中旬2/3的上年度老叶脱落；5月下旬花芽膨大，6月中旬现蕾、6月17～28日始花、6月29日至7月8日盛花、7月9～17日末花；10月下旬蒴果成熟。五指峰林场（模式株）海拔较低，物候期较江西坳早10天左右。

庐山植物园　植株间展叶期相差较大，4月中旬叶芽膨大，4月下旬至5月上旬萌芽，5月4～17日展叶始期、5月18日至6月6日盛期、6月7～25日末期；上年度老叶的落叶持续时间较长，5月下旬开始脱落、6月下旬落叶盛期、7月中下旬2/3老叶脱落，至第二年春季仍有少量老叶宿存，且老叶脱落时间多在新叶展开之后；未开花结实。**保育温室**　4月上旬叶芽膨大，4月中下旬萌芽，4月24日至5月7日展叶始期、5月8～21日盛期、5月22日至6月8日末期；上年度老叶脱落时间为5月下旬至7月中旬；未开花结实。

主要用途

观赏：花、叶及枝密被腺头刚毛，花大、纯白而具芳香，观赏性、趣味性强。《RCB》评估列为灭绝种，野外种群数量极少，特别是模式产地仅1株，宜开展濒危机制、繁育技术及野外回归引种等研究，并结合中海拔地区的园林应用促进其多样性保护。

栽培植株

栽培株叶芽

栽培株新叶

栽培株展叶

栽培株当年枝与芽鳞

70
红滩杜鹃

Rhododendron chihsinianum Chun & W. P. Fang, Acta Phytotax. Sin. 6(2): 168-169. 1957.

别名：济新杜鹃

植株

分布与生境

　　中国特有种，产广西。生于海拔800~1800m的林中或山坡灌丛、岩石上。

迁地栽培形态特征

常绿大灌木至小乔木，高2.5～4m。

茎 主干褐色，树皮纵裂，稀薄片状剥落；枝条较粗壮；幼枝被腺头刚毛和疏生绒毛，2年生枝腺毛多少宿存。不同植株间幼枝被毛数量、长度变化较大。

叶 叶芽大，长圆锥形；芽鳞卵圆形，先端长尾状渐尖，外面被短腺毛，具黏质，边缘具短睫毛；叶革质，长圆形、长圆状披针形或椭圆状倒卵形，长10～18（～23）cm，宽4～7cm，先端锐尖、急尖至近圆形，具尖头，基部圆形或宽楔形，边缘微波、微反卷，幼时被不等长的有柄腺毛，后逐渐脱落；幼叶绿色或暗红色，叶面幼时被腺头刚毛和绒毛，成熟时暗绿色，叶基部和中脉基部密被或疏被腺头刚毛，其他部位散生腺毛或仅具腺毛痕迹至近无毛，叶背幼时被短柔毛，沿中脉被腺头刚毛和绒毛，成熟时淡绿色，仅沿中脉基部被不等长的腺头刚毛；中脉正面凹陷，背面凸起，侧脉15～19对，背面微凸；叶柄长1.2～3cm，圆柱形，无纵沟，被刚毛状腺毛。不同植株间幼叶颜色，成熟叶及叶柄被毛数量、长度变化较大。

花 花芽大，尖卵圆形，现蕾前长4.5～5.5cm，径2.2～2.6cm；外侧芽鳞卵形至长卵圆形，先端渐尖，外面密被短腺毛，具黏质，边缘被长睫毛；总状伞形花序，有7～15花，总轴长2.5～6.5cm，密被或疏生短腺毛；花梗黄绿色至淡紫红色，长2～4.5cm，密被或疏生不等长的有柄腺毛；花萼与花梗同色，环状或三角状7齿裂，裂片不等大，长约2mm，反卷，外面和边缘被长柄腺毛；花冠漏斗状钟形，粉红色至淡紫红色，长4.5～6.5cm，冠檐径9～10cm，内面具棕黄色或黄绿色斑点，内外无毛，或偶见外面散生少数短腺毛；花冠7裂，裂片卵形，长2.2～2.8cm，宽3.2～3.7cm，边缘皱褶，先端缺刻；雄蕊（13～）15（～16），不等长，长3～5.2cm，花丝白色，无毛，花药棕褐色；雌蕊稍短于或等长于花冠，子房卵球形，长6～8mm，径5～7mm，密被不等长的白色腺毛，花柱淡黄绿色，长4～5.5cm，通体被由基部至先端渐短、渐稀的有柄腺毛，柱头绿色，膨大呈盘状，顶端具浅沟纹。不同植株间花器官被毛数量、长度变化较大。

果 蒴果圆柱形，长2～3.6cm，径0.9～1.7cm，具纵肋，密被有柄腺毛。

受威胁状况评价

《RCB》评估：无危（LC）；《RLR》评估：易危（VU）。

引种信息及栽培适应性

庐山植物园 1989年11月，刘永书、张乐华等从广西龙胜县花坪引种实生苗。杜鹃园栽培生长旺盛，每年大量开花结实，且园区可见自然更新苗，适应性良好。

昆明植物园 2016年4月，冯宝钧从庐山植物园引种实生苗。2018年8月定植于杜鹃园，生长旺盛，2021年首次开花结实，栽培适应性良好。

物候

先花后叶、部分重叠物候型。

庐山植物园 4月上旬叶芽膨大，4月下旬萌芽，4月30日至5月9日展叶始期、5月10～19日盛期、5月20～29日末期；3月中下旬花芽膨大，4月上旬现蕾，4月12～19日始花、4月20～28日盛花、4月29日至5月8日末花；2021年花期较正常年份提早7～10天；10月下旬蒴果成熟。

昆明植物园 4月上旬叶芽膨大，4月中旬萌芽，4月下旬至5月下旬展叶；2021年首次开花，仅有一个花序；3月下旬花芽膨大，4月上旬现蕾，4月中旬至下旬开花；10月蒴果成熟。

主要用途

观赏：株形优美，叶色变化，花大色艳，观赏性和适应性强，适用于中海拔地区的园林绿化。

花芽与叶芽　　幼叶（绿色）　　幼叶（暗红色）　　花蕾

花序　　花正面

花正面

花枝

雌雄蕊　　蒴果　　花侧面（示花梗与花萼）

亚组 3　大叶杜鹃亚组

Subsect. *Grandia* (Tagg) Sleumer, Bot. Jahrb. Syst. 74: 549. 1949.

全球有 12 种，分布于不丹、中国、印度、缅甸和尼泊尔。《中国植物志》和 *Flora of China* 均收录 10 种、1 变种，分布于甘肃、四川、西藏和云南。本书收录 1 变种，亚组的主要形态特征见变种描述。

71

大树杜鹃

Rhododendron protistum I. B. Balfour & Forrest var. *giganteum* (Forrest ex Tagg) D. F. Chamberlain, Notes Roy. Bot. Gard. Edinburgh 37(2): 331. 1979.

该物种发表于1924年（*R. giganteum* Forrest ex Tagg, J. Roy. Hort. Soc. 49: 27. 1924.）。Chamberlain（1979）将其降级作为翘首杜鹃（*R. protistum* I. B. Balfour & Forrest, Notes Roy. Bot. Gard. Edinburgh 12: 151. 1920.）的变种，Davidion（1982）、Cox（1997）等均先后将其作为原变种的同物异名归并；本书作者的形态学与分子生物学证据也认为该变种不成立（Li et al., 2018）；但耿玉英（2014）基于凭证标本的观察，认为两者在叶背被毛特征及叶片形状上有明显区别，宜作为变种保留，其分类地位有待进一步商榷。

分布与生境

中国特有变种，产云南。生于海拔2800～3500m的混交林中。

植株——高达近30m（冯宝钧 摄）　　主干（冯宝钧 摄）　　花正面（徐健 摄）

花序（冯宝钧 摄）　　花枝（冯宝钧 摄）

迁地栽培形态特征

常绿灌木（野生成年株为大乔木），高0.8～1.5m。

茎 主干灰褐色，皮层纵裂，薄片状剥落；枝条粗壮，具明显叶痕；幼枝密被白色绵毛状分枝绒毛，2～3年生枝绒毛宿存。

叶 革质，椭圆形至长圆状倒卵形，长17.1～32.2cm，宽8.7～17.1cm，先端急尖至钝圆，具尖头，基部宽楔形，边缘微波状，稍反卷；叶面深绿色，叶背浅绿色，幼时两面被灰白色绵毛状绒毛，成熟时正面无毛，背面被疏松的淡棕色绵毛状绒毛，沿中脉被毛更密；中脉、侧脉正面凹陷，背面凸起，侧脉约25对，两面明显；叶柄长2～2.6cm，具浅纵沟，被毛同幼枝。

花 未开花。

果 未结实。

受威胁状况评价

《RCB》评估：极危（CR）；《RLR》评估：未评估（NE）。

列入《中国植物红皮书》（第一册）（1992）二类保护和《中国物种红色名录（第一卷：红色名录）》（2004）极危（CR）种。

该变种被多个"名录"列为极危或保护物种。但其分类地位存在争议，可能是原变种翘首杜鹃的同物异名。原变种翘首杜鹃仅在高黎贡山有分布，且种群数量也较少。建议保护等级降为易危（VU）种。

植株

叶芽萌芽

幼叶

展叶

幼枝

引种信息及栽培适应性

  庐山植物园 2018年4月，昆明植物园冯宝钧先生赠送苗木，种源为来自云南腾冲市高黎贡山种子的实生苗。保育温室栽培，生长较好，未开花结实；杜鹃园未栽培，不作适应性评价。

  华西亚高山植物园 2002年10月，庄平、张超、冯正波和杨学康从云南腾冲市高黎贡山引种种子（登录号：20021028）。长势一般，在龙池园区易遭受冻害，未开花结实，不作适应性评价。

  昆明植物园 1980年代，冯国楣从云南腾冲市高黎贡山引种种子，实生苗生长至高1.5m，未见开花，2009年死亡；2012年6月，吕元林从云南大理市引种实生苗，均已死亡；2019年11月，孙卫邦从云南省林业科学研究院引种实生苗，保育温室栽培长势较好，未开花结实，不作适应性评价。

物候

  庐山植物园保育温室 3月上旬叶芽膨大，3月下旬萌芽，4月上旬至5月上旬展叶；未开花。

  华西亚高山植物园玉堂园区 2月下旬叶芽膨大，3月中旬萌芽，3月下旬至4月下旬展叶；未开花。

  昆明植物园保育温室 2月下旬叶芽膨大，3月中旬萌芽，3月下旬至4月中旬展叶；未开花。

主要用途

  观赏：大型乔木，生长慢，开花周期长，观赏性强，但适应性较差。作为国家重点保护植物，宜加快繁育技术研究，并结合中海拔地区的园林应用促进其多样性保护。

亚组 4　杯毛杜鹃亚组

Subsect. *Falconera* (Tagg) Sleumer, Bot. Jahrb. Syst. 74: 549. 1949.

常绿灌木。幼枝被绒毛，渐脱落。叶大型，革质，叶背有两层毛被，上层毛被杯状，下层毛被薄而紧贴。总状伞形花序顶生，有9~12花；花萼小，7~8裂，裂片长1~2mm；花冠7~8裂，斜钟形或漏斗状钟形，白色至粉红色；雄蕊14~20，花丝下部被柔毛；子房圆锥形，被绒毛，花柱无毛。蒴果圆柱状，密被锈色绒毛。

全球有11种，分布于不丹、中国、印度、缅甸、尼泊尔和越南。《中国植物志》和 *Flora of China* 均收录10种、2亚种，分布于四川、西藏和云南。本书收录2种。

杯毛杜鹃亚组分种检索表

1a. 叶片宽大，宽4.8~12cm；花冠粉红色，8裂，斜钟形 ···················· 72. 大王杜鹃 *R. rex*
1b. 叶片狭窄，宽3.3~5.8cm；花冠白色，7裂，漏斗状钟形 ············ 73. 黄叶杜鹃 *R. coriaceum*

72

大王杜鹃

Rhododendron rex H. Léveillé, Repert. Spec. Nov. Regni Veg. 13(368-369): 340. 1914.

分布与生境

中国特有种，产四川、云南。生于海拔2300～3300m的山坡林下或灌丛中。

迁地栽培形态特征

常绿灌木，高约1.8m。

茎 主干灰褐色，树皮纵裂，不剥落；枝条粗壮；幼枝被灰白色绒毛，2～3年生枝绒毛宿存。

叶 革质，倒卵状椭圆形至椭圆形，长13.1～30cm，宽4.8～12cm，先端钝圆，具尖头，基部楔形；叶面深绿色，幼时密被灰色绒毛，不久脱落，叶背被两层毛被，上层毛被淡灰色至淡黄褐色，杯状，边缘全缘，下层毛被紧贴，泥膏状；中脉、侧脉正面微凹，背面显著凸起，沿中脉毛被少，侧脉12～16对；叶柄圆柱形，无纵沟，长2.8～6cm，被灰白色绒毛。

花 花芽鳞外面密被绒毛；总状伞形花序顶生，有11～22花，总轴长2.2～3cm，被灰白色绒毛；花梗黄绿色带红晕，长2～2.5cm，密被灰白色绒毛；花萼与花梗同色，8齿裂，裂片三角形，长1～2mm，被毛同花梗；花冠斜钟形，粉红色，长5.1～5.3cm，冠檐径4.5～5cm；花冠8浅裂，裂片卵圆形至长圆形，长1.5～2cm，上方裂片内面基部具深色斑块，中部有或无紫红色斑点，先端缺刻；雄蕊16、17、20，不等长，长1.9～3.3cm，花丝白色，下部被短柔毛，花药紫红色；雌蕊短于花冠，子房圆锥形，长约9mm，密被白色绒毛，花柱白色，长3～4cm，无毛，柱头黄绿色，稍膨大，头状。

果 蒴果圆柱状，弯曲，长约2cm，径约8mm，密被锈色绒毛。

受威胁状况评价

《RCB》评估：易危（VU）；《RLR》评估：无危（LC）。

列入《中国植物红皮书》（第一册）（1992）三类保护、《中国物种红色名录（第一卷：红色名录）》（2004）易危（VU）种。

引种信息及栽培适应性

华西亚高山植物园　1997年10月，庄平、赵志龙、耿玉英和冯正波从四川会理市龙肘山引种种子（登录号：970296）；2000年10月，庄平、冯正波和张超从四川峨边彝族自治县（以下简称峨边县）椅子垭口引种种子（登录号：000304）。生长旺盛，开花量大，结实率一般，栽培适应性良好。

物候

先花后叶物候型。

华西亚高山植物园　4月下旬叶芽膨大，5月中旬萌芽，5月下旬至6月中旬展叶；3月下旬花芽膨大，4月上中旬现蕾，4月15～24日始花、4月25日至5月10日盛花、5月11～20日末花；9月下旬至10月下旬蒴果成熟。

主要用途

　　观赏：分枝多、株形紧凑优美，花序硕大、色泽艳丽，观赏性强。作为国家重点保护植物，宜加快繁育技术研究，并结合中海拔地区的园林应用促进其多样性保护。

植株　叶芽萌芽　幼叶　叶背与叶芽　花芽　花序　花正面（无斑点）　花侧面　小花分开　花正面（有斑点）　雌雄蕊　蒴果

73

革叶杜鹃

Rhododendron coriaceum Franchet, J. Bot. (Morot) 12(15-16): 258-259. 1898.

分布与生境

中国特有种，产西藏、云南。生于海拔2900～3400m的山坡林下或灌丛中。

迁地栽培形态特征

常绿灌木，高约1.5m。

茎 主干黄褐色，皮层纵裂，不剥落；枝条粗壮，具明显叶痕；幼枝密被银灰色绒毛，2～3年生枝绒毛宿存。

叶 多密生枝顶，革质，倒卵状椭圆形至倒披针形，长11.4～19.2cm，宽3.3～5.8cm，先端钝圆，尖头不明显，基部楔形，微下延；叶面深绿色，幼时被绒毛，后无毛，叶背被两层毛被，上层毛被灰黄色，杯状，边缘光滑，下层毛被为灰白色紧贴的绒毛；中脉正面微凹，呈浅沟状，背面显著凸起，被稀疏绒毛，侧脉10～13对，正面平坦，背面微凸，为被毛所覆盖；叶柄长1.5～3cm，圆柱形，仅近叶片处具浅纵沟，被灰色绒毛。

花 花芽鳞外面密被绒毛，边缘具柔毛；总状伞形花序顶生，有9～12花，总轴长约2cm，疏被绒毛；花梗浅黄色带红晕，长约3.2cm，密被白色丛卷绒毛；花萼与花梗同色，7齿裂，裂片三角形，长约1mm，外面和边缘密被丛卷毛；花冠漏斗状钟形，白色或白色带粉红色，长约3.5cm，冠檐径约4cm；花冠7浅裂，裂片卵圆形，长约1.4cm，宽约1.6cm，上方裂片内面基部具紫红色斑块，向上扩展为斑点，先端缺刻；雄蕊14，不等长，长1～3cm，花丝白色，下部被短柔毛，花药棕褐色；子房圆锥形，长约5mm，密被白色绒毛，花柱浅黄绿色至白色，长约2.6cm，伸出花冠外，粗壮，无毛，柱头黄绿色，稍膨大，头状。

果 未见。

受威胁状况评价

《RCB》及《RLR》评估：均为近危（NT）。

引种信息及栽培适应性

华西亚高山植物园 1997年10月，庄平、赵志龙从云南维西县一碗水引种种子（登录号：970616）；2000年10月，庄平、冯正波和张超从云南贡山独龙族怒族自治县碧罗雪山（登录号：000274）、泸水市高黎贡山（登录号：000289）引种种子；2010年9月，庄平、王飞、朱大海和李建书从西藏墨脱县52km至80km途中引种种子（登录号：1009157）。长势较好，开花量一般，未见结实，栽培适应性较好。

物候

先花后叶物候型。

华西亚高山植物园 5月中旬叶芽膨大，5月下旬萌芽，6月上旬至下旬展叶；4月上旬花芽膨大，

4月中旬现蕾，4月22～30日始花、5月1～7日盛花、5月8～15日末花；未见成熟蒴果。

主要用途

　　观赏：株形优美，花序硕大，花色淡雅，观赏性强，适用于中海拔地区的景区绿化与园林造景。

亚组5　弯果杜鹃亚组

Subsect. *Campylocarpa* (Tagg) Sleumer, Bot. Jahrb. Syst. 74: 547. 1949.

　　常绿灌木。幼枝幼时被腺毛，后脱落。叶革质至厚革质，幼时具腺毛，后两面无毛或多少宿存。总状伞形花序顶生，有6~11花；花萼5裂，裂片长2~5mm；花冠钟形或浅杯状，粉红色或鲜黄色，5裂；雄蕊10，花丝无毛或下部被短柔毛；子房圆锥形或圆柱形，密被腺毛，花柱下部疏生腺毛或通体密被腺毛。蒴果细长，弯弓，被腺毛。

　　全球有6种、2亚种和2变种，分布于不丹、中国、印度、缅甸和尼泊尔。《中国植物志》和 *Flora of China* 均全部收录，分布于河南、四川、西藏和云南。本书收录2种。

弯果杜鹃亚组分种检索表

1a. 花萼小，裂片长约2mm；花冠钟形，粉红色；花柱仅下部被腺毛·······················
·······································74. 卵叶杜鹃 **R. callimorphum**

1b. 花萼大，裂片长约5mm；花冠杯状，鲜黄色；花柱通体被腺毛··············75. 黄杯杜鹃 **R. wardii**

74
卵叶杜鹃

Rhododendron callimorphum I. B. Balfour & W. W. Smith, Notes Roy. Bot. Gard. Edinburgh 10(47-48): 89-90. 1917.

分布与生境

中国特有种，产云南。生于海拔3000～4000m的山坡灌丛中。

迁地栽培形态特征

常绿小灌木，高约0.5m。

🟤 **茎** 主干灰褐色，皮层层状剥落；幼枝密被红色腺头毛，后逐渐脱落。

🟤 **叶** 革质，宽卵形或卵圆形，长1.3～4.4cm，宽1～3.2cm，先端圆形，具凸起的小尖头，基部截形至微心形，边缘幼时具红色腺头的短腺毛，渐脱落；叶面深绿色，叶背灰白色，幼时两面疏生红色腺头毛，易脱落，成熟时两面散生腺毛或仅沿中脉宿存；中脉正面凹陷呈细沟纹，背面显著凸起，侧脉8～10对，两面微现；叶柄圆柱形，具浅纵沟，长0.2～1.2cm，密被不等长的有柄腺毛。

🟤 **花** 花芽鳞花期早落，外面及边缘被绒毛；总状伞形花序顶生，约6花，总轴长约1.2cm，密被短腺毛；花梗紫红色，长2.7～3cm，密被红色腺头毛；花萼与花梗同色，5齿裂，裂片三角形，长约2mm，外面和边缘密被红色腺头毛；花冠钟形，粉红色，长约4cm，冠檐径约4.5cm，内外无毛；花冠5裂，裂片半圆形，长约1.4cm，宽约2.3cm，先端缺刻，上方裂片内面基部具深色斑块或斑点；雄蕊10，不等长，长1.4～2.5cm，花丝白色，下部疏被短柔毛，花药褐色；雌蕊短于花冠，子房圆柱形，长约6mm，密被红色腺头短腺毛，花柱黄绿色，长约2.7cm，基部与子房连接处疏生少数红色腺头毛，柱头棕红色，稍膨大。

🟤 **果** 蒴果圆柱状，弯弓，长约1.9cm，径约5mm，腺毛宿存。

受威胁状况评价

《RCB》评估：无危（LC）；《RLR》评估：易危（VU）。

引种信息及栽培适应性

华西亚高山植物园 2000年9月，庄平、冯正波和张超从云南泸水市高黎贡山引种种子（登录号：000291）；2002年10月，庄平、张超、冯正波和杨学康从云南腾冲市北风坡引种种子（登录号：20021031）。长势较好，开花量一般，可结实，栽培适应性良好。

物候

先花后叶、部分重叠物候型。

华西亚高山植物园 4月下旬叶芽膨大，5月上旬萌芽，5月上中旬至6月上旬展叶；4月上旬花芽膨大，4月下旬现蕾，4月28日至5月5日始花、5月6～15日盛花、5月16～22日末花；10月下旬蒴果成熟。

主要用途

观赏：株形紧凑，花色淡雅，观赏性强，适用于大型盆栽及中海拔地区的景区绿化与园林造景。

植株

叶芽与花芽

幼枝与幼叶

新叶

花正面

花序

花芽与小花分开

花侧面（示花梗与花萼）

雌雄蕊

蒴果

75
黄杯杜鹃

Rhododendron wardii W. W. Smith, Notes Roy. Bot. Gard. Edinburgh 8(38): 205-206. 1914.

分布与生境

中国特有种，产四川、西藏和云南。生于海拔3000~4000m的针叶林下、林缘或山坡、灌丛中，可形成纯林或优势种群中。

迁地栽培形态特征

常绿灌木，高约1m。

茎 主干黄褐色，皮层层状剥落；幼枝幼时密被红色腺头毛，不久脱落。

叶 多聚生枝端，革质，长圆状椭圆形或宽卵状椭圆形，长4~7.5cm，宽2.5~4.5cm，先端钝圆，具尖头，基部微心形；叶面深绿色，叶背淡绿色，幼时两面被红色腺头毛，易脱落，成熟时两面无毛；中脉正面平坦或有小沟纹，叶背显著凸起，侧脉约12对，两面微现；叶柄细瘦，长约2cm，具沟槽，幼时被红色腺头毛，后脱落或残存毛基。

花 花芽鳞花期早落，外面及边缘具绒毛；总状伞花序顶生，有7~11花，总轴长约1.2cm，被红色短腺毛；花梗绿色，长约4.5cm，疏被短腺毛；花萼与花梗同色，5深裂，裂片卵圆形，长约5mm，外面疏被短腺毛，边缘密生整齐的短腺毛；花冠杯状，蕾期橘黄色，后鲜黄色，长约4cm，冠檐径约6cm，内外无毛，基部内面有或无紫红色斑块；花冠5裂，裂片近圆形，长2.5~3cm，先端缺刻；雄蕊10，不等长，长2~2.5cm，花丝白色，无毛，花药棕褐色；雌蕊短于花冠，子房圆锥形，长约5mm，密被短腺毛，花柱黄绿色，长约2.7cm，通体被近等长的短腺毛，柱头绿色，稍膨大，盘状。

果 未见。

受威胁状况评价

《RCB》及《RLR》评估：均为无危（LC）。

引种信息及栽培适应性

华西亚高山植物园 1997年10月，耿玉英、冯正波从四川普格县螺髻山引种种子（登录号：970337）；1998年9月，庄平、张超和冯正波从西藏米林县多雄拉山引种种子（登录号：980140）；2008年9月，张超、王飞、朱大海和杨学康从云南德钦县白马雪山（登录号：20086002）、德钦县梅里雪山（登录号：20086011）引种种子。长势较好，开花量较小，未见结实，栽培适应性较好。

物候

先叶后花、部分重叠物候型。

华西亚高山植物园 3月中旬叶芽膨大，4月上旬萌芽，4月中旬至5月中旬展叶；4月上旬花芽膨大，4月下旬现蕾，5月上旬至下旬开花；未见成熟蒴果。

主要用途

　　观赏：株形优美，花色鲜艳，观赏性强，为杜鹃花育种的重要亲本，适用于大型盆栽及中海拔地区的园林绿化与岩石园造景，也可用于高海拔山地的生态修复。

　　药用：枝、叶富含黄酮类成分，可用于药物开发。

植株

叶芽

幼叶

花芽

小花分开

雌蕊

花序与花正面（示内面无斑块）

花侧面（示花梗与花萼）

花正面（示内面紫红色斑块）

亚组6　麻花杜鹃亚组

Subsect. *Maculifera* (Tagg) Sleumer, Bot. Jahrb. Syst. 74: 544. 1949.

常绿灌木。幼枝被腺毛、绒毛或柔毛。叶革质，背面散生粗绒毛或沿中脉被绒毛、腺毛至无毛。总状伞形花序顶生，有3~13花；花萼5裂，裂片长1~2mm；花冠5裂，钟形、宽钟形或管状钟形，白色、淡红色、粉红色或深红色，内面基部有或无蜜腺囊；雄蕊10，花丝下部被短柔毛或无毛；子房卵圆形、圆锥形或圆柱形，被毛，稀无毛。蒴果圆柱形，毛被宿存。

中国特有亚组，共13种、1亚种和3变种。《中国植物志》和 *Flora of China* 均全部收录，分布于安徽、甘肃、广西、贵州、湖北、湖南、江西、陕西、四川、台湾、云南和浙江。本书收录5种、1亚种。

麻花杜鹃亚组分种检索表

1a. 花梗、花萼、子房具腺毛。
　2a. 幼枝密被刚毛状腺毛；花梗、花萼、子房被刚毛状腺毛；花柱无毛⋯⋯⋯⋯⋯⋯⋯⋯⋯⋯⋯⋯⋯⋯⋯⋯⋯⋯⋯⋯⋯⋯⋯⋯⋯76. 芒刺杜鹃 *R. strigillosum*
　2b. 幼枝被绒毛和短柄腺毛；花梗、花萼、子房被短柄腺毛；花柱下部疏生短柄腺毛⋯⋯⋯⋯⋯⋯⋯⋯⋯⋯⋯⋯⋯⋯⋯⋯⋯⋯⋯⋯⋯⋯⋯⋯⋯⋯⋯⋯⋯⋯⋯⋯77. 玉山杜鹃 *R. morii*
1b. 花梗、花萼、子房无腺毛。
　3a. 成熟叶背面沿中脉被分枝粗毛⋯⋯⋯⋯⋯⋯⋯⋯⋯⋯⋯78. 绒毛杜鹃 *R. pachytrichum*
　3b. 成熟叶背面沿中脉被长柔毛、绒毛或毛仅散生于中脉基部，有时近无毛。
　　4a. 叶缘无毛⋯⋯⋯⋯⋯⋯⋯⋯⋯⋯⋯⋯⋯⋯⋯79. 厚叶杜鹃 *R. pachyphyllum*
　　4b. 叶缘具睫毛。
　　　5a. 花梗被长柔毛；子房密被长柔毛⋯⋯⋯⋯⋯⋯⋯80. 稀果杜鹃 *R. oligocarpum*
　　　5b. 花梗疏生短柄腺毛；子房无毛⋯⋯⋯⋯⋯⋯⋯81. 黄山杜鹃 *R. maculiferum* subsp. *anhweiense*

76

芒刺杜鹃

Rhododendron strigillosum Franchet, Bull. Soc. Bot. France 33: 232. 1886.
别名：大羊角树

分布与生境

中国特有种，产贵州、四川、云南。生于海拔 1600~3600m 的岩石边、针叶林下或灌丛中。

迁地栽培形态特征

常绿小灌木，高约 0.5m。

🌿 主干灰褐色，皮层层状剥落；幼枝密被褐色腺头刚毛，2~3 年生枝毛被宿存。

🍃 常 6~8 枚集生枝顶，革质，长圆状披针形或倒披针形，长 4.6~12.1cm，宽 1.1~3.1cm，先端短渐尖，有时尾状尖，基部卵圆形至近心形，边缘反卷，具睫毛；叶面暗绿色，幼时密被粗伏毛，成熟时中脉基部下凹处有刚毛状粗毛宿存，其他部位无毛或多少残存，叶背淡绿色，散生黄褐色粗绒毛，沿中脉密被褐色绒毛和腺头刚毛；中脉正面凹陷呈深沟状，背面凸起，侧脉 13~15 对；叶柄长 0.6~1.1cm，幼时密被白色或红色腺头刚毛，后腺头脱落呈棕褐色刚毛状。

🌸 花芽鳞外面及边缘密被绒毛；总状伞形花序顶生，有 10~13 花，总轴长约 1.8cm，疏被短柔毛；花梗红色或浅黄色带红晕，长 2~2.2cm，密被红色腺头刚毛；花萼红色，5 齿裂，裂片三角形，长 1~2mm，外面及边缘疏生腺头刚毛；花冠管状钟形至钟形，深红色，长 5.6~6cm，冠檐径 6~6.2cm，内面有或无深色斑块，基部具 5 枚蜜腺囊；花冠 5 裂，裂片卵圆形，长 2~2.2cm，先端缺刻；雄蕊 10，不等长，长 3~4.8cm，花丝基部红色，其余白色，无毛，花药黑褐色；雌蕊稍短于花冠，子房卵圆形，长约 5mm，密被红色腺头刚毛，花柱中上部带红色，其余白色，长约 5cm，无毛，柱头红色，稍膨大，头状。

🍎 蒴果圆柱形，长 1.5~2.2cm，径 5~7mm，密被棕色刚毛状腺毛，腺头多脱落。

受威胁状况评价

《RCB》及《RLR》评估：均为无危（LC）。

引种信息及栽培适应性

华西亚高山植物园　1996 年 10 月，庄平、张超、冯正波和汪宣奕从四川峨眉山引种种子（登录号：960433）；2000 年 10 月，庄平、冯正波和张超从四川峨边县椅子垭口引种种子（登录号：000305）。生长旺盛，开花量较大，结实率一般，栽培适应性良好。

物候

先花后叶物候型。

华西亚高山植物园　3 月下旬叶芽膨大，4 月中旬萌芽，4 月中下旬至 5 月中旬展叶；3 月上旬花芽膨大，3 月中下旬现蕾，3 月 24 日至 4 月 2 日始花、4 月 3~12 日盛花、4 月 13~18 日末花；10 月下旬蒴果成熟。

主要用途

   观赏：株形优美，花色火红，为杜鹃花育种重要亲本，适用于大型盆栽及中海拔地区园林造景。

   药用与工业：《中国有毒植物图谱数据库》收录。全株有毒，可用于药物及化工开发。

开花植株　　小枝与叶芽　　幼叶（红色刚毛）　　幼叶（白色刚毛）　　花芽

花蕾　　花正面　　花侧面

雄蕊　　雌蕊　　蒴果

77

玉山杜鹃

Rhododendron morii Hayata, J. Coll. Sci. Imp. Univ. Tokyo 30(1): 173. 1911.

分布与生境

中国特有种，产台湾。生于海拔1830～3040m的山地林中。

迁地栽培形态特征

常绿灌木，高1.3～1.5m。

茎 主干棕褐色，皮层层状剥落，光滑；幼枝被灰白色丛卷绒毛并散生紫褐色腺头的短柄腺毛，2年生枝腺毛脱落，绒毛宿存。

叶 革质，长圆形至长圆状披针形，长7～13cm，宽2～3.9cm，先端渐尖至急尖，具尖头，基部宽楔形至近圆形，边缘反卷；叶片幼时两面被分枝绒毛，成熟叶正面深绿色，无毛，背面淡绿色，具光泽，仅沿中脉被棕黄色分枝的丛卷毛并散生紫褐色腺头毛；中脉正面明显凹陷，背面显著凸起，侧脉13～15对，正面微凹，背面不明显；叶柄长1.8～3cm，有浅纵沟，被丛卷毛和短柄腺毛。

花 花芽卵球形；芽鳞卵圆形，先端具尾尖，外面和边缘被短绒毛；总状伞形花序顶生，有7～14花，总轴长1.5～2.8cm，疏生白色短柄腺毛；花梗黄绿色或带红晕，长2～3.5cm，密生白色短腺毛；花萼与花梗同色，5裂，裂片三角形至卵圆形，长约2mm，外面和边缘被白色短腺毛；花冠漏斗状钟形，白色、淡粉色至淡紫红色，长4～4.5cm，冠檐径5.3～6.3cm，内外无毛；花冠5裂，裂片近圆形，长1.8～2.4cm，宽2.6～3cm，先端有浅缺刻，上方裂片内面基部具一深红色斑块，向上扩展为紫红色斑点；雄蕊10，不等长，长2～3.8cm，花丝白色，下部被白色短柔毛，花药米黄色；雌蕊与花冠近等长，子房圆锥形，长5～7mm，径约3mm，具浅纵肋，密被白色短腺毛并散生柔毛，花柱黄绿色至白色，长3.5～4cm，下部疏生腺毛，柱头黄绿色，头状，顶端具浅沟纹。

果 蒴果圆柱形，微弯曲，黄褐色，长1.3～2.1cm，径6～8mm，具浅纵肋，密被短柄腺毛，花柱多宿存。

受威胁状况评价

《RCB》评估：未评估（NE）；《RLR》评估：无危（LC）。

引种信息及栽培适应性

庐山植物园 1990年代，刘永书引种，种源信息不详。杜鹃园栽培生长良好，每年大量开花，但结实率一般，适应性良好。

物候

先花后叶、部分重叠物候型。

庐山植物园 3月下旬叶芽膨大，4月上中旬萌芽，4月中下旬展叶始期、5月上旬盛期、5月中旬末期；3月中旬花芽膨大，3月下旬至4月上旬现蕾，4月上旬始花、4月中旬盛花、4月下旬末花；10月下旬蒴果成熟。

主要用途

    观赏： 株形优美，花团锦簇，色泽淡雅，观赏性强，适用于中海拔地区的景区绿化与园林造景。

注：由于种源地不清，其物种名称有待进一步查证。

叶芽

叶芽伸长与叶背

植株

展叶

花芽

花蕾

花序

花侧面

雌雄蕊

花正面

蒴果

78

绒毛杜鹃

Rhododendron pachytrichum Franchet, Bull. Soc. Bot. France 33: 231. 1886.

分布与生境

中国特有种，产陕西、四川和云南。生于海拔1700~3500m的常绿阔叶林、冷杉林下或灌丛中。

迁地栽培形态特征

常绿灌木，高约1.8m。

🌿 主干灰褐色，皮层层状剥落；幼枝密被灰褐色分枝粗毛，2~3年生枝毛被宿存。

🍃 常数枚集生枝顶，薄革质，狭长圆形、倒披针形或倒卵形，长7.6~13.6cm，宽2.2~4.3cm，先端钝至渐尖，有时具尖尾，基部宽楔形至圆形，边缘幼时被睫毛，后脱落或多少宿存；叶面绿色，叶背淡绿色，幼时两面被分枝的粗毛，成熟时正面无毛，背面沿中脉被浅褐色分枝粗毛，基部被毛更密；中脉正面凹陷，背面凸起，侧脉约15对，两面不明显；叶柄长0.8~1.2cm，被毛同幼枝。

🌸 花芽鳞外面密被绒毛，边缘疏生睫毛；总状伞形花序顶生，有7~9花，总轴长约8mm，被短柔毛；花梗淡红色，长1.6~1.8cm，密被白色柔毛；花萼黄绿色，5齿裂，裂片三角形，长约1mm，无毛；花冠钟形，淡红色至白色，长3.7~4cm，冠檐径3.7~4.3cm，内外无毛；花冠5裂，裂片卵形，长1.1~1.4cm，先端微缺刻，上方裂片内面基部有紫黑色斑块；雄蕊10，不等长，长1.5~1.9cm，花丝白色，下部疏生白色短柔毛，花药紫褐色至黑褐色；雌蕊短于花冠，子房圆锥形，长约6mm，密被白色绒毛，花柱白色，长约2.7cm，无毛，柱头浅黄色，稍膨大或不膨大。

🍎 蒴果圆柱形，长约2cm，径约4mm，直立或微弯曲，蒴果及果梗被棕色细刚毛。

受威胁状况评价

《RCB》及《RLR》评估：均为无危（LC）。

引种信息及栽培适应性

华西亚高山植物园 1996年10月，庄平、张超、冯正波和汪宣奕从四川峨眉山引种种子（登录号：960425）；1997年9月，庄平、张超和冯正波从四川都江堰市龙池引种种子（登录号：970255）；1997年10月，庄平、赵志龙、耿玉英和冯正波从四川荥经县泥巴山引种种子（登录号：970268）；1997年10月，耿玉英、冯正波从四川泸定县海螺沟引种种子（登录号：970413）；1999年10月，庄平、冯正波和张超从四川汶川县巴朗山（登录号：990443）、汶川县卧龙（登录号：990450）引种种子。生长旺盛，开花量一般，可结实，栽培适应性良好。

物候

先花后叶、部分重叠物候型。

华西亚高山植物园 3月下旬叶芽膨大，4月上中旬萌芽，4月中旬至5月下旬展叶；3月中旬花芽膨大，3月下旬现蕾，3月28日至4月5日始花、4月6~13日盛花、4月14~20日末花；11月上旬蒴果成熟。

主要用途
　　观赏： 分枝多，株形紧凑，花色靓丽，观赏性强，适用于大型盆栽及中海拔地区园林绿化。

　　药用与工业：《中国有毒植物图谱数据库》收录。花、叶有毒，可用于药物及化工开发。

展叶期植株　　开花植株

花芽与叶芽　　幼枝　　叶背与叶芽　　花蕾

花正面　　雄蕊　　雌蕊　　蒴果

79
厚叶杜鹃

Rhododendron pachyphyllum W. P. Fang, Acta Phytotax. Sin. 21(4): 460-461. 1983.

分布与生境

中国特有种，产广西、湖南。生于海拔1800~1900m的山林中。

迁地栽培形态特征

常绿灌木，高约1.5m。

茎 主干黄褐色，皮层不剥落，稀片状剥落；幼枝红褐色，疏生丛卷毛，后逐渐脱落。

叶 厚革质，长圆形或长圆状椭圆形，长3~8.5cm，宽0.8~3.1cm，先端短渐尖，具尖头，基部楔形或近圆形，边缘反卷；叶面暗绿色，叶背灰绿色，幼时两面疏被丛卷毛，成熟时除背面中脉近基部疏被丛卷毛外，其余无毛；中脉正面凹陷，背面明显凸起，侧脉和细脉两面不明显；叶柄长0.5~1.5cm，具纵沟，被毛同幼枝。

花 花芽鳞外面及边缘被绒毛；总状伞形花序顶生，有3~5花，总轴长约1cm，被长柔毛；花梗黄绿色带红晕，长3.2~3.7cm，疏生灰白色绒毛；花萼黄绿色，5齿裂，裂片三角形，长约1mm，无毛；花冠钟形，蕾期粉红色，开放时粉白色，长3.7~4.5cm，冠檐径5.2~5.7cm，内外无毛；花冠5裂，裂片卵圆形，长约1.8cm，先端缺刻，上方裂片内面中部具紫红色斑点；雄蕊10，不等长，长2~3.2cm，花丝白色，下部被白色短柔毛，花药黄褐色；雌蕊稍短于花冠，子房圆柱形，长约7mm，密被白色纤细的腺毛，花柱浅黄绿色，长约3cm，基部与子房连接处被纤细的腺毛，柱头黄绿色，稍膨大，头状。

果 蒴果长圆柱形，长约3cm，径约5mm，腺毛及花柱宿存。

受威胁状况评价

《RCB》评估：无危（LC）；《RLR》评估：数据缺乏（DD）。

野外考察发现，该物种为狭域分布种，分布地受人为干扰严重。建议列为易危（VU）种。

引种信息及栽培适应性

华西亚高山植物园 2007年10月，庄平、冯正波和张超从广西兴安县猫儿山引种种子（登录号：20071310）。生长旺盛，开花量较大，结实率较高，栽培适应性良好。

物候

花叶同放物候型。

华西亚高山植物园 4月上旬叶芽膨大，4月下旬萌芽，5月上旬至下旬展叶；4月中旬花芽膨大，5月上旬现蕾，5月6~11日始花、5月12~20日盛花、5月21~27日末花；11月上旬蒴果成熟。

主要用途

观赏：分枝多、株形紧凑优美，花繁叶茂，观赏性强，适用于中海拔地区的景区绿化与园林造景。

植株

花芽与叶芽

幼枝与芽鳞

叶片

花蕾

花正面

花枝

花侧面（示花梗与花萼）

雄蕊

雌蕊

蒴果

80
稀果杜鹃

Rhododendron oligocarpum W. P. Fang & X. S. Zhang, Acta Phytotax. Sin. 21(4): 466-467. 1983.

分布与生境

中国特有种，产广西、贵州。生于海拔1800～2570m的山顶林下或灌丛中。

迁地栽培形态特征

常绿灌木，高约1m。

茎 主干灰褐色；幼枝红褐色，密被长粗毛，2～3年生枝毛被宿存。

叶 革质，长圆状椭圆形或长圆形，长2.4～6.2cm，宽1.6～3.9cm，先端钝圆，具尖头，基部圆形，边缘反卷，幼时具灰色纤毛，后缘毛多少宿存；叶面深绿色，叶背淡黄绿色，幼时两面密被棕色长绒毛，成熟时中脉正面残存毛基，中脉背面被棕褐色上部分枝的长粗毛，其余无毛；中脉正面微凹，背面凸起，侧脉13～15对，侧脉、细脉两面不显；叶柄长0.7～1.5cm，被褐色长粗毛。

花 花芽鳞外面及边缘被绒毛；总状伞形花序顶生，有4～5花，总轴长约9mm，被柔毛；花梗黄绿色带红晕，长2～2.7cm，密被白色长柔毛；花萼与花梗同色，5齿裂，裂片三角形，长约2mm，外面和边缘被毛同花梗；花冠钟形，紫红色至粉红色，长约4.4cm，冠檐径约5cm，内外无毛，内面基部具紫褐色斑块；花冠5浅裂，裂片扁圆形，长约1.1cm，宽约1.5cm，先端缺刻；雄蕊10，不等长，长1.9～3.3cm，花丝白色，下部被白色短柔毛，花药黑褐色；雌蕊稍短于花冠，子房卵圆形，长约4mm，密被白色长粗毛，花柱基部略带黄绿色，其余白色，长约3.4cm，无毛，柱头淡黄色，稍膨大，头状。

果 蒴果长圆柱状，长2.2～2.5cm，径5～7mm，密被棕褐色粗毛。

受威胁状况评价

《RCB》评估：无危（LC）；《RLR》评估：易危（VU）。

引种信息及栽培适应性

华西亚高山植物园　2007年10月，庄平、冯正波和张超从广西兴安县猫儿山引种种子（登录号：20071313）。生长旺盛，开花量较大，结实率较高，栽培适应性良好。

物候

花叶同放物候型。

华西亚高山植物园　3月下旬叶芽膨大，4月中旬萌芽，4月下旬至5月下旬展叶；3月下旬花芽膨大，4月中下旬现蕾，4月28日至5月4日始花、5月5～12日盛花、5月13～20日末花；10下旬蒴果成熟。

主要用途

观赏：分枝多，株形紧凑优美，花色艳丽，观赏性强，适用于大型盆栽及中海拔地区的园林绿化。

植株

花芽与叶芽

幼枝

花蕾

新叶

叶背

雄蕊

花正面

雌蕊

蒴果

花侧面

81

黄山杜鹃

Rhododendron maculiferum Franchet subsp. *anwheiense* (E. H. Wilson) D. F. Chamberlain, Notes Roy. Bot. Gard. Edinburgh 36(1): 118. 1978.

别名： 安徽杜鹃

展叶期植株

叶芽萌芽与芽鳞

叶背面

幼枝与芽鳞

分布与生境

中国特有亚种，产安徽、广西、湖南、江西和浙江。生于海拔700~1700m的林下、林缘或山坡绝壁、山谷中。

迁地栽培形态特征

常绿灌木，高0.7~1m。

茎 主干灰褐色，皮层纵裂，薄片状剥落；幼枝棕红色，被灰白色绒毛，后逐渐脱落。

叶 叶芽鳞宿存；叶革质，卵状椭圆形或卵状披针形，长4~9cm，宽2.5~4cm，先端急尖，具尖头，基部近圆形，边缘反卷；叶面暗绿色，叶背淡绿色，幼时正面及沿背面中脉被白色分枝绒毛和疏生黄色短腺毛，成熟时两面无毛；中脉正面凹陷，背面凸起，侧脉12~15对，正面微凹，背面不明显；叶柄黄绿色至紫红色，长1.2~1.8cm，有纵沟，幼时密被分枝绒毛和疏生短腺毛，后脱落。

花 花芽鳞卵形，近无毛；总状伞形花序顶生，有5~9花，总轴长1.2~2cm，密被柔毛；花梗黄绿色，长2~3cm，疏生腺毛；花萼与花梗同色，5浅齿裂，裂片三角形，长1~2mm，无毛或边缘疏生腺毛；花冠宽钟形，蕾期粉红色，开放后白色至淡粉色，长约3.5cm，冠檐径约4cm，内外无毛；花冠

5裂，裂片卵圆形，长约1.5cm，边缘皱褶，先端缺刻，上方裂片内面具少数深紫色斑点；雄蕊10，不等长，长1.5～2.5cm，花丝白色，下部被白色微柔毛，花药黄褐色；子房圆锥形，长约5mm，无毛，花柱白色，长约3.5cm，长于花冠，无毛，柱头黄绿色，膨大呈头状。

果 蒴果圆柱形，基部倾斜，稍弯曲，长1.2～1.8cm，径4～5mm，无毛。

受威胁状况评价

《RCB》及《RLR》评估：均为无危（LC）。

引种信息及栽培适应性

庐山植物园 2006年10～11月，张乐华从Glendoick Garden & Garden Centre引种种子（登录号：2007G023）；2008年11月，张乐华从江西玉山县三清山引种种子（登录号：2009S001）。杜鹃园栽培长势良好，每年开花结实，适应性良好。

物候

先花后叶、部分重叠物候型。

庐山植物园 3月下旬叶芽膨大，4月中旬萌芽，4月下旬展叶始期、5月上旬盛期、5月中旬末期；3月中旬花芽膨大，4月上中旬现蕾，4月中旬始花、4月中下旬盛花、5月上旬末花；10月中旬蒴果成熟。

主要用途

观赏：分枝多，株形紧凑优美，花色淡雅，适用于大型盆栽和中海拔地区园林绿化与岩石园造景。

药用：根入药，有活血、止痛功效，主治跌打损伤；叶、花入药，有消炎、杀虫功效；茎富含生物碱、黄酮类化合物，具抗氧化、抗病毒、抗肿瘤作用，有药物及保健品开发潜力。

叶芽　　　　　　　叶芽、花芽及花蕾　　　　　　　花正面

花侧面　　　　　　　雌蕊　　　　　　　蒴果

亚组7 粘毛杜鹃亚组

Subsect. *Glischra* (Tagg) D. F. Chamberlain, Notes Roy. Bot. Gard. Edinburgh 36: 116. 1978.

常绿灌木。幼枝密被腺头刚毛。叶芽鳞宿存；叶近革质至革质，正面无毛或沿中脉基部密被腺头刚毛，背面被绒毛、腺毛。总状伞形花序顶生，有9~14（~16）花；花萼较大，5裂，裂片长4~8mm；花冠5裂，钟形，白色带粉红色至粉红色，内面基部有紫红色斑块及斑点，无蜜腺囊；雄蕊10，花丝下部被柔毛；子房卵圆形或圆锥形，密被腺头刚毛，花柱无毛或下部疏生腺毛。蒴果圆柱形，毛被宿存。

全球有6种、1亚种和1变种，分布于中国、印度和缅甸。《中国植物志》和*Flora of China*均全部收录，分布于四川、西藏和云南。本书收录2种、1亚种。

粘毛杜鹃亚组分种检索表

82
粘毛杜鹃

Rhododendron glischrum I. B. Balfour & W. W. Smith, Notes Roy. Bot. Gard. Edinburgh 9(44-45): 229-230. 1916.
别名： 黏毛杜鹃

分布与生境
产西藏、云南；缅甸也有分布。生于海拔2500～3300m的林下、林缘或灌丛中。

迁地栽培形态特征
常绿灌木，高约1.4m。

茎 主干黄褐色，皮层层状剥落，粗糙；幼枝密被棕色腺头刚毛，2～3年生枝毛被宿存。

叶 叶芽具黏质，芽鳞宿存；叶近革质，长圆状椭圆形至宽倒披针形，长5.5～18.7cm，宽2.2～6.9cm，先端钝尖或短渐尖，具尖头，基部宽楔形至狭圆形或圆形，边缘微反卷；叶面浅绿色，叶背黄绿色，幼时两面被短柄腺毛，具黏质，成熟时叶面仅沿中脉基部密被腺头刚毛，叶背沿中脉密被黄褐色腺毛和散生腺头刚毛；中脉、侧脉正面凹陷，略有皱纹，背面凸起，侧脉12～18对；叶柄长1.5～2.3cm，圆柱形，粗壮，密被褐色腺头刚毛。

花 花芽鳞卵形，先端长尾状尖，花期宿存，外面密被腺毛，具黏质，边缘被睫毛；总状伞形花序顶生，有8～11花，总轴长约1cm，被细柔毛和腺头细刚毛；花梗黄绿色或淡紫红色，长1.5～2cm，密被腺头刚毛；花萼黄绿色，发育，5深裂，裂片长圆形，先端钝圆，不等长，长4～8mm，外面和边缘密被细刚毛状腺头；花冠钟形，粉红色，长3.7～4.2cm，冠檐径5.6～6cm，内外无毛；花冠5裂，裂片卵圆形，长1.5～1.7cm，先端缺刻，上方裂片内面具深紫红色斑块和斑点；雄蕊10，不等长，长1.5～3cm，花丝白色，下部被白色微柔毛，花药黄褐色；雌蕊短于花冠，子房圆锥形，长约3mm，密被腺头刚毛，花柱白色，长约2.5cm，下部疏生腺头刚毛，柱头黄绿色，稍膨大或不膨大，点状。

果 蒴果圆柱形，稍弯曲，长约2cm，径5～6mm，密被腺头刚毛。

受威胁状况评价
《RCB》及《RLR》评估：均为无危（LC）。

引种信息及栽培适应性
华西亚高山植物园 1997年10月，庄平、赵志龙从云南维西县一碗水引种种子（登录号：970614）。长势较好，开花量一般，可结实，栽培适应性较好。

物候
先花后叶物候型。
华西亚高山植物园 4月中旬叶芽膨大，5月上旬萌芽，5月中旬至6月中旬展叶；3月下旬花芽膨大，4月上中旬现蕾，4月16～22日始花、4月23～30日盛花、5月1～6日末花；11月上旬蒴果成熟。

主要用途
观赏： 分枝多，株形紧凑优美，花繁叶茂，色泽靓丽，适用于中海拔地区的景区绿化与园林造景。

植株

花芽

花蕾

花序

幼枝与芽鳞

花正面

雄蕊

雌蕊

幼果与幼枝

83

红粘毛杜鹃

Rhododendron glischrum subsp. *rude* (Tagg & Forrest) D. F. Chamberlain,
Notes Roy. Bot. Gard. Edinburgh 36(1): 117. 1978.
别名：红粗毛杜鹃、红黏毛杜鹃

分布与生境

产西藏、云南；印度也有分布。生于海拔2400~3600m的潮湿林下或灌丛中。

迁地栽培形态特征

常绿灌木，高约1m。

🌿 主干黄褐色，皮层片状或层状剥落，粗糙；幼枝密被红色腺头刚毛，多年生枝毛被宿存。

🍃 叶芽具黏质，芽鳞宿存；叶近革质，长圆状椭圆形至阔披针形，长6.9~14.7cm，宽2.6~6.7cm，先端渐尖至短尾状，具尖头，基部楔形至近圆形，边缘微反卷，具细刚毛状睫毛；叶面绿色，叶背淡绿色，幼时两面密被红色腺头细刚毛和绒毛，具黏质，绒毛不久脱落，成熟叶两面被棕褐色细腺头刚毛（腺头易脱落），叶背沿中脉、侧脉被毛更密；中脉、侧脉正面凹陷，背面凸起，侧脉9~15对；叶柄长0.7~1cm，具纵沟，密被腺头长刚毛。

🌸 花芽鳞外面密被腺毛，边缘密被腺头睫毛，具黏质；总状伞形花序顶生，9~11花，总轴长约1cm，疏被红色腺头刚毛；花梗红色，长约1.7cm，密被红色腺头刚毛；花萼淡红色，发育，5裂，裂片长卵形至长圆形，先端钝圆形，长约7mm，外面和边缘密被红色腺头细刚毛；花冠钟状，粉红色，长约4cm，冠檐径约4.2cm，内外无毛；花冠5裂，裂片卵圆形，长1.5~2cm，宽2.4~2.6cm，先端缺刻，上方裂片内面基部具紫红色斑块；雄蕊10，不等长，长1.5~2.4cm，花丝浅粉色，下部密被微柔毛，花药紫褐色；雌蕊短于花冠，子房圆锥形，长约3mm，密被红色腺头长刚毛，花柱浅黄绿色带红晕，长约2.2cm，下部疏生红色腺头细刚毛，柱头淡红色，稍膨大或不膨大，点状，顶端具沟纹。

🍈 蒴果圆柱状，稍弯曲，长1~1.5cm，径约5mm，密被腺头长刚毛。

受威胁状况评价

《RCB》评估：无危（LC）；《RLR》评估：未评估（NE）。

引种信息及栽培适应性

华西亚高山植物园　2010年10月，庄平、王飞、朱大海、李建书和阿克基洛从西藏墨脱县汉密至多雄拉山途中引种种子（登录号：1009189）。长势较好，2021年首次开花，开花量一般，可结实，栽培适应性较好。

物候

先花后叶物候型。

华西亚高山植物园　5月中旬叶芽膨大，6月上旬萌芽，6月中旬至7月中旬展叶；3月中旬花芽膨大，4月上旬现蕾，4月中旬至5月上旬开花；11月上旬蒴果成熟。

主要用途

观赏：株形优美，花繁叶茂，色泽靓丽，幼枝、幼叶密被红色腺毛，观赏性强，适用于中海拔地区的景区绿化与园林造景。

枝

花芽

植株

叶芽与叶正面

幼枝与幼叶

花蕾

花序

花正面

花侧面（示花梗与花萼）

雄蕊

雌蕊

幼果

84

长粗毛杜鹃

Rhododendron crinigerum Franchet, J. Bot. (Morot) 12(15-16): 260. 1898.

分布与生境

中国特有种，产四川、西藏和云南。生于海拔2200～4200m的林中、山谷、岩坡或峭壁上。

迁地栽培形态特征

常绿灌木，高约1m。

🌿 主干灰褐色，皮层不剥落，稀块状剥落；幼枝密被腺头刚毛，有黏质，2～3年生枝毛被宿存。

🍃 叶芽鳞宿存数年；叶革质，长圆状披针形至倒卵状披针形，长3.7～13.7cm，宽1.2～3.5cm，先端尾状渐尖，具尖头，基部宽楔形至近圆形，边缘反卷；叶面深绿色，幼时被丛卷毛和少数有柄腺毛，成熟时无毛或沿中脉基部有腺毛宿存，叶背密被连续的黄褐色绵毛状绒毛和少数腺毛，沿中脉疏被柔毛和少数腺毛；中脉和侧脉正面明显凹陷，尤其是中脉呈凹槽状，叶片略呈皱纹，背面凸起，侧脉12～16对，背面为绒毛覆盖；叶柄长0.6～1.7cm，粗壮，具纵沟，被毛同幼枝。

🌸 花芽鳞外面及边缘被绒毛和腺毛；总状伞形花序顶生，有9～14（～16）花，总轴长约1.4cm，密被腺毛；花梗紫红色，长3～3.5cm，密被腺头刚毛和柔毛；花萼与花梗同色，发育，5深裂至近基部，裂片舌状长圆形，长约8mm，外面被毛同花梗，边缘具腺毛；花冠钟形，白色带粉红色肋纹，长3～3.4cm，冠檐径3.5～4.5cm，内外无毛；花冠5裂，裂片扁圆形，长约1.1cm，宽约1.3cm，先端缺刻或不明显，上方裂片内面具深红色斑块和斑点；雄蕊10，不等长，长2～2.9cm，花丝白色，下部密被白色柔毛，花药黄褐色；雌蕊短于花冠，子房卵圆形，长约5mm，密被白色有柄腺毛，花柱白色，长约2.8cm，下部疏生有柄腺毛，柱头浅黄色，稍膨大，头状。

🍂 蒴果圆柱状，稍弯曲，长1.2～1.6cm，径5～6mm，密被不等长的有柄腺毛。

受威胁状况评价

《RCB》评估：近危（NT）；《RLR》评估：无危（LC）。

引种信息及栽培适应性

华西亚高山植物园　1997年10月，庄平、赵志龙从云南维西县一碗水引种种子（登录号：970620）。长势较好，开花量一般，可结实，栽培适应性良好。

物候

先花后叶物候型。

华西亚高山植物园　4月下旬叶芽膨大，5月上旬萌芽，5月中旬至6月下旬展叶；4月上旬花芽膨大，4月中旬现蕾，4月19～25日始花、4月26日至5月3日盛花、5月4～10日末花；10月中旬蒴果成熟。

主要用途

　　观赏：分枝多，株形优美，花色靓丽，适用于中海拔地区的景区绿化与园林造景。

植株

花芽与叶芽

叶背

幼叶

枝条与宿存芽鳞

花正面

花序与花侧面

雄蕊

雌蕊

蒴果

亚组 8　露珠杜鹃亚组

Subsect. *Irrorata* (Tagg) Sleumer, Bot. Jahrb. Syst. 74: 548. 1949.

　　常绿灌木。幼枝幼时被丛卷毛、腺毛或绒毛，不久脱落。叶薄革质至厚革质，成熟时两面无毛，稀背面有薄毛被，或仅沿中脉背面被毛。短总状或总状伞形花序顶生，有3~17花；花萼小，5（~7）裂，裂片长1~3mm；花冠5（~7）裂，管状钟形、斜钟形、宽钟形、杯形至碟形，内面有明显的深色斑点，少数基部有蜜腺囊；雄蕊10，稀达14，花丝下部被短柔毛或无毛；子房卵圆形、圆锥形或圆柱形，无毛或有腺毛和柔毛，花柱通体有腺毛或无毛。蒴果圆柱状，毛被宿存。

　　全球有25种、3亚种和3变种，分布于不丹、中国、印度、印度尼西亚（苏门答腊岛）、马来西亚、缅甸和越南。《中国植物志》和*Flora of China*均收录21种、3亚种和3变种；接受张长芹和D. Paterson（2003）发表的1新种；分布于广东、广西、贵州、湖南、四川、西藏和云南。本书收录9种、1亚种和1变种。

露珠杜鹃亚组分种检索表

1a. 成熟叶背面被薄层绒毛。
  2a. 成熟叶背面被薄层灰色绒毛；花冠内面基部无蜜腺囊 ···················· 86. **腺绒杜鹃 *R. leptopeplum***
  2b. 成熟叶背面被薄层纱状绒毛；花冠内面基部具蜜腺囊。
    3a. 花柱下部2/3或通体被腺毛 ··· 89. **迷人杜鹃 *R. agastum***
    3b. 花柱光滑 ····························· 90. **光柱迷人杜鹃 *R. agastum* var. *pennivenium***
1b. 成熟叶两面无毛，或仅叶背中脉有毛。
  4a. 花冠7裂；子房无毛 ··· 85. **团花杜鹃 *R. anthosphaerum***
  4b. 花冠5（～6）裂；子房被腺毛、绒毛或无毛。
    5a. 子房、花梗密被长柄腺毛；花柱中部以下密被长柄腺毛 ···················· 95. **短脉杜鹃 *R. brevinerve***
    5b. 子房、花梗被短柄腺毛、绒毛或无毛；花柱被短柄腺毛或无。
      6a. 花冠管状钟形至钟形。
        7a. 花冠淡黄色、白色带淡黄色或白色带粉红色、淡黄色带粉紫色 ·········· 87. **露珠杜鹃 *R. irroratum***
        7b. 花冠肉红色、淡红色至深粉红色 ············· 88. **红花露珠杜鹃 *R. irroratum* subsp. *pogonostylum***
      6b. 花冠斜钟形、宽钟形、杯形至碟形。
        8a. 花柱无毛 ··· 91. **窄叶杜鹃 *R. araiophyllum***
        8b. 花柱通体密被腺毛。
          10a. 叶厚革质，椭圆形、卵状椭圆形或卵状披针形，长2～7.5cm，宽1～2.8cm；花冠乳白色或带红晕。
           11a. 叶柄疏被绒毛；花冠内面具紫红色斑点 ···················· 92. **碟花杜鹃 *R. aberconwayi***
           11b. 叶柄密被有柄腺毛；花冠内面通常无斑点 ···················· 93. **马雄杜鹃 *R. maxiongense***
          10b. 叶革质，椭圆形、披针形或椭圆状披针形，长6～12cm，宽2～3.5cm；花冠乳白色至浅粉色 ···················· 94. **桃叶杜鹃 *R. annae***

85
团花杜鹃

Rhododendron anthosphaerum Diels, Notes Roy. Bot. Gard. Edinburgh 5(25): 215. 1912.

分布与生境

产四川、西藏和云南；缅甸也有分布。生于海拔2000~3200m的山坡、沟谷灌丛中或针阔叶混交林下。

迁地栽培形态特征

常绿灌木，高约1.5m。

茎 主干黄褐色，皮层纵裂，片状剥落；枝条粗壮；幼枝暗紫红色，幼时被丛卷毛，不久脱落。

叶 多聚生枝顶，薄革质至革质，椭圆状倒披针形或长椭圆形，长6.5~15.6cm，宽1.4~3.1cm，先端渐尖，具尖头，基部楔形至宽楔形；叶面深绿色，幼时疏被丛卷毛，不久脱落，叶背灰绿色，成熟时仅沿叶脉疏被丛卷毛；中脉正面凹陷呈浅沟纹，背面显著凸起，侧脉纤细，约18对，两面不明显；叶柄长0.5~1.5cm，具纵沟，被毛同幼枝。

花 花芽鳞外面密被白色至棕褐色绒毛，边缘密被棕褐色睫毛；短总状花序顶生，有9~11花，总轴长约1.2cm，被黄褐色丛卷毛；花梗黄白色，长约1.5cm，疏被柔毛；花萼与花梗同色，7齿裂，裂片浅三角形，长约1mm，无毛或疏生柔毛；花冠管状钟形，粉紫色，具深色肋纹，长约5cm，冠檐径约5cm，内面基部具紫红色斑块和蜜腺囊；花冠7浅裂，裂片卵圆形，长约2cm，先端缺刻；雄蕊14，不等长，长2.3~3.9cm，花丝白色，无毛，花药褐色；雌蕊稍短于花冠，子房圆柱形，长约6mm，无毛，花柱白色，长约4cm，无毛，柱头浅黄色，不膨大，点状。

果 未见。

受威胁状况评价

《RCB》及《RLR》评估：均为无危（LC）。

引种信息及栽培适应性

华西亚高山植物园 2000年9月，庄平、张超和冯正波从云南泸水市高黎贡山引种种子（登录号：000287）。生长旺盛，开花量一般，未见结实，栽培适应性较好。

物候

先花后叶物候型。

华西亚高山植物园 3月下旬叶芽膨大，4月中旬萌芽，4月下旬至5月中下旬展叶；2月下旬花芽膨大，3月上旬现蕾，3月12~17日始花、3月18~28日盛花、3月29日至4月3日末花；未见成熟蒴果。

主要用途

观赏：分枝多，株形紧凑，枝繁叶茂，花色靓丽，适用于中海拔地区的景区绿化与园林造景。

药用与工业：《中国有毒植物图谱数据库》收录。全株含有团花毒素（Rhodoanthin），毒性极强，可用于药物及化工开发。

叶芽

叶背

展叶

幼枝与新叶

花芽

植株

花侧面

花正面

花蕾

雄蕊

雌蕊

幼果

86
腺绒杜鹃

Rhododendron leptopeplum I. B. Balfour & Forrest, Notes Roy. Bot. Gard. Edinburgh 11(52-53): 82-84. 1919.

植株

叶芽膨大

叶芽萌芽

分布与生境

中国特有种，产云南。生于海拔3000～4000m的林缘、疏林或杜鹃花灌丛中。

迁地栽培形态特征

常绿灌木，高1.2～1.5m。

🌿 主干褐色，皮层纵裂，片状剥落；老枝灰色，粗壮；幼枝密被腺毛和丛卷绒毛，后逐渐脱落。

🍃 叶芽鳞外面被丛卷绒毛，边缘基部被腺毛，上部被绒毛，内面具黏质；叶革质，椭圆形至倒卵状披针形，长6～14cm，宽1.5～4.5cm，先端急尖，具尖头，基部圆形或宽楔形；叶面绿色，幼时被绒毛和短柄腺毛，后无毛，叶背黄绿色，被薄层灰色绒毛；中脉正面凹陷，背面显著凸起，侧脉15～19对，两面不明显；叶柄长1～2.5cm，具浅纵沟，幼时密被腺毛和丛卷绒毛，后仅存丛卷毛。

🌸 花芽鳞外面和边缘被绒毛，内面无黏质；总状伞形花序顶生，有9～12花，总轴长2～4cm，疏生无柄腺毛；花梗紫红色，长3.5～4.5cm，密被短柄腺毛；花萼与花梗同色，5齿裂，裂片长卵形，长2～4mm，外面和边缘被淡红色腺头毛；花冠钟形，白色至淡紫红色，长5.5～6.2cm，冠檐径6～7cm，内外无毛；花冠5裂，裂片卵圆形，长2.2～2.5cm，宽2.5～3.2cm，先端皱褶、具缺刻，上方裂片内面具深紫红色斑点；雄蕊10（～12），不等长，长2.5～4.5cm，花丝白色，下部被微柔毛，花药黄褐色；雌蕊稍短于花冠，子房卵圆形至圆柱形，长5～7mm，径约3mm，密被白色短腺毛，花柱黄绿色，长4.5～5.5cm，无毛，柱头黄色，稍膨大，头状。

🍎 蒴果圆柱形，稍弯曲，长2.5～2.9cm，径5～7mm，具腺毛脱落后的疣突。

受威胁状况评价

《RCB》评估：无危（LC）；《RLR》评估：数据缺乏（DD）。

引种信息及栽培适应性

 庐山植物园 1980年代，刘永书从云南引种种子，种源信息不详。杜鹃园栽培生长旺盛，每年大量开花结实，适应性良好。

物候

 先花后叶、部分重叠物候型。

 庐山植物园 3月下旬叶芽膨大，4月中旬萌芽，4月下旬至5月中下旬展叶；3月中旬花芽膨大，4月上旬现蕾，4月上中旬始花、4中下旬盛花、5月上旬末花；10月下旬至11月上旬蒴果成熟。

主要用途

 观赏：分枝多，株形优美，花团锦簇，适用于大型盆栽及中海拔地区的景区绿化与园林造景。

花芽与叶芽　　花蕾　　花序　　花枝　　花轴与花梗、花萼　　花正面　　雌雄蕊　　蒴果　　花侧面

87
露珠杜鹃

Rhododendron irroratum Franchet, Bull. Soc. Bot. France 34: 280. 1887.

植株

叶芽

叶芽萌芽

分布与生境

中国特有种，产贵州、四川和云南。生于海拔1000~3500m的林缘、混交林下或山坡灌丛中。

迁地栽培形态特征

常绿灌木，高1~2.5m。

🌿 **茎** 主干黄褐色，皮层层状剥落，粗糙；幼枝被薄层绒毛和短柄腺毛，后逐渐脱落。

🍃 **叶** 多密生于枝顶，革质，椭圆形、披针形或长圆状椭圆形，长6~14cm，宽1.5~4cm，先端渐尖，具尖头，基部楔形至宽楔形，边缘微波状皱褶；叶面深绿色，幼时被绒毛，有时混生短柄腺毛，

307

叶背黄绿色，成熟时两面无毛或叶背沿中脉残存稀疏绒毛；中脉、侧脉正面凹陷，背面凸起，侧脉15~20对，两面较明显；叶柄长1~2cm，有浅纵沟，被毛同幼枝。

🌸 花芽鳞外面被绒毛和短柄腺毛，有黏质，边缘具短柔毛；总状伞形花序顶生，有8~15花，总轴长1.6~3cm，疏生柔毛和淡红色腺头毛；花梗黄绿色至紫红色，长1.2~1.8cm，密被淡红色腺头毛；花萼与花梗同色，盘状或三角状5齿裂，裂片长1~2mm，外面和边缘被腺毛；花冠管状钟形至钟形，花色多变，淡黄色、白色带淡黄色或白色带粉红色、淡黄色带粉紫色，长4~4.8cm，冠檐径4.7~5.7cm，外面无毛，花冠管内面被微柔毛或无；花冠5浅裂，裂片扁圆形，长1.5~2cm，宽2.2~2.8cm，先端具缺刻，上方裂片或所有裂片内面具深色斑点；雄蕊10，不等长，长2.5~4.2cm，花丝白色，下部疏被白色短柔毛，花药褐色至黑褐色；雌蕊稍短于花冠，子房圆锥形，长5~7mm，径3~4mm，密被白色腺毛，花柱浅黄色或紫红色，长3.2~3.8cm，通体被白色短腺毛，柱头棕红色，稍膨大或不膨大。

🍎 蒴果圆柱形，长1.5~2cm，径7~9mm，被腺毛或仅有腺毛脱落后的疣突。

受威胁状况评价

《RCB》及《RLR》评估：均为无危（LC）。

引种信息及栽培适应性

庐山植物园　2008年3月，张乐华、王书胜从云南沾益区珠江源（登录号：2008Y014）及贵州大方县百里杜鹃（登录号：2008GZ003）引种种子。杜鹃园栽培生长旺盛，开花量大，结实率一般，部分年份冬季有轻微冻害，适应性较好。

华西亚高山植物园　1998年9月，耿玉英从贵州大方县百里杜鹃引种种子（登录号：980517）；2000年9月，庄平、张超和冯正波从云南宁蒗县战河引种种子（登录号：000222）；2002年10月，庄平、张超、冯正波和杨学康从云南腾冲市（登录号：20021061）、景东彝族自治县（以下简称景东县）无量山（登录号：20021074）引种种子。生长旺盛，开花量较大，未见结实，栽培适应性较好。

昆明植物园　1980—1990年代，张长芹从云南嵩明县野外引种种子。生长旺盛，每年大量开花结实，栽培适应性较好。

贵州省植物园　1990年代初，陈训、金平和张维从贵州赫章县野外引种实生苗；2006年12月，陈训、巫华美、龙成昌和路黔从贵州大方县野外引种实生苗。杜鹃园栽培生长旺盛，每年开花结实，适应性良好。

物候

先花后叶、部分重叠物候型，或先花后叶物候型。

庐山植物园　不同植株间物候差异较大。3月中旬叶芽膨大，4月上旬萌芽，4月中旬至5月中旬展叶；3月上旬花芽膨大，3月中下旬现蕾，3月下旬始花、4月中旬盛花、4月下旬至5月上旬末花；10月下旬蒴果成熟。

华西亚高山植物园　4月上旬叶芽膨大，4月中旬萌芽，4月下旬至5月中旬展叶；3月中旬花芽膨大，4月上旬现蕾，4月10~15日始花、4月16~23日盛花、4月24日至5月2日末花；11月下旬蒴果成熟。

玉堂园区　3月中旬叶芽膨大，3月下旬萌芽，4月上旬至下旬展叶；2月下旬花芽膨大，3月上旬现蕾，3月10~17日始花、3月18~28日盛花、3月29日至4月10日末花；未见成熟蒴果。

昆明植物园　4月上旬叶芽膨大，4月中旬萌芽，4月下旬至5月中旬展叶；2月下旬花芽膨大，3月上旬现蕾，3月上中旬始花、3月中下旬盛花、4月上旬末花；9月蒴果成熟。

贵州省植物园　3月上旬叶芽膨大，3月中下旬萌芽，3月下旬展叶始期、4月上旬盛期、4月中旬末期；2月中旬花芽膨大，2月下旬至3月上旬现蕾，3月上旬始花、3月中旬盛花、4月上旬末花；10

月上旬蒴果成熟。

主要用途

观赏：株形优美，花色多样，适应性强，适用于中海拔地区园林绿化及低海拔林下、林缘造景。

药用：枝、叶、花萃取物对葡萄球菌、大肠杆菌、变形杆菌等有抑制作用，可用于药物开发。

花芽

花蕾

花序

花正面（斑点少）

花正面（斑点多）

花枝

花侧面（示花梗与花萼）

雌雄蕊

蒴果

88

红花露珠杜鹃

Rhododendron irroratum subsp. *pogonostylum* (I. B. Balfour & W. W. Smith) D. F. Chamberlain,
Notes Roy. Bot. Gard. Edinburgh 36(1): 117. 1978.
别名：髯柱露柱杜鹃、髯柱杜鹃、须柱杜鹃

分布与生境

产贵州、云南；越南也有分布。生于海拔1700~3000m的林缘或疏林中。

迁地栽培形态特征

常绿灌木，高1.4~1.8m。

茎 主干黄褐色，皮层层状剥落，粗糙；幼枝被薄层绒毛和短柄腺毛，后逐渐脱落。

叶 密生枝顶，革质，长椭圆形、披针形或长圆状椭圆形，长6~13cm，宽1.5~3.7cm，先端渐尖，具尖头，基部楔形至宽楔形，边缘微反卷；叶面深绿色，幼时被灰色绒毛，有时混生短柄腺毛，叶背浅绿色，幼时被绒毛，成熟时两面无毛或叶背沿中脉残存稀疏绒毛；中脉、侧脉正面凹陷，背面凸起，侧脉13~16对，两面较明显；叶柄长1~1.5cm，有纵沟，被毛同幼枝。

花 花芽鳞密被绒毛和短柄腺毛，有黏质，边缘具短柔毛；总状伞形花序顶生，有10~17花，总轴长2~3cm，被腺毛和疏生绒毛；花梗浅黄绿色至红色，长1~1.5cm，密被淡红色腺头毛和疏生绒毛；花萼与花梗同色，盘状或三角状5齿裂，裂片长约2mm，外面和边缘疏被腺毛和绒毛；花冠管状钟形至钟形，肉红色、淡红色至深粉红色，长5~5.5cm，冠檐径4.2~5cm，外面无毛，花冠管内面疏生微柔毛；花冠5浅裂，裂片扁圆形，长1.8~2.2cm，宽2.3~2.7cm，先端具明显缺刻，上方裂片内面具深红色斑点；雄蕊10，不等长，长2.5~3.8cm，花丝白色，下部被白色短柔毛，花药褐色至红褐色；雌蕊稍短于花冠，子房圆锥形，长5~7mm，径3~4mm，密被白色分枝绒毛和腺毛，花柱浅黄色，长3.2~4cm，通体被腺毛和疏生柔毛，柱头紫红色，稍膨大或不膨大。

果 蒴果圆柱形，长1.5~2cm，径6~8mm，具纵肋，被绒毛和腺毛脱落后的疣突。

受威胁状况评价

《RCB》评估：缺乏数据（DD）；《RLR》评估：未评估（NE）。

引种信息及栽培适应性

庐山植物园 2008年3月，张乐华、王书胜从云南沾益区珠江源（登录号：2008Y002）及贵州大方县百里杜鹃（登录号：2008GZ002）引种种子。杜鹃园栽培长势良好，开花量较大，但结实率较低，且部分年份冬季有轻微冻害，适应性较好。

华西亚高山植物园 引种信息不详。生长旺盛，开花量一般，未见结实，栽培适应性较好。

贵州省植物园 1990年代初，陈训、金平和张维从贵州赫章县野外引种实生苗；2006年12月，陈训、巫华美、龙成昌和路黔从贵州大方县野外引种实生苗。杜鹃园栽培生长旺盛，每年开花，但结实率低，适应性较好。

物候

先花后叶、部分重叠物候型。

庐山植物园　3月中旬叶芽膨大，4月上旬萌芽，4月中旬至5月上旬展叶；3月上旬花芽膨大，3月下旬现蕾，4月上旬至下旬开花；10月下旬蒴果成熟。

　　华西亚高山植物园　3月下旬叶芽膨大，4月中旬萌芽，4月下旬至5月中旬展叶；3月上旬花芽膨大，3月下旬现蕾，4月上旬至下旬开花；未见成熟蒴果。

　　贵州省植物园　3月上旬叶芽膨大，3月中下旬萌芽，3月下旬至4月下旬展叶；2月下旬花芽膨大，3月上中旬现蕾，3月下旬至4月中旬开花；10月中旬蒴果成熟。

主要用途

　　观赏：株形优美，花繁叶茂，色泽艳丽，观赏性和适应性强，适用于中海拔地区的园林绿化。

开花植株　　叶芽　　幼枝　　新叶　　叶片　　花芽　　花蕾　　花侧面　　雌雄蕊　　花正面　　花序　　蒴果

311

89
迷人杜鹃

Rhododendron agastum I. B. Balfour & W. W. Smith, Trans. Bot. Soc. Edinburgh 27(2): 178-181. 1917.

叶芽

植株

幼枝与幼叶

分布与生境

中国特有种，产贵州、云南。生于海拔1500~2500m的常绿阔叶林下或林缘、灌丛中。

迁地栽培形态特征

常绿灌木，高1~1.8m。

茎 主干灰褐色，皮层纵裂，不剥落或稀片状剥落；幼枝疏被丛卷毛和散生短柄腺毛，后逐渐脱落。

叶 叶芽具黏质，芽鳞外面被绒毛和短柄腺毛，边缘具睫毛；叶革质，多密生枝顶，长椭圆形至椭圆状披针形，长5～12cm，宽2～3.5cm，先端渐尖或钝圆，具不明显的尖头，基部宽楔形或近圆形；叶面深绿色，叶背黄绿色，幼时两面被绒毛，成熟时仅叶背被灰色薄层纱状绒毛；中脉正面凹陷，背面显著凸起，侧脉13～15对，两面较明显；叶柄长0.7～2cm，具浅纵沟，疏被短绒毛和腺毛。

花 花芽鳞外面和边缘被绒毛；总状伞形花序顶生，有5～12花，总轴长1～2.5cm，疏生柔毛和淡红色腺头毛；花梗黄绿色或带红晕，粗壮，长1.2～2cm，密被短柄腺毛；花萼与花梗同色，盘状或5（～6）齿裂，裂片宽三角形，长约2mm，外面和边缘被短腺毛；花冠钟形或管状钟形，淡红色至粉红色，顶部颜色更深，长4.2～5cm，冠檐径3～4.5cm，外面无毛，花冠管内面具微柔毛，基部具5枚蜜腺囊；花冠5（～6）浅裂，裂片不达中部，半圆形，长1.5～2.2cm，先端缺刻，上方裂片或所有裂片内面具紫红色斑点；雄蕊10，不等长，长2.5～4cm，花丝白色，下部被短柔毛，花药米黄色至褐色；雌蕊稍短于花冠，子房圆锥形，长6～8mm，径4～5mm，密被白色分枝绒毛和腺毛，花柱白色，长3.5～4cm，下部2/3或通体疏被腺毛，柱头紫红色，稍膨大。

果 蒴果圆柱形，长约2cm，径约7mm，具纵肋和密被绒毛，花柱宿存。

受威胁状况评价

《RCB》及《RLR》评估：均为无危（LC）。

引种信息及栽培适应性

庐山植物园 2008年3月，张乐华、王书胜从贵州大方县百里杜鹃引种种子（登录号：2008GZ028）。杜鹃园栽培生长旺盛，每年大量开花，但结实率较低，适应性良好。

华西亚高山植物园 1997年10月，庄平、赵志龙从云南鲁甸县野外引种种子（登录号：970601）；2000年9月，庄平、冯正波和张超从云南玉龙县老君山引种种子（登录号：000236）。生长旺盛，开花量一般，可结实，栽培适应性良好。

昆明植物园 1987年10月，张长芹从云南维西县后山引种种子。生长旺盛，每年开花结实，适应性良好。

贵州省植物园 1990年代初，陈训、金平和张维从贵州赫章县野外引种实生苗；2006年12月，陈训、巫华美、龙成昌和路黔从贵州大方县野外引种实生苗。杜鹃园栽培生长旺盛，每年开花结实，适应性良好。

物候

先花后叶、部分重叠物候型，或先花后叶物候型。

庐山植物园 4月上旬叶芽膨大，4月中下旬萌芽，4月下旬至5月下旬展叶；3月下旬花芽膨大，4月上中旬现蕾，4月中旬至5月上中旬开花；10月下旬蒴果成熟。

华西亚高山植物园 4月中旬叶芽膨大，4月下旬萌芽，5月上旬至6月上旬展叶；3月下旬花芽膨大，4月上中旬现蕾，4月18～25日始花、4月26日至5月5日盛花、5月6～15日末花；10月上旬蒴果成熟。

昆明植物园 3月下旬叶芽膨大，4月上旬萌芽，4月中旬至5月上旬展叶；2月下旬花芽膨大，3月上旬现蕾，3月中旬始花、3月下旬盛花、4月上旬末花；10月中旬蒴果成熟。

贵州省植物园 3月中旬叶芽膨大，3月下旬至4月上旬萌芽，4月上旬至5月中旬展叶；2月中旬花芽膨大，2月下旬现蕾，2月下旬至3月上旬始花、3月中旬盛花、4月上中旬末花；10月上旬蒴果成熟。

主要用途

观赏： 株形优美，花团锦簇，色泽艳丽，适应性较强，适用于中海拔地区的景区绿化与园林造景。

叶背　花芽　花蕾　花序　花枝　花侧面　雌雄蕊　花正面　蒴果

90
光柱迷人杜鹃

Rhododendron agastum var. *pennivenium* (I. B. Balfour & Forrest) T. L. Ming, Acta Bot. Yunnan. 6(2): 152-153. 1984.

分布与生境

产贵州、云南；缅甸也有分布。生于海拔1660～3300m的常绿阔叶林、混交林中。

迁地栽培形态特征

常绿灌木，高约2.2m。

🌿 主干棕褐色，皮层纵裂，片状剥落；幼枝疏被丛卷毛和散生腺毛，后逐渐脱落。

🍃 革质，多密生于枝顶，狭椭圆形至椭圆状披针形，长5.5～13.5cm，宽2.2～3.8cm，先端锐尖至渐尖，具尖头，基部楔形；叶面深绿色，叶背黄绿色，幼时两面被绒毛，成熟时仅叶背被薄层纱状绒毛；中脉、侧脉正面凹陷，背面显著凸起，侧脉13～16对，细脉微现；叶柄长0.5～1.6cm，具浅纵沟，疏被短绒毛和短柄腺毛。

🌸 花芽鳞外面和边缘被绒毛；总状伞形花序顶生，有8～12花，总轴长约1.2cm，疏生腺毛和柔毛；花梗黄绿色，粗壮，长1.5～1.8cm，被长绒毛；花萼与花梗同色，5齿裂，裂片三角形，长约1mm，外面和边缘被长绒毛；花冠钟形至管状钟形，粉红色，长约4.1cm，冠檐径约3.5cm，基部具蜜腺囊；花冠5浅裂，裂片近圆形，长1.2～1.6cm，先端缺刻，所有裂片内面被紫红色斑点；雄蕊10，不等长，长2.1～3.1cm，花丝白色，下部被短柔毛，花药褐色；雌蕊短于花冠，子房圆锥形，长约5mm，密被分枝绒毛和散生腺毛，花柱基部黄绿色，其余淡红色，长2～2.4cm，无毛，柱头紫红色，稍膨大。

🥭 蒴果圆柱形，长约2.2cm，径约7mm，具纵肋和密被绒毛，花柱宿存。

受威胁状况评价

《RCB》及《RLR》评估：均为未评估（NE）。

引种信息及栽培适应性

华西亚高山植物园　2002年10月，庄平、张超、冯正波和杨学康从云南腾冲市北风坡引种种子（登录号：20021029、20021035）。生长旺盛，开花量一般，可结实，栽培适应性良好。

昆明植物园　1987年10月，张长芹从云南维西县后山引种种子。生长旺盛，每年开花结实，栽培适应性良好。

物候

先花后叶、部分重叠物候型。

华西亚高山植物园　4月中旬叶芽膨大，4月下旬萌芽，5月上旬至下旬展叶；4月上旬花芽膨大，4月中下旬现蕾，4月23～30日始花、5月1～9日盛花、5月10～17日末花；11月上旬蒴果成熟。

昆明植物园　3月下旬叶芽膨大，4月上旬萌芽，4月中旬展叶始期、4月下旬盛期、5月上旬末期；3月上旬花芽膨大，3月中旬现蕾，3月下旬始花、4月上旬盛花、4月中旬末花；10月下旬蒴果成熟。

主要用途

　　观赏：株形优美，花团锦簇，色泽艳丽，适用于中海拔地区的景区绿化与园林造景。

植株　　　　　　　　　　　　叶芽　　　　花芽

　　　　　　　　　　　　　　幼枝　　　　花蕾

　　　　　　　　　　　　　　雄蕊

花正面　　　　　　　花侧面　　　雌蕊

　　　　　　　　　　　　　　蒴果

91
窄叶杜鹃

Rhododendron araiophyllum I. B. Balfour & W. W. Smith, Trans. Bot. Soc. Edinburgh 27(2): 184-187. 1917.

分布与生境

产云南；缅甸也有分布。生于海拔2600~3400m的林缘或灌丛中。

迁地栽培形态特征

常绿灌木，高1.2~1.5m。

茎 主干灰褐色，皮层纵裂，层状剥落；枝条细瘦；幼枝被绒毛，后逐渐脱落。

叶 多密生于枝顶，薄革质，椭圆状披针形至披针形，长4.5~10.5cm，宽1.8~3cm，先端渐尖，具尖头，基部楔形，边缘微波状皱褶；叶面黄绿色，叶背灰绿色，幼时两面疏生绒毛，不久脱落，成熟时仅叶背沿中脉疏被绵毛状绒毛；中脉正面凹陷呈浅沟纹，背面显著凸起，侧脉13~16对，正面微凹，背面微凸；叶柄长0.8~1.2cm，具纵沟，幼时被灰色绒毛，后脱落或多少宿存。

花 花芽鳞外面被绒毛，边缘具睫毛；总状伞形花序顶生，有5~9花，总轴长1~1.5cm，疏生绒毛；花梗绿色至黄绿色带红晕，长1.8~2.5cm，无毛或疏生绒毛；花萼绿色至黄绿色，盘状或5齿裂，裂片三角状卵形，长约1mm，外面无毛，边缘疏生腺毛；花冠宽钟形，乳白色，长2.8~3.5cm，冠檐径4~5cm；花冠5裂，裂片近圆形，长1.2~1.7cm，先端缺刻，上方裂片内面基部具紫红色斑块和少数斑点；雄蕊10，不等长，长1.7~3cm，花丝白色，下部被短柔毛，花药褐色；子房圆锥形，长约5mm，被微柔毛，花柱白色，长2.5~3cm，无毛，柱头浅黄色，稍膨大。

果 未见。

受威胁状况评价

《RCB》评估：近危（NT）；《RLR》评估：无危（LC）。

引种信息及栽培适应性

庐山植物园　2008年3月，昆明植物园冯宝钧先生赠送苗木，种源为来自云南云龙县自奔山的实生苗。保育温室栽培生长良好，开花量一般，未见结实；杜鹃园未栽培，不作适应性评价。

物候

先叶后花、部分重叠物候型。

庐山植物园保育温室　3月上旬叶芽膨大，3月下旬萌芽，4月上旬至5月上旬展叶；3月中旬花芽膨大，4月上旬现蕾，4月中旬至5月上旬开花；未见成熟蒴果。

主要用途

观赏：株形优美，花色淡雅，适用于中海拔地区的景区绿化与园林造景。

植株

叶芽　　叶芽萌芽

花蕾

花枝

花序

花正面（示雌雄蕊）　　花侧面与展叶

92
碟花杜鹃

Rhododendron aberconwayi Cowan, Rhododendron Year Book 1948: 42. 1948.

分布与生境

中国特有种，产云南。生于海拔2200~2500m的山坡灌丛或疏林中。

迁地栽培形态特征

常绿灌木，高0.8~1.2m。

茎 主干灰褐色，皮层纵裂，层状剥落；枝条细瘦；幼枝疏被柔毛和短柄腺毛，2~3生年枝毛被宿存。

叶 密生枝顶，质地硬，厚革质，卵状椭圆形至卵状披针形，较小，长2~4.5cm，宽1~2cm，先端锐尖，具尖头，基部宽楔形至近圆形，边缘明显反卷；叶面深绿色，幼时被绒毛和短柄腺毛，成熟时无毛或基部有少数腺毛宿存，叶背淡绿色，成熟时具乳突，沿中脉散生红色点状毛基；中脉正面凹陷呈浅沟纹，背面显著凸起，侧脉8~10对，正面微凹，背面微凸；叶柄长0.5~1cm，具浅纵沟，疏被柔毛和腺毛。

花 花芽鳞卵圆形，先端尾状渐尖，外面和边缘密被绒毛；总状伞形花序顶生，有5~12花，总轴长0.5~2cm，被绒毛，有或无腺毛；花梗绿色或带红晕，长1.5~2.7cm，被不等长的有柄腺毛；花萼与花梗同色，5齿裂，裂片卵状三角形，长1~2mm，外面和边缘被柔毛和有柄腺毛；花冠杯状至宽钟状，开展后碟形，乳白色或粉红色，长2.2~2.8cm，冠檐径4~5cm，内外无毛；花冠5裂至中部，裂片近圆形，长1.2~1.5cm，宽1.3~1.7cm，先端圆形，具缺刻，上方裂片内面中下部具紫红色斑点；雄蕊10，不等长，长1.2~1.6cm，花丝白色，无毛，花药米黄色，长圆形，长达3mm；雌蕊短于花冠，子房圆锥形，长约4mm，径约3mm，密被不等长的有柄腺毛，花柱浅黄绿色，长1.2~1.5cm，通体密被白色有柄腺毛，柱头棕红色，稍膨大，顶端具浅沟纹。

果 蒴果斜圆柱形，粗壮，长1.4~1.8cm，径0.8~1.2cm，被腺毛。

受威胁状况评价

《RCB》及《RLR》评估：均为易危（VU）。

引种信息及栽培适应性

庐山植物园 2003年12月，张乐华从荷兰乌特勒支大学植物园（Utrecht University Botanic Gardens）引种种子（登录号：04021）；2006年10~11月，张乐华从英国Crarae Garden引种种子（登录号：2007C133）；2008年11月，张乐华、王书胜从云南沾益区马雄山引种种子（登录号：2009Y004）。杜鹃园栽培长势较好，开花量一般，结实率较低，冬季有轻微冻害，适应性较好。

物候

先叶后花、部分重叠物候型。

庐山植物园 3月下旬叶芽膨大，4月中旬萌芽，4月中下旬至5月中旬展叶；4月上旬花芽膨大，4月中下旬现蕾，4月下旬至5月中旬开花；10月下旬蒴果成熟。

主要用途

观赏：分枝多、株形优美，花色素雅，适用于盆栽及中海拔地区的园林绿化，也可用于林缘栽培及岩石园造景。

93
马雄杜鹃

Rhododendron maxiongense C. Q. Zhang & D. Paterson, Novon 13(1): 156-158. 2003.

分布与生境

中国特有种，产云南。生于海拔2440m左右的开阔松林或山顶灌丛中。

迁地栽培形态特征

常绿小灌木，高0.5～0.7m。

🌿 **茎** 主干灰褐色，皮层纵裂，片状剥落；分枝短，株形低矮紧凑；幼枝疏被柔毛和短柄腺毛，2年生枝毛被宿存。

🍃 **叶** 叶芽鳞宿存，卵形至舌状，外面和边缘被绒毛；叶聚生枝顶，质地硬，厚革质，椭圆形至卵状椭圆形，长3～7.5cm，宽1.5～2.8cm，先端锐尖或急尖，具尖头，基部近圆形，边缘明显反卷，幼时被腺毛，后脱落或近基部多少宿存；叶面深绿色，幼时密被绒毛和红色腺头毛，成熟时仅基部有少数腺毛宿存或仅存毛基，叶背淡绿色，成熟时仅沿中脉被红色腺头毛；中脉正面凹陷呈浅沟纹，背面显著凸起，侧脉10～13对，正面凹陷，背面凸起；叶柄长0.7～1.2cm，具纵沟，密被有柄腺毛。

🌸 **花** 花芽鳞外面和边缘被绒毛；总状伞形花序顶生，有5～14花，总轴长1～2cm，被白色微柔毛，无腺毛；花梗黄绿色带红晕，长1～2cm，密被白色腺毛；花萼与花梗同色，5齿裂，裂片三角形，长1～2mm，外面和边缘密被柔毛和腺毛；花冠宽钟状，开展后杯状或近碟形，长1.8～2.3cm，冠檐径3.8～4.8cm，初时白绿色，开放后乳白色，内面基部无蜜囊，无斑点，稀具少数斑点，内外无毛；花冠5裂至中部，裂片长1.2～1.4cm，宽1.4～1.7cm，先端钝尖，有或无缺刻；雄蕊10，不等长，长1.2～1.6cm，花丝白色，无毛，花药褐色，长圆形，长约2mm；雌蕊短于花冠，子房圆锥形，长约4mm，径约3mm，密被腺毛，花柱黄绿色，长1.2～1.7cm，通体密被白色腺毛，柱头棕红色，稍膨大。

🍒 **果** 未见。

受威胁状况评价

《RCB》评估：未评估（NE）；《RLR》评估：数据缺乏（DD）。

引种信息及栽培适应性

庐山植物园 2008年3月，昆明植物园张长芹先生赠送苗木，种源为来自云南沾益区马雄山的实生苗；2008年3月，张乐华、王书胜从云南沾益区马雄山引种种子（登录号：2008Y005）。保育温室栽培生长良好，开花量小，未见结实；杜鹃园未栽培，不作适应性评价。

物候

先叶后花、部分重叠物候型。

庐山植物园保育温室 3月中旬叶芽膨大，4月上旬萌芽，4月中旬至5月上中旬展叶；3月下旬花芽膨大，4月中旬现蕾，4月下旬至5月中旬开花；未见成熟蒴果。

主要用途

观赏：分枝多、株形优美，花色素雅，适用于盆栽及中海拔地区的园林绿化，也可用作地被栽培及岩石园造景。

植株

幼枝与芽鳞

花芽与叶芽

花序

花正面

花正面（示雌雄蕊）

花侧面

94
桃叶杜鹃

Rhododendron annae Franchet, J. Bot. (Morot) 12(15-16): 258. 1898.

植株

分布与生境

中国特有种，产贵州、云南。生于海拔1250～2620m的常绿阔叶林、林缘或湿地、灌丛中。

迁地栽培形态特征

常绿灌木至小乔木，高2.5～3.5m。

🌿 **茎** 主干灰褐色，皮层纵裂，不剥落或层状剥落；幼枝被短柄腺毛，2年生枝腺毛多少宿存。

🍃 **叶** 革质，椭圆形、披针形或椭圆状披针形，长6～12cm，宽2～3.5cm，先端渐尖，尖头不明显，基部宽楔形至近圆形，边缘微皱褶和反卷，幼时被短柄腺毛，不久脱落；叶面深绿色，幼时散生短腺毛，不久脱落，叶背浅绿色，具光泽，幼时沿中脉散生极稀的短腺毛，成熟时腺毛脱落，仅残存少数点状毛基；中脉正面凹陷呈浅沟纹，背面显著凸起，侧脉11～16对，正面微凹，背面微凸，两面明显；叶柄长1～2cm，有纵沟，幼时疏生红色腺头毛，后仅存点状毛基。

🌸 **花** 花芽鳞外面和边缘被绒毛；总状伞形花序顶生，有5～13花，总轴长0.5～4cm，疏生无柄或

323

短柄腺毛；花梗黄绿色或带红晕，长1.5～3.5cm，密被短腺毛；花萼与花梗同色，5齿裂，裂片三角状卵形，长1～2mm，外面和边缘被短腺毛；花冠宽钟状或杯状，开展后近碟形，乳白色至浅粉色，长3～3.8cm，冠檐径4.5～6.5cm，内外无毛；花冠5深裂至中部以下，裂片近圆形，长1.8～2.3cm，宽2.2～2.8mm，先端皱褶，具缺刻，上方裂片内面中下部有紫红色斑点；雄蕊10，不等长，较短，长1.3～2.5cm，花丝白色，无毛，花药黄褐色；雌蕊短于花冠，子房圆柱状锥形，长约6mm，径3～4mm，密被白色有柄腺毛，具黏质，花柱黄绿色，长2.1～2.5cm，由基部向先端微增粗，通体被有柄腺毛，柱头棕红色至紫红色，稍膨大，顶端具浅沟纹。

🍎 蒴果圆柱形，长1.7～2.4cm，径0.7～1.1cm，被腺毛。

受威胁状况评价

《RCB》及《RLR》评估：均为近危（NT）。

引种信息及栽培适应性

　　庐山植物园　1980年代，刘永书等从贵州野外引种实生苗，种源信息不详；2008年3月，张乐华、王书胜从云南昭通市引种种子（登录号：2008Y003）。杜鹃园栽培生长旺盛，每年大量开花结实，适应性良好。

　　华西亚高山植物园　2002年10月，庄平、张超、冯正波和杨学康从云南腾冲市大塘引种种子（登录号：20021024）；2009年9月，庄平从庐山植物园引种种子（登录号：2009L002）。长势较弱，开花

叶芽　　幼枝　　花芽

花蕾与幼枝　　花序

量一般，未见结实，栽培适应性较差。

昆明植物园 1984年，杨增宏从云南昭通市引种实生苗。生长量小，长势一般，每年开花，但开花量小，未见结实，栽培适应性一般。

物候

先叶后花或先花后叶、部分重叠物候型，不同栽培地物候节律有差异。

庐山植物园 3月下旬叶芽膨大，4月中旬萌芽，4月18~29日展叶始期、4月30日至5月9日盛期、5月10~21日末期；4月上旬花芽膨大，4月下旬现蕾，5月2~9日始花、5月10~18日盛花、5月19~30日末花；10月下旬蒴果成熟。2021年开花、展叶物候较正常年份提前7天左右。

华西亚高山植物园玉堂园区 4月中旬叶芽膨大，4月下旬萌芽，5月上旬至6月上旬展叶；3月中旬花芽膨大，3月下旬现蕾，3月28日至4月5日始花、4月6~17日盛花、4月18~25日末花；未见成熟蒴果。

昆明植物园 4月上旬叶芽膨大，4月中旬萌芽，4月下旬至5月中旬展叶；3月中旬花芽膨大，3月下旬现蕾，4月上旬始花、4月中旬盛花、4月下旬末花；未见成熟蒴果。

主要用途

观赏：株形紧凑，花团锦簇，色泽素雅，观赏性和适应性强，适用于中海拔地区的园林造景。

药用：根入药，有化痰止咳功效，主治痰多咳嗽；枝、叶、花萃取物有抑菌作用，可用于药物开发。

花梗与花萼　　花正面

花侧面　　雌雄蕊　　蒴果

325

95

短脉杜鹃

Rhododendron brevinerve Chun & W. P. Fang, Acta Phytotax. Sin. 6(2): 167-168. 1957.

别名：短鳞杜鹃

分布与生境

中国特有种，产广东、广西、贵州和湖南。生于海拔500～1700m的山谷、河边林缘或灌丛中。

迁地栽培形态特征

常绿大灌木至小乔木，高2.2～3.5m。

茎 主干灰褐色，皮层纵裂，层状剥落；小枝细瘦；幼枝被绒毛和腺头刚毛，2年生枝毛被多少宿存。

叶 薄革质至革质，长椭圆形、椭圆状披针形至阔披针形，长5～11cm，宽2～4.5cm，先端渐尖，尖头不明显，基部宽楔形，稀两侧不对称；叶面深绿色，幼时被绒毛，不久脱落，具光泽，叶背淡绿色，成熟时疏被棕红色腺点；中脉、侧脉正面凹陷，背面凸起，侧脉9～14对，两面明显；叶柄长1～2cm，有纵沟，幼时被绒毛和红色腺头毛，后渐脱落。

花 花芽卵圆形，暗红色；芽鳞外面密被绒毛和红褐色无柄腺毛，边缘具睫毛；总状伞形花序顶生，有3～5（～7）花，总轴较短，长0.5～1.2cm，疏生红色腺头毛；花梗黄绿色或带红晕，长1.8～2.5cm，密被长柄腺毛和短柔毛，腺头通常红色，稀白色；花萼与花梗同色，5裂，裂片不等大，三角形，长1～3mm，外面和边缘密被红色长柄腺毛；花冠宽钟形，开放后近碟形或杯状，淡紫红色或粉紫色，具深色脉纹，长3～3.8cm，冠檐径5.5～7cm，内面无斑点，外面偶沿中脊散生腺毛；花冠5深裂，裂片倒卵形，长2.2～2.6cm，宽2.5～3.5cm，边缘皱褶，先端缺刻或不明显；雄蕊10，不等长，长1.6～3.5cm，花丝白色，无毛，花药米黄色至褐色；雌蕊稍长于花冠，子房卵圆形，长6～7mm，径3～4mm，密被长柄腺毛，花柱黄绿色，长3～4cm，中部以下密被逐渐变短的腺毛，柱头棕红色，膨大呈头状，顶端具浅沟纹。

果 蒴果长卵圆形，长1.8～2.1cm，径0.9～1cm，无纵肋，密被腺头刚毛，花柱宿存。

受威胁状况评价

《RCB》及《RLR》评估：均为无危（LC）。

引种信息及栽培适应性

庐山植物园　1980年代，刘永书、张乐华从广西龙胜县野外引种实生苗。杜鹃园栽培生长旺盛，每年大量开花结实，适应性良好。

物候

先花后叶、部分重叠物候型。

庐山植物园　3月中旬叶芽膨大，4月上旬萌芽，4月7～16日展叶始期、4月17～26日盛期、4月27日至5月6日末期；3月上旬花芽膨大，3月下旬现蕾，3月31日至4月7日始花、4月8～16日盛花、4月17～29日末花；10月下旬蒴果成熟。

主要用途

　　观赏：分枝多，株形优美，花繁叶茂，色泽靓丽，观赏性和适应性强，适用于中海拔地区的景区绿化与园林造景。

　　药用：花入药，有清热、调经、止血等功效。

植株

叶芽与叶背

叶芽萌芽

花蕾

小花分开

花序

花枝

花正面

花侧面（示沿中脊腺毛）

雌雄蕊

蒴果

亚组9　长序杜鹃亚组

Subsect. *Pontica* (Tagg) Sleumer, Bot. Jahrb. Syst. 74: 546. 1949.

常绿灌木。幼枝密被绒毛或无毛。叶革质至厚革质，成熟叶正面无毛，背面密被连续的毛被或无毛。总状伞形花序顶生，有5～12花；花萼5～7裂，裂片小，长约1mm；花冠5～7裂，宽钟形至漏斗状钟形，白色至淡紫色；雄蕊10～12（～14），花丝中下部被柔毛；子房卵球形或圆柱形，被绒毛，花柱无毛。果实发育期果梗增长；蒴果圆柱状，毛被宿存。

全球有12种，分布于亚洲、欧洲和北美。《中国植物志》和 *Flora of China* 均收录2种，分布于吉林、辽宁和台湾。本书收录2种、1亚种，其中原产日本1种、1亚种。

长序杜鹃亚组分种检索表

96

牛皮杜鹃

Rhododendron aureum Georgi, Bemerk. Reise Russ. Reich. 1: 51, 214. 1775.
别名： 牛皮茶

分布与生境

产于吉林、辽宁；日本、朝鲜、蒙古和俄罗斯也有分布。生于海拔1000～2500m的高山草地或苔藓层上。

迁地栽培形态特征

常绿小灌木，生长慢，株形低矮，高0.2～0.3m。

茎 主干黄褐色，基部分枝多而短；枝条近水平横向生长，侧枝斜升；幼枝光滑无毛。

叶 叶芽鳞宿存，叶革质，常4～5枚集生枝顶，倒披针形或倒卵状长圆形，长2.5～6.5cm，宽1.5～2.5cm，先端钝或圆形，具尖头，基部楔形至宽楔形，边缘反卷；叶面暗绿色，背面淡绿色，成熟时除背面沿中脉疏生微柔毛外，两面无毛；中脉、侧脉正面凹陷，背面凸起，侧脉8～10对，细脉背面明显；叶柄长0.5～1cm，具纵沟，无毛。

花 未开花。

果 未结实。

原产地开花植株

原产地植株

花序

受威胁状况评价

《RCB》评估：易危（VU）；《RLR》评估：无危（LC）。

列入《中国植物红皮书》（第一册）（1992）三类保护、《中国物种红色名录（第一卷：红色名录）》（2004）易危（VU）种。

引种信息及栽培适应性

庐山植物园 2015年10月，张乐华从吉林长白山引种种子（登录号：2016 CBS001）。保育温室栽培生长量小，长势较好，因引种时间短，未开花且杜鹃园未栽培，不作适应性评价。

物候

庐山植物园保育温室 3月下旬叶芽膨大，4月上旬萌芽，4月中旬至5月上旬展叶；未开花结实。

主要用途

观赏：株形低矮紧凑，花色淡雅，适用于盆栽及中海拔地区园林绿化、岩石园造景。

药用：《中国有毒植物图谱数据库》收录。叶入药，有抗炎、镇痛功效，并具抗病毒、抗氧化、抑菌、延缓衰老、降低血管脆性等作用，可用作防治高血压、脑血管破裂及动脉硬化的辅助治疗剂。叶可代茶用。

工业：叶富含芳香油，可用作调香原料；根、茎、叶含鞣质，可提制栲胶。

植株

主枝

幼枝

97
屋久杜鹃

Rhododendron yakushimanum Nakai, Bot. Mag. (Tokyo) 35: 135. 1921.

分布与生境

日本特有种,产九州。生于海拔1200～1900m的山顶林下或岩坡、灌丛中。

迁地栽培形态特征

常绿灌木,分枝多,株形紧凑,近圆球形,高0.6～1.2m。

茎 主干灰褐色,皮层纵裂,块状剥落;幼枝密被棕褐色绵毛状分枝绒毛,2～3年生枝绒毛宿存。

叶 叶芽鳞宿存,卵形,外面近顶端及边缘被灰色长绒毛;叶厚革质,常3～5枚集生枝顶,长圆形至椭圆状倒卵形,长5～10cm,宽2～3.2cm,先端急尖至钝圆,尖头不明显,基部宽楔形至近圆形,边缘反卷;叶面深绿色,幼时被薄层棕黄色分枝绒毛,后无毛或有斑块状白色绒毛残存,叶背密被厚层灰色至黄褐色绵毛状分枝绒毛;中脉正面微凹,背面凸起并为毛被所覆盖,侧脉10～13对,背面为毛被覆盖;叶柄长1.2～1.7cm,圆柱形,具不明显纵沟,幼时密被灰色绵毛状分枝绒毛,后正面毛被大多脱落,背面宿存。

花 花芽卵球形;芽鳞花期宿存,外面和边缘被灰色绒毛;总状伞形花序顶生,有5～12花,总轴长0.5～1.2cm,被绒毛;花梗黄绿色或带红晕,长2～3cm,密被或疏被白色分枝的绒毛;花萼与花梗同色,5(～6)齿裂,裂片三角形,长约1mm,外面和边缘被白色绒毛;花冠宽钟形,初时淡紫红色或白色带紫红色,盛开后乳白色至淡紫红色,长3.2～4cm,冠檐径4～4.5cm,外面无毛,花冠管内面被微柔毛;花冠5(～6)浅裂,裂片半圆形,长1.3～1.5cm,宽1.5～2cm,先端缺刻,上方裂片内面有淡紫色或黄绿色斑点;雄蕊10,不等长,长1.1～1.7m,花丝白色,下部密被微柔毛,花药米黄色至褐色;雌蕊稍短于花冠,子房卵球形,长4～5mm,径约4mm,密被银白色分枝绒毛,花柱白色,长2～2.5cm,无毛,柱头黄绿色,稍膨大,顶端具浅沟纹。

果 蒴果圆柱状,长1.8～2.3cm,径6～8mm,密被褐色绒毛。

受威胁状况评价

《RCB》评估:未评估(NE);《RLR》评估:无危(LC)。

引种信息及栽培适应性

庐山植物园 1993年5月,日本友人白井真人赠送苗木,种源信息不详;2006年10～11月,张乐华从Crarae Garden引种种子(登录号:2007C157)。杜鹃园栽培生长良好,开花量较大,结实率一般,适应性较好。

物候

先花后叶、部分重叠物候型。

庐山植物园 4月上旬叶芽膨大,4月中下旬萌芽,4月下旬至5月上旬展叶始期、5月中旬盛期、5月下旬末期;3月中旬花芽膨大,4月上旬现蕾,4月上中旬始花、4月中下旬盛花、5月上旬末花;10月下旬蒴果成熟。

主要用途

　　观赏：分枝多，株形紧凑，花繁叶茂，色泽素雅，观赏性和适应性强，在欧洲园林中被广泛应用；适用于盆栽及中海拔地区的景区绿化与园林点缀，也可用于岩石园造景。

注：Hara(1986)将其作为阿祖玛杜鹃的亚种*Rhododendron degronianum* subsp. *yakushimanum* (Nakai) H. Hara处理。

植株　　幼枝　　新叶与成熟叶背面　　花芽　　花序　　花正面　　花正面　　花背面　　雌雄蕊　　花枝与花芽　　蒴果

98
筑紫杜鹃

Rhododendron degronianum Carriére subsp. *heptamerum* (Maximowicz) H. Hara, J. Jap. Bot. 61(8): 246. 1986.

分布与生境

日本特有亚种,产本州、九州和四国。生于海拔200~1200m的落叶林或开阔的岩坡上。

迁地栽培形态特征

常绿灌木,高2~2.5m。

茎 主干灰褐色,皮层纵裂,不剥落;幼枝密被褐色分枝绒毛,后逐渐脱落。

叶 硬革质,长圆形至椭圆状倒披针形,长5~15cm,宽2.2~3.7cm,先端急尖至渐尖,尖头不明显,基部宽楔形至近圆形,边缘微反卷;叶面绿色至黄绿色,有光泽,无毛,叶背被薄层灰白色或土黄色泥膏状绒毛,中脉基部近无毛,顶部及侧脉为毛被所覆盖;中脉正面凹陷,背面明显凸起,侧脉11~14对;叶柄长1.5~3.5cm,具纵沟,幼时被绒毛,后无毛或多少残存。

花 花芽鳞宽卵形,先端渐尖,外面和边缘被绒毛;总状伞形花序顶生,有6~12花,总轴长1~2cm,被绒毛和散生短柄腺毛;花梗淡红色至紫红色,长2.5~4.5cm,疏被白色分枝绒毛;花萼黄绿色或带红晕,(6~)7齿裂,裂片三角形,长约1mm,外面和边缘被白色绒毛;花冠漏斗状钟形,淡粉紫色至淡紫色,长5~6cm,冠檐径6~7cm,外面无毛,花冠管内面具微柔毛;花冠(6~)7裂,裂片半圆形,长1.9~2.5cm,宽2~2.6cm,先端缺刻,上方裂片内面基部有橘红色斑点;雄蕊12~14,不等长,长2.2~4.5m,花丝白色,下部被短柔毛,花药米黄色;雌蕊短于花冠,子房圆柱形,长6~7mm,径约4mm,密被银白色绒毛,花柱白色,长3.5~4.2cm,无毛,柱头浅黄色,稍膨大,顶端具浅沟纹。

果 蒴果圆柱状,长1.8~2.8cm,径7~9mm,具7纵肋,密被棕褐色分枝绒毛。

受威胁状况评价

《RCB》评估:未评估(NE);《RLR》评估:无危(LC)。

引种信息及栽培适应性

庐山植物园 1993年5月,日本友人白井真人赠送苗木,种源信息不详。杜鹃园栽培生长旺盛,每年大量开花结实,适应性良好。

物候

先花后叶物候型。

庐山植物园 4月上旬叶芽膨大,4月下旬萌芽,5月上旬展叶始期、5月中旬盛期、5月下旬至6月上旬末期;3月上旬花芽膨大,3月下旬现蕾,4月上旬始花、4月中旬盛花、5月上旬末花;10月下旬蒴果成熟。

主要用途

观赏:株形优美,花繁叶茂,色泽靓丽,适应性较强,适用于大型盆栽及中海拔地区的园林绿化。

植株

叶芽及叶背

花芽

花蕾

花序

花枝

小花分开

花正面

花背面

雌雄蕊

蒴果

亚组10　银叶杜鹃亚组

Subsect. *Argyrophylla* (Tagg) Sleumer, Bot. Jahrb. Syst. 74: 548. 1949.

常绿灌木至小乔木。幼枝密被（丛卷）绒毛，少数兼有腺头刚毛。叶革质至厚革质，背面被泥膏状、毡状或绵毛状毛被。总状伞形花序顶生，有4～29花；花萼5裂，裂片小，长1～2mm，稀达4mm；花冠5裂，钟形、管状钟形至漏斗状钟形；雄蕊10～21，花丝下部被柔毛或无毛；子房卵球形、圆锥形至圆柱形，无毛或被绒毛、腺毛，花柱无毛或下部被绒毛或柔毛。蒴果圆柱状，常微弯曲，毛被宿存。

中国特有亚组。《中国植物志》收录20种、3亚种和3变种，*Flora of China* 收录21种、3亚种和3变种；主要分布于贵州、四川和云南等地，1种产西藏，1种产台湾。本书收录9种、2亚种和1变种。

银叶杜鹃亚组分种检索表

1a. 叶面呈泡状粗皱纹，叶背被绵毛状毛被；花梗较短，长 0.8～1.5cm，密被绒毛。

　2a. 叶片基部楔形，叶背毛被灰白色；花冠红色至紫红色 ································ 101. **繁花杜鹃 R. floribundum**

　2b. 叶片基部圆形或阔楔形，两侧不对称，叶背毛被黄褐色；花冠玫瑰色 ······ 102. **皱叶杜鹃 R. denudatum**

1b. 叶面平坦，不呈泡状皱纹，叶背毛被通常紧贴，不呈绵毛状；花梗较长，长（1.2～）2～4（～5.2）cm，无毛或多少被毛。

　3a. 成熟叶背面毛被一层，毛被薄而紧密，呈泥膏状、羔皮状或有时为薄毡状。

　　4a. 成熟叶背面被白色、银白色或有时为灰白色毛被。

　　　5a. 花冠深紫红色，内面基部具 5 枚蜜腺囊 ································ 103. **大钟杜鹃 R. ririei**

　　　5b. 花冠淡紫红色、淡粉红色、白色，内面无蜜腺囊。

　　　　6a. 花梗和子房被长柄腺毛；幼枝被绒毛和有柄腺毛 ···············99. **弯尖杜鹃 R. adenopodum**

　　　　6b. 花梗和子房被丛卷绒毛，无腺毛；幼枝被绒毛，无腺毛 ······107. **银叶杜鹃 R. argyrophyllum**

　　4b. 成熟叶背面毛被褐色、淡褐色、淡黄褐色或有时为灰褐色。

　　　7a. 花丝无毛 ································ 105. **金山杜鹃 R. longipes var. chienianum**

　　　7b. 花丝被毛。

　　　　8a. 子房密被灰白色长绒毛 ································ 104. **猴头杜鹃 R. simiarum**

　　　　8b. 子房无毛或疏被短绒毛 ················ 108. **峨眉银叶杜鹃 R. argyrophyllum subsp. omeiense**

　3b. 成熟叶背面毛被两层，上层毛被呈疏松的海绵状或绵毛毡状，宿存或脱落；下层薄而紧贴，宿存。

　　9a. 雄蕊 18～21，花丝下部被短柔毛 ···············100. **光枝杜鹃 R. haofui**

　　9b. 雄蕊 10～15，花丝无毛，或有时被短柔毛或屑状绒毛。

　　　10a. 叶片硬革质；花序有 6～8 花；花丝下部被短柔毛；花柱散生绒毛
　　　　 ································**岷江杜鹃 R. hunnewellianum**

　　　10b. 叶片革质；花序有 13～29 花；花丝、花柱无毛。

　　　　11a. 叶面无光泽；花序密集，有 22～29 花；花冠内无斑点 ·········106. **海绵杜鹃 R. pingianum**

　　　　11b. 叶面有光泽；花序有 13～16 花；花冠内具深红色斑点 ·············
　　　　　 ································ 109. **黔东银叶杜鹃 R. argyrophyllum subsp. nankingense**

99
弯尖杜鹃

Rhododendron adenopodum Franchet, J. Bot. (Morot) 9(21): 391-392. 1895.

分布与生境

中国特有种，产重庆、湖北和四川。生于海拔1000~2500m的山坡灌丛中。

迁地栽培形态特征

常绿大灌木，高1.5~2.5m。

茎 主干灰黑色，皮层纵裂，块状剥落；幼枝密被灰白色绒毛和散生有柄的红色腺头毛，2~3年生枝毛被残存。

叶 叶芽鳞外面和边缘被灰白色绒毛和散生短柄腺毛，内侧芽鳞具黏质；叶革质，倒卵状椭圆形、长倒卵状或椭圆状披针形，长7~13cm，宽1.8~4.2cm，先端渐尖至急尖，尖尾常向下歪曲，具不明显尖头，基部楔形、宽楔形至钝圆；叶面深绿色，幼时密被银白色分枝绒毛，基部边缘散生红色腺头毛，成熟时无毛或绒毛斑块状残存，叶背被一层灰白色的薄毡状毛被，沿中脉散生绒毛和暗红色腺头毛或无腺毛；中脉正面平坦或微凹，背面显著凸起，侧脉10~13对，正面微现，背面为毛被覆盖；叶柄长1.2~2.2cm，圆柱形，无纵沟，幼时密被灰白色绒毛和散生红色腺头毛，后毛被多少残存。

花 花芽鳞外面密被绒毛和暗红色无柄腺毛，具黏质，边缘具睫毛；总状伞形花序顶生，有5~10花，总轴长1~2.5cm，疏被不等长的有柄腺毛和淡黄色绒毛；花梗黄绿色或带红色，长1.5~3cm，密被不等长的长柄腺毛和疏生短柔毛；花萼与花梗同色，5裂，裂片三角状卵形，开展，长2~4mm，外面被短绒毛和散生腺毛，边缘被腺毛；花冠漏斗状钟形，淡紫红色至粉红色，长4~5cm，冠檐径5.5~7cm，外面无毛，花冠管内面被微柔毛；花冠5裂，裂片卵圆形至扁圆形，长2.2~2.6cm，宽2.2~3.2cm，先端缺刻或无，上方裂片内面具紫红色斑点；雄蕊10，不等长，长1.8~4.2cm，花丝白色，下部被白色开展的柔毛，花药米黄色；雌蕊长于花冠，子房卵球形，长4~5mm，径3~4mm，密被白色长柄腺毛，花柱白色，长4.5~5.2cm，无毛，柱头黄绿色，稍膨大，顶端具浅沟纹。

果 蒴果圆柱状或卵圆形，粗壮，长1.4~2cm，径0.7~1cm，密被腺头刚毛。

受威胁状况评价

《RCB》及《RLR》评估：均为易危（VU）。

引种信息及栽培适应性

庐山植物园 1980年代，刘永书等从重庆南川区金佛山引种实生苗；2012年9月，张乐华从重庆南川区金佛山引种实生苗及种子（登录号：2013CQ007）。杜鹃园栽培生长旺盛，每年大量开花结实，适应性良好。

华西亚高山植物园 2007年9月，冯正波、张超从重庆南川区金佛山引种种子（登录号：20071265）。生长旺盛，开花量一般，未见结实，栽培适应性较好。

物候

先花后叶物候型，或先花后叶、部分重叠物候型。

庐山植物园　4月中旬叶芽膨大，4月下旬至5月上旬萌芽，5月4～12日展叶始期、5月13～22日盛期、5月23日至6月3日末期；3月下旬花芽膨大，4月上中旬现蕾，4月15～24日始花、4月25日至5月5日盛花、5月6～16日末花（2021年花期物候较正常年份提前14～20天：3月上中旬花芽膨大，3月下旬现蕾，3月29日至4月7日始花、4月8～12日盛花、4月13～20日末花）；10月下旬蒴果成熟。

华西亚高山植物园　4月下旬叶芽膨大，5月上旬萌芽，5月中旬至6月中旬展叶；4月上旬花芽膨大，4月中下旬现蕾，4月26日至5月1日始花、5月2～10日盛花、5月11～17日末花；10月中旬蒴果成熟。

玉堂园区　3月下旬叶芽膨大，4月上旬萌芽，4月中旬至5月中旬展叶；3月上旬花芽膨大，3月中下旬现蕾，3月24～30日始花、3月31日至4月5日盛花、4月6～12日末花；未见成熟蒴果。

主要用途

观赏：分枝多，株形紧凑，花繁叶茂，色泽靓丽，观赏性和适应性强，适用于大型盆栽及中海拔地区的景区绿化与园林造景。

100
光枝杜鹃

Rhododendron haofui Chun & W. P. Fang, Acta Phytotax. Sin. 6(2): 169-170. 1957.
别名： 灏富杜鹃、红岩杜鹃

分布与生境

中国特有种，产广西、贵州、湖南、江西和云南。生于海拔700～2100m的山坡灌丛中。

迁地栽培形态特征

常绿大灌木，高1.8～2.5m。

茎 主干褐黑色，皮层纵裂，片状剥落；幼枝被灰白色分枝绒毛，2～3年生枝绒毛多少宿存。

叶 革质，披针形或倒卵状披针形，长6～16cm，宽2～4.8cm，先端锐尖或急尖，具尖头，基部钝圆或宽楔形，边缘稍反卷；叶面黄绿色，幼时密被灰白色分枝绒毛，成熟时无毛或主脉基部多少残存，叶背被毛两层，上层为毡状分枝绒毛，颜色多变，灰棕色、棕黄色或棕褐色，下层为灰色紧贴的短绒毛；中脉正面凹陷，背面显著凸起，两侧呈浅"V"字形，侧脉13～18对，正面微现，背面为毛被覆盖；叶柄长1.5～2.4cm，具浅纵沟，幼时密被灰白色绒毛，后无毛或下面有绒毛残迹。

花 花芽鳞卵形，内外两面和边缘被绒毛；总状伞形花序顶生，有6～9花，具芳香，总轴长1～2cm，疏生或密被分枝绒毛；花梗黄绿色带红色，长2.8～5.2cm，疏被灰白色绒毛；花萼与花梗同色，5齿裂，裂片三角形，长约1mm，外面和边缘被绒毛；花冠宽钟状，白色、白色带红晕或粉红色，长4.3～4.8cm，冠檐径6～6.8cm，内外无毛；花冠5浅裂，裂片扁圆形，长1.5～2.3cm，宽2～2.8cm，先端皱褶，具缺刻，上方裂片内面被红色至紫红色斑点，偶基部聚合呈紫红色斑块；雄蕊18～21，不等长，长1.8～3.7cm，花丝白色，下部被白色微柔毛，花药黄褐色；雌蕊短于花冠，子房圆柱形，长6～8mm，径4～5mm，密被白色绵毛状绒毛，花柱黄绿色，粗壮，长3～3.6cm，无毛，柱头黄绿色，膨大呈盘状，顶端具浅沟纹。

果 蒴果圆柱状，基部倾斜，长1.5～2cm，径6～8mm，被淡黄色绵毛状绒毛。

受威胁状况评价

《RCB》及《RLR》评估：均为无危（LC）。

引种信息及栽培适应性

庐山植物园　1980年代，刘永书等从江西井冈山引种实生苗；2002年10月、2004年3月，张乐华、刘向平从江西井冈山引种实生苗。杜鹃园栽培生长旺盛，每年大量开花，但结实率较低，适应性良好。

物候

先花后叶物候型。

庐山植物园　5月中旬叶芽膨大，6月上旬萌芽，6月10～16日展叶始期、6月17～26日盛期、6月27日至7月4日末期；4月中旬花芽膨大，4月下旬至5月上旬现蕾，5月6～13日始花、5月14～22日盛花、5月23～31日末花；10月下旬蒴果成熟。

主要用途

　　观赏： 分枝多，株形紧凑优美，开花较晚，花色淡雅，观赏性及适应性强，适用于大型盆栽及中海拔地区的景区绿化与园林造景，也可用于低海拔地区林下、林缘造景。

叶芽

新叶

幼枝

植株

叶背毛被变化

花芽

花蕾

花正面（示斑点）

花正面（示斑点和斑块）

雌雄蕊

花序

蒴果

101
繁花杜鹃

Rhododendron floribundum Franchet, Bull. Soc. Bot. France 33: 232. 1886.

分布与生境

中国特有种，产贵州、四川和云南。生于海拔1610~2700m的林下、林缘或灌丛中。

迁地栽培形态特征

常绿大灌木，高约2.2m。

茎 主干黄褐色，皮层纵裂，薄片状剥落；幼枝密被灰白色分枝绒毛，后逐渐脱落。

叶 革质，椭圆形至椭圆状披针形，长7.7~18cm，宽2.9~6cm，先端锐尖，有尖头，基部楔形至宽楔形，偏斜，边缘反卷；叶面绿色，幼时被灰白色绒毛，后无毛，叶背被两层毛被，上层为灰白色绵毛状分枝的绒毛，下层为淡灰白色紧贴的毛被；中脉、侧脉和细脉正面明显凹陷，呈泡状皱纹，背面显著凸起，侧脉19~21对，与中脉近垂直，背面为毛被覆盖；叶柄长0.9~1.6cm，圆柱形，微具浅纵沟，被毛同幼枝。

花 花芽鳞外面密被绒毛，边缘具睫毛；短总状伞形花序顶生，有12~15花，总轴极短，被白色丛卷绒毛；花梗浅黄绿色，长1.2~2cm，被毛同总轴；花萼与花梗同色，5齿裂，裂片三角形，长约1mm，外面及边缘被丛卷绒毛；花冠钟形，粉红色至浅粉色，长4~4.9cm，冠檐径3.4~4cm，内外无毛；花冠5裂，裂片卵圆形，长1~1.5cm，先端缺刻，上方裂片内面具紫红色斑点，基部连成深紫红色斑块；雄蕊10，不等长，长2.3~3.5cm，花丝白色，下部被极稀的短柔毛或近无毛，花药黄褐色；雌蕊与花冠近等长，子房卵圆形至圆锥形，长约7mm，密被白色绒毛，花柱白色，长3.2~4cm，无毛，柱头浅黄绿色，稍膨大，顶端具浅沟纹。

果 蒴果圆柱状，长2~3cm，径0.7~1cm，被淡灰色绒毛。

受威胁状况评价

《RCB》及《RLR》评估：均为无危（LC）。

引种信息及栽培适应性

华西亚高山植物园 1997年10月，庄平、赵志龙、耿玉英和冯正波从四川石棉县李家岩引种种子（登录号：970285）；1997年10月，耿玉英、冯正波分别从四川普格县螺髻山（登录号：970334）、会理市龙肘山（登录号：970341）引种种子。生长旺盛，开花量较大，可结实，栽培适应性良好。

物候

先花后叶物候型。

华西亚高山植物园 4月中旬叶芽膨大，4月下旬萌芽，5月上旬至下旬展叶；3月下旬花芽膨大，4月上旬现蕾，4月3~15日始花、4月16~25日盛花、4月26日至5月10日末花；10月下旬蒴果成熟。

主要用途

观赏：株形优美，枝繁叶茂，花序硕大，色泽靓丽，适用于大型盆栽及中海拔地区园林绿化。

植株（花浅粉色）

植株（花粉红色）

叶芽

幼枝

叶背

花芽

小花分开

花正面（浅粉色）

雌雄蕊

蒴果

花正面（粉红色）

102
皱叶杜鹃

Rhododendron denudatum H. Léveillé, Repert. Spec. Nov. Regni Veg. 13(368-369): 339. 1914.

叶芽与叶背

新叶

植株

花芽及叶背

分布与生境

中国特有种，产贵州、四川和云南。生于海拔1400～3300m的林下、林缘或灌丛中。

迁地栽培形态特征

常绿大灌木至小乔木，高2.2～3m。

🌿 主干灰褐色，皮层纵裂，层状剥落，粗糙；幼枝密被灰白色至黄褐色分枝的星状绒毛，2～3年生枝绒毛宿存。

🍃 革质，椭圆形至椭圆状披针形，长7～12cm，宽2.5～4.5cm，先端渐尖或锐尖，具尖头，基部

343

宽楔形至近圆形，边缘反卷；叶面深绿色，具光泽，幼时密被灰色分枝绒毛，成熟时无毛或沿中脉和边缘多少残存，叶背被两层毛被，上层毛被较厚，为黄褐色绵毛状分枝绒毛，下层为银白色紧贴的短绒毛；中脉、侧脉和细脉正面明显凹陷呈泡状皱纹，背面显著凸起并为毛被所覆盖，侧脉13～17对；叶柄粗壮，圆柱形，无纵沟，长1.2～1.8cm，密被灰褐色分枝绒毛。

花　花芽鳞外面密被黄褐色分枝绒毛，边缘具睫毛；短总状伞形花序顶生，有5～8花，总轴短，长4～9mm，被灰白色分枝的绒毛；花梗浅粉红色或粉紫色，粗壮，长0.8～1.5cm，被毛同总轴；花萼与花梗同色，5齿裂，裂片三角形，长约1mm，外面和边缘密被分枝绒毛；花冠钟形，淡紫红色或玫瑰色，由基部向先端颜色渐深，长4～5.5cm，冠檐径4.5～6.5cm，外面无毛，花冠管内面被短柔毛；花冠5裂，裂片近圆形，长1.5～2.5cm、宽2.2～2.8cm，先端缺刻，上方裂片内面具深紫色斑点；雄蕊10，不等长，长2.1～4cm，花丝白色，下部疏生白色短柔毛，花药紫褐色至黑褐色；雌蕊与花冠近等长，子房圆柱状，长5～7mm，径3～4mm，密被白色绒毛，花柱白色，长3.5～4.2cm，无毛或基部与子房连接处疏生绒毛，柱头浅黄色，稍膨大，顶端具浅沟纹。

果　蒴果圆柱状，基部倾斜，长1.6～2.2cm，径0.7～1cm，密被灰色绒毛。

受威胁状况评价

《RCB》及《RLR》评估：均为近危（NT）。

引种信息及栽培适应性

庐山植物园　1980年代，刘永书从贵州野外引种实生苗，种源信息不详。杜鹃园栽培生长旺盛，每年大量开花结实，适应性良好。

华西亚高山植物园　1997年10月，庄平、赵志龙、耿玉英和冯正波从四川会理市龙肘山引种种子（登录号：970303）。长势较好，开花量一般，未见结实，栽培适应性较好。

昆明植物园　21世纪初，张长芹从云南昭通市引种实生苗及种子。长势良好，每年开花，但未见结实，栽培适应性良好。

物候

先花后叶物候型。

花蕾

花序

庐山植物园　4月中旬叶芽膨大，5月上旬萌芽，5月7～15日展叶始期、5月16～25日盛期、5月26日至6月6日末期；2月下旬花芽膨大，3月中旬现蕾，3月17～26日始花、3月27日至4月6日盛花、4月7～17日末花；10月下旬蒴果成熟。

　　华西亚高山植物园　4月中旬叶芽膨大，4月下旬萌芽，5月上旬至下旬展叶；3月上旬花芽膨大，3月中下旬现蕾，3月下旬至4月中旬开花；未见成熟蒴果。

　　昆明植物园　3月下旬叶芽膨大，4月上旬萌芽，4月中旬至5月上旬展叶；2月下旬花芽膨大，3月上旬现蕾，3月中旬至4月上旬开花；未见成熟蒴果。

主要用途

　　观赏：株形优美，枝繁叶茂，花期早、色泽艳丽，观赏性和适应性强，为早花杜鹃花育种的优良材料，适用于中海拔地区的景区绿化与园林造景。

花枝　　花正面（淡粉色）　　花正面（淡紫色）　　花侧面（淡紫红色）　　雌雄蕊　　蒴果

103

大钟杜鹃

Rhododendron ririei Hemsley & E. H. Wilson, Bull. Misc. Inform. Kew 1910(4): 111-112. 1910.

别名： 雷波杜鹃、来丽杜鹃

分布与生境

中国特有种，产贵州、四川。生于海拔1300~2100m的疏林、林缘或灌丛中。

迁地栽培形态特征

常绿大灌木，高约2.2m。

茎 主干灰褐色，皮层纵裂，层状剥落；幼枝幼时疏被白色丛卷毛，不久脱落。

叶 革质，长圆状椭圆形至倒卵状椭圆形，长7.6~11.6cm，宽2.6~4.3cm，先端渐尖或急尖，有尖头，基部宽楔形至近圆形，偏斜；叶面深绿色，无毛，叶背被一薄层银白色紧贴的泥膏状毛被；中脉正面凹陷呈细沟纹，背面凸起，侧脉约15对，两面微现，细脉正面微凸，背面明显凸起；叶柄长1~1.5cm，正面平坦，有纵沟，被毛同幼枝。

花 花芽鳞外面密被绒毛，边缘具睫毛；短总状伞形花序顶生，有4~9花，总轴长0.5~1cm，被灰白色丛卷绒毛；花梗浅黄色或带红晕，粗壮，长1.2~1.6cm，被白色丛卷绒毛；花萼颜色与被毛同花梗，5裂，裂片三角状卵形至近圆形，长约2mm；花冠钟形，基部宽，紫色至紫红色，长4.2~4.8cm，冠檐径4.5~5.2cm，基部具5枚紫褐色蜜腺囊，内外无毛；花冠5裂至全长的1/3，裂片卵圆形，长1.3~1.5cm，先端有缺刻，上方裂片内面中部具少数浅紫色斑点或无。雄蕊10~13，不等长，长2.5~3.6cm，花丝浅紫红色，无毛，花药黑褐色；雌蕊短于花冠，子房圆柱状锥形，长约6mm，被灰白色绒毛，花柱白色带红色，长约3.5cm，无毛，柱头浅黄色，膨大呈头状。

果 蒴果圆柱形，弯曲，长2~3cm，径6~8mm，被灰色绒毛，花柱多宿存。

受威胁状况评价

《RCB》评估：无危（LC）；《RLR》评估：易危（VU）。

引种信息及栽培适应性

华西亚高山植物园 2000年11月，庄平、冯正波和张超从四川峨眉山引种种子（登录号：000336）；2009年10月，李小杰从四川峨眉山引种种子（登录号：2009134）。生长旺盛，开花量较大，可结实，栽培适应性良好。

物候

先花后叶物候型。

华西亚高山植物园 3月下旬叶芽膨大，4月上中旬萌芽，4月中旬至5月上旬展叶；2月下旬花芽膨大，3月中旬现蕾，3月18~25日始花、3月26日至4月3日盛花、4月4~12日末花；9月中旬蒴果成熟。

主要用途

观赏： 株形优美，枝繁叶茂，花色艳丽，观赏性强，适用于中海拔地区的景区绿化与园林造景。

植株

叶芽

幼枝

花芽

雌蕊

花蕾

花序

花侧面

花正面

雄蕊

蒴果

104
猴头杜鹃

Rhododendron simiarum Hance, J. Bot. 22(1): 22-23. 1884.

别名：南华杜鹃

分布与生境

中国特有种，产安徽、福建、广东、广西、贵州、海南、湖南、江西和浙江。生于海拔500~1800m的疏林下或山坡灌丛中，可形成优势种群。

迁地栽培形态特征

常绿大灌木至小乔木，高2.2~3.5m。

🟤 **茎** 主干灰褐色，皮层纵裂，层状剥落；幼枝被灰色绒毛，2年生枝有绒毛残存。

🟤 **叶** 叶芽鳞黏结；叶革质至厚革质，常5~7枚集生枝顶，形态及大小变异较大，倒卵状披针形或椭圆状披针形，长6~12（~15）cm，宽2.2~4.5cm，先端渐尖或钝圆，尖头不明显，基部楔形至宽楔形，微下延于叶柄，边缘反卷；叶面深绿色，幼时被灰白色绵毛状分枝绒毛，不久脱落，叶背幼时密被一层银白色分枝厚绒毛，成熟时毛被变为灰褐色至黄棕色泥膏状；中脉正面微凹，叶背显著凸起，侧脉10~13对，背面微凸并为毛被覆盖；叶柄长1~2（~3）cm，具浅纵沟，幼时被绒毛，后部分脱落。

🟤 **花** 花芽鳞外面和边缘被绒毛；总状伞形花序顶生，有5~12花，总轴长1.5~3cm，疏被灰白色绒毛；花梗黄绿色带红色或暗紫红色，细长，长2~4cm，疏被灰白色丛卷绒毛；花萼黄绿色带红晕，5裂，裂片卵圆形或三角形，长约1mm，外面和边缘被丛卷绒毛；花冠漏斗状钟形或钟形，白色带紫红色肋纹或淡紫红色，长4~5cm，冠檐径5~6cm，内外无毛；花冠5裂，裂片扁圆形，长1.7~2.2cm，宽2.2~2.8cm，先端微缺刻，上方裂片内面具紫红色斑点；雄蕊10~12（~14），不等长，长2~3.8cm，花丝白色，下部稍宽扁并被白色微柔毛，花药黄褐色；雌蕊稍长于花冠，子房圆柱状，长6~7.5mm，径2.5~3mm，密被灰白色绒毛，花柱基部黄绿色，其余白色，长4~5cm，无毛，柱头浅黄色，膨大呈头状，顶端具浅沟纹。

🟤 **果** 蒴果圆柱形至长卵圆形，长1.5~2.1cm，径6~8mm，被锈色绒毛。

受威胁状况评价

《RCB》及《RLR》评估：均为无危（LC）。

引种信息及栽培适应性

庐山植物园 1980年代，刘永书等从江西井冈山引种实生苗；近20年中，张乐华、刘向平和王书胜等分别从江西井冈山、资溪县马头山、铅山县武夷山、玉山县三清山、崇义县齐云山及湖南炎陵县等地引种实生苗和种子。杜鹃园栽培生长旺盛，每年大量开花结实，且园区可见自然更新苗，适应性良好。

湖南省植物园 2005年9月，彭春良、廖菊阳从湖南宜章县引种实生苗。植株长势一般，但能开花结实，栽培适应性一般。

物候

先花后叶、部分重叠物候型。

庐山植物园　4月上旬叶芽膨大，4月下旬萌芽，5月2～10日展叶始期、5月11～21日盛期、5月22日至6月2日末期；3月下旬花芽膨大，4月上中旬现蕾，4月13～21日始花、4月22日至5月3日盛花、5月4～17日末花；10月下旬蒴果成熟。

　　湖南省植物园　3月下旬叶芽膨大，4月上中旬萌芽，4月16～25日展叶始期、4月26日至5月4日盛期、5月5～13日末期；3月下旬花芽膨大，4月上中旬现蕾，4月13～24日始花、4月25日至5月8日盛花、5月9～22日末花；10月上旬蒴果成熟。

主要用途

　　观赏：株形优美，花繁叶茂，分布广，观赏性及适应性强，为常绿杜鹃亚属中为数不多的可在低海拔栽培种类。适用于中海拔地区的园林绿化与生态修复，也可用于低海拔城市林下、林缘造景。

植株　　叶芽萌芽与花蕾　　幼枝与芽鳞　　花芽　　叶背　　花序　　花枝　　花蕾（白色）　　花正面　　花侧面　　雌雄蕊　　蒴果

105
金山杜鹃

Rhododendron longipes Rehder & E. H. Wilson var. *chienianum* (W. P. Fang) D. F. Chamberlain, Notes Roy. Bot. Gard. Edinburgh 37(2): 329. 1979.

分布与生境

中国特有变种，产重庆、贵州。生于海拔1700～2100m的疏林、方竹林内或灌丛中。

迁地栽培形态特征

常绿灌木，高0.6～1m。

🌿 主干灰褐色，皮层纵裂，片状剥落；幼枝密被灰白色绒毛，后逐渐脱落。

🍃 多密生枝顶，革质，长椭圆形至椭圆状披针形，较原变种狭小，长5.1～8.5cm，宽1.1～2.1cm，先端渐尖，有不明显尖头，基部楔形，边缘反卷；叶片幼时两面被白色绒毛，成熟时正面绿色，无毛，背面被两层毛被，上层毛被厚，为棕褐色绵毛状分枝绒毛，下层为紧贴的绒毛；中脉正面凹陷，背面凸起，侧脉8～10对，背面为毛被覆盖；叶柄长0.6～1.1cm，具纵沟，被毛同幼枝。

🌸 花芽鳞外面及边缘被绒毛；总状伞形花序顶生，有10～13（～17）花，总轴长约3cm，被疏绒毛；花梗紫红色，细瘦，长3～4.5cm，疏被灰白色星状绒毛和疏生腺毛；花萼与花梗同色，5齿裂，裂片三角形，长1～2mm，无毛或基部被星状绒毛；花冠漏斗状钟形至钟形，基部较狭，浅粉色或淡紫色，长约4.1cm，冠檐径约4.6cm，内外无毛；花冠5裂，裂片卵圆形，长约1.4cm，宽约2.3cm，先端缺刻，上方裂片内面中下部具紫红色斑点；雄蕊10～12，不等长，长1.1～1.9cm，花丝白色，无毛，花药黄褐色；雌蕊短于花冠，子房卵圆形，长约7mm，密被白色星状绒毛和散生腺毛，花柱白色，长约2cm，无毛，柱头黄绿色，膨大呈盘状。

🍂 蒴果长圆柱形，弯曲，长约2cm，径约5mm，密被棕色星状绒毛。

受威胁状况评价

《RCB》评估：易危（VU）；《RLR》评估：未评估（NE）。

引种信息及栽培适应性

华西亚高山植物园　2007年9月，冯正波、张超从重庆南川区金佛山引种种子（登录号：20071269）。生长旺盛，开花量一般，可结实，栽培适应性良好。

物候

先花后叶物候型。

华西亚高山植物园　4月上旬叶芽膨大，4月下旬萌芽，5月上旬至下旬展叶；3月下旬花芽膨大，4月上旬现蕾，4月10～17日始花，4月18～24日盛花、4月25日至5月3日末花；10月中旬蒴果成熟。

玉堂园区　3月中旬叶芽膨大，4月上旬萌芽，4月中旬至5月上旬展叶；3月上旬花芽膨大，3月下旬现蕾，3月30日至4月4日始花，4月5～10日盛花、4月11～18日末花；10中旬蒴果成熟。

主要用途

观赏：分枝多，株形紧凑，花色靓丽，适用于中海拔地区的景区绿化与园林造景。

叶背

叶芽萌芽

叶芽

花序

花侧面

雌雄蕊

幼果与新叶

蒴果

106
海绵杜鹃

Rhododendron pingianum W. P. Fang, Contr. Biol. Lab. Chin. Assoc. Advancem. Sci., Sect. Bot. 12: 20. 1939.
别名: 秉氏杜鹃、粉背杜鹃

分布与生境

中国特有种,产四川。生于海拔2000~2900m的山坡疏林中。

迁地栽培形态特征

常绿大灌木,高约2m。

茎 主干灰褐色,皮层纵裂,层状或薄片状剥落;幼枝被灰白色绒毛,后逐渐脱落。

叶 革质,椭圆形至倒卵状披针形,长6~13.3cm,宽1.8~3.7cm,先端渐尖至急尖,具尖头,基部楔形至近圆形,偏斜,边缘稍反卷;叶面墨绿色,无光泽,幼时被灰白色绒毛,后脱落或沿主脉基部多少残存,叶背被白色或灰白色两层毛被,上层毛被疏松,海绵状,下层毛被紧贴;中脉正面凹陷呈浅沟纹,背面凸起,侧脉约17对,正面微凹,背面为毛被覆盖;叶柄长约1.2cm,上面平坦,具浅纵沟,被灰白色丛卷毛。

花 花芽鳞外面及边缘密被绒毛;总状伞形花序顶生,偶见2个花序并生枝顶,每个花序有22~29花,总轴长1~2cm,微被柔毛;花梗黄绿色带红色至紫红色,长3.2~3.8cm,疏生白色丛卷毛;花萼黄绿色或带红晕,5齿裂,裂片三角形,长约1mm,外面及边缘无毛;花冠漏斗状钟形,基部狭,深粉红色,长2.7~4.5cm,冠檐径4~5cm,无斑点,内外无毛;花冠5裂,裂片半圆形,长1~1.4cm,先端缺刻;雄蕊10~13,不等长,较短,长0.5~1.4cm,花丝白色,无毛,花药淡黄色至黄褐色;雌蕊显著短于花冠,子房圆柱形,长约7mm,密被白色分枝绒毛,花柱黄绿色,长约1.5cm,无毛,柱头黄绿色,膨大呈盘状,顶端具浅沟纹。

果 蒴果圆柱状,微弯曲,长2~3cm,径4~5mm,疏被黄褐色分枝绒毛。

受威胁状况评价

《RCB》评估:无危(LC);《RLR》评估:近危(NT)。

引种信息及栽培适应性

华西亚高山植物园 1996年10月,庄平、张超、冯正波和汪宣奕从四川峨眉山引种种子(登录号:960432);2009年9月,庄平、王飞、李烨和杨学康从四川洪雅县瓦屋山引种种子(登录号:2009127);2009年10月,李小杰从四川峨眉山引种种子(登录号:2009143)。生长旺盛,开花量较大,可结实,栽培适应性良好。

物候

先花后叶、部分重叠物候型。

华西亚高山植物园 4月中旬叶芽膨大,4月下旬萌芽,5月上旬至下旬展叶;3月下旬花芽膨大,4月上中旬现蕾,4月15~22日始花、4月23日至5月4日盛花、5月5~15日末花;10月上旬蒴果成熟。

主要用途

观赏：株形优美，枝繁叶茂，花团锦簇，色泽靓丽，观赏性强，适用于中海拔地区的园林绿化。

药用：藏药中，花入药，主治龙病、赤巴病、肺病、咽喉肿痛、胃寒症；叶入药，熏治白喉、乳蛾等症。

植株

花芽与叶芽

花蕾

展叶

雄蕊（示雄蕊13）

雄蕊（示雄蕊10）

雌蕊

蒴果

花序

花侧面

花枝与花正面

107
银叶杜鹃

Rhododendron argyrophyllum Franchet, Bull. Soc. Bot. France 33: 231. 1886.

分布与生境

中国特有种，产贵州、四川和云南。生于海拔1600~2500m的山坡、沟谷林下或灌丛中。

迁地栽培形态特征

常绿灌木，高1~2.2m。

茎 主干灰褐色，皮层层状剥落，粗糙；幼枝被薄层银白色至灰白色屑状绒毛，后逐渐脱落。

叶 常5~7枚集生枝顶，硬革质，狭椭圆形、长圆状披针形或长圆状倒卵形，长4.1~10.2cm，宽1.9~3.7cm，先端渐尖至尾状尖，具尖头，基部宽楔形至近圆形，边缘微反卷；叶面深绿色，具光泽，幼时散生短绒毛，不久脱落，叶背被一薄层银白色至灰白色毡毛状分枝绒毛；中脉、侧脉正面凹陷，背面凸起，侧脉10~15对，两面微现，背面为毛被覆盖；叶柄暗紫红色，长0.6~1.4cm，上面平坦，具纵沟，被毛同幼枝。

花 花芽鳞外面密被绒毛，边缘密被睫毛；总状伞形花序顶生，有9~11花，总轴长约1.5cm，疏被白色柔毛；花梗黄绿色带红色，长2.7~4cm，疏被灰白色丛卷绒毛，无腺毛；花萼与花梗同色，5齿裂，裂片三角形，长约1mm，外面基部疏被丛卷毛，边缘无毛；花冠钟形，基部较窄，白色，略带粉色肋纹，长约4.1cm，冠檐径约3cm；花冠5裂，裂片卵圆形，长约1.3cm，宽约2cm，先端圆形，无缺刻，上方裂片内面具紫红色斑点；雄蕊15，不等长，花丝长1.6~2.9cm，白色，下部或中部以下密被开展的白色柔毛，花药粉棕色；雌蕊稍短于花冠，子房圆柱形，长约7mm，密被分枝绒毛，无腺毛，花柱基部黄绿色，其余白色，长约2.9cm，无毛，柱头黄绿色，膨大呈头状，顶端具浅沟纹。

果 蒴果圆柱状，稍弯曲，长约2.2cm，径约6mm，疏被灰色绒毛或无毛。

受威胁状况评价

《RCB》及《RLR》评估：均为无危（LC）。

引种信息及栽培适应性

华西亚高山植物园 1987—1989年春季、秋季，陈明洪、赵志龙等从四川都江堰市龙池引种实生苗；2007年9月，冯正波、张超从贵州印江土家族苗族自治县（以下简称印江县）梵净山引种种子（登录号：20071282）。生长旺盛，开花量一般，可结实，栽培适应性良好。

物候

先花后叶、部分重叠物候型。

华西亚高山植物园 4月上旬叶芽膨大，4月中旬萌芽，4月中下旬至5月中旬展叶；3月下旬花芽膨大，4月上中旬现蕾，4月中旬至5月上旬开花；10月中旬蒴果成熟。

主要用途

　　观赏：分枝多，株形紧凑，花繁叶茂，色泽淡雅，观赏性强，适用于大型盆栽及中海拔地区的景区绿化与园林造景。

植株

叶芽

幼叶

叶芽萌芽

叶背

花芽

花蕾

花侧面

雄蕊

雌蕊

蒴果

花正面

108

峨眉银叶杜鹃

Rhododendron argyrophyllum subsp. *omeiense* (Rehder & E. H. Wilson) D. F. Chamberlain,
Notes Roy. Bot. Gard. Edinburgh 37(2): 329. 1979.

分布与生境

中国特有亚种，产四川。生于海拔1800~2800m的山坡林中。

迁地栽培形态特征

常绿小乔木，高约3.5m

🌰 主干黄褐色，树皮纵裂，不剥落或稀薄片状剥落；幼枝疏被银白色绒毛，后逐渐脱落。

🍃 常集生枝顶，革质，长椭圆形至倒卵状椭圆形，较原亚种小，长4.2~8.7cm，宽1.3~3cm，先端渐尖，具尖头，基部宽楔形至近圆形；叶面绿色，幼时疏被绒毛，不久脱落，叶背被一薄层黄褐色泥膏状毛被；中脉正面凹陷，背面显著凸起，侧脉12~14对，两面微现，背面为毛被覆盖；叶柄长0.9~1.5cm，上面平坦，有纵沟，被毛同幼枝。

🌸 花芽鳞外面密被绒毛，边缘密被睫毛；总状伞形花序顶生，有6~10花，总轴长1.1~1.6cm，疏被白色柔毛；花梗黄绿色带红晕至紫红色，长1.8~3.6cm，疏被白色丛卷毛；花萼黄绿色或带红晕，5齿裂，裂片三角形，长约1mm，被毛同花梗；花冠钟形，基部较宽，粉红色至淡紫红色，长4~4.5cm，冠檐径4.6~5.7cm，内外无毛；花冠5裂，裂片半圆形，长1.2~1.5cm，先端无缺刻，上方裂片内面具紫红色斑点或无；雄蕊14、17、18，不等长，花丝白色，长2.2~3.1cm，下部被柔毛，花药棕黄色至黄褐色；雌蕊与花冠近等长，子房长卵圆形或圆柱形，长约6mm，无毛，稀疏被短绒毛，花柱基部浅黄绿色，其余白色，长3.6~4.4cm，无毛，柱头浅黄色，稍膨大呈盘状，顶端具浅沟纹。

🍈 蒴果圆柱形，稍弯曲，长约2.2cm，径6~8mm，无毛。

受威胁状况评价

《RCB》评估：近危（NT）；《RLR》评估：易危（VU）。

引种信息及栽培适应性

庐山植物园　2006年10~11月，张乐华从英国Crarae Garden引种种子（登录号：2007C181）。保育温室栽培生长良好，但开花量小，未见结实；杜鹃园未栽培，不作适应性评价。

华西亚高山植物园　1987—1989年春季、秋季，陈明洪、赵志龙等从四川都江堰市龙池引种实生苗；1999年11月，冯正波从四川都江堰市龙池引种种子（登录号：990118）。生长旺盛，每年开花结实，栽培适应性良好。

物候

先花后叶、部分重叠物候型。

庐山植物园保育温室　3月中旬叶芽膨大，4月上旬萌芽，4月中旬至5月中旬展叶；3月中旬花芽膨大，4月上旬现蕾，4月上中旬至下旬开花；未见成熟蒴果。

华西亚高山植物园　4月中旬叶芽膨大，4月下旬萌芽，5月上旬至下旬展叶；3月下旬花芽膨大，

4月中旬现蕾，4月18～24日始花、4月25日至5月7日盛花，5月8～15日末花；11月上旬蒴果成熟。

玉堂园区 3月中旬叶芽膨大，3月下旬萌芽，4月上旬至下旬展叶；3月上旬花芽膨大，3月中下旬现蕾，3月22～31日始花、4月1～14日盛花、4月15～22日末花；10月上旬蒴果成熟。

主要用途

观赏：株形紧凑，花繁叶茂，色泽靓丽，观赏性强，适用于大型盆栽及中海拔地区园林绿化。

药用与工业：《中国有毒植物图谱数据库》收录。花、叶有毒，可用于药物及化工开发。

植株　　花芽与叶芽　　花蕾与叶芽萌芽

幼枝与芽鳞　　小花分开

花正面（淡紫红色）　　花正面（淡粉色）

花侧面（示花梗与花萼）　　雄蕊　　雌蕊　　蒴果

109

黔东银叶杜鹃

Rhododendron argyrophyllum subsp. *nankingense* (Cowan) D. F. Chamberlain, Notes Roy.
Bot. Gard. Edinburgh 37(2): 329. 1979.

分布与生境

中国特有亚种，产贵州、四川。生于海拔1250~2300m的山坡密林或灌丛中。

迁地栽培形态特征

常绿灌木，高约2m。

茎 主干黄褐色，皮层纵裂，层状剥落；枝条棕褐色，具叶痕；幼枝被银白色绒毛或丛卷毛，2年生枝绒毛宿存。

叶 厚革质，长椭圆形至倒卵状椭圆形，长5.4~15.7cm，宽1.6~4.5cm，先端渐尖或锐尖，具尖头，基部楔形至宽楔形，边缘稍反卷；叶面墨绿色，有光泽，幼时散生分枝绒毛，不久脱落，叶背密被一层银白色泥膏状的薄毛被；中脉正面凹陷呈细沟纹，背面显著凸起，侧脉13~18对，两面微现；叶柄黄绿色，长0.7~1.2cm，上面有明显纵沟，被毛同幼枝。

花 花芽鳞外面密被绒毛；总状伞形花序顶生，有13~16花，总轴长约1.6cm，被长柔毛；花梗黄绿色带红晕或红色，长2.2~2.8cm，疏被白色丛卷毛；花萼黄绿色带红晕，5齿裂，裂片三角形，长约1mm，外面被毛同花梗，边缘无毛；花冠宽漏斗形至漏斗状钟形，基部窄，粉红色，长3.8~4.5cm，冠檐径3.4~4.5cm；花冠5裂至全长的1/3，裂片卵圆形，长1.2~1.5cm，先端缺刻或无，上方裂片内面中下部被深红色斑点；雄蕊10~15，不等长，长1~2.1cm，花丝白色带粉红色，无毛，花药黄褐色；雌蕊短于花冠，子房圆柱形，长约6mm，密被白色丛卷毛，花柱白色，长约2.1cm，无毛，柱头浅黄色，膨大呈头状。

果 蒴果圆柱形，稍弯曲，长2.5~3cm，径5~7mm，被灰色绒毛或无毛。

受威胁状况评价

《RCB》评估：近危（NT）；《RLR》评估：易危（VU）。

引种信息及栽培适应性

华西亚高山植物园 1998年9月，耿玉英从贵州江口县梵净山引种种子（登录号：980558）。生长旺盛，开花量一般，可结实，栽培适应性良好。

物候

先花后叶、部分重叠物候型。

华西亚高山植物园 4月中旬叶芽膨大，4月下旬萌芽，5月上旬至下旬展叶；4月上旬花芽膨大，4月中下旬现蕾，4月23日至5月1日始花、5月2~10日盛花、5月11~18日末花；11月上旬蒴果成熟。

主要用途

观赏： 株形紧凑优美，枝繁叶茂，花序硕大，色泽靓丽，观赏性和适应性较强，适用于大型盆栽及中海拔地区的景区绿化与园林造景。

植株　幼叶　小花分开　花序与展叶　叶背　花梗与花萼

花正面　花侧面

雄蕊　雌蕊　幼果与幼枝

110
岷江杜鹃

Rhododendron hunnewellianum Rehder & E. H. Wilson, Pl. Wilson. 1(3): 535. 1913.

别名: 汶川杜鹃、川甘杜鹃

分布与生境

中国特有种,产甘肃、四川。生于海拔1200~2200m的山坡林下或灌丛中。

迁地栽培形态特征

常绿大灌木,高约2.6m。

茎 主干灰褐色,皮层纵裂,块状或层状剥落;幼枝幼时被灰色绒毛,后逐渐脱落。

叶 革质,倒卵状披针形至狭倒披针形,长6~14.3cm,宽1.2~2.6cm,先端渐尖,有尖头,基部楔形至宽楔形,边缘微反卷;叶面绿色,幼时疏生绒毛,不久脱落,叶背被两层灰白色毛被,上层为疏松的绵毛状分枝绒毛,下层毛被紧贴;中脉正面凹陷呈浅沟纹,背面显著凸起,侧脉约18对,正面凹陷,背面为毛被覆盖;叶柄长0.6~1.2cm,上面平坦,具纵沟,被毛同幼枝。

花 花芽鳞外面被绒毛,边缘具睫毛;总状伞形花序顶生,有6~8花,总轴短,长0.6~1cm,疏被绒毛;花梗黄绿色带红晕,长1.4~2.2cm,被稀疏灰白色绒毛和红色腺头短柄腺毛;花萼浅紫红色,5齿裂,裂片三角形,长约1mm,外面和边缘被毛同花梗;花冠钟形至宽钟形,粉红色、浅粉色或白色,长4.1~4.5cm,冠檐径4.5~5cm,内外无毛;花冠5裂,裂片卵圆形,长约1.2cm,先端缺刻,上方裂片内面有紫红色斑点;雄蕊10,不等长,长1.9~3.6cm,花丝白色,下部疏被短柔毛,花药黑褐色;雌蕊稍短于花冠,子房圆锥形,长约5~7mm,密被灰白色绒毛,花柱白色至淡粉色,长约3.4cm,下部被绒毛,柱头紫红色,膨大呈盘状,顶端具浅沟纹。

果 蒴果圆柱状,长约2cm,径5~7mm,密被棕褐色绒毛,花柱常宿存。

受威胁状况评价

《RCB》评估:无危(LC);《RLR》评估:易危(VU)。

引种信息及栽培适应性

华西亚高山植物园　1987—1989年春季、秋季,陈明洪、赵志龙等从四川都江堰市龙池引种实生苗;1997年11月,赵志龙、冯正波和靳昌伟从四川都江堰市龙池引种种子(登录号:970677);1999年11月,冯正波从四川都江堰市龙池引种种子(登录号:990119)。生长旺盛,每年开花结实,栽培适应性良好。

物候

先花后叶物候型。

华西亚高山植物园　4月上旬叶芽膨大,4月下旬萌芽,5月上旬至下旬展叶;3月中旬花芽膨大,3月下旬现蕾,3月26日至4月2日始花、4月3~13日盛花、4月14~22日末花;10月下旬蒴果成熟。

玉堂园区　3月上旬叶芽膨大,3月下旬萌芽,4月上旬至5月中旬展叶;2月上旬花芽膨大,2月下旬现蕾,2月28日至3月8日始花、3月9~20日盛花、3月21~30日末花;10月上旬蒴果成熟。

主要用途

　　观赏：株形紧凑优美，花繁叶茂，色泽靓丽，观赏性和适应性强，适用于中海拔地区的园林造景。

　　药用：叶入药，有抗菌消炎、祛痰镇咳功效，主治咳嗽、气喘、咯血、肺痈、白带、头晕痛。

植株

叶芽

幼枝

花芽

花蕾

花蕾（示花柱）

花枝与叶芽

花正面

花侧面（示花梗与花萼）

雄蕊

雌蕊

蒴果与叶背

亚组11 树形杜鹃亚组

Subsect. *Arborea* Sleumer, Bot. Jahrb. Syst. 74: 545. 1949.

常绿灌木至小乔木。幼枝密被绒毛。叶硬革质，背面密被海绵状至紧贴的淡黄色分枝绒毛。总状伞形花序顶生，有10～17（～22）花，紧密；花萼小，5齿裂，裂片长1～2mm；花冠5裂，肉质，钟形至管状钟形，红色至深红色，基部具蜜腺囊；雄蕊10，花丝无毛；子房卵圆形至圆锥形，密被绒毛，花柱无毛或基部疏生绒毛。蒴果圆柱形，被锈色绒毛。

全球有4种、4变种，分布于不丹、中国、印度、克什米尔、缅甸、尼泊尔、斯里兰卡、泰国和越南。《中国植物志》和 *Flora of China* 均全部收录，主要产于贵州、西藏和云南，少数种亦分布于四川、广西。本书收录1种、1变种。

树形杜鹃亚组分种检索表

111
马缨杜鹃

Rhododendron delavayi Franchet, Bull. Soc. Bot. France 33: 231. 1886.
别名： 马缨花

植株

分布与生境

产广西、贵州、四川和云南；不丹、印度、缅甸、泰国和越南也有分布。生于海拔 1200～3200m 的常绿阔叶林内或林缘、灌丛中，可形成纯林或优势种。

迁地栽培形态特征

常绿灌木至小乔木，高 1.2～3m。

茎　主干灰褐色，树皮深纵裂，不剥落或片状剥落；枝条粗壮，具明显叶痕；幼枝密被薄层灰白色分枝绒毛，有时散生短柄腺毛，后逐渐脱落。

叶　硬革质，长椭圆形至长圆状披针形，长 5～12（～15）cm，宽 2～4cm，先端钝尖或急尖，基部楔形至宽楔形，边缘反卷；叶面墨绿色，幼时被分枝绒毛，有时混生短柄腺毛，成熟时无毛；叶背幼时密被一层银灰色绵毛状分枝绒毛，中脉疏生绒毛，有时散生腺毛，成熟时毛被变为灰色至黄褐色薄毡状，中脉散生绒毛或近无毛；中脉正面凹陷，背面凸起，侧脉 13～18 对，正面凹陷，背面微凸，为毛被覆盖；叶柄长 0.7～1.8cm，圆柱形，具不明显浅纵沟，被毛同幼枝。

花　花芽鳞外面和边缘密被灰色绒毛；伞形花序顶生，有 10～17（～22）花，紧密，圆球形，总轴长 1.2～2cm，密被灰白色绒毛，有时散生短腺毛；花梗浅黄色带粉色，长 1～1.2cm，被毛同总轴；花萼与花梗同色，5 齿裂，裂片三角形，长 1～2mm，外面和边缘被毛同花梗；花冠管状钟形至钟形，肉质，红色、深红色，长 4～5cm，冠檐径 4.5～5.5cm，内面基部有 5 枚黑红色蜜腺囊，内外无毛；花冠 5 裂，裂片扁圆形，长 1.7～2cm，宽 2～2.4cm，先端缺刻，上方裂片内面中下部有深色斑点；雄蕊 10（～12），不等长，长 2.5～4cm，花丝白色带红色，无毛，花药黄褐色；雌蕊与花冠近等长，子房卵圆形至圆锥形，长 6～7mm，密被灰白色绒毛，花柱淡红色，长 3.2～4.5cm，无毛，有时基部与子房连接处疏生少数绒毛，柱头暗紫红色，稍膨大，头状，顶端具浅沟纹。

果　蒴果圆柱形，长 1.8～2.5cm，径 0.8～1.2cm，具纵肋，被锈色绒毛。

受威胁状况评价

《RCB》及《RLR》评估：均为无危（LC）。

引种信息及栽培适应性

庐山植物园　2008 年 3 月，张乐华、王书胜分别从云南沾益区珠江源（登录号：2008Y1、2008Y13）和贵州大方县百里杜鹃（登录号：2008GZ15）引种实生苗及种子；2008 年 11 月，张乐华从云南沾益区马雄山（登录号：2009Y020）、禄劝县（登录号：2009Y021）野外引种种子；2015 年 10 月，张乐华从云南腾冲市野外引种种子（登录号：2016YN001）；2015 年 12 月、2018 年 2 月，张乐华、李晓花、单文和王兆红等从云南景东县野外引种实生苗（登录号：分别为 2015YN001、2018YN021）。杜鹃园栽培生长较好，每年大量开花，但结实率较低，且冬季有轻微冻害，适应性较好。

华西亚高山植物园　1998 年 9 月，耿玉英从贵州大方县百里杜鹃引种种子（登录号：980514、980515、980518、980519、980526）；2000 年 9 月，庄平、张超和冯正波从云南宁蒗县战河引种种子（登录号：000215）；2002 年 9 月，庄平、张超、冯正波和杨学康分别从云南玉龙县宝山（登录号：20021009）和腾冲市大塘（登录号：20021023）引种种子；2007 年 10 月，庄平、张超和冯正波从贵州大方县百里杜鹃引种种子（登录号：20071323）。长势较好，开花量较大，结实率高，栽培适应性良好。

昆明植物园　1980 年代，张长芹从云南嵩明县、禄劝县引种种子；2012 年，孔繁才从云南峨山彝族自治县（以下简称峨山县）引种实生苗。生长旺盛，每年开花结实，花量大，栽培适应性较好。

杭州植物园　1986 年 1 月，邱新军从昆明植物园引种种子（登录号：86C33001S95-424）；2003 年 1 月，朱春艳从云南昆明市黑龙潭公园引种实生苗（登录号：03C33001-3）；2003 年 3 月，朱学南从昆明植物园引种种子；2004 年 2 月，朱春艳从庐山植物园引种种子（登录号：04C23001-063）；2012 年 10 月，王恩从贵州引种实生苗。杜鹃园栽培长势一般，根部易受白蚁等害虫危害，开花量一般，结实率低，适应性较好。

贵州省植物园　1990 年代初，陈训、金平和张维从贵州赫章县野外引种实生苗；2006 年 12 月，陈训、巫华美、龙成昌和路黔从贵州大方县野外引种实生苗。杜鹃园栽培生长旺盛，每年开花结实，适应性良好。

物候

先花后叶物候型，或先花后叶、部分重叠物候型。

庐山植物园　4月上旬叶芽膨大，4月中旬萌芽，4月下旬至5月下旬展叶；3月上旬花芽膨大，3月中旬现蕾，3月22日至4月1日始花、4月2～11日盛花、4月12～20日末花；10月中下旬蒴果成熟。

华西亚高山植物园　4月中旬叶芽膨大，4月下旬萌芽，5月上旬至6月中旬展叶；4月中旬花芽膨大，4月下旬现蕾，5月1～10日始花、5月11～20日盛花、5月21～30日末花；11月上旬蒴果成熟。**玉堂园区**　3月下旬叶芽膨大，4月上中旬萌芽，4月中旬至5月中旬展叶；2月中旬花芽膨大，2月下旬现蕾，2月28日至3月9日始花、3月10～31日盛花、4月1～15日末花；10月中旬蒴果成熟。

昆明植物园　3月中旬叶芽膨大，3月下旬萌芽，4月上旬至下旬展叶；2月上旬花芽膨大，2月中旬现蕾，2月17～26日始花、2月27日至3月15日盛花、3月16～25末花；11月蒴果成熟。

杭州植物园　3月中旬叶芽膨大，4月上旬萌芽，4月中旬至5月上旬展叶；3月上旬花芽膨大，3月下旬现蕾，4月上旬至下旬开花；10月下旬蒴果成熟。

贵州省植物园　3月中旬叶芽膨大，4月上中旬萌芽，4月中旬至5月上旬展叶；2月中旬花芽膨大，2月下旬至3月上旬现蕾，3月上旬（偶2月25日）始花、3月中下旬盛花、4月下旬末花；10月上中旬蒴果成熟。

主要用途

观赏：株形优美，花团锦簇，色泽鲜艳，分布较广，观赏性和适应性强，为杜鹃花花色育种及抗逆性育种的优良材料，适宜于大型盆栽及中海拔地区园林绿化与生态修复，也可用于我国西南、华南、华东地区低海拔城市的林缘、林下造景。

药用：《中国有毒植物图谱数据库》收录。花入药，有清热解毒、止血调经功效，有小毒，主治骨髓炎、消化道出血、外伤出血、崩漏、月经不调；叶入药，主治流感；根入药，主治痢疾。

注：贵州省植物园引种记录有树形杜鹃（*R. arboreum*）：从贵州大方县野外引种实生苗，国内栽培生长旺盛，每年开花结实。据《中国植物志》记载该物种在贵州西部有分布；*Flora of China* 对该物种是否在贵州分布有存疑；《贵州杜鹃花科植物》（2022）也未收录该物种。栽培地观察发现，其叶背毛被较厚，毡毛状，为分枝绒毛；花梗被绒毛，无腺毛。该形态特征与马缨杜鹃极为相似，而树形杜鹃毛被较薄，泥膏状；花梗被绒毛和腺毛。因此，本书中未收录该物种。

主干

叶芽萌芽

叶芽与叶背

花芽

花蕾

花序与花枝

雄蕊

花正面

雌蕊

花侧面

蒴果

112
狭叶马缨杜鹃

Rhododendron delavayi var. *peramoenum* (I. B. Balfour & Forrest) T. L. Ming, Acta Bot.
Yunnan. 6(2): 148. 1984.
别名：狭叶马缨花、悦人杜鹃

分布与生境

产贵州、西藏和云南；印度、缅甸也有分布。生于海拔1500～3200m的常绿阔叶林、针阔混交林内或林缘、灌丛中。

迁地栽培形态特征

常绿灌木，高1.5m。

🌿 主干灰褐色，皮层纵裂，不剥落或薄片状剥落；枝条粗壮；幼枝被灰白色至棕褐色绒毛，有时散生短柄腺毛，后逐渐脱落。

🍃 硬革质，狭长披针形至狭椭圆形，长7.5～9cm，宽1～2cm，先端急尖至渐尖，具尖头，基部楔形，边缘反卷；叶面深绿色，幼时被棕色分枝绒毛，成熟时无毛，叶背被薄层棕褐色分枝绒毛；中脉正面凹陷，背面凸出，近无毛，侧脉约16对，正面凹陷，背面凸起，为毛被覆盖；叶柄圆柱形，长0.7～2cm，被毛同幼枝。

🌸 花芽鳞宽卵形，先端尾状渐尖，外面和边缘被绒毛；总状伞形花序顶生，有10～16花，紧密，圆球形，总轴长约1cm，密被灰白色绒毛；花梗浅黄色带粉色，长0.8～1cm，密被灰白色绒毛；花萼与花梗同色，5齿裂，裂片宽三角形，长约2mm，外面有绒毛和腺毛；花冠管状钟形至钟形，肉质，深红色，长3～4.5cm，冠檐径3～4cm，内面基部有5枚黑红色蜜腺囊；花冠5裂，裂片近圆形，长约1.5cm，宽约1.6cm，先端缺刻，内面有或无斑点；雄蕊10，不等长，长2.2～4cm，花丝白色带红色，无毛，花药黄褐色，长圆形，长约2mm；雌蕊稍长于花冠，子房圆锥形，长5～6mm，密被白色绒毛，花柱淡红色，长约4cm，无毛，柱头深紫红色，膨大，头状，顶端具浅沟纹。

🍈 蒴果圆柱形，长1.8～2cm，径0.8～1cm，具纵肋，被锈色绒毛。

受威胁状况评价

《RCB》及《RLR》评估：均为无危（LC）。

引种信息及栽培适应性

昆明植物园 1980年代，张长芹从云南腾冲市野外引种种子。生长旺盛，每年开花结实，栽培适应性良好。

物候

先花后叶物候型。

昆明植物园 3月下旬叶芽膨大，4月上旬萌芽，4月中旬至5月上旬展叶；3月上旬花芽膨大，3月中旬现蕾，3月17～24日始花、3月25日至4月2日盛花、4月3～9日末花；12月蒴果成熟。

主要用途

　　观赏：同马缨杜鹃。

植株

展叶

幼枝

新叶

叶背（上：马缨杜鹃，下：狭叶马缨杜鹃）　花蕾　蒴果

花序　花正面及叶芽

亚组12 大理杜鹃亚组

Subsect. *Taliensia* (Tagg) Sleumer, Bot. Jahrb. Syst. 74: 550. 1949.

常绿灌木。幼枝被绒毛、丛卷毛或短柄腺毛，宿存或脱落。叶革质至厚革质，成熟叶正面无毛或多少残存，通常平滑，稀呈泡状皱纹，背面有一层或两层毛被。总状伞形花序顶生，有3~12花；花萼5裂，裂片通常长1~2mm，稀达1.2cm；花冠5裂，管状钟形、钟形或漏斗状钟形，白色至粉红色，内面具深色斑点；雄蕊10（~11），花丝被柔毛；子房卵圆形、圆锥形至圆柱形，无毛或被绒毛、腺毛，花柱被腺毛、绒毛或无毛。蒴果圆柱状，毛被宿存。

全球有58种，分布于不丹、中国、印度、缅甸和尼泊尔。《中国植物志》收录54种、5亚种和12变种，*Flora of China* 收录56种、5亚种和13变种；接受彭春良等（2007a；2007b）发表的2新种；主要分布于安徽、重庆、贵州、湖南、四川、西藏和云南。本书收录8种、1亚种

大理杜鹃亚组分种检索表

1a. 花萼大，裂片长0.8～1.2cm。

 2a. 叶背被一层毛被，毛被浓厚 ···113. 锈红杜鹃 *R. bureavii*

 2b. 叶背被两层毛被，上层毛被通常厚，由分枝绒毛组成，易脱落，下层毛被薄，宿存 ··············

 ··114. 大叶金顶杜鹃 **R. faberi** subsp. *prattii*

1b. 花萼小，裂片长1～2mm。

 3a. 叶面呈泡状粗皱纹。

  4a. 叶背毛被一层，厚而稠密，锈红色或淡棕色，宿存；花白色至淡粉色 ········· 115. 皱皮杜鹃 *R. wiltonii*

  4b. 叶背毛被两层，上层毛被厚，红棕色，易脱落，下层毛被薄，宿存；花粉红色至淡紫色 ··········

  ···116. 粗脉杜鹃 *R. coeloneurum*

 3b. 叶面平坦，不呈泡状粗皱纹。

  5a. 叶背毛被具表膜，毛被厚，海绵状或绵毛状。

   6a. 花梗密被短柄腺毛 ······················119. 天门山杜鹃 *R. tianmenshanense*

   6b. 花梗无毛 ·····························117. 白毛杜鹃 *R. vellereum*

  5b. 叶背毛被不具表膜。

   7a. 叶背毛被薄，灰白色至黄褐色；花冠宽钟状，长约3.4cm ·········118. 巴朗杜鹃 *R. balangense*

   7b. 叶背毛被厚，黄色或锈红色；花冠漏斗状钟形，长2.5～3cm ··········

   ·······································120. 张家界杜鹃 *R. zhangjiajieense*

113
锈红杜鹃

Rhododendron bureavii Franchet, Bull. Soc. Bot. France 34: 281-282. 1887.
别名： 锈红毛杜鹃

分布与生境

中国特有种，产四川、云南。生于海拔2800～4500m的高山针叶林下或杜鹃花灌丛中。

迁地栽培形态特征

常绿灌木，高1.8～2.2m。

茎 主干黄褐色，皮层纵裂，薄片状剥落；幼枝密被灰白色至棕黄色、锈红色绵毛状分枝绒毛，2～3年生枝绒毛宿存。

叶 厚革质，椭圆形至倒卵状长圆形，长6～14cm，宽2.5～5cm，先端急尖或渐尖，具尖头，基部钝至近圆形；幼叶两面密被灰白色绒毛，成熟时叶面深绿色，有光泽，无毛或多少宿存，叶背密被一层锈红色绵毛状分枝的厚绒毛；中脉正面微陷，背面凸起，为绒毛所覆盖，侧脉约13对，正面微凹，背面为毛被所覆盖；叶柄粗壮，长1～2cm，圆柱形，被毛同幼枝。

花 花芽鳞外面和边缘密被锈红色绒毛；短总状伞形花序顶生，约9花，总轴短，长约1cm，密被灰白色绵毛状分枝绒毛，混生腺毛；花梗浅黄绿色或带红晕，长1.5～2cm，密被绒毛和有柄腺毛；花萼与花梗同色，发育，5裂，裂片长圆形，长6～8mm，外面被毛同花梗，基部更密，边缘具腺毛；花冠管状钟形或钟形，基部狭，白色带粉红色，长3～4.5cm，冠檐径5～6cm，花冠管内面被微柔毛；花冠5裂，裂片扁圆形，长约1.5cm，先端缺刻，上方裂片内面有深紫红色斑点；雄蕊10，不等长，长1.6～3cm，花丝白色，下部被白色柔毛，花药黄褐色至紫褐色；雌蕊短于花冠或近等长，子房卵圆形，长约5mm，密被有柄腺毛和长绒毛，花柱白色，长约3cm，下部疏生少数腺毛，柱头黄绿色，膨大呈头状，顶端具浅沟纹。

果 蒴果长卵圆形，长1.5～2cm，径约8mm，密被锈色腺毛和绒毛。

受威胁状况评价

《RCB》及《RLR》评估：均为无危（LC）。

引种信息及栽培适应性

华西亚高山植物园 1997年10月，庄平、赵志龙、耿玉英和冯正波从四川会理市龙肘山引种种子（登录号：970299）；1997年10月，耿玉英、冯正波从四川普格县螺髻山引种种子（登录号：970321）；1999年10月，耿玉英、赵志龙和冯正波从四川会理市龙肘山引种种子（登录号：990013）；2004年10月，冯正波从四川会理市龙肘山引种种子（登录号：20041055）。生长旺盛，开花量一般，可结实，栽培适应性良好。

物候

先花后叶物候型。

华西亚高山植物园　4月中旬叶芽膨大，5月上旬萌芽，5月中旬至6月中旬展叶；3月下旬花芽膨大，4月中旬现蕾，4月19～26日始花、4月27日至5月9日盛花、5月10～15日末花；10月上旬蒴果成熟。

主要用途

　　观赏：分枝多，株形紧凑优美，枝繁叶茂，花色淡雅，观赏性强，适用于中海拔地区园林绿化。

植株

叶芽

新叶与叶背

花芽

花序

花正面

花侧面（示花梗与花萼）

雌雄蕊

蒴果

114
大叶金顶杜鹃

Rhododendron faberi Hemsley subsp. *prattii* (Franchet) D. F. Chamberlain, Notes Roy. Bot. Gard. Edinburgh 36(1): 120. 1978.
别名： 康定杜鹃、李氏杜鹃

分布与生境

中国特有亚种，产四川。生于海拔2800～4000m的针叶林林缘或灌丛中。

迁地栽培形态特征

常绿灌木，高1～1.6m。

茎 主干灰褐色，皮层纵裂，块状剥落；幼枝密被灰棕色短绒毛，2年生枝绒毛宿存。

叶 常集生枝顶，革质，宽椭圆形至椭圆状倒卵形，长5.9～13.9cm，宽2.9～6.5cm，先端锐尖，具稍弯曲的小尖头，基部宽楔形、近圆形至心形；叶面绿色，幼时密被灰黄色绒毛，不久脱落，成熟时仅残存毛痕迹，叶背被两层绒毛，上层毛被较厚，灰褐色或淡黄褐色，易脱落，下层毛薄，淡黄褐色薄毡状或泥膏状，宿存；中脉正面凹陷，背面显著凸起，侧脉13～19对，正面微凹，背面为毛被覆盖；叶柄长1.4～2.1cm，上面平坦，具纵沟，被毛同幼枝。

花 花芽鳞卵状披针形，具尾状尖，外面密被黄褐色绒毛，边缘具睫毛；短总状伞形花序顶生，有5～12花，密集，总轴长0.7～1cm，疏被腺毛；花梗黄绿色，长约2cm，密被腺毛；花萼与花梗同色，发育，5深裂，裂片长卵形至长圆形，不等大，长0.8～1.2cm，宽4～6mm，外面及边缘被腺毛，基部较密；花冠钟形，白色，长约4cm，冠檐径约4.7cm；花冠5浅裂，裂片扁圆形，长约1.7cm，宽约2.5cm，先端无缺刻，上方裂片内面近基部具红色斑块或斑点；雄蕊10～11，不等长，较短，长1.3～1.9cm，花丝白色，中部以下密被白色柔毛，花药紫褐色；雌蕊短于花冠，子房圆锥形，长约5mm，密被白色有柄腺毛，花柱浅黄绿色，长约2.9cm，无毛，柱头浅棕色，膨大呈头状，顶端具深沟纹。

果 蒴果圆柱状，长约1.4cm，径约5mm，密被腺毛，花柱常宿存。

受威胁状况评价

《RCB》评估：无危（LC）；《RLR》评估：近危（NT）。

引种信息及栽培适应性

华西亚高山植物园   1999年9月，庄平、张超和冯正波从四川小金县夹金山引种种子（登录号：990427）。长势较好，开花量小，可结实，栽培适应性较好。

物候

先花后叶、部分重叠物候型。

华西亚高山植物园   3月下旬叶芽膨大，4月中旬萌芽，4月下旬至5月下旬展叶；3月中旬花芽膨大，4月上旬现蕾，4月10～15日始花、4月16～24日盛花、4月25～30日末花；10月中旬蒴果成熟。

主要用途

观赏：分枝多，株形紧凑，枝繁叶茂，花色淡雅，适用于中海拔地区的景区绿化与园林造景。

植株

花芽与叶芽

叶背

叶芽萌芽

花芽

花梗与花萼

花正面

雄蕊

雌蕊

蒴果

115
皱皮杜鹃

Rhododendron wiltonii Hemsley & E. H. Wilson, Bull. Misc. Inform. Kew 1910(4): 107. 1910.

分布与生境

中国特有种,产四川。生于海拔2200～3300m的山坡林中。

迁地栽培形态特征

常绿灌木,高约1.3m。

茎 主干灰褐色,皮层纵裂,片状剥落;枝条粗壮;幼枝密被灰黄色至灰褐色绒毛,2年生枝绒毛宿存。

叶 厚革质,常4～6枚集生枝顶,倒卵状长圆形至倒披针形,最宽处在中部以上,长5.2～9cm,宽1.7～4.2cm,先端急尖,具尖头,基部楔形,边缘反卷;叶面深绿色,具光泽,幼时被淡黄色分枝绒毛和腺毛,后脱落,叶背密被一层由锈红色或暗棕色分枝绒毛组成的厚毛被;中脉、侧脉和细脉正面凹陷呈粗皱纹,背面凸起并为毛被所覆盖,侧脉约10对;叶柄长0.6～1.2cm,圆柱形,幼时密被由分枝绒毛组成的黄棕色厚毛被,成熟时毛被多少宿存。

花 花芽鳞外面及边缘密被棕褐色绒毛;总状伞形花序顶生,有6～9花,总轴长约1cm,疏被灰白色短柔毛;花梗浅黄绿色带粉红色,长2.2～2.5cm,密被灰白色分枝绒毛;花萼与花梗同色,5裂,裂片三角形,长约2mm,外面及边缘被毛同花梗;花冠漏斗状钟形,基部窄,浅粉色,长3.2～3.3cm,冠檐径2.7～3cm,外面无毛,内面基部被柔毛;花冠5浅裂,裂片卵圆形,稍开展,长约1cm,先端缺刻,部分裂片具多个缺刻,上方裂片内面近基部具紫红色斑点;雄蕊10,不等长,长1.4～2.3cm,花丝白色,下部被白色微柔毛,花药紫褐色;雌蕊短于花冠,子房卵圆形,长约6mm,密被白色分枝绒毛,花柱基部带黄绿色,其余白色,长约2.7cm,无毛,柱头浅黄色,膨大呈头状。

果 蒴果圆柱形,弯曲,长2.9～3.1cm,径5～7mm,被黄褐色绒毛。

受威胁状况评价

《RCB》及《RLR》评估:均为无危(LC)。

引种信息及栽培适应性

华西亚高山植物园 1996年10月,庄平、张超、冯正波和汪宣奕从四川峨眉山引种种子(登录号:960430);2009年9月,庄平、王飞、李烨和杨学康从四川洪雅县瓦屋山引种种子(登录号:2009126)。长势较好,开花量较大,结实率较高,栽培适应性良好。

物候

花叶同放物候型。

华西亚高山植物园 4月上旬叶芽膨大,4月中旬萌芽,4月下旬至5月下旬展叶;4月上旬花芽膨大,4月中下旬现蕾,4月23～30日始花、5月1～10日盛花、5月11～19日末花;8月下旬至9月下旬蒴果成熟。

主要用途

　　观赏：分枝多，株形紧凑优美，花繁叶茂，色泽淡雅，观赏性强，适用于中海拔地区的园林绿化。

　　药用：叶入药，有抗菌消炎、止泻、解毒功效，主治痢疾、气管炎、心血管病。

植株

花芽与叶芽

幼枝

叶背

花蕾

花侧面（示花梗与花萼）

雌雄蕊

花序

花正面

蒴果

116
粗脉杜鹃

Rhododendron coeloneurum Diels, Bot. Jahrb. Syst. 29(3-4): 513. 1900.
别名： 麻叶杜鹃

分布与生境

中国特有种，产重庆、贵州、四川和云南。生于海拔1200～2480m的混交林内或山坡灌丛中。

迁地栽培形态特征

常绿大灌木，高约2m。

茎 主干黄褐色，皮层纵裂，薄片状剥落；幼枝密被黄褐色分枝绒毛，2～3年生枝绒毛宿存。

叶 革质，倒披针形至狭长圆状椭圆形，长3.9～14.4cm，宽2～4.6cm，先端锐尖或急尖，具尖头，基部楔形至近圆形，边缘反卷；叶面深绿色，幼时被灰色分枝绒毛，后无毛或中脉基部多少残存，叶背被两层毛被，上层毛被厚，疏松，黄褐色至红棕色，由星状分枝毛组成，易脱落；下层毛被薄，紧贴，灰白色，由具短柄多少黏结的丛卷毛组成；中脉、侧脉和细脉正面明显凹陷而呈泡状皱纹，背面显著凸起，侧脉9～14对，背面为毛被覆盖；叶柄长0.8～1.7cm，圆柱形，无纵沟，被毛同幼枝。

花 花芽鳞外面及边缘密被灰色分枝绒毛；短总状伞形花序顶生，有5～7花，总轴短，长约5mm，密被白色绒毛；花梗淡粉色，长1～1.6cm，密被白色绒毛；花萼与花梗同色，5齿裂，裂片三角形，长1～2mm，外面基部密被白色绒毛，裂齿及边缘被毛较少；花冠漏斗状钟形至钟形，粉红色至淡紫色，长5～5.4cm，冠檐径约6.5cm，花冠管内面被白色微柔毛；花冠5裂，裂片卵圆形，长2～2.6cm，边缘具皱褶，先端缺刻，上方裂片内面中部具紫红色斑点；雄蕊10，不等长，长2.4～3.8cm，花丝白色，下部密被白色微柔毛，花药黑褐色；雌蕊稍短于花冠，子房圆锥形，长约6mm，密被白色绒毛，花柱白色，长约4cm，无毛或基部与子房连接处散生少数绒毛，柱头紫红色，稍膨大，头状。

果 蒴果圆柱状，直立或微倾斜，长2～2.5cm，径0.8～1cm，具纵肋，密被灰色绒毛。

受威胁状况评价

《RCB》及《RLR》评估：均为无危（LC）。

引种信息及栽培适应性

华西亚高山植物园 1997年10月，庄平、赵志龙从云南大理市苍山引种种子（登录号：970645）；2007年9月，冯正波、张超从重庆南川区金佛山引种种子（登录号：20071262）。生长旺盛，开花量较大，结实率较高，栽培适应性良好。

物候

先花后叶物候型。

华西亚高山植物园 4月下旬叶芽膨大，5月中旬萌芽，5月下旬至6月下旬展叶；3月上旬花芽膨大，3月中旬现蕾，3月20～28日始花、3月29日至4月15日盛花、4月16～29日末花；12月中下旬蒴果成熟。

主要用途

观赏：分枝多，株形紧凑优美，花繁叶茂，色泽靓丽，观赏性和适应性强，适用于中海拔地区的景区绿化与园林造景。

注：该物种生长习性及叶片、花器官形态特征与皱叶杜鹃相似，耿玉英（2014）将其移置到银叶杜鹃亚组（Subsect. *Argyrophylla*）。

植株　叶芽　花芽　叶背　花蕾　花枝　花正面　花侧面　雌蕊　雄蕊　蒴果

117
白毛杜鹃

Rhododendron vellereum Hutchinson ex Tagg, Notes Roy. Bot. Gard. Edinburgh 16(79): 209-210. 1931.

别名： 白毛雪山杜鹃

分布与生境

中国特有种，产青海、西藏。生于海拔3000～4500m的高山针叶林内或杜鹃花灌丛中。

迁地栽培形态特征

常绿灌木，高约0.8m。

茎 主干灰褐色，皮层纵裂，薄片状剥落；幼枝被薄层白色丛卷绒毛，后逐渐脱落。

叶 厚革质，长圆状椭圆形至长圆状披针形，长5.3～8.7cm，宽2.5～4.6cm，先端钝或急尖，具不明显尖头，基部圆形或心形；叶面绿色，幼时疏被白色绒毛，不久脱落，叶背被银白色的分枝绒毛，毛被软而厚，海绵状，具表膜；中脉正面微陷，背面凸起，侧脉约7对，背面为毛被覆盖；叶柄长1～1.5cm，具浅纵沟，被白色至灰色丛卷毛。

花 花芽鳞外面密被绒毛，边缘具睫毛；总状伞形花序顶生，约5花（非正常花序），总轴长约5mm，无毛；花梗浅黄色带红晕，长1.7～2cm，无毛；花萼浅黄色，5裂，裂片三角形，长1～2mm，外面无毛，边缘疏生柔毛；花冠漏斗状钟形或钟形，粉红色，长2.6～3.4cm，冠檐径约4cm，内外无毛；花冠5浅裂，裂片卵圆形，长约1cm，先端缺刻，上方裂片内面中下部具紫红色斑点；雄蕊10，不等长，长2～2.8cm，花丝白色，下部疏被微柔毛，花药棕黄色；雌蕊短于花冠，子房长卵圆形，长约6mm，无毛或下部疏生短绒毛，花柱白色，长约2.4cm，无毛，柱头棕黄色，稍膨大或不膨大。

果 未见。

受威胁状况评价

《RCB》评估：未评估（NE）；《RLR》评估：濒危（EN）。

从分布地域及现有标本、图像数据库及野外调查来看，该种分布较广，野外种群数量相对较大。但该物种与藏南杜鹃（*R. principis*）的分类地位存在争议，有些标本、图像信息可能存在错误鉴定。建议列为易危（VU）种。

引种信息及栽培适应性

华西亚高山植物园 1998年9月，庄平、张超和冯正波从西藏米林县多雄拉山引种种子（登录号：980146）。长势一般，开花量小，未见结实，栽培适应性一般。

物候

先花后叶物候型。

华西亚高山植物园 4月下旬叶芽膨大，5月中旬萌芽，5月下旬至6月中旬展叶；3月上旬花芽膨大，3月下旬现蕾，4月上旬至中下旬开花；未见成熟蒴果。

主要用途

　　观赏：株形优美，花色淡雅，适用于中高海拔地区的景区绿化与园林造景。

植株　叶芽　叶背　幼枝　花芽　花序　花侧面　花正面　雄蕊　雌蕊　幼果

118
巴朗杜鹃

Rhododendron balangense W. P. Fang, Acta Phytotax. Sin. 21(4): 468. 1983.

分布与生境

中国特有种，产四川。生于海拔2400~3400m的山坡竹林或灌丛中。

迁地栽培形态特征

常绿灌木，高约1.6m。

茎 主干黄褐色，皮层纵裂，层状剥落；幼枝幼时密被白色绵毛状丛卷绒毛，后仅存毛迹。

叶 叶芽鳞宿存，紫色；叶集生枝顶，厚革质，倒卵形至椭圆状倒卵形，长6.6~15.1cm，宽2.2~6.4cm，先端急尖，稀渐尖，具尖头，基部钝至近圆形；幼叶两面密被白色绵毛状绒毛，成熟时叶面深绿色，无毛，叶背被毛两层，上层为灰白色至黄褐色厚绵毛状分枝绒毛，多少脱落，下层毛灰白色，紧贴而宿存；中脉两面凸起，黄绿色，侧脉12~14对，正面微凹，背面微凸，为毛被覆盖；叶柄长1.5~2.6cm，扁圆形，无纵沟，幼时密被绵毛状绒毛，后多少宿存。

花 花芽鳞外面密被绒毛，边缘具睫毛；总状伞形花序顶生，有6~11花，总轴长1~1.6cm，密被灰白色丛卷绒毛；花梗浅黄色带红晕，长3~4cm，被毛同总轴；花萼浅粉色，5裂，裂片三角形，长1~2mm，毛被同花梗；花冠宽钟状，浅粉色，长约3.4cm，冠檐径约3.3cm；花冠5浅裂，裂片卵圆形，长约1.3cm，宽约2cm，先端缺刻，上方裂片内面具紫红色斑点；雄蕊10~11（~12），不等长，长1.5~2.5cm，花丝白色，中下部密被白色微柔毛，花药紫红色至紫褐色；雌蕊短于花冠，子房圆柱形，长约7mm，无毛，花柱白色，长2~2.5cm，无毛，柱头浅黄色，膨大呈头状，顶端具浅沟纹。

果 蒴果长圆柱状，稍弯曲，长约1.9cm，径约4mm，具纵肋，无毛。

受威胁状况评价

《RCB》评估：极危（CR）；《RLR》评估：濒危（EN）。

列入《中国物种红色名录（第一卷：红色名录）》（2004）濒危（EN）种。

引种信息及栽培适应性

华西亚高山植物园 1999年9月，庄平、张超和冯正波从四川汶川县卧龙引种种子（登录号：990436）。长势较好，开花量一般，可结实，栽培适应性较好。

物候

先花后叶、部分重叠物候型。

华西亚高山植物园 3月下旬叶芽膨大，4月中旬萌芽，4月下旬至5月中旬展叶；3月中旬花芽膨大，4月上旬现蕾，4月12~15日始花、4月16~24日盛花、4月25~30日末花；11月上旬蒴果成熟。

主要用途

　　观赏：分枝多，株形紧凑，花色淡雅，观赏性强，适用于中高海拔地区的景区绿化与园林造景。作为我国区域性分布的受威胁种，应开展繁殖及栽培技术研究，结合园林应用促进其多样性保护。

植株　　　叶背　　　叶芽与宿存芽鳞

幼枝　　　花芽　　　花蕾与叶芽萌芽　　　花侧面

雌雄蕊　　　蒴果　　　花正面

119
天门山杜鹃

Rhododendron tianmenshanense C. L. Peng & L. H. Yan, Acta Phytotax. Sin. 45(3): 304-306. 2007.

分布与生境

中国特有种，产湖南。生于海拔1400m左右的常绿落叶阔叶林中。

迁地栽培形态特征

常绿灌木，高0.8~1.5m。

茎 主干灰褐色，皮层纵裂，层状或薄片状剥落；幼时密被绒毛和短柄腺毛，后腺毛脱落，绒毛多少宿存。

叶 革质，长圆状椭圆形、椭圆状卵形至卵状披针形，长4.8~8cm，宽1.8~2.9cm，先端锐尖至急尖，基部宽楔形至近圆形，边缘反卷；叶面暗绿色，幼时被白色绒毛，不久脱落，叶背被毛两层，上层毛被为薄绵毛状分枝绒毛，灰棕色至银白色，下层为紧贴的银白色绒毛；中脉正面明显凹陷呈浅沟槽，背面显著凸起，幼时散生短柄腺毛，后黑色点状残存，侧脉9~12对，正面凹陷，背面为毛被覆盖；叶柄长0.8~1.5cm，上面平坦，具纵沟，幼时被绒毛和混生短腺毛，后绒毛多少宿存。

花 花芽鳞宽卵形，外面及边缘密被绒毛；短总状伞形花序顶生，有4~8花，总轴长3~5mm，密被灰白色短柄腺毛，花梗黄绿色，长1.2~2cm，被毛同总轴；花萼与花梗同色，5裂，裂片三角状卵形，长约2mm，外面及边缘被腺毛；花冠漏斗状钟形或钟形，白色至淡红色，长2.8~3.5cm，内面基部被微柔毛；花冠5裂，裂片近圆形，长1.5~2.2cm，宽1.5~1.8cm，先端微缺，上方裂片内面具紫红色斑点；雄蕊10，不等长，长1.2~2.3cm，花丝白色，下部被白色微柔毛，花药黄褐色，狭椭圆形；雌蕊与花冠近等长，子房圆锥形，长3~4mm，密被白色短腺毛，花柱白色，长2.5~2.8cm，无毛，柱头黄绿色，膨大呈头状。

果 未见。

受威胁状况评价

《RCB》及《RLR》评估：均为未评估（NE）。

引种信息及栽培适应性

庐山植物园 2008年3月、2011年3月，张乐华从湖南省植物园引种苗木，种源为来自湖南张家界的实生苗。保育温室栽培生长良好，开花量一般，未见结实；杜鹃园未栽培，不作适应性评价。

湖南省植物园 2003年5月，彭春良、廖菊阳从湖南张家界引种实生苗。杜鹃园栽培长势较差，开花量小，未见结实，适应性较差。

物候

先花后叶、部分重叠物候型。

庐山植物园保育温室 3月下旬叶芽膨大，4月中旬萌芽，4月中下旬至5月中旬展叶；3月中旬花芽膨大，4月上旬现蕾，4月中旬始花、4月中下旬盛花、5月上旬末花；未见成熟蒴果。

湖南省植物园　3月中旬叶芽膨大，3月下旬至4月上旬萌芽，4月上中旬至5月上旬展叶；3月上旬花芽膨大，3月下旬现蕾，3月29日至4月8日始花、4月9～18日盛花、4月19～28日末花；未见成熟蒴果。

主要用途

　　观赏：株形紧凑，花繁叶茂，色泽淡雅，观赏性强，适用于大型盆栽及中海拔地区园林绿化。

原产地开花植株

盆栽植株

小枝与叶芽

花芽与叶芽

花序

花正面（白色，示雌雄蕊）

幼叶

花正面（淡红色）

花侧面

叶背毛被（上：新叶，下：老叶）

120
张家界杜鹃

Rhododendron zhangjiajieense C. L. Peng & L. H. Yan, Bull. Bot. Res., Harbin 27(4): 385-387. 2007.

分布与生境

中国特有种，产湖南。生于海拔1300m左右的山坡石壁上。

迁地栽培形态特征

常绿灌木，高1~1.5m。

茎 主干褐色，皮层纵裂，片状剥落；幼枝密被灰白色至黄褐色绒毛，混生腺毛，后逐渐脱落。

叶 厚革质，倒卵状披针形，长6.8~9cm，宽2~3cm，先端钝或锐尖，尖头不明显，基部楔形至宽楔形，边缘微反卷，幼时被腺头睫毛和绒毛，不久脱落；叶面暗绿色，幼时密被灰白色至棕褐色绒毛，散生腺毛，后无毛或沿中脉基部有绒毛残存，叶背密被厚层黄色至锈红色毡毛；中脉、侧脉正面微凹，背面凸起，为厚毛被覆盖，侧脉7~9对；叶柄长0.5~1cm，圆柱形，密被黄褐色绒毛和散生腺毛。

花 花芽鳞花期早落，卵圆形，先端渐尖，外面密被绒毛，边缘具睫毛；总状伞形花序顶生，有5~8花，总轴长0.9~1.5cm，被白色腺毛；花梗黄绿色，长1~2cm，密被白色有柄腺毛；花萼与花梗同色，波状或5齿裂，裂片三角形，长约1mm，外面和边缘被腺毛；花冠漏斗状钟形，粉红色至淡紫红色，长2.5~3cm，冠檐径3~3.6cm；花冠5裂，裂片近圆形，微展开，长1~1.2cm，宽1.2~1.5cm，先端微凹，上方裂片内面具黄绿色斑点；雄蕊10，不等长，长1~1.8cm，花丝白色，下部被微柔毛，花药米黄色，长圆形，长约2mm；雌蕊与花冠近等长，长于雄蕊，子房圆锥形，长约4mm，密被白色绒毛和腺毛，花柱白色，长2.1~2.6cm，无毛，柱头黄绿色，稍膨大，头状。

果 未见。

受威胁状况评价

《RCB》及《RLR》评估：均为未评估（NE）。

引种信息及栽培适应性

庐山植物园 2011年3月，张乐华从湖南省植物园引种苗木，种源为来自湖南张家界的实生苗。保育温室栽培生长良好，开花量一般，未见结实；杜鹃园未栽培，不作适应性评价。

湖南省植物园 2006年6月，彭春良、廖菊阳从湖南张家界引种实生苗。杜鹃园栽培生长势差，开花少，未见结实，适应性较差。

物候

先花后叶、部分重叠物候型。

庐山植物园保育温室 3月下旬叶芽膨大，4月中旬萌芽，4月中下旬展叶始期、5月上旬盛期、5月中旬末期；3月中旬花芽膨大，4月上旬现蕾，4月上中旬始花、4月中旬盛花、4月下旬末花；未见成熟蒴果。

湖南省植物园 3月中旬叶芽膨大，4月上旬萌芽，4月中旬展叶始期、4月下旬盛期、5月上中旬末期；3月上旬花芽膨大，3月下旬现蕾，4月上旬始花、4月中旬盛花、4月下旬末花；未见成熟蒴果。

主要用途

观赏：株形优美，幼叶奇特，花繁叶茂，色泽靓丽，适用于大型盆栽及中海拔地区园林绿化。

花枝　　幼枝　　新叶　　花蕾与叶背　　花序　　花正面（示雄蕊）　　花侧面（示花梗与花萼）　　雌蕊

亚组13 镰果杜鹃亚组

Subsect. *Fulva* (Tagg) Sleumer, Bot. Jahrb. Syst. 74: 250. 1949.

常绿灌木。幼枝被绒毛，渐脱落。叶大型，革质，叶背毛被灰白色、黄褐色或锈红色，宿存。总状伞形花序顶生，有5~12花；花萼小，5裂，裂片长1~2mm；花冠5裂，钟形，白色或粉红色；雄蕊10，花丝下部被柔毛；子房圆柱形，无毛，花柱无毛。蒴果弯曲，无毛。

全球有2种、1亚种，分布于中国、缅甸。《中国植物志》收录2种，*Flora of China* 收录2种、1亚种，分布于四川、西藏和云南。本书收录2种。

镰果杜鹃亚组分种检索表

1a. 叶背毛被两层，上层为黄褐色至锈红色的颗粒状绒毛·······················**121. 镰果杜鹃 R. fulvum**
1b. 叶背毛被一层，为灰白色的泥膏状绒毛·······························**122. 紫玉盘杜鹃 R. uvariifolium**

121
镰果杜鹃

Rhododendron fulvum I. B. Balfour & W. W. Smith, Notes Roy. Bot. Gard. Edinburgh 10(47-48): 110. 1917.

分布与生境

产四川、西藏和云南；缅甸也有分布。生于海拔2700~4400m的冷杉林内或杜鹃花灌丛中。

迁地栽培形态特征

常绿灌木，高1.2~1.5m。

茎 主干黄褐色，皮层纵裂，片状剥落；幼枝密被黄褐色丛卷绒毛，后逐渐脱落。

叶 厚革质，倒卵状椭圆形至长圆状卵形，长7~15cm，宽2.5~6cm，先端钝圆或急尖，具尖头，基部宽楔形至近圆形，稀浅心形；叶面深绿色，幼时密被棕褐色绒毛，成熟时无毛或中脉基部有绒毛残迹，叶背被毛两层，上层毛被厚，为绵毛状分枝绒毛，表面呈颗粒状，黄褐色至锈红色，宿存，下层毛被薄，为紧贴的泥膏状短绒毛；中脉正面微凹呈沟纹，背面显著凸起，被毛，侧脉8~13对，正面微凹，背面为毛被所覆盖；叶柄长1~1.5cm，具浅纵沟，毛被同幼枝。

花 花芽鳞外面密被绒毛，边缘上半部密被棕色柔毛；总状伞形花序顶生，有8~12花，总轴长约1cm，疏被柔毛，易脱落；花梗黄绿色带红色，长2.1~2.4cm，被绒毛，易脱落；花萼与花梗同色，5裂，裂片三角形，长约2mm，无毛；花冠钟形，粉红色或淡紫红色，长4~4.5cm，冠檐径5~5.5cm，内外无毛；花冠5浅裂，裂片卵圆形，长约2cm，先端缺刻，上方裂片内面基部具紫红色斑点和斑块；雄蕊10，不等长，长2.3~3.6cm，花丝白色，下部被白色短柔毛，花药褐色；雌蕊短于花冠，子房圆柱形，长0.8~1cm，无毛，花柱白色或紫红色，长约3cm，无毛，柱头黄绿色，稍膨大。

果 蒴果狭长圆柱形，稍弯曲，长2.5~3.2cm，径4~5mm，无毛。

受威胁状况评价

《RCB》及《RLR》评估：均为无危（LC）。

引种信息及栽培适应性

华西亚高山植物园 2002年10月，庄平、张超、冯正波和杨学康从云南腾冲市北风坡引种种子（登录号：20021050）。长势较好，开花量一般，结实率较低，栽培适应性较好。

物候

先花后叶物候型。

华西亚高山植物园 4月中旬叶芽膨大，4月下旬萌芽，5月上旬至6月上旬展叶；3月中旬花芽膨大，3月下旬现蕾，3月28日至4月10日始花、4月11~20日盛花、4月21~25日末花；11月上旬蒴果成熟。

主要用途

观赏：株形紧凑优美，花繁叶茂，色泽靓丽，观赏性强，适用于中高海拔地区的园林造景。

开花植株

展叶期植株

花芽与叶芽

叶背

幼枝

花蕾

花序

花正面

花侧面与雄蕊

雌蕊（示花梗与花萼）

幼果与叶芽萌芽

蒴果

122

紫玉盘杜鹃

Rhododendron uvariifolium Diels, Notes Roy. Bot. Gard. Edinburgh 5(25): 213. 1912.

分布与生境

中国特有种，产四川、西藏和云南。生于海拔2100～4000m的针叶林下或杜鹃花灌丛中。

迁地栽培形态特征

常绿灌木，高约1.2m。

茎 主干黄褐色，皮层纵裂，层状剥落；幼枝被薄层白色或灰色分枝绒毛，后逐渐脱落。

叶 革质，倒披针形、长圆状倒披针形或倒卵形，长5.5～15.5cm，宽2～6cm，先端短渐尖至急尖，具尖头，基部宽楔形至近圆形；叶面深绿色，幼时被白色绒毛，不久脱落，叶背被一层灰白色毡状或泥膏状毛被，由分枝绒毛组成，表面光滑；中脉正面凹陷，背面凸起，侧脉13～17对，正面微凹，背面凸起，为毛被覆盖；叶柄长1.2～2cm，具浅纵沟，被毛同幼枝。

花 花芽鳞外面及边缘密被绒毛；总状伞形花序顶生，有5～10花，总轴长约1cm，疏被绒毛；花梗浅黄色带红色，长2.5～2.7cm，无毛或疏生绒毛；花萼与花梗同色，5齿裂，裂片三角形，长1～2mm，无毛；花冠钟形，白色或有粉紫色肋纹，长4～4.5cm，冠檐径4.1～4.6cm，内外无毛；花冠5裂，裂片卵圆形，长约1.5cm，先端缺刻，上方裂片内面基部具深红色斑块和斑点；雄蕊10，不等长，花丝白色，长1.8～3cm，下部被白色微柔毛，花药棕褐色；雌蕊短于花冠，子房长圆柱形，长达1cm，无毛，花柱白色，长约2.8cm，无毛，柱头黄绿色，稍膨大或不膨大。

果 蒴果细瘦，长圆柱形，极度弯弓，长2.2～3cm，径约4mm，无毛。

受威胁状况评价

《RCB》及《RLR》评估：均为无危（LC）。

引种信息及栽培适应性

华西亚高山植物园 1998年9月，庄平、张超和冯正波分别从西藏米林县多雄拉山（登录号：980141、980150）、巴宜区色季拉山至林芝途中（登录号：980190）、巴宜区八一镇（登录号：980192）引种种子；2010年9月，庄平、王飞、朱大海和李建书从西藏巴宜区色季拉山（登录号：1009118）、巴宜区鲁郎兵站（登录号：1009122）、波密县县城至24km途中（登录号：1009146）、米林县多雄拉山至派镇途中（登录号：1009204）引种种子。长势较好，开花量较大，但结实率较低，栽培适应性较好。

物候

先花后叶物候型。

华西亚高山植物园 4月上旬叶芽膨大，4月中旬萌芽，4月下旬至5月下旬展叶；3月上旬花芽膨大，3月中旬现蕾，3月19～26日始花、3月27日至4月15日盛花、4月16～25日末花；11月蒴果成熟。

主要用途

　　观赏：分枝多，株形紧凑，花色素雅，适用于中高海拔地区的景区绿化与园林造景。

植株　叶芽　叶背　幼枝与芽鳞　花芽　花蕾　花侧面　雄蕊　花序　雌蕊　蒴果　花正面

亚组14 朱红大杜鹃亚组

Subsect. *Griersoniana* D. F. Chamberlain, Notes Roy. Bot. Gard. Edinburgh 37: 337. 1979.

单型亚组，全球仅1种，分布于中国、缅甸。《中国植物志》和*Flora of China*均收录，分布于云南。本书收录1种，亚组的主要形态特征见种描述。

123
朱红大杜鹃

Rhododendron griersonianum I. B. Balfour & Forrest, Notes Roy. Bot. Gard. Edinburgh 11(52-53): 69-71. 1919.

分布与生境

产云南；缅甸也有分布。生于海拔1600～2700m的混交林内或灌丛中。

迁地栽培形态特征

常绿灌木，高0.8～1m。

茎 主干棕褐色，皮层纵裂，片状剥落；幼枝暗紫红色，密被淡黄色绵毛状分枝绒毛和刚毛状腺毛，2～3年生枝有腺毛宿存。

叶 叶芽圆锥形；外侧芽鳞具渐细的尾状尖，外面和边缘密被分枝绒毛和散生刚毛状腺毛。叶革质，狭椭圆形至椭圆状披针形，长7～14cm，宽2～4.2cm，先端渐尖或急尖，尖头不明显，基部宽楔形至近圆形，边缘微反卷；叶面深绿色，幼时被分枝绒毛和散生腺毛，成熟时绒毛脱落、腺毛宿存，中脉基部腺毛更密更长，呈刚毛状腺毛，叶背密被淡黄色绵毛状分枝绒毛和散生少数暗红色腺头毛，中脉暗紫色，被腺毛更密更长；中脉、侧脉正面凹陷，背面凸起，侧脉13～16对，背面为毛被覆盖；叶柄长1.2～2.6cm，暗紫色，圆柱形，无纵沟，密被分枝绒毛和刚毛状腺毛，后腺头脱落呈刚毛状。

花 花芽长圆锥形；芽鳞花期宿存，外侧芽鳞卵状披针形，开展，先端尾状渐尖，被毛同叶芽鳞。总状伞形花序顶生，有5～11花，总轴长1～3cm，暗紫红色，被银白色分枝绒毛和刚毛状腺毛；花梗长1.3～2.9cm，颜色和被毛同总轴；花萼与花梗同色，5齿裂，裂片三角状卵形，长1～2mm，外面和边缘密被分枝绒毛和散生刚毛状腺毛；花冠漏斗形至管状漏斗形，朱红色至猩红色，长6.5～7.5cm，冠檐径8～9cm，外面被银白色分枝绒毛和散生腺毛，由基部向先端被毛渐稀；花冠管长4.5～5cm，基部直径7～8mm，内面基部散生极短的微绒毛；花冠5浅裂，裂片长圆形，长2.5～3cm，宽2.5～3.2cm，先端钝尖，无缺刻，上方裂片内面中部具深色斑点；雄蕊10，不等长，长4～5.5cm，花丝红色，线形，中部以下疏被微柔毛，花药黑褐色，椭圆形，长约2mm；雌蕊长于花冠，子房圆锥形至卵圆形，长约6mm，径约5mm，密被银白色分枝绒毛和散生刚毛状长柄腺毛，花柱红色，长6.3～6.8cm，下部被白色分枝的绒毛和淡红色腺头毛，柱头深红色，稍膨大，顶端具浅沟纹。

果 蒴果圆柱形，长2.2～3cm，径0.8～1cm，具纵肋，密被绒毛和散生腺毛。

受威胁状况评价

《RCB》及《RLR》评估：均为极危（CR）。

列入《国家重点保护野生植物名录》（2021）二级保护植物。野外仅知残存2个居群，数量不足500株，属于典型的极小种群野生植物。

引种信息及栽培适应性

庐山植物园 2006年10～11月，张乐华从英国Crarae Garden（登录号：2007C036）及Brodick Castle, Garden & Country Park（登录号：2007B022）引种种子。保育温室栽培，生长良好，开花量一般，

结实率低；杜鹃园未栽培，不作适应性评价。

物候

先花后叶、部分重叠物候型。

庐山植物园保育温室　4月中旬叶芽膨大，5月上旬萌芽，5月中旬至6月上旬展叶；4月上旬花芽膨大，4月下旬现蕾，4月下旬至5月上旬始花、5月上中旬盛花、5月下旬末花；翌年3月中旬蒴果成熟。

主要用途

观赏：株形优美，花大而色艳，花期长，观赏性强，是杜鹃花花色育种的重要亲本。作为极危及国家二级重点保护植物，亟需开展保护生物学研究，并通过中海拔地区的园林应用促进其多样性保护。

植株　小枝与叶芽　叶背与叶芽　花芽

小花分开与芽鳞　花序

花正面　花枝　花侧面

雄蕊　雌蕊　蒴果与枝条

亚组15　星毛杜鹃亚组

Subsect. *Parishia* (Tagg) Sleumer, Bot. Jahrb. Syst. 74: 548. 1949.

常绿灌木。幼枝密被星状绒毛或丛卷毛、腺头刚毛。叶较大，薄革质至革质，正面无毛，背面毛被多少宿存，或沿中脉被丛卷毛。总状伞形花序顶生，有6～16花；花萼5裂，裂片长2～5mm；花冠5裂，管状钟形，鲜红色，基部有5枚蜜腺囊；雄蕊10，花丝疏被短柔毛或无毛；子房卵圆形或圆柱形，密被绒毛或散生腺毛，花柱通体被星状毛和腺毛，或仅下部被长绒毛。蒴果圆柱形，毛被宿存。

全球有8种，分布于中国、印度、缅甸和越南。《中国植物志》和 *Flora of China* 均收录7种，分布于四川、西藏和云南。本书收录2种。

星毛杜鹃亚组分种检索表

124
绵毛房杜鹃

Rhododendron facetum I. B. Balfour & Kingdon-Ward, Notes Roy. Bot. Gard. Edinburgh 10(49-50): 104-106. 1918.
别名： 文雅杜鹃

植株

花枝

分布与生境

产云南；缅甸、越南也有分布。生于海拔2100～3600m的针阔叶混交林中。

迁地栽培形态特征

常绿灌木，高1.5～2m。

🌿 **茎** 主干黄褐色，皮层纵裂，层状剥落；幼枝密被灰白色至黄褐色星状绒毛，2～3年生枝绒毛宿存。

🍃 **叶** 薄革质，长椭圆形至长倒卵状椭圆形，长7.5～14cm，宽2.5～4cm，先端钝圆或锐尖，具尖头，基部宽楔形或近圆形，边缘稍反卷；叶面绿色，叶背浅绿色，幼时两面被灰白色至黄褐色星状绒毛，成熟时正面无毛，背面绒毛块状脱落；中脉正面微凹，有浅沟纹，背面显著凸起，侧脉14～17对，两面不显；叶柄圆柱状，长1.4～3cm，具浅纵沟，被毛同幼枝。

🌸 **花** 花芽鳞外面及边缘密被绒毛；总状伞形花序顶生，有11～16花，总轴长1.8～3cm，疏被星状毛，易脱落，无腺毛；花梗黄绿色带红晕，长1.3～1.8cm，疏被白色星状绒毛；花萼黄绿色带红色，杯状，5深裂至近基部，裂片形态变化，长圆形或齿状、卵圆形，长3～5mm，外面及边缘疏被短柔毛；

花冠管状钟形，肉质，鲜红色，长6~6.5cm，冠檐径5.8~6.2cm，所有裂片内面具深色斑点，基部具5枚深色蜜腺囊，内面无毛，外面散生丛卷绒毛，易脱落；花冠5浅裂，裂片卵圆形，长1.7~2cm，先端缺刻；雄蕊10，劲直，不等长，长2.9~4.2cm，花丝中下部红色，下部1/3疏被短柔毛，上部白色，无毛，花药黑褐色；雌蕊短于花冠，子房卵圆形，长7~9mm，密被星状绒毛，花柱黄绿色，近顶部淡红色，长约3.7cm，通体密被星状毛和腺毛，柱头棕红色，不膨大，顶端具浅沟纹。

果 蒴果圆柱形，长约2cm，径7~8mm，密被黄褐色至灰褐色绒毛。

受威胁状况评价

《RCB》评估：近危（NT）；《RLR》评估：无危（LC）。

引种信息及栽培适应性

华西亚高山植物园 2002年10月，庄平、张超、冯正波和杨学康从云南景东县无量山引种种子（登录号：20021071）。生长旺盛，开花量较大，可结实，栽培适应性良好。

物候

先花后叶物候型。

华西亚高山植物园 5月中旬叶芽膨大，5月下旬萌芽，6月中旬至7月下旬展叶；4月中旬花芽膨大，5月上旬现蕾，5月10~19日始花、5月20日至6月4日盛花、6月5~15日末花；翌年3月下旬蒴果成熟。

主要用途

观赏：株形优美，花繁叶茂，色泽鲜艳，观赏性强，适用于中高海拔地区的景区绿化与园林造景。

叶芽　花芽　小花分开　秋季蒴果　花正面　花序　花侧面与雌雄蕊　翌年3月成熟蒴果

125

毛柱杜鹃

Rhododendron venator Tagg, Notes Roy. Bot. Gard. Edinburgh 18(89): 219-220. 1934.

分布与生境

中国特有种，产西藏。生于海拔2400~2800m的林下、岩坡、杂灌丛或杜鹃花灌丛中。

迁地栽培形态特征

常绿灌木，高约0.6m。

茎 主干黄褐色；幼枝密被红色腺头长刚毛和白色丛卷毛，2~3年生枝毛被宿存。

叶 叶芽鳞长卵圆形至披针形，外面及边缘被丛卷毛和腺头刚毛，先端渐尖和反卷，展叶期多宿存；叶多密生枝顶，革质，长椭圆形至长卵状披针形，长2.7~11.6cm，宽1.5~5cm，先端渐尖，具反折的尖头，基部近圆形，边缘反卷，被丛卷毛和腺毛；叶面绿色，叶背白绿色，幼时两面密被星状毛和散生红色腺头刚毛，成熟时叶面无毛或腺毛多少宿存，叶背沿中脉、侧脉被棕黄色星状毛，中脉基部混生少数腺毛，其余无毛；中脉正面凹陷呈浅沟纹，背面显著凸起，侧脉11~16对，正面凹陷，背面凸起，两面较明显；叶柄长0.8~1.8cm，圆柱形，具纵沟，被毛同幼枝。

花 花芽鳞长卵形，先端长尾状渐尖，外面密被丛卷毛和散生腺毛，边缘具睫毛；总状伞形花序顶生，约6花，总轴长约5mm，疏被星状绒毛；花梗黄绿色，长约1.2cm，密被红色腺头刚毛和灰色星状绒毛；花萼与花梗同色，5裂，裂片三角形，长约3mm，外面被毛同花梗，边缘被腺头睫毛；花冠管状钟形，肉质，鲜红色，长约4cm，冠檐径约4.1cm，内面具深红色斑点，上方裂片斑点更密，基部具5枚暗红色蜜腺囊，外面基部在蕾期疏生绒毛，易脱落；花冠5浅裂，裂片扁圆形，长约1.5cm，宽约1.8cm，先端缺刻或无；雄蕊10，不等长，长2~3.2cm，花丝基部粉红色，其余白色，无毛，花药紫褐色；雌蕊短于花冠，子房圆柱形，长约9mm，密被灰白色长绒毛和散生红色腺头毛，花柱浅黄绿色，长约2.5cm，下部被星状绒毛，混生少数红色腺头毛，柱头棕红色，不膨大，点状。

果 未见。

受威胁状况评价

《RCB》评估：无危（LC）;《RLR》评估：易危（VU）。

引种信息及栽培适应性

华西亚高山植物园 2010年10月，庄平、王飞、朱大海、李建书和阿克基洛从 西藏东南部野外引种种子（登录号：不详）。长势较好，2021年首次开花，未见结实，栽培适应性较好。

物候

先花后叶物候型。

华西亚高山植物园 4月下旬叶芽膨大，5月上旬萌芽，5月上中旬至6月中旬展叶；3月中旬花芽膨大，4月上旬现蕾，4月中旬至5月上旬开花；未见成熟蒴果。

主要用途

　　观赏： 株形优美，花色鲜艳，观赏性强，适用于中高海拔地区的景区绿化与生态修复。

植株

叶芽与花芽

叶芽

花正面（示蜜腺囊）

幼枝

花梗与花萼

花序（示花侧面）

新叶

叶背

雄蕊

雌蕊

花蕾

亚组 16　火红杜鹃亚组

Subsect. *Neriiflora* (Tagg) Sleumer, Bot. Jahrb. Syst. 74: 545. 1949.

常绿灌木。幼枝被绒毛，有时混生刚毛。叶革质，成熟叶正面通常无毛，背面密被绒毛或毛被部分脱落呈斑块状，或仅沿中脉散生绒毛。总状伞形花序顶生，有2~8花；花萼小或大，呈杯状，裂片长2~7（~15）mm；花冠5裂，管状钟形，肉质，鲜红色、橘红色或洋红色，内面基部有蜜腺囊；雄蕊10，花丝无毛或稀被绒毛；子房卵圆形或圆锥形，被绒毛，稀被腺毛，花柱无毛或下部疏被绒毛。蒴果圆柱形，毛被宿存。

全球有27种、5亚种和16变种，分布于不丹、中国、印度和缅甸。《中国植物志》和*Flora of China*均全部收录，分布于西藏、云南。本书收录2种、1变种。

火红杜鹃亚组分种检索表

1a. 常绿矮灌木，近于爬生；花丝中部以下被柔毛；子房先端截形 ··
···126. **美艳橙黄杜鹃 *R. citriniflorum* var. *horaeum***
1b. 常绿灌木，直立；花丝无毛；子房先端通常渐尖。
  2a. 叶背无毛或近无毛；花萼发育，裂片形态变化，长3~6mm；花柱中下部被绒毛····················
···127. **火红杜鹃 *R. neriiflorum***
  2b. 叶背被一层不连续的毛被；花萼不发育，裂片三角形，长约2mm；花柱无毛或基部与子房连接处被绒毛 ··128. **绵毛杜鹃 *R. floccigerum***

126
美艳橙黄杜鹃

Rhododendron citriniflorum I. B. Balfour & Forrest var. *horaeum* (I. B. Balfour & Forrest) D. F. Chamberlain,
Notes Roy. Bot. Gard. Edinburgh 37(2): 332. 1979.
别名：美艳杜鹃

分布与生境
中国特有变种，产西藏、云南。生于海拔3600～4500m的高山草地、悬岩或灌丛中。

迁地栽培形态特征
常绿矮生灌木，高0.6～1.2m。

🌿 **茎** 主干灰褐色，皮层纵裂，薄片状剥落；幼枝被黄褐色绒毛，后渐脱落。

🍃 **叶** 芽鳞多宿存；叶革质，长圆状倒卵形至长椭圆形，长2.7～10.8cm，宽1.4～4.7cm，先端急尖至钝圆，具尖头，基部宽楔形至近圆形，边缘反卷；叶面深绿色，幼时被绒毛，不久脱落，叶背密被一层灰褐色至黄褐色绵毛状分枝绒毛；中脉正面凹陷，背面凸起，侧脉8～12对，正面微凹，背面为毛被覆盖；叶柄粗短，长0.4～1.1cm，上面平坦，被毛同幼枝。

🌸 **花** 花芽鳞外面及边缘被绒毛；伞形花序顶生，有6～8花，总轴长6～8mm，被绒毛；花梗黄绿色带红色或淡红色，长2～3cm，被分枝绒毛，无腺毛；花萼与花冠同色，发育，肉质，5裂，裂片大小形状变化，长3～7（～15）mm，外面和边缘疏被绒毛，无腺毛；花冠管状钟形，橘红色或洋红色，长4.8～5.2cm，冠檐径5.2～5.5cm，内外无毛，基部具5枚蜜腺囊；花冠5浅裂，裂片卵圆形，长2～2.2cm，先端缺刻，上方裂片或所有裂片内面具深色斑点；雄蕊10，不等长，长2.7～4.5cm，花丝白色带红色，下部被短柔毛，花药黑褐色；雌蕊短于花冠，子房卵圆形，先端平截，具纵肋，长约6mm，密被分枝绒毛，无腺毛，花柱黄绿色，长约3cm，下部疏生绒毛，柱头棕红色，稍膨大或不膨大，点状。

🍎 **果** 蒴果圆柱形，长1.5～2cm，径5～7mm，被绒毛。

受威胁状况评价
《RCB》评估：无危（LC）；《RLR》评估：易危（VU）。

引种信息及栽培适应性
华西亚高山植物园 2002年10月，庄平、张超、冯正波和杨学康从云南腾冲市北风坡引种种子（登录号：20021044）。生长旺盛，开花量较大，结实率较高，栽培适应性良好。

物候
先花后叶、部分重叠物候型。
华西亚高山植物园 5月上旬叶芽膨大，5月中下旬萌芽，5月下旬至6月中旬展叶；4月下旬花芽膨大，5月上中旬现蕾，5月13～20日始花、5月21日至6月6日盛花、6月7～15日末花；10月上旬蒴果成熟。

主要用途
观赏：株形紧凑，花色鲜艳，花萼奇特，观赏性强，适用于中海拔地区的景区绿化与园林造景。

叶芽伸长

幼枝

花芽

花正面

小花分开

雄蕊

雌蕊

花侧面

蒴果与叶芽

植株

127

火红杜鹃

Rhododendron neriiflorum Franchet, Bull. Soc. Bot. France 33: 230. 1886.

分布与生境

中国特有种，产西藏、云南。生于海拔2500～3900m的混交林、针叶林林缘或杜鹃花灌丛中。

迁地栽培形态特征

常绿灌木，高0.6～1m。

茎 主干灰褐色，皮层纵裂，片状剥落；幼枝被灰白色绒毛，有时混生红色刚毛，后逐渐脱落。

叶 革质，矩圆形、椭圆形至倒卵形，长3.9～7.6cm，宽1.4～3cm，先端钝或圆形，具尖头，基部宽楔形至钝圆；叶片幼时两面被灰色分枝绒毛，成熟时叶面深绿色，无毛，叶背灰白色，沿中脉散生绒毛；中脉正面凹陷，背面凸起，侧脉12～16对，两面不显明；叶柄暗紫色或黄绿色，长4～9mm，具纵沟，幼时被绒毛，后渐脱落。

花 花芽鳞外面及边缘被绒毛；总状伞形花序顶生，有2～8花，总轴短，被绒毛；花梗黄绿色带红晕，长0.6～1.2cm，被灰白色绒毛，无腺毛；花萼绿色或红色，5裂，圆形、卵形、齿形或卵状三角形，长3～5mm，外面及边缘疏被短绒毛；花冠管状钟形，肉质，深红色，长约3.6cm，冠檐径约3.2cm，内外无毛，内面基部有5枚深色的蜜腺囊；花冠5浅裂至全长的1/3，裂片卵圆形，长1.1～1.3cm，先端缺刻，裂片内面具深色斑点；雄蕊10，不等长，直立，长1.2～2.5cm，花丝基部淡红色，其余白色，无毛，花药紫褐色；雌蕊短于花冠，子房长圆锥形，先端渐细，长约6mm，密被白色绒毛，无腺毛，花柱黄绿色，近顶部带红色，长约2.1cm，中部以下被白色绒毛，柱头红色，不膨大，点状。

果 蒴果圆柱形，弯曲，长1.7～2cm，径约4mm，具纵肋和毛被残迹。

受威胁状况评价

《RCB》及《RLR》评估：均为无危（LC）。

引种信息及栽培适应性

华西亚高山植物园 2002年10月，庄平、张超、冯正波和杨学康从云南腾冲市野外引种种子（登录号：20021057）。生长旺盛，开花量较大，结实率较高，栽培适应性良好。

物候

先花后叶物候型。

华西亚高山植物园 4月下旬叶芽膨大，5月上中旬萌芽，5月中旬至6月下旬展叶；3月上旬花芽膨大，3月中下旬现蕾，3月24～31日始花、4月1～25日盛花、4月26日至5月10日末花；11月上旬蒴果成熟。

主要用途

观赏：株形优美，花繁叶茂，色泽鲜艳，观赏性强，适用于中海拔地区的景区绿化与园林造景。

叶芽

花芽

幼枝

花蕾

花正面

植株

花序（示红色花萼）

花正面（示蜜腺囊）

花侧面（示绿色花萼）

花芽与蒴果

雄蕊

雌蕊

128
绵毛杜鹃

Rhododendron floccigerum Franchet, J. Bot. (Morot) 12(15-16): 259-260. 1898.

分布与生境

中国特有种，产西藏、云南。生于海拔2300~4000m的林缘或杜鹃花灌丛中。

迁地栽培形态特征

常绿小灌木，高约0.5m。

茎 主干灰褐色，皮层层状剥落；幼枝密被丛卷绒毛和腺头刚毛，2~3年生枝毛被宿存。

叶 常集生枝顶，革质，狭椭圆形、长圆状椭圆形或椭圆形，长5~7.5cm，宽1.6~2cm，先端急尖，具尖头，基部宽楔形，边缘反卷；叶面绿色，幼时被灰色丛卷毛和混生腺毛，不久脱落，叶背灰绿色，幼时密被黄褐色分枝星状绒毛，成熟时毛被脱落呈斑块状宿存，表皮有乳头状小突起，稀近无毛；中脉正面凹陷，背面凸起，侧脉10~13对，背面多为毛被部分覆盖，两面明显；叶柄长0.6~1cm，上面平坦，具浅纵沟，被毛同幼枝。

花 花芽鳞外面及边缘被绒毛；伞形花序顶生，有3~7花，总轴不明显，被绒毛；花梗黄绿色带红色或紫红色，长约1.2cm，密被棕灰色绒毛；花萼与花梗同色，5齿裂，裂片三角形，长约2mm，外面被绒毛，边缘具睫毛；花冠管状钟形，肉质，深红色，长约2.8cm，冠檐径约3.2cm，基部具5枚深色的蜜腺囊，内外无毛；花冠5裂至全长的1/3，裂片扁圆形，先端缺刻；雄蕊10，直立，不等长，长1.8~2.4cm，花丝基部淡紫红色，其余白色，无毛，花药褐色；雌蕊与花冠近等长，子房圆锥形，先端渐尖，长约5mm，密被星状绒毛，花柱黄绿色，长约2.5cm，无毛或基部与子房连接处被绒毛，柱头棕红色，不膨大，点状。

果 未见。

受威胁状况评价

《RCB》及《RLR》评估：均为无危（LC）。

引种信息及栽培适应性

华西亚高山植物园 引种信息不详。长势一般，开花量小，未见结实。因引种时间较短，数量少，不作适应性评价。

物候

先花后叶、部分重叠物候型。

华西亚高山植物园 4月下旬叶芽膨大，5月上中旬萌芽，5月中旬至6月上旬展叶；4月上旬花芽膨大，4月下旬现蕾，5月上旬至中旬开花；未见成熟蒴果。

主要用途

观赏：株形优美，花色鲜艳，观赏性强，适用于中海拔地区的景区绿化与园林造景。

药用：枝、叶、花萃取物对葡萄球菌、痢疾杆菌等有抑制作用，可用于抗菌消炎药物开发。

植株

幼枝

叶背

花正面

花侧面与雄蕊

雌蕊

亚组17　蜜腺杜鹃亚组

Subsect. *Thomsonia* (Tagg) Sleumer, Bot. Jahrb. Syst. 74: 545, 1949.

全球有15种、1亚种和2变种，分布于不丹、中国、印度、缅甸和尼泊尔。《中国植物志》和 *Flora of China* 均全部收录，分布于四川、西藏和云南。本书收录1种，亚组的主要形态特征见种描述。

129
猴斑杜鹃

Rhododendron faucium D. F. Chamberlain, Notes Roy. Bot. Gard. Edinburgh 36(1): 124-125. 1978.

分布与生境

产西藏；印度也有分布。生于海拔 2600~3400m 的竹林、针叶林中。

迁地栽培形态特征

常绿灌木，高约 1.5m。

茎　主干灰白色，皮层片状或层状剥落，光滑；幼枝密被粉红色腺头毛，后逐渐脱落。

叶　多密生枝顶，薄革质至革质，窄倒卵状椭圆形或倒卵状披针形，长 9.2~13cm，宽 3.5~5cm，先端圆形，具尖头，基部宽楔形或近圆形，边缘反卷，幼时疏生腺毛，不久脱落；叶面深绿色，成熟时无毛，叶背淡绿色，基部疏生绒毛和腺毛，沿中脉散生腺毛；中脉正面平坦，背面显著凸起，侧脉 9~13 对；叶柄圆柱形，长 1~1.5cm，无纵沟，幼时疏生粉红色腺头毛，后多少宿存。

花　花芽鳞外面沿中脊两侧被腺毛，边缘具柔毛；总状伞形花序顶生，有 8~12 花，稀 3~4 花，总轴长 1.5~2cm；花梗黄绿色带红晕，长 1.3~1.6cm，被紫红色腺头毛；花萼与花梗同色，杯状或盘状，5 裂，裂片反卷，不规则或浅三角形，长约 5mm，外面基部及边缘疏被红色腺头毛；花冠管状钟形或钟形，质地较薄，粉红色，长 4~5cm，冠檐径 5.6~6.2cm，内外无毛，内面基部有 5 枚深色蜜腺囊；花冠 5 裂，裂片卵圆形，长 1.5~2.3cm，先端缺刻，上方裂片内面具紫红色斑点；雄蕊 10，直立，不等长，长 2~3cm，花丝白色至粉红色，无毛，花药黑褐色；雌蕊与花冠近等长，子房圆柱形，长 5~7mm，径 3~4mm，密被紫红色腺头的长柄腺毛，花柱中上部粉红色，其余白色，长约 4.2cm，无毛或基部与子房连接处被少数红色腺头的长柄腺毛，柱头黑褐色，稍膨大，顶端具裂片状深沟纹。

果　蒴果圆柱形，长 2~2.2cm，径 7~8mm，有腺毛残迹。

受威胁状况评价

《RCB》及《RLR》评估：均为无危（LC）。

引种信息及栽培适应性

华西亚高山植物园　1998 年 9 月，庄平、张超和冯正波从西藏米林县多雄拉山引种种子（登录号：980149）；2010 年 10 月，庄平、王飞、朱大海和李建书从西藏巴宜区鲁郎兵站引种种子（登录号：1009121）。生长旺盛，开花量较大，结实率高，栽培适应性良好。

物候

先花后叶物候型。

华西亚高山植物园　3 月下旬叶芽膨大，4 月上中旬萌芽，4 月中旬至 5 月中旬展叶；3 月上旬花芽膨大，3 月中旬现蕾，3 月 16~23 日始花、3 月 24 日至 4 月 8 日盛花、4 月 9~16 日末花；10 月下旬蒴果成熟。

主要用途

观赏：株形紧凑，主干光滑，花色鲜艳，观赏性强，适用于中海拔地区的景区绿化与园林造景。

植株

主干

叶芽伸长

花蕾

花序

幼枝与叶芽

花芽

花正面

花侧面（示花梗与花萼）

雄蕊

雌蕊

蒴果

亚属VI 马银花亚属

Subg. *Azaleastrum* Planchon ex K. Koch, Dendrologie 2(1): 159. 1872.

常绿灌木或小乔木；幼枝无毛或被短柔毛或腺头刚毛。叶薄革质至革质，无毛或被毛。通常1至多个花序聚生枝顶叶腋，每个花序有1至数花；花萼5裂，裂片发育或不明显；花冠5裂，辐状、漏斗形至管状漏斗形；雄蕊5或10，不等长，花丝被柔毛，稀无毛；子房卵球形或长圆柱形，无毛或被柔毛或腺毛，花柱无毛（仅刺毛杜鹃具腺毛）。蒴果卵球形或长圆柱形，无毛或被微柔毛，稀具腺刚毛。

全球有29种，主要分布于中国、日本、中南半岛至印度尼西亚。《中国植物志》收录22种、5变种，*Flora of China* 收录26种、7变种，多集中分布于华东、华中、华南及西南等地区。本书收录10种、1变种。

马银花亚属分组检索表

1a. 雄蕊5；花萼裂片大而阔；蒴果卵球形，成熟时裂瓣上部同花柱常不连结
··· 组1. 马银花组 Sect. *Azaleastrum*

1b. 雄蕊10；花萼裂片不明显或少有发育为披针形；蒴果长圆柱形，成熟时裂瓣上部同花柱连结
··· 组2. 长蕊杜鹃组 Sect. *Choniastrum*

组1　马银花组

Sect. *Azalcastrum* Planchon ex Maximowicz, Mém. Acad. Imp. Sci. Saint Pétersbourg, Sér. 7, 16(9): 15, 45. 1870.

　　常绿灌木。幼枝被腺毛或柔毛。叶薄革质至革质，除中脉外无毛。通常多个花芽聚生枝顶叶腋，单花，偶2花；花萼5裂，裂片大而宽，长3~8mm，外面基部被柔毛或腺毛，边缘无毛或具腺毛；花冠辐状、宽漏斗形或管状钟形，5裂，花冠管通常较裂片更短，稀长于裂片；雄蕊5，不等长，伸出花冠外，花丝下部被柔毛，稀无毛；子房卵球形，被短柄腺毛，花柱无毛。蒴果卵球形、宽卵球形，被腺毛，成熟时裂瓣上部同花柱常不连结。

　　全球有9种，主要分布于中国、老挝、缅甸和越南。《中国植物志》收录8种、2变种，*Flora of China* 收录8种、1变种，多集中分布于华东、华中、华南及西南等地区。本书收录4种。

马银花组分种检索表

1a. 花冠辐状，裂片明显开展，花冠管较裂片短；花不为深红色。

　2a. 叶卵圆形、阔卵形，成熟叶两面沿中脉被柔毛。

　　3a. 叶缘全缘；花萼裂片边缘无毛或疏生腺毛，或仅外面基部被柔毛⋯⋯⋯⋯130. 马银花 *R. ovatum*

　　3b. 叶缘全缘或顶部1/3具细齿；花萼裂片边缘密被短柄腺毛⋯⋯⋯⋯⋯⋯131. 腺萼马银花 *R. bachii*

　2b. 叶披针形、长圆状披针形，成熟叶两面无毛⋯⋯⋯⋯⋯⋯⋯⋯⋯⋯132. 薄叶马银花 *R. leptothrium*

1b. 花冠宽漏斗形至管状钟形，裂片稍开展，花冠管较裂片长；花深红色⋯⋯⋯⋯133. 红马银花 *R. vialii*

130

马银花

Rhododendron ovatum (Lindley) Planchon ex Maximowicz, Bull. Acad. Imp. Sci. Saint-Pétersbourg, Sér. 3 15-16(2): 230. 1871.

顶生叶芽与侧生花芽

花叶同放

植株

单花聚生枝顶叶腋（花萼边缘疏生腺毛）

分布与生境

　　中国特有种，产安徽、福建、广东、广西、贵州、湖北、湖南、江苏、江西、四川、台湾和浙江。生于海拔330～1700m的疏林、林缘或灌丛中。

迁地栽培形态特征

　　常绿大灌木，高1.5～4m。

　　茎　主干灰褐色，皮层薄片状剥落；小枝灰白色；幼枝疏被不等长的有柄腺毛和短柔毛，2～3年生枝毛被宿存。

叶 叶芽小，外侧芽鳞外面和边缘被柔毛，内侧芽鳞外面和边缘被红色短柄腺毛；叶常聚生枝顶，薄革质、卵形、宽卵形或椭圆状卵形，长3.5~6cm，宽1.8~3cm，先端渐尖或钝，具短尖头，基部圆形；叶面深绿色，有光泽，沿中脉密被短柔毛，叶背浅绿色，沿中脉疏生短柔毛和近基部偶有腺毛；中脉正面微凸，背面显著凸起，侧脉10~13对，在边缘1/3处连接，与细脉构成网状；叶柄长0.8~1.5cm，圆柱形或具浅纵沟，密被短柔毛和疏生有柄腺毛。

花 花芽圆锥形，通常多个聚生枝顶叶腋；芽鳞外面被短柔毛，边缘具睫毛；单花，花梗淡绿色或粉红色，长1.1~2cm，密被不等长有柄腺毛和短柔毛；花萼与花梗同色，5深裂至基部，裂片卵形或三角状卵形，长3~5mm，宽约3mm，外面基部被腺毛和短柔毛，边缘无毛或疏生短柄腺毛；花冠辐状，淡紫色、紫红色或粉红色，长2.6~3.2cm，冠檐径5.5~6.2cm，外面无毛，花冠管内面被微柔毛；花冠5深裂，裂片卵圆形或长圆状倒卵形，长2~2.5cm，宽约1.8cm，先端无缺刻，上方裂片内面具紫红色斑点；雄蕊5，不等长，长2.2~3.2cm，花丝扁平，白色或带浅粉色，中部以下被柔毛，有黏质，花药淡紫色；雌蕊长于花冠，子房卵球形，长约3mm，径约3mm，密被白色短柄腺毛，花柱黄绿色至白色，长3.1~3.7cm，无毛，柱头绿色或棕红色，稍膨大，顶端具5深沟纹。

果 蒴果宽卵球形，长7~8mm，宽5~6mm，被灰褐色短腺毛；花萼增大包裹蒴果，外面及边缘无毛。

受威胁状况评价

《RCB》及《RLR》评估：均为无危（LC）。

引种信息及栽培适应性

庐山植物园 杜鹃园有自然分布；1980年代，刘永书等从庐山引种实生苗；2001—2020年，张乐华等分别从江西庐山、井冈山、崇义县齐云山、铅山县武夷山、资溪县马头山及湖南炎陵县引种实生苗和种子。杜鹃园栽培生长旺盛，每年大量开花结实，且园区可见自然更新苗，适应性良好。

杭州植物园 1953年1月，从浙江奉化区引种实生苗（登录号：53C11003P95-1855）；1996年1月，从浙江西湖区山区引种实生苗（登录号：96C11074P-51）；2000年1月，朱春艳从浙江遂昌县引种实生苗（登录号：00L00000U95-1847）；2002年4月，朱春艳从浙江安吉县引种实生苗；2005年11月，朱春艳从浙江泰顺县引种实生苗；2012年12月，朱春艳等从安徽、浙江等地引种实生苗。杜鹃园栽培生长旺盛，根部易受白蚁等害虫危害，不耐水湿，每年开花结实，适应性良好。

湖南省植物园 2004年12月，廖菊阳从湖南城步苗族自治县引种实生苗。杜鹃园栽培生长旺盛，开花量大，结实率高，适应性良好。

武汉植物园 2009年3月、11月和12月，徐文斌等分别从湖南株洲市（登录号：20090002）、郴州市（登录号：20094578）和福建龙岩市（登录号：20090849）野外引种实生苗；2014年3月、11月，徐文斌等分别从贵州雷山县（登录号：20140175）、广东阳山县（登录号：20140175）野外引种实生苗；2016年3月，何俊等从广西武宣县野外引种实生苗（登录号：20163072）。杜鹃园及过渡圃栽培长势较好，每年开花结实，适应性较好。

物候

先花后叶、部分重叠物候型。

庐山植物园 3月下旬叶芽膨大，4月上中旬萌芽，4月14~24日展叶始期、4月25日至5月3日盛期、5月4~13日末期；3月中旬花芽膨大，4月上旬现蕾，4月10~18日始花、4月19~30日盛花、5月1~10日末花；10月中下旬蒴果成熟。

杭州植物园 3月下旬叶芽膨大，4月上中旬萌芽，4月中下旬至5月上旬展叶；3月中旬花芽膨大，4月上旬现蕾，4月中旬至5月上旬开花；11月上旬蒴果成熟。

　　湖南省植物园　3月下旬叶芽膨大，4月中旬萌芽，4月22日至5月1日展叶始期、5月2~10日盛期、5月11~20日末期；3月上旬花芽膨大，3月中下旬现蕾，3月25日至4月4日始花、4月5~14日盛花、4月15~25日末花；10月中下旬蒴果成熟。

　　武汉植物园　3月下旬叶芽膨大，4月中旬萌芽，4月中下旬展叶始期、5月上旬盛期、5月中旬末期；3月下旬花芽膨大，4月上旬现蕾，4月上中旬始花、4月中旬盛花、4月下旬末花；11月上旬蒴果成熟。

主要用途

　　观赏：分枝多，株形优美，耐修剪，花团锦簇，色泽淡雅而清香，分布广，观赏性和适应性强，是优良的大型盆栽材料，也可用于低海拔城市及中海拔景区的园林绿化与造景。

　　药用：《中国有毒植物图谱数据库》收录。根、花入药，有清热、解毒、利湿功效，主治湿热带下、舌苔黄腻等；外用治痈肿、疔疮。

　　工业：花含 α-金合欢烯等倍半萜类成分，可用于皂、洗涤剂香精和日化香精的开发。

花枝

花正面（粉白色）

花正面（淡紫色）

花侧面（花萼边缘无毛）

雌雄蕊（萼片边缘疏生腺毛）

花正面（紫红色）

蒴果（萼片边缘无毛）

131
腺萼马银花

Rhododendron bachii H. Léveillé, Repert. Spec. Nov. Regni Veg. 12(312-316): 102-103. 1913.
别名： 石壁杜鹃

分布与生境

中国特有种，产安徽、广东、广西、贵州、湖北、湖南、江西、四川和浙江。生于海拔500～1600m的疏林、林缘或灌丛中。

迁地栽培形态特征

常绿大灌木，高1.5～3.5m。

茎 主干灰褐色，皮层层状剥落；小枝灰白色；幼枝被短柔毛和疏生或密被不等长有柄腺毛，2～3年生枝腺毛宿存。

叶 散生或聚生枝顶，薄革质，卵形、宽卵形或椭圆状卵形，长3.5～5.5cm，宽1.6～2.6cm，先端渐尖至尾状渐尖，稀先端凹缺，具短尖头，基部圆形，边缘微波状，全缘或顶部1/3具刚毛状细齿；叶片幼时绿色或紫红色，成熟时叶面深绿色，沿中脉疏生或密被短柔毛，叶背浅绿色，幼时近基部疏生腺毛，成熟时仅沿中脉疏生短柔毛和偶有腺毛；中脉两面微凸，侧脉9～12对，在边缘1/3处连接，与细脉构成网状；叶柄长0.5～1.5cm，圆柱形，无纵沟，被短柔毛和疏生或密被刚毛状腺毛。

花 花芽圆锥形，通常多个聚生枝顶叶腋；芽鳞长卵圆形，外面密被短柔毛，边缘具睫毛；单花，偶2花，花梗黄绿色带红色，长1.1～1.7cm，密被不等长有柄腺毛和短柔毛；花萼浅黄绿色或带红晕，5深裂至基部，裂片卵形或倒卵形，先端钝圆，长4～5mm，宽3～4mm，外面基部密被腺毛和短柔毛，边缘密被短柄腺毛；花冠辐状，淡紫色、紫色或粉红色，长2.6～3cm，冠檐径4.5～5.2cm，花冠管内面被微柔毛，外面无毛或疏被微柔毛；花冠5深裂，裂片卵圆形或宽倒卵形，长2～2.4cm，宽2.1～2.4cm，先端无或偶有缺刻，上方裂片内面具深紫色斑点；雄蕊5，不等长，长1.5～3cm，花丝扁平，白色或带浅粉紫色，中部以下或下部2/3被柔毛，具黏质，花药紫色；雌蕊长于花冠，子房卵球形，长约3mm，径约3mm，密被白色短腺毛，花柱黄绿色至白色，长3～3.8cm，无毛，柱头浅黄绿色，稍膨大，顶端具5沟纹。

果 蒴果卵球形，长6.5～8mm，宽5～6mm，密被短柄腺毛；花萼增大包裹蒴果，边缘腺毛多少宿存。

受威胁状况评价

《RCB》评估：未评估（NE）；《RLR》评估：数据缺乏（DD）。

引种信息及栽培适应性

庐山植物园 2001—2020年，张乐华、刘向平和王兆红等分别从江西井冈山、崇义县齐云山、铅山县武夷山、资溪县马头山及湖南炎陵县等地野外引种实生苗和种子。杜鹃园栽培生长旺盛，每年大量开花结实，且园区可见自然更新苗，适应性良好。

物候

先花后叶、部分重叠物候型。

　　庐山植物园　3月下旬叶芽膨大,4月上中旬萌芽,4月16～24日展叶始期、4月25日至5月3日盛期、5月4～13日末期;3月中旬花芽膨大,4月上旬现蕾,4月12～20日始花、4月21～30日盛花、5月1～10日末花;10月中下旬蒴果成熟。

主要用途

　　观赏:分枝多,株形优美,耐修剪,花团锦簇,色泽淡雅而清香,分布广,观赏性和适应性强,是优良的大型盆栽材料,也可用于低海拔城市及中海拔景区的园林绿化与造景。

　　药用:根、叶入药,有消炎、理气、止咳功效,主治咳嗽、支气管炎、遗精、白带、痢疾。

　　注:腺萼马银花与马银花主要分类区别为花萼边缘是否有腺毛。根据作者野外观察发现,该特征不够稳定,同一产地甚至同一腺萼马银花植株其花萼边缘有散生腺毛、密被腺毛的变化,栽培地也有类似情况。Clark(1975)及徐炳生(1984)建议将其与马银花归并,Philipson(1986)、Chamberlain(1996)、高连明(2002)及耿玉英(2014)均接受归并处理,本书作者也倾向于将两者归并。因该物种已有广泛的栽培记载,本书给予收录,有待更多的形态及分子证据进行查证。

植株　　　顶生叶芽与腋生花蕾　　　花叶同放

花序(偶2花)　　　花梗、花萼(边缘密被腺毛)

花枝　　　花正面

花侧面(花萼密被腺毛)　　　雌雄蕊(萼片边缘密被腺毛)　　　蒴果(萼片边缘具腺毛)

132

薄叶马银花

Rhododendron leptothrium I. B. Balfour & Forrest, Notes Roy. Bot. Gard. Edinburgh 11(52-53): 84-86. 1919.

分布与生境

产四川、西藏和云南；缅甸也有分布。生于海拔 1700~3200m 的灌丛中。

迁地栽培形态特征

常绿灌木，高 1~2m。

茎 主干灰褐色，皮层层状剥落，光滑；幼枝淡红褐色，密被灰白色微柔毛，后逐渐脱落。

叶 薄革质，集生枝顶，椭圆形、椭圆状卵形或长圆状披针形，长 5~7cm；宽 2~3.2cm，先端渐尖，稀顶部微凹，具软角质短尖头，基部楔形，边缘浅波状，微反卷，幼时被睫毛，不久脱落；叶面深绿色，仅中脉被短柔毛，叶背白绿色，具光泽，无毛；中脉、侧脉两面凸出，侧脉 8~11 对，不达叶缘连接，细脉明显；叶柄圆柱形，无纵沟，长 1~1.8cm，密被灰白色短柔毛。

花 花芽圆锥形，通常 2~4（~8）个聚生枝顶叶腋；芽鳞外面被灰色短柔毛，边缘具睫毛；单花；花梗黄绿色，长约 1.2cm，被腺头短刚毛和柔毛；花萼发育，浅紫色，5 深裂至基部，裂片长圆形，长 5~6mm，先端圆钝，外面基部被短柄腺毛，边缘具腺头睫毛；花冠辐状，蔷薇色，长 2~2.5cm，外面无毛或管部散生短柔毛，花冠管内面被微柔毛；花冠 5 深裂，裂片达全长的 2/3，倒卵形，长 1.2~1.6cm，宽 0.8~1cm，上方裂片内面中部具深紫色斑点；雄蕊 5，不等长，短于花冠，花丝白色，基部扁平，长 1.5~1.8cm，下部 2/3 或中部以下被柔毛，花药米黄色；子房卵球形，长约 3mm，中上部被腺毛，花柱白色，长于雄蕊，长约 2.2cm，伸出于花冠外，无毛，柱头紫红色，膨大呈头状，顶端具 5 浅沟纹。

果 蒴果为增大的宿萼包裹，卵球形，长 6~8mm，径约 6mm，中部以上被短腺毛。

受威胁状况评价

《RCB》及《RLR》评估：均为无危（LC）。

引种信息及栽培适应性

庐山植物园　2018 年 3 月，张乐华从云南景东县哀牢山引种实生苗（登录号：2018YN024）。保育温室栽培生长良好，开花量较大，但未见结实；杜鹃园栽培冬季出现严重冻害，当年生枝叶冻死，无法正常生长，适应性差。

昆明植物园　1986 年，张长芹从云南维西县后山引种种子。生长旺盛，每年大量开花结实，栽培适应性较好。

物候

花叶同放物候型。

庐山植物园保育温室　3 月中旬叶芽膨大，3 月下旬萌芽，4 月上旬至下旬展叶；3 月中旬花芽膨大，3 月下旬现蕾，4 月上旬至中下旬开花；未见成熟蒴果。

昆明植物园 3月下旬叶芽膨大，4月上旬萌芽，4月中旬至5月上旬展叶；3月下旬花芽膨大，4月上旬现蕾，4月中旬始花、4月下旬盛花、5月上旬末花；10月蒴果成熟。

主要用途

观赏：分枝多、株形紧凑，花密集、色泽淡雅，适用于大型盆栽及中低海拔地区的园林造景。

133

红马银花

Rhododendron vialii Delavay & Franchet, J. Bot. (Morot) 9(21): 398-399. 1895.

分布与生境

产贵州、云南；老挝、越南也有分布。生于海拔1200~2000m的多岩石山坡林下、草地或灌丛中。

迁地栽培形态特征

常绿大灌木，高0.8~2.5m。

茎 主干灰褐色，皮层层状剥落，光滑；幼枝暗紫红色，幼时密被短柔毛，不久脱落。

叶 革质，披针形或倒卵状披针形，长3~8（~10）cm，宽2~4（~4.5）cm，先端渐尖，具软角质短尖头，基部狭楔形至楔形，边缘微反卷；幼叶淡紫红色，后变绿，成熟时叶面暗绿色，叶背淡绿色，除沿叶面中脉被灰白色微柔毛外两面无毛；中脉、侧脉两面凸起，侧脉7~9对；叶柄长1.2~2cm，上面平坦，具微纵沟或无，正面被灰白色微柔毛。

花 花芽圆锥形，常2~6个聚生枝顶叶腋；芽鳞卵形，外面及边缘被微绒毛；单花；花梗黄绿色带红色，长0.6~1cm，被有柄腺毛；花萼发育，深红色，5深裂至基部，裂片长圆形，长6~8mm，外面基部具腺头刚毛，其余疏被微柔毛，边缘密被短柄腺毛；花冠宽漏斗形至管状钟形，深红色，长2.5~3cm，冠檐径1.5~1.7cm，花冠管宽圆筒形，长于裂片，长1.5~1.8cm，基部径约5mm，外面无毛，内面被微柔毛；花冠5浅裂，裂片长圆形至卵形，直立或稍开展，长0.9~1.2cm，先端钝尖，无缺刻，上方裂片内面中部具暗红色斑点；雄蕊5，近等长，长2.3~2.7cm，稍短于花冠，花丝红色，基部扁平，无毛，花药紫黑色；雌蕊稍长于花冠，子房卵球形，长约3mm，顶端具腺毛，其余无毛，花柱红色，长3~3.5cm，无毛，柱头深紫红色，稍膨大，顶端具5浅沟纹。

果 蒴果为增大的宿萼包裹，卵球形，长约8mm，径约6mm，中上部密被腺毛。

受威胁状况评价

《RCB》评估：近危（NT）；《RLR》评估：易危（VU）。

引种信息及栽培适应性

庐山植物园 2008年3月，昆明植物园张长芹研究员赠送苗木，种源为来自云南元江哈尼族彝族傣族自治县（以下简称元江县）野外的实生苗；2018年3月，张乐华等从云南景东县哀牢山引种实生苗（登录号：2018YN025）。保育温室栽培生长良好，开花量较大，未见结实；杜鹃园栽培冬季冻害严重，无法正常生长，适应性差。

昆明植物园 1987年、1991年，张长芹、冯宝钧从云南元江县引种种子。生长旺盛，每年大量开花结实，栽培适应性良好。

物候

先花后叶、部分重叠物候型。

庐山植物园保育温室 3月上旬叶芽膨大，3月中下旬萌芽，3月下旬至4月中旬展叶；2月下旬花芽膨大，3月上中旬现蕾，3月中旬至4月上旬开花；未见成熟蒴果。

昆明植物园　2月中旬叶芽膨大，2月下旬萌芽，3月上旬至3下旬展叶；1月下旬花芽膨大，2月上旬现蕾，2月9～15日始花、2月16～26日盛花、2月27日至3月8日末花；9月蒴果成熟。

主要用途

　　观赏：分枝多，株形优美，枝繁叶茂，开花早，花形玲珑，色泽鲜艳，新叶紫红色，观赏性强，但不耐低温，适用于盆栽及低海拔地区的景区绿化与园林造景。

　　药用：枝、叶、花萃取物对变形杆菌、痢疾杆菌等有广谱的抑制作用，可用于抗菌消炎药物开发。

组 2　长蕊杜鹃组

Sect. *Choniastrum* Franch., Bull. Soc. Bot. France 33: 230. 1886.

常绿大灌木或小乔木。幼枝无毛或具腺头刚毛；叶厚纸质至革质，无毛或被腺头刚毛。花芽单生或2~3个聚生枝顶叶腋，每个花序有1至数花；花萼5裂，裂片小，长1~2mm，稀发育成线状，无毛或被腺头刚毛；花冠5裂，开展，宽漏斗形、漏斗形至狭漏斗形，白色、淡粉色、淡紫红色至淡紫色；雄蕊10，伸出于花冠外，稀短于花冠，花丝下部通常被柔毛；子房长圆柱形，先端渐细或平截，无毛，稀被腺头刚毛或柔毛，花柱无毛，稀下部被腺头刚毛。蒴果长圆柱形，长可达6.5cm，稍弯曲，无毛或被微柔毛，稀具腺头刚毛，成熟时裂瓣上部同花柱连结。

全球有20种，主要分布于中国、日本、中南半岛至印度尼西亚。《中国植物志》收录14种、3变种，*Flora of China* 收录18种、6变种，多集中分布于华东、华中、华南及西南等地区。本书收录6种、1变种。

长蕊杜鹃组分种检索表

1a. 花梗无毛。
　2a. 伞形花序，有数花。
　　3a. 花序有3花以上；子房先端渐细（不平截）。
　　　4a. 雄蕊伸出花冠外很长；花冠白色 ················· 134. 长蕊杜鹃 *R. stamineum*
　　　4b. 雄蕊等长于或短于花冠；花冠淡紫色、粉红色 ········· 135. 毛棉杜鹃 *R. moulmainense*
　　3b. 花序有（2~）3花；子房先端平截 ················· 136. 平房杜鹃 *R. truncatovarium*
　2b. 花序单花，偶2花。
　　5a. 花冠淡紫红色至淡粉红色；子房先端平截，无毛 ········· 137. 西施花 *R. latoucheae*
　　5b. 花冠白色；子房先端渐细，被柔毛 ················· 138. 滇南杜鹃 *R. hancockii*
1b. 花梗密被腺头刚毛。
　6a. 幼枝、叶片、叶柄无毛，或疏生有柄腺毛，不久脱落；花萼、子房、花柱无毛 ················
　　　 ··· 139. 秃房弯萼杜鹃 *R. henryi* var. *dunnii*
　6b. 幼枝、叶片、叶柄密被腺头刚毛，宿存；花萼、子房及花柱下部被腺头刚毛 ················
　　　 ··· 140. 刺毛杜鹃 *R. championiae*

134

长蕊杜鹃

Rhododendron stamineum Franchet, Bull. Soc. Bot. France 33: 236. 1886.

植株

分布与生境

中国特有种，产安徽、广东、广西、贵州、湖北、湖南、江西、陕西、四川、云南和浙江。生于海拔480～1700m的疏林、林缘或灌丛中。

迁地栽培形态特征

常绿大灌木至小乔木，高1.5～4m。

🌿 主干灰褐色，皮层层状剥落；老枝灰色；幼枝黄绿色，无毛。

🍃 常5枚集生枝顶，革质，椭圆形、椭圆状披针形至倒卵状长圆形，长7～10cm，宽2.3～4.5cm，先端渐尖或斜尾状尖，尖头不明显，基部宽楔形至近圆形，两侧对称或不对称，边缘稍反卷；叶面深绿色，具光泽，叶背淡绿色至苍白色，两面无毛；正面中脉明显凹陷，侧脉、细脉微凹，不皱褶，背面仅中脉凸起，侧脉13～15对，两面明显；叶柄长0.7～1.4cm，有浅纵沟，无毛。

🌸 花芽卵圆形，单生或2～3个同时聚生枝顶叶腋；芽鳞覆瓦状排列，卵形，花期早落，外面先端和边缘被柔毛；伞形花序有3～6（多4～5）花，具芳香，总轴长3～5mm，无毛；花梗黄绿色或带红色，长2.5～4.2cm，花后增长，无毛；花萼浅黄绿色，波状或三角状5齿裂，裂片长约1mm，无毛；

花冠狭漏斗形，白色，长4.5～5.5cm，冠檐径6.5～7.5cm，内外无毛；花冠管较短，细圆筒状，向基部稍狭，长约1.5cm，径约4mm；花冠5深裂，裂片长圆形、倒卵形或长圆状倒卵形，长3.3～3.8cm，宽1.6～2cm，反卷，上方裂片内面具黄色斑块，裂片边缘褶皱，先端无缺刻；雄蕊10，伸出花冠外很长，短于雌蕊，不等长，长5.8～7.3cm，花丝白色，纤细，中部以下疏生短柔毛、基部无，稀花丝无毛，花药米黄色；雌蕊长于花冠，子房圆柱形，先端渐细至花柱（不平截），长约6mm，径2～2.5mm，无毛，花柱白色，长6～7cm，无毛，柱头黄绿色，膨大呈头状，顶端具浅沟纹。

果 蒴果长圆柱形，微弯曲，长3～5cm，径4～5mm，具深纵肋，先端渐尖，无毛。

受威胁状况评价

《RCB》及《RLR》评估：均为无危（LC）。

引种信息及栽培适应性

庐山植物园 1980年代，刘永书等从江西井冈山引种；2002年10月、2004年3月，张乐华、刘向平等分别从江西井冈山、崇义县齐云山引种实生苗。杜鹃园栽培生长旺盛，每年大量开花结实，但部分年份冬季叶片有轻微冻害，适应性良好。

华西亚高山植物园 1998年9月，耿玉英从贵州大方县百里杜鹃引种种子（登录号：980523）；2000年9月，庄平从四川峨眉山引种种子（登录号：000337）；2009年9月，庄平、王飞、李烨和杨学康从四川洪雅县瓦屋山引种种子（登录号：2009120）；2009年9月，庄平从庐山植物园引种种子（登录号：2009L026）。长势较好，开花量较大，可结实，栽培适应性良好。

昆明植物园 1993年，张长芹从云南屏边县大围山引种实生苗及种子。生长旺盛，每年开花结实，栽培适应性较好。

杭州植物园 1991年1月，从四川峨眉山引种扦插苗（登录号：91C31016P95-437）；2010年10月，江燕、黎念林从湖南张家界引种实生苗（登录号：10C22006-016）；2012年，王挺、黎念林从湖北恩施市引种实生苗（登录号：12C21004-051）。杜鹃园栽培生长旺盛，每年开花结实，适应性良好。

物候

先花后叶或先叶后花、部分重叠物候型，不同栽培地物候节律有变化。

庐山植物园 先叶后花、部分重叠物候型（参见植株照片）。4月上旬叶芽膨大，4月下旬萌芽，4月28日至5月5日展叶始期、5月6～15日盛期、5月16～25日末期；4月下旬花芽膨大，5月上中旬现蕾，5月15～22日始花、5月23日至6月1日盛花、6月2～10日末花；2021年花叶物候比正常年份提早5～7天；11月上旬蒴果成熟。

华西亚高山植物园玉堂园区 3月下旬叶芽膨大，4月上中旬萌芽，4月中旬至5月上旬展叶；3月中旬花芽膨大，3月下旬至4月上旬现蕾，4月上中旬至5月上旬开花；10月上旬蒴果成熟。

昆明植物园 4月上旬叶芽膨大，4月中旬萌芽，4月下旬至5月中旬展叶；3月中下旬花芽膨大，4月上旬现蕾，4月8～13日始花、4月14～22日盛花、4月23～30日末花；9月蒴果成熟。

杭州植物园 4月上旬叶芽膨大，4月中下旬萌芽，4月下旬至5月中旬展叶；3月上旬花芽膨大，3月下旬现蕾，4月上旬至下旬开花；11月上旬蒴果成熟期。

主要用途

观赏：分枝多，株形紧凑，花团锦簇，花姿奇特，具芳香，枝条萌发力强，耐修剪，姿、色、香俱佳，适应性强，园林应用前景广阔，适用于低海拔城市及中海拔景区的园林绿化与造景。

药用：枝、叶、花入药，主治狂犬病（苗药）。

顶生叶芽与腋生花芽

幼枝与新叶

多个花芽腋生枝顶

花蕾

花序

花枝

花正面（花丝无毛）

花正面（花丝被毛）

雌雄蕊（花丝被毛）

雄雄蕊（花丝无毛）

蒴果

135

毛棉杜鹃

Rhododendron moulmainense J. D. Hooker, Bot. Mag. 82: t. 4904. 1856.
别名：白杜鹃、丝线吊芙蓉

植株

分布与生境

产福建、广东、广西、贵州、海南、湖南、江西、四川和云南等；柬埔寨、印度、印度尼西亚、日本、老挝、马来西亚、缅甸、泰国和越南等地也有分布。生于海拔600~1700m的疏林、林缘或灌丛中，可形成优势种群。

迁地栽培形态特征

常绿大灌木至小乔木，高2.8~4.2m。

🌿 主干灰褐色，树皮薄片状剥落；幼枝绿色，粗壮，无毛。

🍃 常4~6枚集生枝顶，革质，椭圆状披针形至倒卵状长圆形，长8~12（~16）cm，宽2.5~4（~5）cm，先端渐尖，稀尾状尖，尖头不明显，基部楔形至宽楔形，边缘稍反卷；叶面深绿色，叶背淡绿色至苍白色，两面无毛；中脉和侧脉正面凹陷，背面仅中脉凸出，侧脉11~15对；叶柄长1~2cm，具浅纵沟，无毛。

425

花 花芽圆锥状卵形，单生或2~3个同时聚生枝顶叶腋；芽鳞宽卵形，外面无毛或先端被柔毛，内面无毛，具黏质，边缘被柔毛；伞形花序有2~5花，总轴长3~5mm，无毛；花梗黄绿色或带红晕，长1.2~2.5cm，无毛；花萼与花梗同色，波状或三角状5裂，裂片长约1mm，无毛；花冠狭漏斗形，淡紫色、淡紫红色至淡粉白色，长4.5~6cm，冠檐径6.5~7.5cm，内外无毛；花冠管长1.7~2cm，基部直径约4mm，向上逐渐增粗；花冠5深裂，裂片开展，长圆形或长倒卵形，长3.2~4cm，宽1.5~2cm，先端钝圆至急尖，无缺刻，上方裂片内面中部具橘黄色至橘红色斑块；雄蕊10，不等长，长3.2~4.7cm，花丝白色，扁平，纤细，中部以下被白色短柔毛，基部无，花药淡紫色；雌蕊稍短于花冠但长于雄蕊，子房长圆柱形，长6~8mm，径1.8~2mm，先端渐细至花柱（不平截），具纵沟，无毛，花柱白色，长3.5~4.7cm，无毛，柱头浅黄绿色，膨大呈头状，顶端具浅沟纹。

果 蒴果长圆柱形，微弯曲，长4~6.5cm，径4~6mm，具5纵肋，先端渐尖，无毛。

受威胁状况评价

《RCB》及《RLR》评估：均为无危（LC）。

引种信息及栽培适应性

庐山植物园 1980年代，刘永书等从江西龙南县九连山引种实生苗；2002年10月、2004年3月，张乐华、刘向平等从湖南宜章县引种实生苗；2017年8月，张乐华从广东深圳市梧桐山引种插穗（登录号：2017SZ006）。杜鹃园栽培生长旺盛，每年大量开花结实，但部分年份有轻微冻害，适应性良好。

昆明植物园 2015年，冯宝钧从云南景东县无量山引种实生苗。杜鹃园栽培长势一般，2019年首次开花，结实率较低，冬季叶片有轻微冻害，适应性一般。

杭州植物园 2001、2004年，朱春艳从庐山植物园引种实生苗；2014年3月，朱春艳从湖南省植物园引种实生苗（登录号：14C22001-029）。杜鹃园栽培生长旺盛，每年开花结实，适应性良好。

湖南省植物园 1999年9月，彭春良从湖南宜章县引种实生苗。杜鹃园栽培生长旺盛，每年开花结实，适应性较好。

物候

先花后叶物候型。

庐山植物园 5月中旬叶芽膨大，6月上旬萌芽，6月6~13日展叶始期、6月14~21日盛期、6月22~30日末期；4月上旬花芽膨大，4月中下旬现蕾，4月24日至5月1日始花、5月2~10日盛花、5月11~19日末花；10月下旬至11月上旬蒴果成熟。

昆明植物园 3月上旬叶芽膨大，3月中旬萌芽，3月下旬至4月中旬展叶；2月中下旬花芽膨大，3月上旬现蕾，3月上中旬始花、3月中下旬盛花、3月下旬至4月上旬末花；9月蒴果成熟。

杭州植物园 4月下旬叶芽膨大，5月中旬萌芽，5月中下旬至6月上中旬展叶；3月下旬花芽膨大，4月上中旬现蕾，4月中下旬至5月上旬开花；11月上旬蒴果成熟。

湖南省植物园 4月下旬叶芽膨大，5月中旬萌芽，5月21~30日展叶始期、5月31日至6月9日展盛期、6月10~22日末期；3月下旬花芽膨大，4月上旬现蕾，4月5~19日始花、4月20~30日盛花、5月1~10日末花；10月下旬蒴果成熟。

主要用途

观赏：分枝多、株形紧凑，花团锦簇、色泽靓丽，枝条萌发力强、耐修剪，观赏性及适应性强，适用于中海拔地区的园林绿化与生态修复，也可用于低海拔城市的林下、林缘造景。

药用：根、叶入药，有止咳化痰、消肿功效，主治肺结核、内伤水肿、跌打损伤；花入药，有利水、活血功效。

叶芽与幼果

幼枝

多个花芽腋生枝顶

花蕾

花序

花枝

花正面（粉白色）

花正面（淡紫色）

花侧面

雌雄蕊

蒴果

136
平房杜鹃

Rhododendron truncatovarium L. M. Gao & D. Z. Li, Edinburgh J. Bot. 61(1): 1-5. 2004.

分布与生境

中国特有种，产广西、贵州和云南。生于海拔700~2020m常绿阔叶林下或灌丛中。

迁地栽培形态特征

常绿大灌木，高1.8~2.2m。

茎 主干灰褐色，皮层薄片状或层状剥落；枝条棕红色至灰白色；幼枝无毛。

叶 叶芽鳞外面无毛，边缘被白色短柔毛；叶常3~5枚集生枝顶，革质，披针形、椭圆形或椭圆状披针形，长6~10cm，宽2.5~4.2cm，先端渐尖或尾状长渐尖，具不明显尖头，基部宽楔形至钝圆形，边缘不反卷；叶面深绿色，叶背淡黄绿色，两面无毛；中脉正面明显凹陷，背面凸起，叶面呈浅"V"字形，侧脉10~13对，正面微凹，背面不明显；叶柄长0.8~1.5cm，具纵沟，无毛。

花 花芽长卵形，常2~5个集生枝顶叶腋；芽鳞紫红色，外面无毛，边缘被短柔毛；伞形花序有（2~）3花；花梗黄绿色或带红色，长1.5~3cm，无毛；花萼与花梗同色，波状或三角状5齿裂，裂片长约1mm，无毛；花冠漏斗形，向基部渐狭，淡紫红色至粉红色，长3.5~4.2cm，冠檐径5.2~6.2cm，外面无毛；花冠管长1.1~1.6cm，花冠5深裂，裂片开展，长圆形至倒卵形，长2.7~3.3cm，宽1.8~2.4cm，边缘褶皱，先端钝圆，无缺刻，上方裂片内面中部具黄绿色或橘黄色斑块，斑块附近被微柔毛；雄蕊10，不等长，长2~4cm，花丝白色，下部被微柔毛、基部无，稀花丝无毛，花药紫褐色；雌蕊稍长于花冠，子房长圆柱形，长0.8~1cm，径约2mm，具纵沟，先端平截，无毛，花柱白色，长3.2~4cm，无毛，柱头浅黄色，稍膨大，顶端具浅沟纹。

果 蒴果长圆柱形，稍弯曲，长3.5~5.5cm，径3.5~4mm，有5纵肋，无毛，先端平截。

受威胁状况评价

《RCB》及《RLR》评估：均为数据缺乏（DD）。

引种信息及栽培适应性

庐山植物园 1980年代，刘永书等从广西野外引种实生苗，种源信息不详。杜鹃园栽培生长旺盛，每年大量开花结实，适应性良好。

物候

先花后叶物候型。

庐山植物园 3月下旬叶芽膨大，4月中旬萌芽，4月19~27日展叶始期、4月28日至5月6日盛期、5月7~14日末期；3月上旬花芽膨大，3月中下旬现蕾，3月27日至4月3日始花、4月4~11日盛花、4月12~19日末花；10月下旬蒴果成熟。

主要用途

　　观赏：分枝多、株形紧凑，花繁叶茂、色泽靓丽，枝条萌发力强、耐修剪，观赏性及适应性强，适用于大型盆栽及中海拔地区的园林绿化，也可用于低海拔城市的林下、林缘造景。

植株

叶芽与叶背　　花蕾（多花芽聚生）

花芽　　花序

花正面

花枝

雌雄蕊　　蒴果　　花侧面

137

西施花

Rhododendron latoucheae Franchet, Bull. Soc. Bot. France 46: 210-211. 1899.

别名：鹿角杜鹃、岩杜鹃、光脚杜鹃、麂角杜鹃

植株

分布与生境

产安徽、福建、广东、广西、贵州、湖北、湖南、江西、四川、台湾和浙江；日本也有分布。生于海拔150~2600m的山谷林下、林缘或山坡、山顶疏林、灌丛中，可形成优势种群。

迁地栽培形态特征

常绿大灌木至小乔木，高2~7m。

🌿 主干灰褐色，树皮薄片状剥落；枝条棕红色至灰白色，细瘦；幼枝无毛。

🍃 叶芽鳞外面无毛，边缘被白色短柔毛；叶常3~5枚集生枝顶，革质，卵状椭圆形、长圆状或椭圆状披针形，长5~11cm，宽2.5~4.5cm，先端渐尖或尾状渐尖，尖头不明显，基部宽楔形至近圆形，边缘反卷；叶片幼时绿色或淡紫红色，成熟后正面深绿色，背面淡绿色，两面无毛；中脉、侧脉正面凹陷，背面仅中脉明显凸起，侧脉11~13对；叶柄长1~1.6cm，具浅纵沟，无毛或稀被极短的微柔毛。

🌸 花芽长卵形，顶端锐尖，常2~5个聚生枝顶叶腋；花芽鳞卵形，花期宿存，外面无毛，边缘

被白色短柔毛；单花，偶2花；花梗黄绿色或带红晕，长2.5～3.5cm，无毛；花萼与花梗同色，波状或三角状5齿裂，裂片长约1mm，无毛；花冠漏斗形，向基部渐狭，淡紫红色至淡粉红色、白色，长3.5～4.5cm，冠檐径6～7cm，外面无毛；花冠5深裂，裂片开展，长圆形至倒卵形，长2.6～3.6cm，宽2～2.6cm，上方裂片内面中部具黄褐色斑点，斑点附近被微柔毛，边缘褶皱，先端微缺或无；雄蕊10，不等长，长2.5～5.5cm，长雄蕊长于花冠，花丝白色，扁平，下部被柔毛、基部无，稀花丝无毛，花药紫色；雌蕊长于花冠和雄蕊，子房长圆柱形，长0.8～1cm，径约2mm，具纵沟，先端平截，无毛，花柱白色或紫红色，长3.2～5.5cm，无毛，柱头浅黄色或紫红色，稍膨大，顶端具5浅沟纹。

🍎 蒴果长圆柱形，微弯曲，长2.7～5cm，径4～5mm，有5纵肋，无毛，先端平截，花柱宿存。

受威胁状况评价

《RCB》及《RLR》评估：均为无危（LC）。

引种信息及栽培适应性

庐山植物园 1950年代首次引种，种源信息不详；1980年代，刘永书等从江西井冈山、龙南市九连山等地引种实生苗；近20年，张乐华、刘向平等分别从江西井冈山、崇义县齐云山、资溪县马头山及湖南宜章、炎陵、桂东等县引种实生苗。杜鹃园栽培生长旺盛，每年大量开花结实，适应性良好。

杭州植物园 1954年1月，从江西九江市华中种苗场引种实生苗（登录号：54C23008P95-1857）；1996年1月，从浙江西湖区引种实生苗（登录号：00C11074P95-1852）；2000年3月，黎念林从浙江临安区龙塘山引种实生苗（登录号：00C11002-055）；2001年4月，朱春艳从庐山植物园引种实生苗（登录号：01C23001-002）；2001年10月，黎念林从浙江龙泉市凤阳山引种实生苗（登录号：01C11005-069）；2004年2月，朱春艳从庐山植物园引种种子（登录号：04C23001-067）；2005年11月，朱春艳从浙江泰顺县引种实生苗；2006年4月，朱春艳从庐山植物园引种种子；2011年，余金良等从安徽引种实生苗；2011年11月，黎念林、王挺从湖南省植物园引种实生苗（登录号：11C22001-010）；2012年，王恩等从贵州等地引种实生苗。杜鹃园栽培生长旺盛，根部易受白蚁等害虫危害，每年开花结实，适应性良好。

湖南省植物园 2001年10月，廖菊阳从湖南醴陵市、嘉禾县、浏阳市野外引种实生苗。杜鹃园栽培生长旺盛，每年大量开花结实，适应性良好。

武汉植物园 1981年，从湖北利川市野外引种实生苗。杜鹃园栽培长势良好，每年开花结实，适应性良好。

物候

先花后叶物候型，或先花后叶、部分重叠物候型。

庐山植物园 3月下旬叶芽膨大，4月中旬萌芽，4月17～26日展叶始期、4月27日至5月6日盛期、5月7～15日末期；3月上旬花芽膨大，3月中下旬现蕾，3月24日至4月2日始花、4月3～11日盛花、4月12～22日末花；10月下旬蒴果成熟。

杭州植物园 3月中旬叶芽膨大，4月上旬萌芽，4月中旬至5月上旬展叶；2月下旬花芽膨大，3月上中旬现蕾，3月中下旬至4月中旬开花；10月下旬蒴果成熟。

湖南省植物园 4月上旬叶芽膨大，4月中旬萌芽，4月21～30日展叶始期、5月1～10日盛期、5月11～22日末期；3月上旬花芽膨大，3月下旬现蕾，4月1～9日始花、4月10～20日盛花、4月21日至5月5日末花；9月下旬至10月上旬蒴果成熟。

武汉植物园 3月中旬叶芽膨大，4月上旬萌芽，4月中旬展叶始期、4月下旬盛期、5月上旬末期；3月上旬花芽膨大，3月中旬现蕾，3月中下旬始花、3月下旬盛花、4月上中旬末花；11月中旬蒴果成熟。

主要用途

观赏：分枝多、株形紧凑，花量大、色泽靓丽，枝条萌发力强、耐修剪，分布广，观赏性和适应性强，适用于盆栽及中海拔地区的园林绿化与生态修复，也可用于低海拔城市的林下、林缘造景。

药用：花、叶、根入药，有疏风行气、止咳祛痰、活血化瘀、止痛功效，主治痰多咳嗽、皮肤溃烂、跌打损伤。

顶生叶芽与腋生花蕾　　新叶　　花序（偶2花）

花枝　　花正面（紫红色）　　花正面（淡紫色）

花正面（近白色）　　雌雄蕊（花丝被毛）　　雌雄蕊（花丝无毛）

花解剖特征　　蒴果

138
滇南杜鹃

Rhododendron hancockii Hemsley, Bull. Misc. Inform. Kew 1895(100-101): 107. 1895.
别名: 蒙自杜鹃

分布与生境

中国特有种,产广西、云南。生于海拔1100~2000m的山坡灌丛、松林或杂木林内。

迁地栽培形态特征

常绿小乔木,高约6m。

茎 主干灰褐色,树皮薄片状剥落;小枝粗壮,灰褐色;幼枝绿色,无毛。

叶 常4~6枚集生枝顶,革质,倒卵形或长圆状倒披针形,长7~12cm,宽3~4.8cm,先端短渐尖,尖头不明显,基部楔形,边缘稍反卷,无毛或有时具睫毛;叶面深绿色,叶背淡绿色,两面无毛;中脉、侧脉正面明显凹陷,背面凸出,侧脉14~18对,未达叶缘连结,细脉两面明显;叶柄长0.6~1cm,具浅纵沟,无毛。

花 花芽长卵圆形,常2~5个聚生枝顶叶腋;芽鳞花期宿存,外面无毛,边缘及内面被短柔毛;单花,偶2花,花梗黄绿色,长1.5~2cm,散生短柔毛或无毛;花萼与花梗同色,5齿裂,裂片宽三角形,长约1mm,外面基部散生短柔毛或无毛;花冠白色,漏斗形,长5~6cm,冠檐径8~9cm,花冠管圆筒状,长1.5~2cm,向基部渐狭;花冠5深裂,裂片宽倒卵形或卵状椭圆形,长3.5~4cm,无毛,上方裂片内面基部具淡黄色斑块;雄蕊10,不等长,短于花冠,花丝白色,扁平,中部以下被柔毛,基部无,花药米黄色;子房长圆柱形,长约8mm,具纵肋,先端渐细(不平截),密被白色柔毛,花柱白色,稍长于雄蕊,长4.8~5.5cm,无毛,柱头黄绿色,膨大呈盘状,顶端具5浅沟纹。

果 蒴果长圆柱状,稍弯曲,长3~5.5cm,径6~7mm,具纵肋,先端变细呈喙状,被短柔毛。

受威胁状况评价

《RCB》及《RLR》评估:均为无危(LC)。

引种信息及栽培适应性

昆明植物园 1987年,张长芹从云南易门县后山引种种子;2012年,孔繁才从云南峨山县引种实生苗。生长旺盛,每年开花结实,花量大,栽培适应性良好。

物候

先花后叶、部分重叠物候型。

昆明植物园 4月中旬叶芽膨大,5月上旬萌芽,5月中旬至6月上旬展叶;3月下旬花芽膨大,4月上中旬现蕾,4月中下旬至5月下旬开花;11月蒴果成熟。

主要用途

观赏: 分枝多、株形紧凑,花团锦簇、色泽素雅,枝条萌发力强、耐修剪,观赏性较强,适用于大型盆栽及中海拔景区的园林绿化,也可用于低海拔城市的林下、林缘造景。

植株

叶芽

幼枝

顶生叶芽与腋生花芽

花蕾

花序

花枝

花正面

花侧面

雄蕊

雌蕊

蒴果

139
秃房弯蒴杜鹃

Rhododendron henryi Hance var. *dunnii* (E. H. Wilson) M. Y. He, Fl. Reipubl. Popularis Sin. 57(2): 365. 1994.
别名： 秃房杜鹃

分布与生境

中国特有变种，产福建、广东、广西、湖南、江西和浙江。生于海拔500~900m的林缘或山谷、河边灌丛中。

迁地栽培形态特征

常绿大灌木，高2.5m。

茎 主干褐色，树皮层状剥落，光滑；老枝灰褐色，枝条细长；幼枝幼时疏生腺头细刚毛，不久脱落。

叶 常集生枝顶，近轮生，革质，椭圆状卵形或长圆状披针形，长5.4~10.2cm，宽2~3.5cm，先端渐尖或斜渐尖，尖头不明显，基部楔形，边缘微反卷，幼时具睫毛，不久脱落；叶面绿色，叶背淡白绿色，成熟时两面无毛；中脉、侧脉正面凹陷，背面凸出，侧脉9~12对，背面明显，未达叶缘连结；叶柄长1~1.5cm，黄绿色或暗紫红色，具纵沟，幼时疏生腺头细刚毛，不久脱落。

花 花芽圆锥形；芽鳞花期早落，外面被灰白色短柔毛；伞形花序生枝顶叶腋，有3~6花，具芳香；花梗黄绿色带红色，长1.5~2.2cm，密被腺头刚毛；花萼与花梗同色，5裂，裂片三角形，长1~2mm，无毛；花冠漏斗形，淡紫色、白色带紫色或粉红色，长4.5~5.2cm，冠檐径7~8cm；花冠管长1.2~1.5cm，向基部渐狭；花冠5深裂，裂片开展，长圆状倒卵形，长3~3.7cm，脉纹明显，先端钝尖，无缺刻，上方裂片内面具大片橘黄色至橘红色斑点；雄蕊（9~）10，不等长，短于花冠，花丝白色，扁平，下部被短柔毛，基部无，花药淡紫色；雌蕊与花冠近等长，子房圆柱形，长5~6mm，径约2mm，具纵沟，先端渐细，无毛，花柱白色，长4~4.5cm，无毛，柱头黄绿色，膨大呈头状。

果 蒴果长圆柱形，弯曲，长4~6cm，径4~4.5mm，具5纵肋，先端渐尖，无毛。

受威胁状况评价

《RCB》评估：近危（NT）；《RLR》评估：未评估（NE）。

引种信息及栽培适应性

湖南省植物园 2004年9月，从湖南浏阳市野外引种实生苗。杜鹃园栽培生长慢、长势一般，开花量大，但结实率低，适应性较好。

物候

先花后叶、部分重叠物候型。

湖南省植物园 3月上旬叶芽膨大，3月下旬萌芽，4月上旬展叶始期、4月中旬盛期、5月上旬末期；2月下旬花芽膨大，3月上中旬现蕾，3月中下旬始花、4月上旬盛花、4月中旬末花；10月下旬蒴果成熟。

主要用途

观赏：分枝多、株形紧凑，花团锦簇、色泽素雅，枝条萌发力强、耐修剪，观赏性和适应性强，适用于大型盆栽及中海拔景区的园林绿化，也可用于低海拔城市的林下、林缘造景。

幼枝与芽鳞 幼枝（示腺毛）

植株

花序 花枝

花正面 花侧面（示花梗与花萼） 蒴果

140
刺毛杜鹃

Rhododendron championiae Hooker, Bot. Mag. 77: t. 4609. 1851.
别名：太平杜鹃

植株

分布与生境

中国特有种，产福建、广东、广西、湖南、江西和浙江。生于海拔500～1300m的山坡、山谷疏林、林缘或灌丛中。

迁地栽培形态特征

常绿大灌木至小乔木，高2～4m。

茎 主干红褐色，树皮层状剥落，光滑；幼枝密被不等长的开展腺头刚毛和短柔毛，2～3年生枝腺毛宿存。

叶 叶芽鳞抽梢期宿存，外侧芽鳞外面和边缘被柔毛，内侧芽鳞被腺毛，具黏质；叶厚纸质至薄革质，卵状椭圆形、长圆状或椭圆状披针形，长8～16（～19）cm，宽2.5～4.5（～6）cm，先端渐尖，尖头不明显，基部宽楔形至近圆形，边缘反卷，幼时密被刚毛状腺头睫毛，成熟时腺头多脱落呈刚毛状；叶面幼时带紫红色，疏被腺头刚毛，成熟后深绿色，腺毛的腺头多脱落呈刚毛状或仅残存毛基，叶背淡绿色至苍白色，密被腺头刚毛和短柔毛，沿中脉、侧脉被毛更密；中脉、侧脉和细脉正面凹陷，微具皱纹，背面明显凸起，侧脉两面明显，14～19对，距叶缘1/3处连接；叶柄长1～2cm，具纵沟，被毛同幼枝。

花　花芽具黏质，长圆状锥形，常2～5个聚生枝顶叶腋；芽鳞宽卵形至椭圆形，外面沿中脊被长柔毛，两侧和边缘被短柔毛；伞形花序有2～4（～5）花，具淡香，总轴长3～5mm，被短柄腺毛；花梗黄绿色，长2～3.5cm，密被不等长的腺头刚毛；花萼与花梗同色，5深裂，裂片形状多变，长圆状三角形至狭长圆形，长0.3～1.5cm，基部和边缘密被腺头刚毛；花冠狭漏斗形至漏斗形，淡紫红色或粉白色至白色，长6～7.2cm，冠檐径8～9cm，内外无毛；花冠管长2～2.5cm，筒状，向基部渐狭，花冠5深裂至全长的2/3，两侧对称，裂片长圆形至长倒卵形，长4～4.7cm，宽2.2～3.2cm，边缘褶皱，无缺刻，上方裂片宽大，内面中部具橘黄、橘红或粉红色斑点或斑块；雄蕊10，不等长，短于花冠，长5～6cm，花丝白色，纤细，下部或中部以下被短柔毛，基部无，花药淡紫色，椭圆形，长约2.5mm；子房长圆形至圆柱形，长6～7mm，径约3mm，先端渐细，密被白色腺头长刚毛和短柔毛，花柱基部淡绿色，其余白色，长6～6.5cm，长于雄蕊，伸出花冠外，下部被腺头刚毛，柱头黄绿色，膨大呈头状，顶端具5浅沟纹。

果　蒴果长圆柱形，微弯曲，长4～6cm，径5～6mm，具纵肋，先端渐细，密被腺头刚毛和短柔毛。

受威胁状况评价

《RCB》及《RLR》评估：均为无危（LC）。

引种信息及栽培适应性

庐山植物园　1980年代，刘永书等从江西龙南县九连山等地引种实生苗；近20年，张乐华、刘向平和王兆红等分别从江西崇义县齐云山、井冈山（栽培地）及湖南桂东县野外引种实生苗及种子。杜鹃园栽培生长旺盛，每年大量开花结实，适应性良好。

杭州植物园　1988年，从浙江泰顺县野外引种种子（登录号：88C11005S95-432）；2005年11月，朱春艳从浙江泰顺县野外引种实生苗；2012年4月，朱春艳等从浙江宁波市野外引种实生苗。杜鹃园栽培生长旺盛，根部易受白蚁等害虫危害，每年开花结实，适应性良好。

物候

先花后叶物候型，或先花后叶、部分重叠物候型。

庐山植物园　5月中下旬叶芽膨大，6月上旬萌芽，6月12～22日展叶始期、6月23日至7月1日盛期、7月2～11日末期；4月中旬花芽膨大，5月上旬现蕾，5月11～19日始花、5月20～27日盛花、5月28日至6月6日末花；2021年花叶物候较正常年份提早7天左右；11月上旬蒴果成熟。

杭州植物园　4月上旬叶芽膨大，4月下旬萌芽，5月上旬至下旬展叶；3月下旬花芽膨大，4月上中旬现蕾，4月中下旬至5月上中旬开花；11月上旬蒴果成熟。

主要用途

观赏：株形紧凑，枝繁叶茂，花团锦簇，色泽靓丽，分布广，耐修剪，观赏性及适应性强，园林应用前景广阔，适用于大型盆栽及中海拔景区的园林绿化，也可用于低海拔城市林下、林缘造景。

药用：花入药，有祛痰、止咳、祛风、发汗、驱虫、活血、镇痛等功效，主治流行性感冒、风湿性关节炎、跌打损伤等；根、枝入药，有祛风解表、活血止痛功效，主治咳嗽。

工业：叶富含萜类化合物，可用于天然香精、香料开发。

叶芽

幼枝

顶生叶芽与腋生花芽

花芽与花蕾

花序（近白色）

花枝（淡紫色）

花正面

花侧面

雌雄蕊（示花梗与花萼）

花解剖特征

蒴果

亚属VII 羊踯躅亚属

Subg. *Pentanthera* (G. Don) Pojarkova, Fl. URSS 18: 57. 1952.

　　落叶灌木。幼枝近于轮生，被柔毛、腺毛、刚毛或无毛。叶纸质，散生或聚生枝顶，成熟叶两面无毛或散生柔毛、刚毛、腺毛。总状伞形花序或伞形花序顶生，有花多数；花萼5裂，裂片长0.5~5mm，被柔毛、腺毛或刚毛；花冠5裂，宽漏斗形、狭漏斗形、辐状漏斗形或辐状钟形，或具2枚唇形裂片；花冠管外面常被柔毛或腺毛，稀无毛，内面常有斑点，稀无；雄蕊5或10，偶6，花丝无毛或中下部被柔毛；子房圆锥形至卵球形，被各式毛，花柱无毛或下部被柔毛、腺毛。蒴果长圆球形、卵球形至卵状圆柱形，毛被宿存。

　　全球有25种，主要分布于北美，少数种分布于亚洲东部和西南部、欧洲东部和中东部。《中国植物志》收录1种，*Flora of China* 收录2种，主要分布于西南、华南、华中、华东、华北和东北地区。本书收录11种，其中原产美国7种、欧洲1种和日本1种。

羊踯躅亚属分组检索表

1a. 叶沿小枝散生；雄蕊5。
　2a. 花冠漏斗形，花冠管等长或远长于裂片 ························· 组1. 五花药组 Sect. *Pentanthera*
　2b. 花冠辐状钟状，具2片唇形裂片，花冠管显著短于裂片 ·········· 组2. 北美杜鹃组 Sect. *Rhodora*
1b. 叶近轮生于枝顶；雄蕊10 ································· 组3 十花药组 Sect. *Sciadorhodion*

组1　五花药组

Sect. *Pentanthera* G. Don, Gen. Hist. 3: 846. 1834.

　　落叶灌木。幼枝被柔毛、腺毛、刚毛或无毛。叶纸质，成熟时两面无毛或散生柔毛、刚毛、腺毛。总状伞形花序或伞形花序顶生，有花多数；花萼5裂，裂片长0.5～4.5mm；花冠5裂，漏斗形；雄蕊5（～6），花丝被柔毛；子房圆锥形至长卵球形，被柔毛、刚毛或腺毛，花柱无毛或疏被柔毛。蒴果卵球形至卵状圆柱形，毛被宿存。

　　全球有19种，集中分布于北美，仅2种分布至亚洲东部至西南部，1种分布于欧洲东部和中东部。《中国植物志》和 *Flora of China* 均收录1种，主要分布于西南、华南、华中和华东地区。本书收录9种，其中原产美国6种、欧洲1种和日本1种。

五花药组分亚组检索表

1a. 花冠宽漏斗形，裂片不反折；雄蕊、雌蕊通常稍伸出花冠外 ····**亚组1. 羊踯躅亚组 subsect. *Sinensia***
1b. 花冠狭漏斗形，裂片反折；雄蕊、雌蕊通常伸出花冠外很长··
·· **亚组2. 五花药亚组 subsect. *Pentanthera***

亚组1　羊踯躅亚组

Subsect. *Sinensia* (Nakai) Kron, Edinburgh J. Bot. 50(3): 276. 1993.

　　落叶灌木。幼枝密被灰白色短柔毛和刚毛。叶纸质，边缘具睫毛，叶背沿脉被柔毛和刚毛。总状伞形花序顶生，偶2花序同时聚生枝顶，有5～13（～21）花；花萼5裂，裂片小，被柔毛和刚毛；花冠5裂，宽漏斗形，黄色、橙黄色至深红色，上方裂片内面具斑点；雄蕊5，花丝中下部被柔毛；子房圆锥形至长卵球形，密被柔毛和散生刚毛，花柱无毛或下部疏被短柔毛。蒴果卵状圆柱形，被柔毛和刚毛。

　　全球有2种，分布于中国、日本。《中国植物志》和 *Flora of China* 均收录1种。本书收录2种，其中原产日本1种。

羊踯躅亚组分种检索表

141
羊踯躅

Rhododendron molle (Blume) G. Don, Gen. Hist. 3: 846. 1834.

别名： 黄杜鹃、闹羊花、羊不食草

植株

分布与生境

中国特有种，产安徽、福建、广东、广西、贵州、河南、湖北、湖南、江苏、江西、四川、云南和浙江。生于海拔50~2400m的山坡草地、丘陵灌丛或山脊杂木林下。

迁地栽培形态特征

落叶灌木，高1~2.2m；基部分枝多，多呈丛生状。

🌿 主干灰褐色，皮层层状剥落；分枝稀疏，枝条直立；幼枝密被灰白色短柔毛和散生刚毛，2年生枝刚毛宿存。

🍃 纸质，长圆状椭圆形、倒披针形至长圆状披针形，长6~10（~12）cm、宽2~4（~4.5）cm，先端急尖至钝圆，具尖头，基部楔形，边缘具刚毛状睫毛；叶面绿色至黄绿色，幼时被微柔毛并散生刚毛，后渐脱落，叶背淡绿色，被灰白色柔毛，沿叶脉被毛更密，中脉除密被柔毛外还散生灰褐色长

443

刚毛；中脉、侧脉、细脉正面凹陷，微呈泡状，背面明显凸起，侧脉 14～19 对，两面明显；叶柄短，长 3～5mm，具纵沟，被柔毛和散生刚毛。秋季叶片脱落前变成暗橘红色或黄褐色。

花　花芽鳞卵形，先端具长渐尖头，外面被短柔毛，边缘具缘毛；总状伞形花序顶生，偶 2 花序聚生枝顶，每个花序有 5～13（～21）花，总轴长 1～2cm，被白色微柔毛；花梗绿色，长 1.2～2.5cm，被微柔毛和散生细刚毛；花萼与花梗同色，5 齿裂，裂片半圆形至卵状三角形，长约 2mm，外面密被白色微柔毛，边缘被白色刚毛状睫毛；花冠宽漏斗形，黄色或金黄色，长 4.5～5.5cm，冠檐径 5.5～7.5cm，外面被微柔毛；花冠管长 1.6～2.4cm，向基部渐狭，内面被微柔毛；花冠 5 裂，两侧对称，上方裂片卵形，内面具大片深色斑点，斑点微呈泡状凸起，其他 4 裂片长圆形，长 2.2～3.2cm，宽 1.8～2.8cm，先端皱褶，无缺刻；雄蕊 5，不等长至近等长，稍短于花冠，长 4.2～5cm，花丝浅黄色，基部扁平，中部以下疏被柔毛，花药黄褐色；雌蕊等长或稍长于花冠，子房圆锥形，长约 4mm，径 2～3mm，密被白色柔毛和散生刚毛，花柱黄绿色，细长，长 4.8～5.5cm，无毛，柱头绿色，稍膨大。

果　蒴果卵状圆柱形，长 2.5～3.5cm，径 0.7～1cm，具 5 纵肋，被微柔毛和散生刚毛。

受威胁状况评价

《RCB》及《RLR》评估：均为无危（LC）。

该物种为广布种，由低山丘陵至海拔 2400m 的山地均有分布。但野外考察发现，由于其观赏、药用价值高，栽培适应性强，人为盗挖严重，且生境破碎化、片段化严重，种群数量急剧减少，很多原有居群已消失，甚至难以发现踪迹。建议列为近危（NT）种。

引种信息及栽培适应性

庐山植物园　1980 年代，刘永书等从江西庐山引种实生苗；2003 年 3 月，张乐华、刘向平分别从江西庐山、井冈山引种实生苗；2018 年 4 月，张乐华、王兆红和单文从浙江金华市引种扦插苗。杜鹃园栽培生长良好，每年大量开花，但结实率较低；林缘栽培好于林下，适应性良好。

华西亚高山植物园　1998 年 9 月（登录号：980564）、2000 年 11 月（登录号：000319）、2009 年 10 月（登录号：2009L018），耿玉英、庄平分别从庐山植物园引种种子；2013 年 10 月，王飞、汪宣奕和邵慧敏从四川彭州市丹景山引种种子（登录号：20130001）。生长旺盛，开花量大，结实率较低，栽培适应性良好。

花序

花正面（黄色）

昆明植物园 1990年，张长芹从英国Weisily Botanic引种种子；2003年4月，冯宝钧从庐山植物园引种种子。生长旺盛，每年大量开花，结实率低，栽培适应性良好。

杭州植物园 1992年1月，从浙江临安区引种实生苗（登录号：92C11002P95-475）；2003年1月，朱春艳从昆明植物园引种实生苗（登录号：03C33001-10）；2003年3月，朱学南从昆明植物园引种种子；2005年3月，朱春艳从江西井冈山引种实生苗；2013年12月，朱春艳等从浙江金华市等地引种实生苗。杜鹃园栽培生长旺盛，每年开花结实，适应性良好。

贵州省植物园 1990年代初，陈训、金平和张维从贵州赫章县野外引种实生苗。杜鹃园栽培生长旺盛，每年开花结实，适应性良好。

湖南省植物园 1995年9月，廖菊阳从湖南长沙市、浏阳市引种实生苗。杜鹃园栽培生长旺盛，每年大量开花，但结实率较低，夏季易受红蜘蛛危害，适应性良好。

物候

先叶后花、部分重叠物候型，或花叶同放物候型。

庐山植物园 3月中旬叶芽膨大，4月上旬萌芽，展叶期持续时间较长，4月9～18日展叶始期、4月19～30日盛期、5月1～18日末期；3月下旬花芽膨大，4月中旬现蕾，4月21日至5月1日始花、5月2～9日盛花、5月10～19日末花，2021年花叶物候比正常年份早7天左右；10月下旬蒴果成熟。

华西亚高山植物园 4月中旬叶芽膨大，4月下旬萌芽，5月上旬至6月上旬展叶；5月上旬花芽膨大，5月中旬现蕾，5月21～26日始花、5月27日至6月4日盛花、6月5～10日末花；10月下旬蒴果成熟。

玉堂园区 3月上旬叶芽膨大，3月中旬萌芽，3月中下旬至4月中旬展叶；3月上旬花芽膨大，3月中下旬现蕾，3月24～31日始花、4月1～18日盛花、4月19～30日末花；未见成熟蒴果。

昆明植物园 2月下旬叶芽膨大，3月上旬萌芽，3月中旬至4月中旬展叶；2月下旬花芽膨大，3月上旬现蕾，3月中旬至4月中旬开花；8月蒴果成熟。

杭州植物园 3月上旬叶芽膨大，3月中旬萌芽，3月下旬至4月中下旬展叶；3月上旬花芽膨大，3月中旬现蕾，3月下旬至4月中旬开花；10月下旬蒴果成熟。

贵州省植物园 3月中旬叶芽膨大，3月下旬萌芽，4月上旬至5月上旬展叶；3月下旬花芽膨大，4月上旬现蕾，4月中旬始花、4月下旬至5月上旬盛花、5月中旬末花；9月下旬蒴果成熟。

湖南省植物园 3月下旬叶芽膨大，4月中旬萌芽，4月17～27日展叶始期、4月28日至5月9日盛期、5月10～22日末期；3月下旬花芽膨大，4月中旬现蕾，4月20～29日始花、4月30日至5月14日盛花、5月15～30日末花；9月下旬蒴果成熟。

主要用途

观赏：植株多丛生，株形饱满，花色金黄，色泽鲜艳，观赏性及适应性强，是杜鹃花花色育种的重要材料，适用于盆栽及低海拔城市、中海拔景区的园林绿化与岩石园造景。

药用与工业：《中国有毒植物图谱数据库》收录，也是重要的药用植物。《中华人民共和国药典》（2020年版，一部）收录：辛、温，有大毒，归肝经。花大毒，入药有祛风除湿、散瘀镇痛功效，主治风湿痹痛、偏正头痛、皮肤顽癣、温疟、慢性支气管炎、高血压、心血管病等，汉代名医华佗用其配制"麻沸散"，用作麻醉药；根入药，有祛风除湿、化痰止咳、散瘀止痛功效，主治风湿麻痹、痛风、咳嗽、跌打肿痛等；果入药，名六轴子，主治风湿痹痛、喘咳；叶煮水，主治风湿性关节炎。全株大毒，可用于生物农药开发。

科普：全株含有闹羊花毒素、马醉木毒素、棁木毒素和石楠素等成分，为著名的有毒植物，《神农本草》及《植物名实图考》将其列入毒草类，人误食引起腹泻、呕吐或痉挛；羊食时踯躅而亡，故此得名；古代用作"蒙汗药"，相传其花浓汁与酒同服，能使人麻醉、丧失知觉，可用于科普宣教。

叶芽

幼枝

小花分开与展叶

花芽

花枝

花侧面（19花）

花正面（金黄色）

雌雄蕊

蒴果

142
日本羊踯躅

Rhododendron japonicum (A. Gray) Suringar, Gartenflora 57(19): 517. 1908.
别名：莲花杜鹃、日本杜鹃

植株

分布与生境

日本特有种，产本州、九州和四国。生于海拔100～2000m的湿润草地、开阔落叶林或灌丛中。

迁地栽培形态特征

落叶灌木，高0.8～1.6m；基部分枝多，多呈丛生状。

茎 主干灰褐色，皮层层状剥落；分枝稀疏，枝条直立；幼枝被白色柔毛和散生刚毛，2年生枝刚毛宿存。

叶 纸质，长圆状披针形至长圆状倒卵形，长4～10cm、宽1.5～3.5cm，先端渐尖、急尖至钝圆，具尖头，基部楔形至宽楔形，边缘具刚毛状睫毛；叶面绿色，幼时被微柔毛并散生刚毛，后渐脱落，叶背淡绿色或带白霜，仅沿中脉、侧脉被灰白柔毛并散生黄褐色刚毛；中脉、侧脉正面明显凹陷，呈泡状皱纹，背面显著凸起，侧脉9～13对，两面明显；叶柄长2～7mm，具纵沟，被柔毛和散生刚毛。秋季叶片脱落前变成暗红色或黄褐色。

花 花芽鳞卵圆形，外面被短柔毛，边缘密被白色柔毛；总状伞形花序顶生，有5~11花，总轴长0.5~1.5cm，被白色微柔毛；花梗绿色或暗红色，长1.2~2.3cm，密被白色微柔毛和刚毛状粗毛；花萼与花梗同色，较小，5齿裂，裂片三角形，长1.5~2mm，外面被微柔毛和散生粗毛，边缘被刚毛状睫毛；花冠宽漏斗形，深红色、橙红色，长4.4~5.4cm，冠檐径5.4~6.2cm，外面密被短柔毛；花冠管长1.5~2cm，向基部渐狭，内面被微柔毛；花冠5裂，两侧对称，上方裂片卵形，内面具大片深色斑点，斑点微呈泡状隆起，其他4裂片长圆形至长卵形，长2.5~3.2cm，宽1.7~2.6cm，先端钝圆，无缺刻；雄蕊5，不等长至近等长，短于花冠，长3.6~4.5cm，花丝浅橙色，扁平，中部以下密被白色柔毛，花药棕褐色；雌蕊与花冠近等长，子房圆锥形，长4~5mm，径2.5~3mm，密被白色柔毛和刚毛，花柱黄绿色，细长，长4.5~5cm，下部疏被微柔毛，柱头绿色或棕红色，稍膨大。

果 蒴果卵状圆柱形，长2.4~3cm，径0.9~1.3cm，具5纵肋，密被柔毛和散生刚毛。

受威胁状况评价

《RCB》及《RLR》评估：均为未评估（NE）。

引种信息及栽培适应性

庐山植物园 1980年代，刘永书等从云南昆明金殿植物园引种实生苗；2003年1月，美国友人艾伦·科特尔（Allen Cantrell）先生赠送种子，种源来自公园栽培地（登录号：2003USA019）；2010年10月，张乐华从德国不莱梅植物园引种种子（登录号：2011BGR015）。杜鹃园栽培生长旺盛，每年大量开花，但结实率较低，林缘栽培好于林下，适应性良好。

华西亚高山植物园 2012年10月，王飞从中国科学院沈阳应用生态研究所树木园引种种子（登录号：20120002）。生长旺盛，开花量大，结实率较高，适应性良好。

昆明植物园 1986年，种子交换组与原苏联国立植物园交换种子；1990年，张长芹从英国Weisily Botanic引种种子；2003年4月，冯宝钧从庐山植物园引种种子。生长旺盛，每年开花，结实率低，栽培适应性良好。

物候

先叶后花、部分重叠物候型。

庐山植物园 3月中旬叶芽膨大，4月上旬萌芽，展叶期持续时间较长，4月12~20日展叶始期、4月21日至5月1日盛期、5月2~17日末期；4月上旬花芽膨大，4月中下旬现蕾，4月23日至5月2日始花、5月3~11日盛花、5月12~21日末花，2021年物候比正常年份早7天左右；10月下旬蒴果成熟。

华西亚高山植物园 3月中旬叶芽膨大，4月上旬萌芽，4月中旬至5月上旬展叶；4月上旬花芽膨大，4月中下旬现蕾，4月24~30日始花、5月1~15日盛花、5月16~22日末花；10月下旬蒴果成熟。**玉堂园区** 2月下旬叶芽膨大，3月上旬萌芽，3月中旬至4月上旬展叶；2月下旬花芽膨大，3月中旬现蕾，3月20~27日始花、3月28日至4月12日盛花、4月13~20日末花；9月下旬蒴果成熟。

昆明植物园 3月中旬叶芽膨大，3月下旬萌芽，4月上旬至下旬展叶；3月下旬花芽膨大，4月上旬现蕾，4月中旬至5月上旬开花；9月蒴果成熟。

主要用途

观赏：植株多丛生，株形饱满，花色深红，色泽鲜艳，观赏性和适应性强，为优良的盆栽材料，也适用于低海拔城市及中海拔景区的园林绿化与造景。

药用：花、叶、根入药，有降血压、调节心律、镇痛、麻痹、祛风利湿功效。

工业：花、叶含日本杜鹃毒素，可用于农药及化工开发。

注：Kron(1993)将其作为羊踯躅的亚种 *Rhododendron molle* subsp. *japonicum* (A.Gray) Kron 处理。

花芽

花芽膨大与幼叶

小花分开与新叶

花序

花枝

花正面

花侧面

雌雄蕊

蒴果

亚组二 五花药亚组

Subsect. *Pentanthera* (Nakai) Kron, Edinburgh J. Bot. 50(3): 284. 1993.

落叶灌木。幼枝被柔毛、刚毛、腺毛或无毛。叶纸质，成熟时两面无毛或散生柔毛、刚毛、腺毛。总状伞形花序或伞形花序顶生，有3～14花；花萼5裂，被腺毛或刚毛；花冠5裂，狭漏斗形，外面密被柔毛或散生腺毛，内面有或无斑点；雄蕊5（～6），花丝被柔毛；子房圆锥形，被柔毛、刚毛或腺毛，花柱无毛或下部被柔毛，雌雄蕊伸出花冠外很长。蒴果卵球形或长卵球形，被毛。

　全球有17种，主要分布于北美，1种分布于欧洲；中国不产。本书收录7种，其中原产美国6种、欧洲1种。

五花药亚组分种检索表

143

芳香杜鹃

Rhododendron arborescens (Pursh) Torrey, Fl. N. Middle United States 1: 425. 1824.

分布与生境

美国特有种，产亚拉巴马州、佐治亚州、肯塔基州、北卡罗来纳州、宾夕法尼亚州、南卡罗来纳州、田纳西州和西弗吉尼亚州。生于海拔90~1500m的河岸边、溪边岩石旁、湿地林内或杜鹃花灌丛中。

迁地栽培形态特征

落叶大灌木，高1.5~2.5m；基部分枝多，呈丛生状。

（茎）主干深灰色，皮层纵裂，层状剥落；小枝常2~4枝假轮生，灰白色；幼枝黄绿色带红晕，无毛。

（叶）纸质，倒卵形至长圆状倒卵形，长3~6cm、宽2~3.5cm，最宽处位于叶片上部2/3处，先端急尖至钝圆，具凸出的红色小尖头，基部微下延于叶柄，楔形至宽楔形，边缘幼时具粗毛状睫毛，后渐脱落；叶面深绿色，具光泽，幼时沿中脉密被白色短柔毛，叶背淡绿色或具白霜，幼时沿中脉、侧脉分别疏生细刚毛和柔毛，成熟时除沿中脉被毛外两面无毛；中脉正面微凸，背面明显凸起，侧脉7~9对，两面明显；叶柄长3~5mm，具纵沟，幼时被柔毛和散生刚毛，后无毛或刚毛多少宿存。

（花）花芽鳞卵圆形，外面无毛，边缘具短柔毛；伞形花序顶生，有3~8花，具浓香，总轴长约3mm；花梗绿色带暗紫红色，长1~1.8cm，被白色柔毛和长柄腺毛，有时被长粗毛；花萼绿色至浅黄绿色，5深裂，裂片长圆形至舌状，长3~4.5（~7）mm，外面和边缘被毛同花梗；花冠狭漏斗形至漏斗形，管部白色带淡粉色，裂片白色带紫红色肋纹，长4~4.8cm，冠檐径3.6~4.2cm，外面密被短柔毛和红色或白色腺头的不等长有柄腺毛，沿裂片中脊腺毛排列成连续一排；花冠管长于裂片，长2.4~3cm，径约4mm，管状，向裂片逐渐增粗，内面疏被微柔毛；花冠5浅裂，裂片仅达全长的2/5，两侧对称，反折，长1.5~2cm，宽0.8~1.3cm，先端渐尖，具尖头，无缺刻，上方裂片内面具淡黄色斑块或无；雄蕊5，近等长，长5.2~5.8cm，长于花冠并伸出花冠外很长，花丝纤细，基部扁平，上部1/3紫红色，下部2/3白色并被柔毛，基部无，花药黄褐色；雌蕊稍长于花冠，子房圆锥形，长3~4mm、径约3mm，密被白色刚毛状腺毛和柔毛，花柱长4.2~5.5cm，基部黄绿色，中部以上紫红色，下部被微柔毛，柱头暗红色，膨大呈头状，顶端具5浅沟纹。

（果）蒴果长卵球形，长0.7~1.3cm，径4~5mm，密被棕褐色腺头刚毛和短柔毛。

受威胁状况评价

《RCB》评估：未评估（NE）；《RLR》评估：无危（LC）。

引种信息及栽培适应性

庐山植物园　1980年代，刘永书引种，种源信息不详。杜鹃园栽培生长旺盛，每年大量开花，但结实率较低，适应性良好。

物候

先叶后花物候型。

庐山植物园　3月下旬叶芽膨大，4月中旬萌芽，4月19～28日展叶始期、4月29日至5月8日盛期、5月9～17日末期；5月上旬花芽膨大，5月下旬现蕾，5月26日至6月4日始花、6月5～13日盛花、6月14～24日末花；2021年物候较正常年份约提早7天；11月上旬蒴果成熟。

主要用途

观赏： 分枝多、株形紧凑，花形奇特，色泽淡雅具芳香，枝条萌发力强、耐修剪，观赏性及适应性强，为优良的盆栽材料，也适用于低海拔城市及中海拔景区的园林绿化与造景。

植株

花芽膨大与叶芽萌芽

幼枝与花芽

花序

小花分开

花蕾

花枝

花正面

雌雄蕊

花侧面

蒴果与花芽

144
阿拉巴马杜鹃

Rhododendron alabamense Rehder, Monogr. Azaleas 141-143. 1921.

分布与生境

美国特有种，产亚拉巴马州、佛罗里达州、佐治亚州、密西西比州和田纳西州。生于海拔0～500m的开阔、干燥林地或岩坡上。

迁地栽培形态特征

落叶灌木，高1.5～1.8m；基部分枝多，多呈丛生状。

茎 主干灰褐色，皮层片状或层状剥落；枝条纤细，幼时被白色柔毛和散生细刚毛，无腺毛，后毛被逐渐脱落。

叶 纸质，长圆形、椭圆状倒卵形或倒卵状披针形，长3～5.7cm、宽1.5～2.4cm，先端急尖至钝圆，具尖头，基部楔形至宽楔形，边缘幼时具睫毛，后渐脱落；叶面绿色，幼时疏被柔毛，沿中脉被毛更密，成熟时毛被多少宿存，叶背淡绿色，幼时沿中脉、侧脉被柔毛，后近无毛；中脉、侧脉正面凹陷，背面凸起，微呈泡状，侧脉7～9对，两面清晰；叶柄长3～5mm，圆柱形，被毛同幼枝。

花 花芽鳞卵圆形，外面无毛或近顶部被短柔毛，边缘具柔毛；伞形花序顶生，有5～8花，具浓香，总轴极短；花梗黄绿色带红色，长1～1.5cm，密被白色柔毛和细刚毛，无腺毛；花萼与花梗同色，不发育，5裂，裂片三角形，长0.5～2mm，外面被白色柔毛和散生细刚毛，无腺毛，边缘被白色细刚毛；花冠狭漏斗形，管部淡粉红色，裂片外面白色或白色带粉红色，内面白色，长3.5～4.2cm，冠檐径3～4cm，外面密被柔毛和有柄腺毛，由基部向先端毛被减少、变短，沿裂片中脊腺毛排列成连续一排；花冠管细长，长约2.5cm，向裂片逐渐增粗，内面疏生微柔毛；花冠5裂，裂片仅达全长的2/5，两侧对称，反折，长1.2～1.7cm，宽0.7～1cm，上方裂片卵形，内面具淡黄色斑块或不明显，其他4裂片长圆形至长舌状，先端钝尖至锐尖，无缺刻；雄蕊5，不等长，长5～6cm，长于花冠并伸出花冠外很长，花丝纤细，白色，中部以下被白色微柔毛，基部无，花药棕褐色；雌蕊长于花冠，子房圆柱形，长约4mm，径约2mm，密被白色长粗毛和柔毛，花柱纤细，白色略带粉色，长5.5～6.3cm，下部疏被微柔毛，上部弯曲，柱头绿色，膨大呈头状，顶端具5浅沟纹。

果 未见。

受威胁状况评价

《RCB》评估：未评估（NE）；《RLR》评估：无危（LC）。

引种信息及栽培适应性

庐山植物园 2003年1月，美国友人艾伦·科特尔（Allen Cantrell）先生赠送种子，种源来自亚拉巴马州原产地（登录号：2003USA008）。杜鹃园栽培生长旺盛，开花量一般，未见结实，适应性较好。

物候

先叶后花、部分重叠物候型。

庐山植物园 3月中旬叶芽膨大，4月上旬萌芽，4月上中旬至5月上旬展叶；3月下旬花芽膨大，4月上中旬现蕾，4月中旬至5月上旬开花；未见成熟蒴果。

主要用途

观赏：株形紧凑，花形奇特，色泽素雅，枝条萌发力强，耐修剪，观赏性和适应性强，为优良的盆栽材料，也适用于低海拔城市及中海拔景区的园林绿化与造景。

植株　展叶　幼枝　花正面　花序　花侧面（示花梗与花萼）　花枝　雌雄蕊

145
裸花杜鹃

Rhododendron periclymenoides (Michaux) Shinners, Castanea 27(2): 95. 1962.

分布与生境

美国特有种，产亚拉巴马州、康涅狄格州、特拉华州、佐治亚州、肯塔基州、马里兰州、新罕布什尔州、新泽西州、纽约州、北卡罗来纳州、宾夕法尼亚州、南卡罗来纳州、田纳西州、佛蒙特州、弗吉尼亚州和西弗吉尼亚州。生于海拔0～1000m的干燥至潮湿混交林、灌丛中或溪流旁、沼泽地。

迁地栽培形态特征

落叶灌木，高1.5～2m；基部分枝多，多呈丛生状。

茎 主干褐色，皮层片状或层状剥落；枝条散生或近轮生；幼枝被白色柔毛和细刚毛，无腺毛，后毛被逐渐脱落。

叶 纸质，长椭圆形、椭圆状倒卵形或倒卵状披针形，长3～5cm、宽1.2～2.5cm，先端急尖至渐尖，具明显的红色尖头，基部楔形，边缘具细刚毛状睫毛；叶面绿色，幼时疏被柔毛和散生细刚毛，沿中脉被毛更密，叶背淡绿色，幼时疏被柔毛，沿中脉密被柔毛和散生细刚毛，成熟叶除沿中脉被柔毛外两面无毛；中脉正面凹陷，背面凸起，侧脉10～12对，两面明显；叶柄长3～6mm，具浅纵沟，幼时密被柔毛和散生细刚毛，后脱落或多少宿存。

花 花芽鳞卵圆形，外面无毛，边缘具白色柔毛；伞形花序顶生，有5～15花，微芳香，总轴不明显；花梗紫红色，长0.8～1.2cm，密被白色柔毛和细刚毛；花萼黄绿色，5深裂，裂片不等大，三角形至长圆形，长1～2（～4）mm，外面被毛同花梗，边缘被细刚毛；花冠狭漏斗形，管部紫红色，裂片粉红色，内面淡紫色至白色，长3.2～4cm，冠檐径4.5～5.5cm，外面通体密被白色柔毛和有柄腺毛，沿裂片中脊腺毛排列成连续一排；花冠管细长，长约2.2cm，内面密被微柔毛；花冠5裂，裂片仅全长的2/5，两侧对称，反折，长1.3～1.7cm，宽0.7～1cm，上方裂片卵形，内面中部具不明显的淡黄色斑块，稀无，其他4裂片长圆形，先端渐尖，无缺刻；雄蕊5，近等长，长4.5～5.5cm，长于花冠并伸出花冠外很长，花丝纤细，浅粉色，下部被白色柔毛，基部无，花药棕黄色；雌蕊显著长于花冠，子房圆锥形，长约4mm，径约2mm，密被白色长粗毛和柔毛，花柱纤细，白色或淡紫红色，长4.8～5.5cm，下部疏被微柔毛，柱头绿色或深紫红色，稍膨大，头状。

果 未见。

受威胁状况评价

《RCB》评估：未评估（NE）；《RLR》评估：无危（LC）。

引种信息及栽培适应性

庐山植物园 2003年1月，美国友人艾伦·科特尔（Allen Cantrell）先生赠送种子，种源来自公园栽培地（登录号：2003USA020）。杜鹃园栽培生长旺盛，开花量较大，但未见结实，适应性较好。

物候

先叶后花、部分重叠物候型。

庐山植物园　3月中旬叶芽膨大，4月上旬萌芽，4月上中旬至5月上旬展叶；3月下旬花芽膨大，4月上中旬现蕾，4月中旬始花、4月下旬盛花、5月上旬末花；未见成熟蒴果。

主要用途

观赏：分枝多，株形优美，花形奇特，色泽靓丽，观赏性和适应性强，为优良的盆栽材料，也适用于低海拔城市及中海拔景区的园林绿化与造景。

植株　花芽与幼枝　小花分开

花序　花枝

花正面　花侧面　雌雄蕊

146
奥康尼杜鹃

Rhododendron flammeum (Michaux) Sargent, Rhododendron Soc. Notes 1: 120. 1917.

植株

分布与生境

美国特有种，产佐治亚州、南卡罗来纳州。生于海拔0～500m开阔干燥的林下、斜坡、山脊或河沟岩坡上。

迁地栽培形态特征

落叶灌木，高1～1.3m，树冠平整，株形丰满。

🌿 主干深灰色，皮层片状或层状剥落；枝条粗壮，黄褐色，直立；幼枝密被白色微柔毛和长刚毛，无腺毛，2年生枝刚毛宿存。

🍃 纸质，长圆形、长圆状椭圆形至倒卵状披针形，长4～6.5（～8）cm、宽1.5～2.5cm，先端急尖至钝圆，具尖头，基部微下延于叶柄，楔形，两侧对称或不对称，边缘具刚毛状睫毛；叶面绿色，幼时被微柔毛和散生细刚毛，柔毛不久脱落，刚毛多少宿存，叶背白绿色或具白霜，成熟时沿中脉被柔毛和散生长刚毛，侧脉被短柔毛，其余无毛；中脉、侧脉正面凹陷，背面凸起，微呈泡状，侧脉15～18对，两面明显；叶柄长2～3mm，具纵沟，被短柔毛和散生长刚毛。

花　花芽卵形，长1.5～1.8cm，径0.9～1.1cm；芽鳞卵圆形，先端长渐尖，外面无毛或仅顶部被短柔毛，边缘具白色柔毛；总状伞形花序顶生，偶2花序聚生枝顶，每个花序有7～12花，有怪味，总轴长0.5～2.5cm，被短柔毛；花梗绿色，长1～2.2cm，密被柔毛和散生刚毛；花萼绿色，5齿裂，裂片卵圆形至卵状三角形，不等大，长1～3mm，外面被微柔毛和散生刚毛，边缘密被长刚毛；花冠漏斗形，管部及裂片先端外面橙红色，花冠内面及中部外面橙黄色，长5～6cm，冠檐径5.5～7.2cm，外面被柔毛；花冠管长3～3.5cm，基部直径4～5mm，向上渐粗，内面被柔毛；花冠5裂，裂片短于花冠管，两侧对称，上方裂片卵形，长2～2.5cm，宽2.2～2.6cm，内面具暗绿色或深色斑点，其他4裂片长圆形，长2.5～3.2cm，宽1.9～2.4cm，先端皱褶，钝尖，无缺刻；雄蕊5，近等长，长4.5～6cm，与花冠近等长，花丝浅黄色，扁平，中部以下或下部疏被微柔毛，花药褐色；雌蕊长于花冠，子房圆锥形，长约4mm，径2～3mm，密被白色刚毛和短柔毛，花柱黄绿色，细长，长5.5～7cm，无毛或下部被微柔毛，柱头绿色，稍膨大，头状，顶端具5浅沟纹。

果　蒴果长卵球形，长1.7～2.4cm，径6～8mm，具5纵肋，被长刚毛和短柔毛。

花芽与叶芽萌芽　　幼枝　　花芽膨大与展叶　　花蕾

叶背

花正面　　花序

受威胁状况评价

《RCB》评估：未评估（NE）；《RLR》评估：易危（VU）。

引种信息及栽培适应性

庐山植物园 2003年1月，美国友人艾伦·科特尔（Allen Cantrell）先生赠送种子，种源来自公园栽培地（登录号：2003USA018）。杜鹃园栽培生长旺盛，每年大量开花结实，适应性良好。

物候

先叶后花、部分重叠物候型。

庐山植物园 4月上旬叶芽膨大，4月下旬萌芽，4月27日至5月5日展叶始期、5月6~14日盛期、5月15~23日末期；4月中旬花芽膨大，5月上旬现蕾，5月10~18日始花、5月19~25日盛花、5月26日至6月4日末花，2021年花叶物候比正常年份提早7天左右；10月下旬蒴果成熟。

主要用途

观赏：分枝多，株形紧凑，花繁叶茂，色泽靓丽，观赏性和适应性强，为优良的盆栽材料，也适用于低海拔城市及中海拔景区的园林绿化与造景。

注：本种在形态及物候节律上与相关志书描述有一定差异，其物种名称有待进一步查证。

花侧面

雌雄蕊

花枝

蒴果

147

黄香杜鹃

Rhododendron luteum Sweet, Hort. Brit.(ed.2) 343. 1830.

别名： 欧黄杜鹃、黑海杜鹃、纯黄杜鹃

分布与生境

欧洲特有种，产亚美尼亚、阿塞拜疆、格鲁吉亚、波兰、摩尔多瓦共和国、俄罗斯联邦（阿布哈斯、达吉斯坦）、斯洛文尼亚、土耳其和乌克兰等。生于海拔0～2300m的密林或开阔草地、沼泽地中。

迁地栽培形态特征

落叶灌木，高约1.5m；基部分枝多，多呈丛生状。

🌿 主干灰褐色，皮层层状剥落；幼枝被白色柔毛和有柄腺毛，后逐渐脱落。

🍃 纸质，长椭圆状或倒卵状披针形，长5～9cm、宽1.5～2.4（～3）cm，先端急尖或渐尖，具不明显尖头，基部楔形，边缘具粗毛和短腺毛；叶面绿色，幼时被柔毛和有柄腺毛，叶背淡绿色至白绿色，幼时被柔毛，沿中脉被柔毛和疏生腺毛，成熟后两面毛被多少宿存或仅残存毛基；中脉、侧脉正面凹陷，背面凸起，侧脉12～16对，两面显明；叶柄长5～8mm，具浅纵沟，被柔毛和散生腺毛。

🌸 花芽鳞卵圆形，外面被短柔毛，边缘具短腺毛；总状伞形花序顶生，有7～14花，具芳香，总轴长0.5～1.5cm，疏生柔毛和短柄腺毛；花梗绿色，长1.2～2cm，密被白色柔毛和有柄腺毛；花萼绿色，5齿裂，裂片卵状三角形，长1～3mm，外面被白色柔毛和散生腺毛，边缘被刚毛状腺毛；花冠狭漏斗形或管状漏斗形，纯黄色，长3.8～4.3cm，冠檐径4～5cm，外面密被柔毛和散生腺毛，沿裂片中脊两侧密被腺毛，花冠管长约2cm，内面疏生柔毛；花冠5裂，裂片约为全长之半，两侧对称，反折，长2～2.5cm，宽1～1.6cm，上方裂片卵形，内面具深色斑块，其他4裂片长圆形至舌状，先端无缺刻；雄蕊5（～6），不等长，长雄蕊稍长于花冠并伸出花冠外很长，长3.8～4.5cm，花丝浅黄色，纤细，中部以下密被白色开展的柔毛，花药棕褐色；雌蕊长于花冠，子房圆锥形，长4～5mm，径2～3mm，被白色柔毛和散生短腺毛，花柱黄绿色，长4.3～4.8cm，下部疏被短柔毛，柱头绿色，稍膨大。

🍒 未见。

受威胁状况评价

《RCB》评估：未评估（NE）；《RLR》评估：无危（LC）。

引种信息及栽培适应性

庐山植物园 2006年10～11月，张乐华从英国Brodick Castle, Garden & Country Park引种种子（登录号：2007B046）。杜鹃园栽培生长良好，开花量较大，但未见结实，适应性较好。

物候

先叶后花、部分重叠物候型。

庐山植物园 3月中旬叶芽膨大，4月上旬萌芽，4月上中旬至5月上旬展叶；3月下旬花芽膨大，4月上中旬现蕾，4月中旬始花、4月下旬盛花、5月上旬末花；未见成熟蒴果。

主要用途

观赏：株形紧凑，枝叶繁茂，花色鲜艳，枝条萌发力强，耐修剪，观赏性和适应性强，为优良的盆栽材料，也适用于低海拔城市及中海拔景区的园林绿化与造景。

植株　叶芽膨大与展叶　幼枝

小花分开

花梗与花萼

花序

花正面　花侧面　雌雄蕊（雄蕊5～6）

148

佛罗里达杜鹃

Rhododendron austrinum (Small) Rehder, Stand. Cycl. Hort. 6: 3571. 1917.

别名： 折萼杜鹃、南方杜鹃

分布与生境

美国特有种，产亚拉巴马州、佛罗里达州、佐治亚州和密西西比州。生于海拔0～100m的山坡密林或溪流边的岩坡、低地。

迁地栽培形态特征

落叶灌木，高0.4～1.8m。

茎 主干灰褐色，皮层片状或层状剥落；枝条近轮生，细长；幼枝密被柔毛和红色腺头的有柄腺毛，后逐渐脱落。

叶 纸质，倒卵形、倒卵状披针形至椭圆形，长3～6cm、宽1.5～2.8cm，先端渐尖或急尖，具红色短尖头，基部楔形，边缘幼时具红色腺头睫毛，不久脱落；叶面绿色，幼时密被柔毛和散生有柄腺毛，叶背浅绿色，幼时被柔毛，沿中脉疏生腺毛，成熟时两面无毛或多少宿存；中脉正面凹陷，背面凸起，侧脉纤细，9～11对，正面微陷，背面微凸；叶柄长1～3mm，具浅纵沟，被有柄腺毛和柔毛。

花 花芽鳞外面具柔毛，边缘具腺毛；总状花序顶生，有9～12花，具芳香，总轴长约1cm，被腺毛；花梗红色，长0.8～1.3cm，密被柔毛和有柄腺毛；花萼黄绿色至红色，5裂，裂片卵圆形，长1～2mm，外面和边缘被有柄腺毛；花冠漏斗形，长约4cm，冠檐径约3.5cm，管部红色至橙红色，裂片黄色至橙黄色，花冠外面密被有柄腺毛和柔毛，由基部向先端渐稀，花冠管长2～2.5cm，内密被柔毛；花冠5裂，裂片不达全长之半，两侧对称，反折，上方裂片长卵形，内面具不明显的深黄色斑块，其他4裂片长圆形，长1.4～2cm，宽0.6～1.4cm，先端无缺刻；雄蕊5，近等长，长于花冠并伸出花冠外很长，长5.3～6cm，花丝纤细，浅粉色至淡黄色，中部以下被开展的柔毛，花药黄褐色；雌蕊长于花冠，子房圆锥形，长约4mm，密被白色有柄腺毛和柔毛，花柱浅粉色，长约5.8cm，下部疏被柔毛，柱头紫褐色，稍膨大，头状。

果 未见。

受威胁状况评价

《RCB》评估：未评估（NE）；《RLR》评估：无危（LC）。

引种信息及栽培适应性

庐山植物园 2003年1月，美国友人艾伦·科特尔（Allen Cantrell）先生赠送种子，种源来自公园栽培地，自然授粉（登录号：2003USA011）。杜鹃园栽培生长良好，开花量较大，但未见结实，适应性较好。

华西亚高山植物园 2012年10月，美国友人Mr. Brain赠送种子，种源来自美国北卡罗来纳州班康县（登录号：20120007）。长势较好，2021年首次开花，未见结实，栽培适应性较好。

物候

先叶后花、部分重叠物候型。

庐山植物园　3月上旬叶芽膨大，3月下旬萌芽，4月上旬至5月上旬展叶；4月上旬花芽膨大，4月中下旬现蕾，4月下旬至5月上旬始花、5月上中旬盛花、5月中下旬末花；未见成熟蒴果。

华西亚高山植物园　3月下旬叶芽膨大，4月上旬萌芽，4月中旬至5月上中旬展叶；4月上中旬花芽膨大，4月下旬至5月上旬现蕾，5月上中旬至下旬开花；未见成熟蒴果。

主要用途

观赏：分枝多，株形优美，花形花色奇特，枝条萌发力强，耐修剪，观赏性和适应性强，为优良的盆栽材料，也适用于低海拔城市及中海拔景区的园林绿化与造景。

植株　花序　花枝　幼枝　花侧面　花内面　花正面　小花分开与幼枝　雄蕊　雌蕊

149
西海岸杜鹃

Rhododendron occidentale (Torrey & A. Gray) A. Gray, Bot. California 1: 458. 1876.

别名：西方杜鹃

分布与生境

美国特有种，产加利福尼亚州、俄勒冈州。生于海拔0～2700m的山坡林下、峡谷、溪流旁、沼泽地、灌丛中或山脊、岩壁上。

迁地栽培形态特征

落叶灌木，高1.2～1.5m；基部分枝多，多呈丛生状。

🔵**茎** 主干灰褐色，皮层片状或层状剥落；幼枝被白色柔毛和有柄腺毛，后逐渐脱落。

🔵**叶** 纸质，卵圆形、长椭圆形至倒卵状披针形，长5～8cm、宽2～3.5cm，先端急尖或锐尖，具尖头，基部楔形至宽楔形，边缘具细刚毛状睫毛；叶面绿色，幼时被柔毛、细刚毛和有柄腺毛，叶背淡绿色，幼时被柔毛，沿中脉被柔毛和疏生红色腺头毛，成熟时两面无毛或叶面有灰白色细刚毛宿存；中脉、侧脉正面凹陷，背面凸起，侧脉14～18对，两面明显；叶柄长3～5mm，具纵沟，幼时被柔毛和有柄腺毛，后腺毛多少宿存。

🔵**花** 花芽鳞卵圆形，外面密被短柔毛，边缘具白色柔毛；短总状伞形花序顶生，有8～14花，具芳香或怪味，总轴长0.5～1cm，疏生柔毛和短柄腺毛；花梗绿色，长1.8～2.5cm，密被白色柔毛和有柄腺毛；花萼绿色，5裂，裂片三角形，长2～3mm，外面被柔毛和腺毛，边缘密被长柄腺毛；花冠漏斗形，黄色或浅橙黄色，长5～6cm，冠檐径6.5～7.5cm，外面密被腺毛，沿裂片中脊腺毛排列成连续一排；花冠管长约2.5cm，内面散生微柔毛；花冠5裂，裂片深达全长的3/5，两侧对称，反折，长2.5～3.3cm，宽1.5～2cm，上方裂片卵形，内面具橙黄色斑块，其他4裂片长圆状卵形，先端无缺刻；雄蕊5，不等长，长4.5～6cm，伸出花冠外很长，花丝纤细，浅黄色，中部以下密被白色柔毛，花药黄褐色；雌蕊长于花冠，子房圆锥形，长约4mm，径2～3mm，密被白色柔毛和长柄腺毛，花柱纤细，浅黄色至白色，长6～6.5cm，无毛，稀基部与子房连接处疏生微柔毛，柱头绿色，膨大呈头状，顶端具5浅沟纹。

🔵**果** 蒴果卵状圆柱形，长2～2.5cm，径6～8mm，具5纵肋，被柔毛和散生腺毛。

受威胁状况评价

《RCB》评估：未评估（NE）；《RLR》评估：无危（LC）。

引种信息及栽培适应性

庐山植物园 2006年10～11月，张乐华从英国Crarae Garden引种种子（登录号：2007C007）。杜鹃园栽培生长良好，开花量较大，但结实率较低，适应性良好。

物候

先叶后花、部分重叠物候型。

庐山植物园 3月中旬叶芽膨大，3月下旬至4月上旬萌芽，4月上中旬至5月上旬展叶；3月中下旬花芽膨大，4月上旬现蕾，4月中旬始花、4月下旬盛花、5月上旬末花；10月中旬蒴果成熟。

主要用途

观赏：分枝多，株形紧凑，花色鲜艳，观赏性和适应性强，为优良的盆栽材料，也适用于低海拔城市及中海拔景区的园林绿化与造景。

注：本种在花色及物候节律上与相关志书描述有一定差异，物种名称有待进一步查证。

植株　新叶　花芽　花蕾　雌雄蕊　幼枝与花序　花枝　花正面　花侧面　蒴果

组 2 北美杜鹃组

Sect. *Rhodora* (Linnaeus) G. Don, Gen. Hist. 3: 848, 1834.

全球有 2 种，分布于北美；中国不产。本书收录 1 种，原产美国，组的主要形态特征见种描述。

150
嫣红杜鹃

Rhododendron vaseyi A. Gray, Proc. Amer. Acad. Arts 15(1): 48-49. 1879.
别名： 瓦西杜鹃

分布与生境

美国特有种，产北卡罗来纳州。生于海拔900～1800m的山地沼泽、荒地、山顶岩坡或落叶、针叶林中。

迁地栽培形态特征

落叶灌木，高约0.5m。

茎 主干黄褐色，皮层片状或层状剥落；幼枝幼时疏被长粗毛和短柔毛，不久脱落。

叶 纸质，椭圆状倒卵形至披针形，长3.5～7.2cm，宽1.5～3.3cm，先端短尾状渐尖，具尖头，基部楔形，边缘波状，密被长粗毛；叶两面绿色，正面幼时被短柔毛和疏生长粗毛，不久脱落，背面疏被长粗毛；中脉、侧脉正面明显凹陷呈浅沟状，背面凸起，侧脉9～12对，两面明显；叶柄长5～9mm，上面平坦，无纵沟，幼时被长粗毛和短柔毛，后柔毛脱落，粗毛多少宿存。

花 花芽鳞外密被无柄腺毛，边缘具柔毛；伞形花序顶生，约4花（非正常花序），具芳香；花梗绿色或暗红色，长1.2～1.7cm，被短柄腺毛；花萼黄绿色，宽齿状至三角状5齿裂，裂片长1～2mm，边缘具短腺毛；花冠短钟形至辐状钟形，粉红色，长约2.5cm，冠檐径约3.5cm，内外无毛；花冠管短，长4～7cm，色浅，白色至淡粉色，显著短于裂片；花冠5裂，两侧对称，上方3裂片间浅裂，长卵形，长约1.7cm，宽约1.3cm，内面中部具紫红色斑点，下方2裂片深裂，长圆形至唇形，长约2cm，宽约1cm，先端无缺刻；雄蕊5，不等长，长2～3.3cm，长于花冠，花丝白色，扁平，向上强度弯弓，无毛，花药米黄色；雌蕊长于花冠，子房圆锥形，长约5mm，密被短腺毛，花柱浅黄绿色，长约2.9cm，向上强度弯弓，中部以下被极疏的短腺毛，柱头黄绿色，膨大呈头状，顶端具5浅沟纹。

果 未见。

受威胁状况评价

《RCB》评估：未评估（NE）；《RLR》评估：易危（VU）。

引种信息及栽培适应性

华西亚高山植物园 2012年10月，美国友人Mr. Brain赠送种子，种源来自美国北卡罗来纳州特兰西瓦尼亚县（登录号：20120009）。长势较好，2021年首次开花，未见结实，栽培适应性较好。

物候

先花后叶、部分重叠物候型。

华西亚高山植物园 4月上旬叶芽膨大，4月下旬萌芽，5月上旬至下旬展叶；4月上旬花芽膨大，4月中下旬现蕾，4月下旬至5月中旬开花；未见成熟蒴果。

主要用途

　　观赏：株形优美，花形奇特，色泽淡雅，秋叶变红，枝条萌发力强，耐修剪，观赏性和适应性强，为优良的盆栽材料，也适用于低海拔城市及中海拔景区的园林绿化与岩石园造景。

植株　　　　花芽与叶芽　　　　花蕾　　　　小花分开与叶芽萌芽

幼枝与新叶　　　　秋叶　　　　雌雄蕊

花正面

花序（示花梗、花萼及幼叶）

花侧面

组 3 十花药组

Sect. *Sciadorhoelion* Rehder & E. H. Wilson, Monogr. Azaleas 79, 1921.

全球有 4 种，分布于中国、日本、韩国和俄罗斯东部。《中国植物志》和 *Flora of China* 均收录 1 种。本书收录 1 种，组的主要形态特征见种描述。

151

大字杜鹃

Rhododendron schlippenbachii Maximowicz, Bull. Acad. Imp. Sci. Saint-Pétersbourg, sér. 3 15: 226. 1871.

别名：辛伯楷杜鹃

植株

分布与生境

产辽宁、内蒙古；日本、朝鲜和俄罗斯也有分布。生于海拔400~1500m的山地阔叶林下或灌丛中。

迁地栽培形态特征

落叶灌木，高1~1.6m。

🌿 主干灰褐色，皮层层状剥落，光滑；枝条黄褐色，近轮生；幼枝密被白色有柄腺毛，2年生枝毛被宿存。

🍃 纸质，常5枚呈"大"字形轮生枝顶，倒卵形或宽倒卵形，长5~8cm，宽2.5~5cm，先端圆形，稀微凹或平截，具尖头，基部宽楔形，边缘微波状，幼时具腺头睫毛，后脱落；叶面深绿色，幼时散生白色有柄腺毛和微柔毛，成熟时仅基部及沿中脉宿存柔毛，叶背白绿色或苍白色，成熟时沿中脉、侧脉散生腺毛，中脉基部两侧被微柔毛；中脉和侧脉正面凹陷，背面凸出，侧脉6~8对，两面明显；叶柄短，长2~3mm，幼时被长柄腺毛，后渐脱落。秋季落叶前叶色变为黄色或暗红褐色。

花 花芽卵球形；芽鳞卵形，先端钝，外面沿中脊密被平伏的微柔毛，边缘具柔毛；伞形花序顶生，有3~6花，花梗浅粉紫色，长1~1.5cm，密被有柄腺毛；花萼浅绿色，5深裂，裂片形态变化，卵状椭圆形至长圆形，长3~7mm，外面和边缘具长柄腺毛；花冠辐状漏斗形，蔷薇色或粉白色至粉红色，长2.9~3.5cm，冠檐径5~6.5cm；花冠5深裂，裂片宽倒卵形，开展，上方裂片内面具红褐色斑点，花冠管短，长7~10mm，远短于裂片，内外两面疏生微柔毛；雄蕊10，不等长，长2.2~3.2cm，部分雄蕊伸出于花冠外但稍短于花冠，花丝白色至浅粉色，基部扁平，中部以下或下部被微柔毛，花药米黄色；雌蕊长于花冠，子房卵球形，具腺毛，花柱白色至浅黄色，长3.2~3.7cm，中部以下被短腺毛，柱头黄绿色，稍膨大。

果 未见。

受威胁状况评价

《RCB》评估：近危（NT）；《RLR》评估：无危（LC）。

引种信息及栽培适应性

昆明植物园 1986年，种子交换组与挪威树木园交换种子；1989年从沈阳市园林科学研究院引种种子。长势一般，每年开花，但未见结实，栽培适应性一般。

物候

先花后叶、部分重叠物候型，或花叶同放物候型。

昆明植物园 3月中旬叶芽膨大，3月下旬萌芽，4月上旬至下旬展叶；3月上旬花芽膨大，3月中旬现蕾，3月下旬始花、4月上旬盛花、4月下旬末花；未见成熟蒴果；10月下旬落叶。

开花植物

471

主要用途

观赏：分枝多、株形紧凑，叶呈"大"字形轮生，花量大、色泽靓丽，耐修剪，观赏性强，具有较高的园艺价值，是杜鹃花耐寒性培育的重要亲本，适用于盆栽及中海拔景区的园林绿化与生态修复，也可用于低海拔城市的林缘造景。

注：沈阳市园林科学研究院树木标本园及熊岳树木园也有栽培，生长旺盛，每年正常开花结实，适应性良好。物候期如下，

沈阳市园林科学研究院树木标本园 4月中旬叶芽膨大，4月下旬萌芽，5月上旬至下旬展叶；4月中旬花芽膨大，4月下旬现蕾，5月上旬始花、5月上中旬盛花、5月中下旬末花；9月下旬蒴果成熟。10月中旬落叶。

熊岳树木园 4月上旬叶芽膨大，4月中旬萌芽，4月下旬至5月中旬展叶；4月上旬花芽膨大，4月中旬现蕾，4月下旬始花、5月上旬盛花、5月中下旬末花；9月下旬蒴果成熟。10月中旬落叶。

展叶　幼枝　花枝　花叶同放　花序　新叶　花正面　花侧面

亚属Ⅷ 映山红亚属

Subg. *Tsutsusi* (Sweet) Pojarkova, Fl. URSS 18: 55. 1952.

　　落叶、半常绿至常绿灌木。幼枝被柔毛、绒毛、扁平糙伏毛或腺毛。新叶枝和花芽出自同一顶芽，叶散生至轮生，纸质至革质，通常两面被糙伏毛、刚毛，少数种混生腺毛、柔毛。伞形花序顶生，有1至数花；花萼5裂，裂片小至大，长0.1～1.8cm，被柔毛、糙伏毛或腺毛；花冠5裂，漏斗形、钟状漏斗形至辐状漏斗形，外面无毛，稀具腺毛，常具斑点，但斑点不为黄色；雄蕊5～10，花丝被柔毛或无毛，稀具腺毛；子房卵球形，被糙伏毛、柔毛或腺毛，稀无毛，花柱无毛或子房毛被延伸至花柱基部。蒴果多卵圆形，通常毛被。

　　全球有109种，分布于东亚、东南亚；主产中国、日本，朝鲜有少数种分布，向南延伸至马来西亚、越南和菲律宾。《中国植物志》收录75种、7变种，*Flora of China*收录81种、8变种，主要分布于西南、华南、华中和华东地区。本书收录30种、2变种，其中，原产日本6种、1变种。

映山红亚属分组检索表

1a. 幼枝及幼叶被柔毛，后多脱落；落叶，稀半常绿，2～5枚假轮生于枝顶····················
　　····································组1. 轮生叶组 Sect. **Brachycalyx**

1b. 幼枝及幼叶被扁平糙伏毛、刚毛，有时具腺毛，毛被宿存；叶常绿，稀半常绿或落叶，散生，稀近轮生。

　2a. 落叶、半常绿或常绿，叶散生于小枝，常具二型叶，春生叶秋季多脱落；花冠大小变化，通常狭漏斗形至钟状漏斗形 ····················组2. 映山红组 Sect. **Tsutsusi**

　2b. 叶常绿，2～3叶轮生枝顶（仅在徒长枝上散生）；花冠较大型，辐状漏斗形····················
　　····································组3. 假映山红组 Sect. **Tsusiopsis**

组1 轮生叶组

Sect. *Brachycalyx* Sweet, Brit. Fl. Gard., ser. 2 1: t. 95, 1831.

　　落叶灌木，稀半常绿。幼枝近轮生，被长柔毛，无糙伏毛。叶常2~5（~7）枚轮生枝顶，纸质至革质，幼时被长柔毛，成熟时无毛或沿脉被柔毛。伞形花序顶生，有1~4花，花与叶枝出自同一顶芽；花萼5裂，裂片长1~2mm，被柔毛或腺毛；花冠5裂，漏斗形至辐状漏斗形，外面无毛，内面具斑点；雄蕊（5~）10（~11），花丝无毛；子房卵球形，被柔毛、腺毛，稀无毛，花柱无毛。蒴果卵圆形，通常被毛，稀无毛。

　　全球有23种，分布于东亚、东南亚；大部分种类产自日本。《中国植物志》收录3种，*Flora of China*收录4种，主要分布于西南、华南、华中和华东地区。本书收录6种、1变种，其中原产日本3种、1变种。

轮生叶组分种检索表

1a. 伞形花序，有2～4花。

  2a. 叶纸质，常4～5（～7）枚轮生枝顶，长椭圆形、卵状长椭圆形，长达10cm；雄蕊10；子房及蒴果无毛；先花后叶或花叶同放 ···················· 154. 华顶杜鹃 *R. huadingense*

  2b. 叶薄革质，常3枚轮生枝顶，菱形、卵状菱形或卵圆形，长不及8cm；雄蕊（8～）10；子房及蒴果密被柔毛；先叶后花 ···················· 158. 伊豆杜鹃 *R. amagianum*

1b. 每个花序仅1～2花。

  3a. 2花，偶单花；花梗、子房被柔毛和腺毛，花萼被腺毛；花冠辐状漏斗形。

    4a. 雄蕊5 ···················· 156. 宽大杜鹃 *R. dilatatum*

    4b. 雄蕊（7～）8～9（～10） ···················· 157. 十蕊杜鹃 *R. dilatatum* var. *decandrum*

  3b. 花单生，偶2花；花梗、子房、花萼被柔毛，无腺毛；花冠宽漏斗形至辐状漏斗形。

    5a. 花柱无毛；先花后叶。

      6a. 叶革质至硬革质，落叶至半常绿，长2.5～4.2cm；叶柄长2～5mm，密被铁锈色长柔毛；花冠紫丁香色，长2.5～3cm；蒴果发育时密被锈色长柔毛 ···················· 152. 丁香杜鹃 *R. farrerae*

      6b. 叶薄革质，落叶，长3.5～7.5cm；叶柄长0.5～1cm，无毛或散生灰色长柔毛，花冠淡紫色，长2.8～3.8cm；蒴果发育时密被灰色长柔毛 ···················· 153. 满山红 *R. mariesii*

    5b. 花柱下部2/3被短柄腺毛，近基部混生长柔毛；先叶后花 ···················· 155. 凯氏杜鹃 *R. wadanum*

152

丁香杜鹃

Rhododendron farrerae Sweet, Brit. Fl. Gard., ser. 2 1: t. 95. 1831.

别名： 华丽杜鹃

分布与生境

中国特有种，产重庆、福建、广东、广西、贵州、湖南和江西。生于海拔800～2100m的山地密林、林缘或山顶灌丛中。

迁地栽培形态特征

落叶至半常绿灌木（庐山开阔地及林缘栽培秋末落叶，林下栽培多呈半常绿），高1.2～1.6m。

茎　主干深褐色，皮层层状剥落；枝条短而坚硬，棕褐色；幼枝被灰色至铁锈色长柔毛，2年生枝柔毛宿存。

叶　常3枚假轮生于枝顶，革质至硬革质，卵圆形至长圆状卵形，较小，长2.5～4.2cm，宽1.5～2.8cm，先端急尖，尖头不明显，基部圆形至宽楔形，边缘反卷，具平伏的睫毛；叶面绿色，幼时密被棕黄色平伏的长柔毛，叶背淡绿色，中脉、侧脉被锈色柔毛，成熟时仅叶面中脉基部及叶背中脉、侧脉被锈色平伏的长柔毛，其余无毛；中脉和侧脉正面凹陷，背面凸出，侧脉3～5对，两面明显；叶柄长2～7mm，具浅纵沟，密被铁锈色长柔毛或长粗毛。

花　花芽鳞花期宿存，卵圆形，外面密被平伏的柔毛，边缘具睫毛；花序顶生，单花，偶2花；花梗黄绿色带红晕，长0.6～1cm，通常被芽鳞包裹，密被灰白色柔毛和长粗毛；花萼与花梗同色，5裂，裂片三角形，长1～2mm，外面和边缘具白色长粗毛；花冠宽漏斗形至辐状漏斗形，长2.5～3cm，冠檐径4～5cm，紫丁香色至淡紫红色，内外无毛；花冠管短，向基部渐狭；花冠5裂，两侧对称，偶6裂，裂片开展，上方3裂片间浅裂，中部裂片最小，卵形，内面具紫红色斑点，下方2裂片大而深裂，椭圆形，长1.8～2.8cm，宽1.3～1.7cm，裂片基部边缘锯齿状并疏生少数柔毛，先端波状，具缺刻或无；雄蕊（8～）10（～11），不等长，长1.7～2.7cm，稍短于花冠，花丝白色至粉紫色，无毛，花药紫色；雌蕊长于花冠，子房卵球形，长4～5mm，径约3mm，密被灰白色长柔毛，花柱白色至浅黄色，弯曲，长2.5～3cm，无毛，柱头棕黄色至紫红色，稍膨大，头状，顶端具5浅沟纹。

果　蒴果圆锥形或卵圆形，长0.9～1.2cm，径5～7mm，密被锈色长粗毛；果梗长0.9～1.2cm，弯曲或直立，密被锈色长粗毛。

受威胁状况评价：

《RCB》及《RLR》评估：均为无危（LC）。

引种信息及栽培适应性

庐山植物园　2004年11月，张乐华、刘向平从广东深圳市梧桐山引种种子（登录号：2005SZ045）。杜鹃园栽培生长良好，每年大量开花结实，适应性良好。

物候

先花后叶、部分重叠物候型。

庐山植物园 3月中旬叶芽膨大，4月上旬萌芽，4月中旬展叶始期、4月下旬盛期、5月上旬末期；3月上旬花芽膨大，3月下旬现蕾，4月上旬始花、4月中旬盛花、4月下旬末花；10月下旬蒴果成熟。

主要用途

观赏：株形紧凑，先花后叶，花团锦簇，色泽艳丽，枝条萌发力强、耐修剪，观赏性和适应性强，为优良的盆栽、盆景材料，适用于中海拔地区的园林绿化，也可用于低海拔城市的林下、林缘造景。

药用：全株入药，有祛风湿、活血祛瘀、止痛止咳功效，主治慢性气管炎、风湿痹痛、跌打损伤、外伤出血。

植株

477

叶芽萌芽

新叶

花芽与春季老叶（半常绿）

花蕾、叶芽

花枝

花正面（5裂）

花正面（6裂，雄蕊9）

花正面（雄蕊10、11）

花侧面

雌雄蕊

蒴果

153
满山红

Rhododendron mariesii Hemsley & E. H. Wilson, Bull. Misc. Inform. Kew 1907(6): 244-246. 1907.
别名： 山石榴、马礼士杜鹃、守城满山红、卵叶杜鹃

植株

分布与生境

中国广布的特有种，产安徽、福建、广东、广西、贵州、河北、河南、湖北、湖南、江苏、江西、陕西、四川、台湾和浙江。生于海拔500～1960m的林中、林缘及灌丛中。

迁地栽培形态特征

落叶灌木至大灌木，高1～3m。

🌿 主干灰色至灰褐色，皮层层状剥落，光滑；枝条轮生，灰色；幼枝幼时被黄棕色长柔毛，不久脱落。

叶　常 3 枚假轮生于枝顶，薄革质，椭圆形、卵状披针形至宽三角状卵圆形，长 3.5～7.5cm，宽 2.2～4（～5）cm，先端锐尖至短渐尖，具尖头，基部钝至近圆形，边缘稍反卷，幼时中部以上具不明显的细钝齿，具缘毛，后脱落；叶面深绿色，幼时疏生平伏的丝状灰白色长柔毛，后脱落，叶背淡绿色，疏生柔毛，沿中脉、侧脉被毛较密；中脉、侧脉正面凹陷，背面凸起，侧脉 4～6 对，细脉与中脉、侧脉的夹角近 90℃；叶柄长 0.4～1cm，具纵沟，幼时疏生淡黄色长柔毛，后无毛或多少宿存。

花　花芽卵球形；芽鳞花期宿存，阔卵形，先端钝尖，外面和边缘被棕黄色柔毛；单花顶生，稀 2 花；花梗黄绿色略带红色，直立，长 0.7～1.2cm，基部为宿存的芽鳞所包裹，密被灰白色柔毛；花萼与花梗同色，环状或 5 齿裂，裂片长约 1mm，外面和边缘密被灰白色长柔毛；花冠宽漏斗形至辐状漏斗形，淡紫红色、浅粉紫色，长 2.8～3.8cm，冠檐径 4.5～5.2cm，内外无毛；花冠管长约 1cm，基部直径约 4mm，向上渐增粗，花冠 5 深裂至全长的 2/3，两侧对称，上方 3 裂片间浅裂，中部裂片最小，长倒卵圆形，长 1.6～2cm，内面具紫红色斑点，其他裂片间深裂且裂片大，长圆形，长 2～2.5cm，先端皱褶，钝圆，无缺刻；雄蕊（8～）10，不等长，长 2～3.6cm，花丝浅粉紫色，扁平，无毛，花药淡紫色；雌蕊与花冠近等长，子房卵球形，长 3～4mm，径 2～3mm，密被灰白色长柔毛，花柱白色至淡紫色，长 2.5～3.5cm，无毛，柱头紫红色，稍膨大，头状。

果　蒴果长圆状卵形，长 0.7～1cm，宽 4～6mm，密被灰白色长柔毛。

受威胁状况评价

《RCB》及《RLR》评估：均为无危（LC）。

引种信息及栽培适应性

庐山植物园　杜鹃园有自然分布；2002 年 10 月、2004 年 3 年，张乐华、刘向平分别从江西庐山引种实生苗，从江西井冈山、崇义县齐云山引种种子；2014 年 12 月，张乐华等从江西三清山、武夷山引种种子。杜鹃园栽培生长旺盛，每年大量开花结实，且园区可见自然更新苗，适应性良好。

华西亚高山植物园　2009 年 9 月，庄平、王飞、李烨和杨学康从贵州江口县梵净山引种种子（登录号：2009030）；2009 年 9 月，庄平从庐山植物园引种种子（登录号：2009L017）。长势一般，开花量较小，未见结实，栽培适应性一般。

杭州植物园　1951 年 1 月，从浙江临安区引种实生苗（登录号：51C11002P95-1858）；1985 年 1 月，从庐山植物园引种实生苗（登录号：85C23001P95-422）；2001 年 11 月，朱春艳等从浙江遂昌县引种实生苗；2013 年 12 月，朱春艳等从浙江建德市引种实生苗。杜鹃园栽培生长旺盛，开花量大，结实率较高，适应性良好。

湖南省植物园　1995 年 6 月，彭春良从湖南长沙市、浏阳市野外引种实生苗；2018 年 12 月，廖菊阳、刘艳从安徽大别山引种实生苗。杜鹃园栽培生长旺盛，开花量较大，结实率一般，适应性良好。

武汉植物园　2003 年 10 月，刘松柏等从湖北利川市野外引种实生苗（登录号：20032272）；2004 年 10 月，丁时东等从陕西太白县野外引种实生苗（登录号：20048796）；2015 年 10 月，张守君等从湖北宣恩县野外引种实生苗（登录号：20154081）；2018 年 3 月，张守君等从福建泰宁县野外引种实生苗（登录号：20183307）。杜鹃园栽培长势良好，开花量大，结实率较高，适应性良好。

南京中山植物园　1988 年，从安徽野外引种实生苗（登录号：EI95-199）。生长旺盛，开花量大，结实率较高，栽培适应性良好。

物候

先花后叶、部分重叠物候型。

庐山植物园　3 月下旬叶芽膨大，4 月中旬萌芽，4 月 18～26 日展叶始期、4 月 27 日至 5 月 4 日盛期、

5月5～14日末期；3月下旬花芽膨大，4月上中旬现蕾，4月13～20日始花、4月21～28日盛花、4月29日至5月7日末花；2021年物候期比正常年份提早7～10天；10月下旬至11月上旬蓇果成熟。

华西亚高山植物园玉堂园区　当地栽培为先叶后花、部分重叠物候型。3月上旬叶芽膨大，3月中旬萌芽，3月下旬至4月中旬展叶；3月下旬花芽膨大，4月上中旬现蕾，4月15～18日始花、4月19～25日盛花、4月26～30日末花；未见成熟蓇果。

杭州植物园　2月中旬叶芽膨大，2月下旬萌芽，3月上旬至下旬展叶；2月上旬花芽膨大，2月中下旬现蕾，2月下旬至3月下旬开花；10月下旬蓇果成熟。

湖南省植物园　3月下旬叶芽膨大，4月上旬萌芽，4月中旬展叶始期、4月下旬盛期、5月上旬末期；3月中旬花芽膨大，3月下旬现蕾，4月1～5日始花、4月6～15日盛花、4月16～25日末花；10月上旬蓇果成熟。

武汉植物园　3月上旬叶芽膨大，3月中旬萌芽，3月下旬展叶始期、3月下旬至4月上旬盛期、4月中旬末期；2月下旬花芽膨大，3月上旬现蕾，3月中旬始花、3月下旬盛花、4月上旬末花；10～11月蓇果成熟。

南京中山植物园　3月上旬叶芽膨大，3月下旬萌芽，4月上旬至下旬展叶，11月落叶；2月下旬花芽膨大，3月上旬现蕾，3月中旬始花、3月下旬盛花、4月中旬末花；9月下旬蓇果成熟。

主要用途

观赏：株形优美，先花后叶，花量大、色泽艳丽，枝条萌发力强、耐修剪，观赏性和适应性强，为优良的盆栽、盆景材料，适用于中海拔地区的园林绿化与生态修复，也可用于低海拔城市园林造景。

药用：叶入药，有止咳祛痰、止痛消肿、祛风利湿功效，主治急慢性支气管炎、咳嗽、胃肠炎；根入药，有止痢功效，主治肠炎痢疾；花、果入药，有活血、调经、祛风、利湿功效，主治月经不调、闭经、崩漏、跌打损伤、风湿痛。

幼叶　　冬芽　　新叶　　花蕾与叶芽萌芽

花序

花侧面

花枝

花解剖特征

花正面

雌雄蕊与展叶

蒴果

154
华顶杜鹃

Rhododendron huadingense B. Y. Ding & Y. Y. Fang, Bull. Bot. Res., Harbin 10(1): 31-32. 1990.

分布与生境

中国特有种，产浙江。生于海拔700~1100m的山坡针阔混交林内、林缘，多零星分布。

迁地栽培形态特征

落叶灌木，高1.0~1.5m。

茎 主干褐黑色，皮层具规则的网状裂纹，不剥落；幼枝绿色，幼时被柔毛，不久脱落。

叶 常4~7（多5~6）枚假轮生于枝顶，叶片较大，纸质，长椭圆形至卵状长椭圆形，长6~10cm，宽3~5cm，先端急尖或锐尖，具尖头，基部宽楔形至近圆形，边缘微波，具细锯齿和缘毛；叶面深绿色，幼时被平伏的金黄色柔毛和散生灰白色长粗毛，沿中脉密被短柔毛，成熟时无毛；叶背淡绿色，幼时疏生白色短柔毛，成熟时仅中脉和侧脉基部两侧密被灰色短柔毛；中脉正面凹陷，背面凸起，侧脉9~12对，背面清晰；叶柄长0.8~1.5cm，具纵沟，幼时被短柔毛和疏生长粗毛，后逐渐脱落。

花 花芽卵球形；芽鳞宽卵形，边缘具白色长柔毛；伞形花序顶生，有1~3（~4）花；花梗黄绿色，长1.2~1.7cm，密被不等长的粉红色腺头毛；花萼与花梗同色，5浅裂，裂片三角状卵形，长约1mm，外面及边缘被淡紫红色腺头毛；花冠质地较厚，宽漏斗形至辐状漏斗形，淡紫色至紫红色，长3~3.8cm，冠檐径4.5~5.5cm，内外干净；花冠5裂，两侧对称，上方3裂片间浅裂至全长的1/2，基部内面具橘红色至紫红色斑点，中部裂片最小，长卵圆形，长1.6~2cm，其他裂片间深裂至全长的2/3，裂片大，长圆形，长2~2.5cm，先端有缺刻或无；雄蕊10，不等长，长2.1~3.4cm，花丝淡紫色，基部稍膨大，无毛，花药灰褐色；雌蕊与花冠近等长，子房卵球形，长3~4mm，无毛，花柱白色至淡紫色，长2.8~3.5cm，无毛，柱头浅黄色，稍膨大，头状。

果 未见。

原产地：蒴果卵状圆锥形，长0.7~1.2cm，径6~8mm，表面粗糙，无毛，顶部开裂。

受威胁状况评价

《RCB》及《RLR》评估：均为数据缺乏（DD）。

列入《国家重点保护野生植物名录》（2021）二级保护植物。

野外考察发现，该物种仅分布于浙江天台山和四明山海拔700~1000m的林下、林缘环境；分布地域狭窄且多零星分布，资源量稀少，且近十余年因人工造林及盗挖现象严重，物种数量急剧下降，已被列入浙江省极小种群保护名录，但近年在浙江磐安县大盘山保护区发现有2000余株（丛）的种群。建议列为濒危（EN）种。

引种信息及栽培适应性

庐山植物园 2016年11月，张乐华从浙江宁波市四明山林场野外引种实生苗和种子（登录号：2017SM010）。杜鹃园栽培生长良好，2021年首次开花，但未见结实；幼叶易受蝗虫、象鼻虫危害，适应性较好。

物候

先花后叶、部分重叠物候型。

庐山植物园 3月中旬叶芽膨大，4月上旬萌芽，4月中旬至5月上旬展叶；3月上旬花芽膨大，3月下旬现蕾，4月上旬至中下旬开花；未见成熟蒴果。

主要用途

观赏： 树皮花纹状深裂，先花后叶，花团锦簇，花大而色艳，观赏性强，为优良的盆栽材料，适用于中海拔地区的园林绿化与生态修复，也可用于低海拔城市的园林造景。作为我国区域分布的国家二级重点保护植物，可通过园林应用促进其多样性保护。

野生植株（李修鹏 摄）　栽培植株

叶芽伸长　展叶　新叶　花与叶芽萌芽

花序与花正面

花正面（示雄蕊）　花梗、花萼与雌蕊　蒴果与冬芽（野生株）　花侧面

155

凯氏杜鹃

Rhododendron wadanum Makino, J. Jap. Bot. 1: 21. 1917.

别名： 东国三叶杜鹃

分布与生境

日本特有种，产本州。生于海拔400~2000m的落叶林中。

迁地栽培形态特征

落叶灌木，高1.2~1.5m。

茎 主干灰褐色，皮层层状剥落；枝条纤细；幼枝密被灰白色长柔毛，后逐渐脱落。

叶 常3枚假轮生于枝顶，纸质至薄革质，卵形或卵状菱形，长3~5cm，宽2.8~4cm，先端渐尖，具尖头，基部宽楔形到近圆形；叶面深绿色，幼时被平伏的灰白色丝状长柔毛，后脱落；叶背淡绿色，幼时散生柔毛，沿中脉、侧脉密被长柔毛，成熟时仅沿中脉基部密被棕黄色柔毛；主脉和侧脉正面凹陷、背面凸起，侧脉5~7对，两面清晰；叶柄粗短，长2~4mm，径约2mm，幼时密被灰白色长柔毛，后脱落或多少宿存。

花 花芽较小，长卵圆形；芽鳞卵圆形，花期宿存，外面沿中脊两侧密被棕黄色平伏柔毛，内面具黏质，边缘具短柔毛；花序顶生，单花，偶2花；花梗黄绿色，粗壮，长0.8~1.5cm，密被灰白色长柔毛，无腺毛；花萼与花梗同色，环状至5浅裂，裂片三角形，长1~2mm，外面和边缘密被长柔毛；花冠宽漏斗形至辐状漏斗形，淡紫色至紫红色，长2.2~2.8cm，冠檐径3.5~4.5cm，内外无毛；花冠管长6~7mm，花冠5深裂，两侧对称，裂片长椭圆形至倒卵状长圆形，长1.7~2.2cm、宽1~1.3cm，先端钝圆，具缺刻或无，上方裂片内面具紫红色斑点或无；雄蕊10，不等长，长1.1~2.8cm，花丝浅粉紫色，无毛，花药米黄色；雌蕊长于花冠，子房卵球形，长约3mm，径2~3mm，密被白色长柔毛，花柱白色，长2.8~3.5cm，下部2/3被短柄腺毛，近基部混生长柔毛，柱头棕红色，稍膨大，顶端具5浅沟纹。

果 蒴果斜椭圆状卵形，长0.7~1.2cm，径4~5mm，密被长柔毛。

受威胁状况评价

《RCB》评估：未评估（NE）；《RLR》评估：无危（LC）。

引种信息及栽培适应性

庐山植物园 2006年10~11月，张乐华从Crarae Garden引种种子（登录号：2007C067）。杜鹃园栽培生长较好，开花量较小，结实率较低，适应性较好。

物候

先叶后花、部分重叠物候型。

庐山植物园 3月上旬叶芽膨大，3月下旬萌芽，4月上旬展叶始期、4月中旬盛期、4月下旬末期；3月中旬花芽膨大，4月上旬现蕾，4月上中旬始花、4月中下旬盛花、4月下旬末花；10月下旬至11月上旬蒴果成熟。

主要用途

　　观赏：花色艳丽，耐修剪，适用于盆栽及低海拔城市、中海拔景区的园林绿化与造景。

植株

叶芽萌芽

新叶

花蕾

蒴果

花内面

雌雄蕊（示花梗、花萼）

花正面

156
宽大杜鹃

Rhododendron dilatatum Miquel, Ann. Mus. Bot. Lugduno-Batavi 1: 34. 1836.
别名： 菱叶杜鹃

分布与生境
日本特有种，产本州。生于海拔200～1500m的山坡落叶林内或林缘。

迁地栽培形态特征
落叶灌木，高2.2～2.5m，基部分枝多，呈丛生状。

茎 主干褐色，皮层层状剥落；小枝细瘦，轮生，棕黄色至灰色；幼枝幼时密被灰白色长柔毛，不久脱落。

叶 常3枚假轮生于枝顶，硬纸质至薄革质，卵圆形、宽卵形至卵状菱形，长3.5～5.6cm，宽2.4～3.8cm，先端急尖至渐尖，具尖头，基部宽楔形至圆形，边缘稍反卷，幼时疏生长睫毛，后脱落；叶面深绿色，叶背白绿色，幼时两面被丝状长柔毛和白色无柄或短柄腺毛，成熟时正面无毛或残存毛基，背面散生黑色点状腺点，沿中脉、侧脉更密，无柔毛；中脉、侧脉正面凹陷，背面凸起，侧脉5～6对，两面清晰；叶柄长0.7～1cm，具纵沟，幼时被短腺毛和散生灰色长柔毛，后无毛或柔毛多少残存。

花 花芽长卵圆形，长1.2～1.5cm，径4～5mm；芽鳞花期宿存，卵圆形，外侧芽鳞无毛，内侧芽鳞中上部被棕黄色平伏柔毛并散生短柄腺毛，边缘具柔毛；花序顶生，多2花，少1花；花梗黄绿色或紫红色，长0.8～1.5cm，基部被长柔毛和散生短腺毛，为宿存的芽鳞所包裹，中上部被短腺毛；花萼与花梗同色，环状或5浅裂，裂片三角形，长约1mm，外面和边缘被短腺毛；花冠辐状漏斗形，粉紫色至紫红色，长2.2～2.7cm，冠檐径4.2～4.7cm；花冠管长5～7mm，内外无毛；花冠5裂，两侧对称，上方3裂片间浅裂，中部裂片最小，长卵圆形，长1.3～1.8cm、宽1.4～1.7cm，内面具少数紫红色条状斑点，其他裂片间深裂且裂片长，长圆形至长椭圆状卵形，长1.5～2.2cm、宽1.1～1.5cm，先端钝圆，无缺刻；雄蕊5，不等长，长2.5～4cm，长于花冠并伸出花冠外很长，花丝浅粉色，无毛，花药淡紫色，椭圆形，长1.6～2mm；雌蕊长于花冠，子房圆柱形，长4～5mm，径2～3mm，密被白色短腺毛，散生长粗毛，花柱浅紫红色，长3～3.5cm，无毛，柱头紫红色，稍膨大。

果 蒴果斜圆柱形，长0.8～1.1cm，径3～4mm，密被短柄腺毛和散生长粗毛。

受威胁状况评价
《RCB》评估：未评估（NE）;《RLR》评估：无危（LC）。

引种信息及栽培适应性
庐山植物园 1993年5月，日本友人白井真人赠送苗木，种源信息不详。杜鹃园栽培生长良好，开花量大，但结实率较低，适应性良好。

物候
先花后叶、部分重叠物候型。

庐山植物园 3月中旬叶芽膨大，4月上旬萌芽，4月9～17日展叶始期、4月18～26日盛期、4月27日至5月6日末期；3月上旬花芽膨大，3月中下旬现蕾，3月25日至4月3日始花、4月4～11日盛花、4月12～19日末花；10月下旬蒴果成熟。

主要用途

观赏：植株多丛生，株形紧凑，先花后叶，花量大、色泽艳丽，枝条萌发力强、耐修剪，观赏性和适应性强，适用于大型盆栽及中海拔地区的园林绿化与生态修复，也可用于低海拔城市园林造景。

植株

花枝与叶芽

花正面

冬芽

新叶

展叶

花蕾与叶芽萌芽

花序

花正面（多2花）

花侧面

雌雄蕊

蒴果与冬芽

157

十蕊杜鹃

Rhododendron dilatatum Miquel var. *decandrum* Makino, Bot. Mag. (Tokyo) 7: 134. 1893.

分布与生境

日本特有变种，产北海道、本州、九州和四国。生于海拔300～1500m山坡落叶林内或林缘。

迁地栽培形态特征

落叶灌木，高2.5～3m，基部分枝多，呈丛生状。

茎 主干和老枝褐色，皮层层状剥落；小枝细瘦，轮生，棕黄色至灰白色；幼枝幼时密被灰白色长柔毛，不久脱落。

叶 常3枚假轮生于枝顶，硬纸质至薄革质，菱形、卵状菱形或长卵圆形，长5～7cm，宽2.3～4cm，先端渐尖，具尖头，基部宽楔形，边缘稍反卷，中部以上具不明显浅细齿，幼时具睫毛，后脱落；叶面深绿色，幼时疏生棕黄色丝状长柔毛，后多少宿存，叶背白绿色，幼时沿中脉、侧脉被白色柔毛，成熟时无毛或沿中脉多少残存；中脉、侧脉正面明显凹陷，背面显著凸起，侧脉5～7对，两面清晰；叶柄粗短，长4～7mm，具纵沟，幼时被短柄腺毛和棕灰色长柔毛，后柔毛多少宿存。

花 花芽长卵圆形，长1.2～1.5cm，径5～6mm；芽鳞花期宿存，卵形，外面尤其是沿中脊两侧密被棕黄色平伏柔毛，边缘具灰白色长睫毛；花序顶生，多2花，少1花；花梗黄绿色或带红晕，长0.8～1.2cm，密被长柔毛和短柄腺毛；花萼与花梗同色，环状或5齿裂，裂片三角形，长约1mm，外面被短腺毛，边缘被长柔毛；花冠辐状漏斗形，淡紫色至或紫红色，长2.1～2.6cm，冠檐径3.5～4.5cm；花冠管长6～8mm，内外无毛；花冠5裂，两侧对称，上方3裂片间浅裂，中部裂片最短，长卵圆形，长1.3～1.7cm、宽1.4～1.6cm，内面具少数紫红色条状斑点或无，其他裂片间深裂且裂片长，长椭圆形至长椭圆状卵形，长1.5～2.1cm、宽1～1.5cm，先端钝圆，无缺刻；雄蕊（7～）8～9（～10），不等长，长1.5～3cm，长于花冠并伸出花冠外很长，花丝浅粉紫色，无毛，花药灰紫色，椭圆形，长1.5～2mm；雌蕊长于花冠，子房圆柱形，长3～4mm，径1.5～2mm，密被白色短腺毛，稀散生长粗毛，花柱与花丝同色，长2.8～3.2cm，无毛，柱头浅黄色至紫红色，稍膨大。

果 蒴果斜圆柱形，长0.9～1.1cm，径3～4mm，具5纵肋，密被短柄腺毛，稀散生长粗毛。

受威胁状况评价

《RCB》评估：未评估（NE）；《RLR》评估：无危（LC）。

引种信息及栽培适应性

庐山植物园 1993年5月，日本友人白井真人赠送苗木，种源信息不详。杜鹃园栽培生长良好，开花量大，结实率较低，适应性良好。

物候

先花后叶、部分重叠物候型。

　　庐山植物园　3月中旬叶芽膨大，4月上旬萌芽，4月9～17日展叶始期、4月18～26日盛期、4月27日至5月5日末期；3月上旬花芽膨大，3月中下旬现蕾，3月23～30日始花、3月31日至4月6日盛花、4月7～15日末花；10月下旬蒴果成熟。

主要用途

　　观赏：植株多丛生，株形紧凑，先花后叶，花量大、色泽艳丽，枝条萌发力强、耐修剪，观赏性和适应性强，适用于大型盆栽及中海拔地区的园林绿化与生态修复，也可用于低海拔城市园林造景。

注：金孝锋和丁炳扬 (2009) 将其作为宽大杜鹃的亚种 (*Rhododendron dilatatum* subsp. *decandrum* X. F. Jin & B. Y. Ding) 处理。

植株　冬芽　新叶　花蕾　花解剖特征　花枝　花正面　花侧面　雌雄蕊　花序　蒴果

158
伊豆杜鹃

Rhododendron amagianum Makino, J. Jap. Bot. 7: 21. 1931.

冬芽与花蕾

植株

冬芽与叶芽萌芽

分布与生境

日本特有种，产本州。生于海拔800～1000m的落叶林中。

迁地栽培形态特征

落叶灌木，高2～2.8m。

茎 主干和老枝褐色，皮层层状剥落；小枝常2～4枝轮生，灰褐色；幼枝密被银白色至棕色长柔毛，2年枝柔毛多少宿存。

叶 常3枚假轮生于枝顶，薄革质，菱形至卵状菱形，长5～8cm，宽2.8～5.5cm，先端渐尖或急

491

尖，具尖头，基部宽楔形至近圆形，边缘幼时具睫毛，后渐脱落；叶面深绿色，幼时疏生长约5mm的丝状灰棕色长柔毛，后渐脱落，仅中脉基部多少宿存，叶背淡绿色，疏被短柔毛，中脉基部密被棕黄色长柔毛；中脉、侧脉正面凹陷，背面显著凸起，侧脉4～6对，两面清晰；叶柄粗壮，长3～8cm，径2～2.5mm，圆柱形，密被棕灰色长柔毛。

花 花芽长卵球形；芽鳞花期多脱落，卵圆形，先端具尖头，外面和边缘密被棕黄色长柔毛，无黏质；伞形花序顶生，有2～3（～4）花；花梗黄绿色，长5～8mm，密被银灰色长柔毛；花萼与花梗同色，环状或5浅裂，裂片三角形，长约1mm，外面和边缘密被长柔毛；花冠宽漏斗形，质地较厚，长3.5～4.2cm，冠檐径4.5～5.2cm，紫红色，内外无毛；花冠管长1～1.5cm，基部直径4～5mm，向上渐增粗；花冠5深裂，开展，两侧对称，上方3裂片间浅裂，中部裂片最短，倒卵形，长1.8～2.2cm，宽1.4～1.8cm，内面具深红色斑点，其他裂片间深裂且裂片长，长圆形，长2.5～3cm，宽1.3～1.7cm，先端钝圆，无缺刻；雄蕊（8～）9（～10），不等长，长2.1～3.5cm，短于花冠，花丝浅紫色，无毛，花药棕褐色，椭圆形，长2～2.5 mm；雌蕊与花冠近等长，子房卵球形，长4～5mm，径3～3.5mm，密被银白色长柔毛，花柱浅紫色，长3.2～3.8cm，下部疏生长柔毛，柱头浅黄色，稍膨大，顶端具5浅沟纹。

果 蒴果长卵球形，长1～1.5cm，径5～7mm，密被棕黄色至铁锈色长柔毛。

受威胁状况评价

《RCB》评估：未评估（NE）；《RLR》评估：濒危（EN）。

幼枝与幼叶

花蕾与展叶

叶背面（示叶柄与中脉毛被）

雌雄蕊

蒴果

引种信息及栽培适应性

  庐山植物园 1993年5月，日本友人白井真人赠送苗木，种源信息不详。杜鹃园栽培生长良好，开花量较大，结实率较低，适应性良好。

物候

  先叶后花、部分重叠物候型。

  庐山植物园 3月下旬叶芽膨大，4月中旬萌芽，4月17~25日展叶始期、4月26日至5月2日盛期、5月3~12日末期；4月中旬花芽膨大，5月上旬现蕾，5月6~13日始花、5月14~20日盛花、5月21~28日末花；10月下旬至11月上旬蒴果成熟。

主要用途

  观赏：株形优美，枝繁叶茂，花期较晚，花大而色艳，枝条萌发力强、耐修剪，观赏性和适应性强，适用于大型盆栽及低海拔城市、中海拔景区的园林绿化与造景。

花序

花序（4花）

花正面

花枝

花侧面

组 2　映山红组

Sect. *Tsutsusi* Sweet, Brit. Fl. Gard., ser. 2, 2: t. 117. 1831.

　　常绿至半常绿灌木，稀落叶。幼枝密被扁平糙伏毛、刚毛状糙伏毛或腺毛。通常具二型叶，纸质至薄革质，常两面被糙伏毛、刚毛，少数混生腺毛或柔毛。伞形花序顶生，有1~12（~17）花，与叶枝出自同一顶芽；花萼5裂，裂片长0.1~1.8cm，被糙伏毛或腺毛；花冠5裂，漏斗形至漏斗状钟形，有明显的管部，外面无毛，稀具腺毛或柔毛；雄蕊5~10，花丝被柔毛，稀无毛；子房卵球形，密被糙伏毛、绢状长柔毛或腺毛，花柱无毛或子房毛被延伸至花柱基部，稀被糙毛或腺毛。蒴果卵球形，毛被宿存。

　　全球有85种，主产东亚，分布于中国、日本、韩国到越南、菲律宾。《中国植物志》收录71种、7变种，*Flora of China*收录76种、8变种，接受曹利民和刘仁林（2008）发表的1新变种；主要分布于我国东南至西南地区。本书收录23种、1变种，其中原产日本3种。

映山红组分种检索表

1a. 雄蕊6~10。
  2a. 雄蕊变化，（6~）7~9（~10）。
    3a. 叶片较小，长0.7~3.5cm；花冠长2~2.4cm。
      4a. 叶片长0.7~2.3cm，叶柄长1~2mm；花萼长约1.5mm；花冠淡紫色，内外无毛 ┈┈┈┈┈┈┈┈┈
                               ┈┈┈┈┈┈┈┈ 159. 细叶杜鹃 *R. noriakianum*
      4b. 叶片长1.5~3.5cm，叶柄长2~4mm；花萼长2~4mm；花冠紫红色，内面被微柔毛 ┈┈┈┈┈┈
                             ┈┈┈┈┈┈┈ 160. 小宫山杜鹃 *R. komiyamae*
    3b. 叶片较大，长3~7（~8）cm；花冠长2.4~5.2cm。
      5a. 花萼三角状卵形，长1~2mm；花冠宽漏斗形至狭钟形，紫红色至淡紫色，长2.4~2.8cm ┈┈┈
                             ┈┈┈┈┈┈ 161. 伏毛杜鹃 *R. strigosum*
      5b. 花萼长卵形，长约3mm；花冠漏斗形，深红色，长4~5cm ┈┈ 162. 潮安杜鹃 *R. chaoanense*
  2b. 雄蕊10。
    6a. 花萼不发育，裂片长约2mm；花冠长1.8~2cm ┈┈┈┈┈┈ 163. 美艳杜鹃 *R. pulchroides*
    6b. 花萼发育，裂片长0.3~1.2cm；花冠长4~5.2cm。
      7a. 叶片线状披针形至狭披针形，宽0.4~1.4cm ┈┈┈┈┈┈ 164. 海南杜鹃 *R. hainanense*
      7b. 叶片卵形至长圆形、卵状椭圆形或椭圆状披针形，宽1~5cm。
        8a. 幼枝、叶片及花梗密被糙伏毛和腺头刚毛；子房密被糙伏毛和腺毛。
          9a. 花萼裂片长三角形至卵状披针形，长6~9mm；花冠深红色 ┈┈┈┈┈┈┈┈┈┈┈┈┈┈┈
                             ┈┈┈┈┈┈┈┈ 165. 砖红杜鹃 *R. oldhamii*
          9b. 花萼裂片长卵状至三角状披针形，长1~1.6cm；花冠白色 ┈┈┈┈┈┈┈┈┈┈┈┈┈┈┈
                             ┈┈┈┈┈┈┈ 166. 白花杜鹃 *R. mucronatum*
        8b. 幼枝、叶片及花梗被平伏糙伏毛，无腺毛；子房密被糙伏毛，无腺毛。
          10a. 花萼裂片三角状披针形，长1.3~1.8cm；花冠玫瑰紫色；花冠管内面被微柔毛
                             ┈┈┈┈┈┈┈ 167. 锦绣杜鹃 *R. × pulchrum*
          10b. 花萼裂片长卵形，长3~7mm；花冠红色或紫红色；花冠管内面无毛 ┈┈┈ 168. 杜鹃 *R. simsii*
1b. 雄蕊5。
  11a. 幼枝被开展的刚毛状糙伏毛，通常具腺毛。
    12a. 花冠外面具腺毛，内面被微柔毛，具深色斑点；花丝中下部被微柔毛。
      13a. 花梗、花萼被刚毛状糙伏毛，无腺毛 ┈┈┈┈┈┈ 169. 湖南杜鹃 *R. hunanense*
      13b. 花梗、花萼密被长糙伏毛和短柄腺毛。
        14a. 花冠漏斗形，紫红色，长2.8~3.5cm，外面通常无毛；花柱无毛 ┈┈┈ 170. 溪畔杜鹃 *R. rivulare*
        14b. 花冠漏斗状钟形，淡紫红色至粉红色，长1.4~1.8cm，外面散生腺毛；花柱下部被长刚毛和
        腺毛 ┈┈┈┈┈┈┈┈┈┈┈┈┈┈┈┈ 171. 乳源杜鹃 *R. rhuyuenense*
    12b. 花冠内外面无毛，无色斑（点）；花丝无毛。
      15a. 花芽黏结，长1~1.2cm；子房密被长糙伏毛 ┈┈┈┈┈┈ 172. 岭南杜鹃 *R. mariae*
      15b. 花芽不黏结，长达2cm；子房密被腺头刚毛 ┈┈┈┈┈┈ 173. 茶绒杜鹃 *R. apricum*
  11b. 幼枝被平伏的扁平糙伏毛，无腺毛。
  16a. 花序有2~3（~4）花。
    17a. 花冠深红色，内外无毛；雄蕊短于花冠 ┈┈┈┈┈┈ 174. 皋月杜鹃 *R. indicum*
    17b. 花冠不为深红色，花冠管内面被微柔毛；雄蕊长于或等长于花冠。
      18a. 花萼不发育，裂片长约1mm；雄蕊显著长于花冠 ┈┈┈ 175. 南昆杜鹃 *R. naamkwanense*
      18b. 花萼发育，裂片长2~3mm；雄蕊与花冠近等长。
        19a. 花冠宽漏斗形，洋红色，上方裂片内面具深色斑点 ┈┈┈┈┈ 176. 钝叶杜鹃 *R. obtusum*
        19b. 花冠钟状漏斗形，淡紫色，裂片内面无色斑（点）
                        ┈┈┈┈┈┈┈ 177. 千针叶杜鹃 *R. polyraphidoideum*
  16b. 花序有（2~）4~8花。

20a. 花冠外面被腺毛 ·· 178. **黔阳杜鹃 _R. qianyangense_**

20b. 花冠外面无腺毛。

　21a. 叶片长 1～2.8cm。

　　22a. 叶薄革质；花冠较小，钟状漏斗形，长 1.1～1.4cm，花冠管长 5～7mm ············· ·· 179. **背绒杜鹃 _R. hypoblematosum_**

　　22b. 叶纸质；花冠较大，漏斗形，长 1.5～2.2cm，花冠管长 0.8～1.2cm ················· ··· 180. **亮毛杜鹃 _R. microphyton_**

　21b. 叶片长 3～8.5cm。

　　23a. 叶薄革质，叶背密被平伏的长糙伏毛，侧脉为毛被所覆盖；花芽黏结；花冠管狭长，长于裂片 ··························· 181. **毛果杜鹃 _R. seniavinii_**

　　23b. 叶厚纸质，叶背仅沿中脉密被平伏的糙伏毛，侧脉不为毛被覆盖；花芽不黏结；花冠管粗短，短于裂片 ··················· 182. **上犹杜鹃 _R. seniavinii var. shangyounicum_**

159
细叶杜鹃

Rhododendron noriakianum Suzuki, Trans. Nat. Hist. Soc. Taiwan 25: 40. 1935.
别名：志佳阳杜鹃

分布与生境

中国特有种，产台湾。生于海拔1500～2500m的山地草地、林缘或灌丛中。

迁地栽培形态特征

半常绿小灌木，高0.3～0.5m。

🌿 主干灰褐色；枝条细瘦；幼枝密被平伏的棕色扁平糙伏毛，2～3年生枝棕色，糙毛宿存。

🍃 二型；春生叶散生枝顶，纸质，长卵圆形至卵状长圆形，较小，长0.7～2.3cm，宽4～8mm，先端急尖，具尖头，基部宽楔形至近圆形；叶面深绿色，叶背浅绿色，幼时两面被平伏的灰色糙伏毛，成熟时正面被毛部分脱落，背面宿存，特别是沿中脉密被平伏糙伏毛；中脉正面凹陷、背面凸起，侧脉7～9对，背面清晰；叶柄短，长约2mm，密被平伏的扁平糙伏毛。夏生叶集生枝顶，厚纸质，长0.5～1cm，宽4～7mm，两面被平伏糙伏毛，叶柄极短，长约1mm，其余特征同春生叶。

🌸 花芽鳞花期宿存，卵圆形，外面密被棕黄色平伏糙伏毛，边缘具短柔毛；伞形花序顶生，有2～3花；花梗黄绿色，长3～5mm，为宿存的芽鳞所包裹，被灰白色糙伏毛；花萼浅绿色，5深裂，裂片三角状卵形，长1.5～2.5mm，外面和边缘密被糙伏毛。花冠宽漏斗形至钟状漏斗形，淡紫色至紫红色，长2.2～2.5cm，冠檐径3.2～3.7cm，内外无毛；花冠管长7～8mm，向基部渐狭；花冠5深裂至全长的2/3，裂片长圆形，开展，长1.4～1.7cm，宽1.3～1.4cm，上方裂片内面具深紫红色斑点，先端缺刻或无；雄蕊7～9，伸出花冠，不等长，长1.5～2.8cm，花丝淡紫色，中部以下疏生短柔毛，花药紫色；雌蕊长于花冠，子房卵球形，长3～4mm，径约2mm，密被银白色糙伏毛，花柱紫红色，长2.2～2.6cm，无毛或基部与子房连接处被少数糙伏毛，柱头深紫红色，稍膨大，头状，顶端具5浅沟纹。

🍎 蒴果卵球形，长6～8mm，径约4mm，密被棕褐色糙伏毛，花柱多宿存。

受威胁状况评价

《RCB》评估：无危（LC）;《RLR》评估：易危（VU）。

引种信息及栽培适应性

庐山植物园　2003年12月，张乐华从德国不莱梅植物园引种种子（登录号：2004G102）。保育温室栽培，生长慢，长势一般，隔年开花，结实率较低；杜鹃园未栽培，不作适应性评价。

物候

先叶后花、部分重叠物候型。

庐山植物园保育温室　4月上旬叶芽膨大，4月中下旬萌芽，4月下旬展叶始期、5月上中旬盛期、5月下旬末期；4月中旬花芽膨大，4月下旬至5月上旬现蕾，5月上中旬始花、5月中旬盛花、5月下旬末花；11月上旬蒴果成熟。

主要用途

　　观赏： 分枝多，植株低矮紧凑，花色艳丽，适用于盆栽、制作盆景及低海拔城市、中海拔景区的园林绿化，也可用于地被栽培和岩石园造景。

新叶

叶背

花正面

花蕾与花序

花枝

花序与幼枝

花侧面

雌雄蕊

蒴果

植株

160

小宫山杜鹃

Rhododendron komiyamae Makino, J. Jap. Bot. 3: 17. 1926.

别名： 阿席达卡杜鹃

分布与生境

日本特有种，产本州。生于海拔700～1300m的山坡灌丛或落叶林中。

迁地栽培形态特征

半常绿灌木，高0.8～1.3m。

茎 主干灰褐色；枝条多轮生，棕黄色；幼枝密被平伏的棕灰色扁平糙伏毛，2～3年生枝糙毛宿存。

叶 二型；春生叶散生，纸质，长圆形、椭圆状卵形或长圆状披针形，长1.5～3.5cm，宽0.8～2cm；先端渐尖至急尖，具尖头，基部宽楔形；叶面深绿色，叶背浅绿色，幼时两面密被银白色糙伏毛，成熟时两面散生棕灰色平伏的扁平糙伏毛，沿中脉被毛更密；中脉、侧脉正面凹陷，背面凸起，侧脉4～6对；叶柄长2～4mm，被毛同幼枝。夏生叶厚纸质，集生枝顶，长圆形至倒卵状披针形，长0.8～1.4cm，宽3～7mm，两面散生糙伏毛，叶背沿中脉被毛更密，叶柄长约2mm，正面凹陷，两侧和背面密被糙伏毛，其余特征同春生叶。

花 花芽卵球形，先端锐尖；芽鳞宽卵形，具尖头，外面被扁平糙伏毛，边缘具睫毛；伞形花序顶生，有1～4花（多3花）；花梗黄绿色，长4～6mm，被灰白色长糙伏毛；花萼与花梗同色，5深裂，裂片卵形或长圆状披针形，先端钝圆，长2～4mm，外面和边缘被糙伏毛；花冠宽漏斗形，紫红色，长1.8～2.3cm，冠檐径2.4～3.2cm；花冠管长约1cm，向基部渐狭，外面无毛，内面被微柔毛；花冠5裂至中部以下，裂片长卵形至椭圆形，长1.2～1.5cm，宽0.8～1cm，先端钝圆，无缺刻，上方裂片内面中部具深红斑点；雄蕊（6～）8～9（～10），不等长，长1.5～2.5cm，花丝淡紫红色，中部以下被微柔毛，花药紫色；雌蕊长于花冠和雄蕊，子房卵球形，长3～4mm，径约2mm，密被银白色糙伏毛，花柱淡紫红色，长2.4～3cm，无毛，柱头紫红色，稍膨大，头状，顶端具5浅沟纹。

果 蒴果圆锥形至长卵球形，长1～1.2cm，径4～5mm，密被灰白色长糙伏毛。

受威胁状况评价

《RCB》评估：未评估（NE）；《RLR》评估：易危（VU）。

引种信息及栽培适应性

庐山植物园 1993年5月，日本友人白井真人赠送苗木，种源信息不详。杜鹃园栽培生长良好，每年大量开花结实，适应性良好。

物候

先叶后花、部分重叠物候型。

庐山植物园 3月上中旬叶芽膨大，3月下旬萌芽，4月上旬展叶始期、4月中旬盛期、4月下旬末期，春生叶10月下旬逐渐脱落；3月中旬花芽膨大，4月上旬现蕾，4月上中旬始花、4月中下旬盛花、5月上旬末花；2021年花期物候提前7天左右；10月中下旬蒴果成熟。

主要用途

　　观赏：分枝多、株形优美，花量大、色泽鲜艳，枝条萌发力强、耐修剪，观赏性和适应性强，适用于盆栽、制作盆景及低海拔城市、中海拔景区的园林绿化及造景。

植株

花芽与叶芽　　幼枝

花序（3花）　　花序（4花）

花枝

花正面

花侧面　　雌雄蕊　　蒴果

161
伏毛杜鹃

Rhododendron strigosum R. L. Liu, Acta Phytotax. Sin. 39(3): 272. 2001.

分布与生境

中国特有种，产江西。生于海拔800~1200m的疏林、灌丛或崖壁上。

迁地栽培形态特征

常绿灌木，高2~2.5m。

茎 主干黑褐色，皮层薄片状剥落；枝条细瘦，灰褐色；幼枝密被平伏的灰白色至暗褐色扁平糙伏毛，2~3年生枝糙毛宿存。

叶 二型；春生叶纸质，椭圆形、椭圆状卵形至卵状披针形，长2.5~4cm，宽0.9~1.6cm，先端急尖或短渐尖，具尖头，基部楔形至宽楔形，边缘不反卷，被平伏糙伏毛；叶面深绿色，叶背白绿色，幼时两面密被银白色绢质有光泽的平伏糙伏毛，成熟时正面被棕黄色糙伏毛或部分毛被脱落宿存毛基，背面被灰褐色或铁锈色平伏的长糙伏毛；中脉两面凸起，被毛更密，侧脉3~5对，背面密被糙毛；叶柄长3~6mm，正面平坦，密被棕褐色扁平糙伏毛。夏生叶较小，长0.6~1.2cm，宽5~7mm，其余特征与春叶相似。

花 花芽卵形，长0.7~1cm，径3~4mm；芽鳞外面沿中脊被铁锈色平伏的糙伏毛，两侧被绒毛，边缘具睫毛；伞形花序顶生，有1~4花（多2~3花）；花梗黄绿色或紫红色，长0.6~1cm，密被银灰色有光泽的绢质糙伏毛；花萼与花梗同色，5深裂，裂片卵圆形至三角状卵形，长2~3mm，宽约1.5mm，外面和边缘密被绢质长糙伏毛；花冠宽漏斗形至钟状漏斗形，紫红色至淡紫色，长2.4~2.8cm，冠檐径3~3.6cm；花冠管长0.8~1.2cm，外面无毛，内面疏被白色微柔毛；花冠5裂至全长的2/3，裂片卵形至椭圆形，开展，长1.2~1.5cm，宽1~1.2cm，上方裂片内面具紫红色斑点；雄蕊6~8（~10），不等长，长1.6~2.6cm，稍短于花冠，花丝淡紫红色，下部疏被白色短柔毛，花药灰紫色；雌蕊稍长于花冠和雄蕊，子房卵球形，长3~4mm，径2~3mm，密被银白色绢质长糙伏毛，花柱紫红色，长2.5~2.8cm，无毛，柱头紫红色，稍膨大，头状，顶端具5浅沟纹。

果 蒴果较小，长卵球形，长0.8~1.1cm，宽3~4mm，密被铁锈色平伏的糙伏毛。

受威胁状况评价

《RCB》评估：未评估（NE）；《RLR》评估：数据缺乏（DD）。

野外考察发现，该物种仅分布于江西井冈山海拔900~1000m的山地。分布地域狭窄，资源量稀少，且近十余年人为破坏严重。建议列为易危（VU）种。

引种信息及栽培适应性

庐山植物园 1980年代，刘永书从江西井冈山引种实生苗；2001—2020年，张乐华等多次从江西井冈山引种实生苗。杜鹃园栽培生长良好，每年大量开花结实，林缘栽培好于林下，适应性良好。

杭州植物园 2005年3月，朱春艳从江西井冈山风景名胜管理局园林绿化管理处引种实生苗（登录号：05C23025-005）。杜鹃园栽培生长旺盛，开花量大，但结实率较低，适应性较好。

物候

先叶后花、部分重叠物候型。

庐山植物园　3月中旬叶芽膨大，3月下旬至4月上旬萌芽，4月4～13日展叶始期、4月14～22日盛期、4月23日至5月3日末期；3月下旬花芽膨大，4月上旬现蕾，4月13～20日始花、4月21～28日盛花、4月29日至5月7日末花；2021年花叶物候较正常年份提早约7天；11月上中旬蒴果成熟。

杭州植物园　2月中旬叶芽膨大，3月上旬萌芽，3月中旬至4月中旬展叶；2月下旬花芽膨大，3月上中旬现蕾，3月中下旬至4月上旬开花；11月上旬蒴果成熟。

主要用途

观赏：分枝多、株形优美，花繁叶茂、色泽艳丽，枝条萌发力强、耐修剪，观赏性和适应性强，适用于盆栽、制作盆景及低海拔城市、中海拔景区的园林绿化及造景。

花侧面　叶芽与叶背　幼枝　花枝　花芽与叶背　蒴果　花序　花正面　雌雄蕊　花蕾　植株

162

潮安杜鹃

Rhododendron chaoanense T. C. Wu & P. C. Tam, Med. Mat. Guangdong 4: 35. 1978.

分布与生境

中国特有种，产广东、广西、贵州和湖南。生于海拔550~1500m的河旁、疏林下或灌丛中。

迁地栽培形态特征

半常绿灌木，高1.2~1.5m。

茎 主干褐色，皮层薄片状剥落；枝条圆柱形，粗壮，灰褐色；幼枝密被平伏的灰白色至灰褐色扁平糙伏毛，2~3年生枝糙毛宿存。

叶 二型；春生叶纸质，常聚生枝顶，椭圆状长圆形、披针形或长圆状披针形，长2.2~4cm，宽0.8~1.2cm，先端渐尖，具尖头，基部楔形至宽楔形，边缘微反卷，被平伏的糙伏毛；叶面深绿色，叶背浅绿色，幼时正、背面分别被棕色、银白色长糙伏毛和散生柔毛，成熟时正面疏被灰白色糙毛或仅存毛基，背面被棕色糙毛和点状毛基，两面沿中脉被毛更密；中脉、侧脉正面凹陷，背面凸起，侧脉4~5对，未达叶缘连结；叶柄长3~6mm，密被锈色扁平糙伏毛。夏生叶厚纸质，聚生枝顶，椭圆形至倒卵状椭圆形，长1~2.2cm，宽5~8mm，先端急尖，两面散生糙伏毛。

花 花芽鳞阔卵形，外面沿中脊两侧被棕黄色扁平糙伏毛，边缘具柔毛；伞形花序顶生，有2~3（~4）花；花梗暗红色，长0.8~1.2cm，密被银灰色扁平糙伏毛；花萼黄绿色，5深裂，裂片长卵形，长约3mm，宽约2mm，外面及边缘被灰白色扁平糙伏毛。花冠漏斗形，深红色，长3.5~4.5cm，冠檐径3.5~4.5cm；花冠管长1.8~2.2cm，基部直径3~4mm，向先端喇叭状渐宽，外面无毛，内面被微柔毛；花冠5裂，裂片卵圆形至长圆状卵形，开展，长1.5~2.4cm，宽1.5~1.8cm，上方裂片内面具深红色斑点，先端皱褶，钝圆，无缺刻；雄蕊8~10，不等长，长2.8~4cm，花丝基部淡红色，其余红色，中部以下被短柔毛，花药紫红色；雌蕊稍长于花冠，子房卵球形，长约3mm，径约2mm，密被绢质白色糙伏毛，花柱红色，长4~4.8cm，无毛，柱头红色，稍膨大，顶端具5浅沟纹。

果 蒴果圆锥形，长0.8~1cm，径约4mm，密被锈色糙伏毛。

受威胁状况评价

《RCB》及《RLR》评估：均为缺乏数据（DD）。

引种信息及栽培适应性

庐山植物园 2011年3月，张乐华从湖南省植物园引种苗木，种源为来自湖南宜章县莽山的实生苗。杜鹃园栽培生长良好，开花量较大，结实率较低，适应性良好。

物候

先叶后花、部分重叠物候型。

庐山植物园 4月中旬叶芽膨大，5月上旬萌芽，5月上中旬至6月上旬展叶；4月下旬花芽膨大，

5月中旬现蕾，5月下旬始花、6月上旬盛花、6月中旬末花；11月上旬蒴果成熟。

主要用途

　　观赏：分枝多，花色鲜艳，枝条萌发力强、耐修剪，观赏性和适应性强，适用于盆栽、制作盆景及低海拔城市、中海拔景区的园林绿化及造景。

植株　冬芽　叶背　幼枝　小花分开　花枝　花正面　花侧面（示花梗与花萼）　雌雄蕊与幼枝　幼果

163
美艳杜鹃

Rhododendron pulchroides Chun & W. P. Fang, Acta Phytotax. Sin. 6(2): 171-172. 1957.
别名： 寡婆子树

分布与生境

中国特有种，产广西。生于海拔900～1000m的河旁、岩坡阴处或疏林中。

迁地栽培形态特征

半常绿灌木，高约1.4m。

茎 主干黄褐色，皮层薄片状或层状剥落，光滑；幼枝纤细，暗红色，密被黄褐色平伏的糙伏毛，毛基部宽扁，2～3年生枝毛被宿存。

叶 厚纸质至薄革质，椭圆状披针形至椭圆形，长0.5～3.5cm，宽0.4～1.4cm，先端渐尖，具暗红色尖头，基部宽楔形至近圆形，偏斜，边缘稍反卷，被平伏的棕色糙伏毛；叶面绿色，叶背灰绿色，两面密被黄褐色糙伏毛，沿中脉被毛更密；中脉正面凹陷，背面凸起，侧脉4～7对，两面不清晰；叶柄长1～4mm，上面扁平，被毛同幼枝。

花 花芽鳞外面沿中脊两侧密被扁平糙伏毛，边缘具柔毛；伞形花序顶生，有3～5花；花梗紫红色，长2～5mm，密被银白色糙伏毛；花萼浅黄色，5齿裂，裂片三角状卵形，长约2mm，外面和边缘密被白色长糙毛；花冠漏斗形至漏斗状钟形，粉红色至粉紫色，长1.8～2cm，冠檐径2.4～3.2cm，内外无毛；花冠5裂，裂片长圆形，两侧对称，长1～1.5cm，上方裂片内面基部散生深色斑点或无；雄蕊10，不等长，长0.8～1.8cm，花丝与花冠同色，下部被微柔毛，基部无，花药淡紫色；雌蕊长于花冠，子房短圆锥形，长约2mm，密被银白色绢状长糙毛，花柱与花冠同色，长约2cm，无毛，柱头紫红色，稍膨大，顶端具5浅沟纹。

果 蒴果卵球形，长约8mm，径约5mm，密被锈色糙伏毛。

受威胁状况评价

《RCB》评估：无危（LC）；《RLR》评估：易危（VU）。

引种信息及栽培适应性

华西亚高山植物园 2007年10月，庄平、冯正波和张超从广西金秀县大瑶山引种种子（登录号：20071321）。长势较好，开花量较大，结实率较低，栽培适应性良好。

物候

先叶后花、部分重叠物候型。

华西亚高山植物园 3月下旬至4月上旬叶芽膨大，4月中旬萌芽，4月下旬至5月中旬展叶；4月中旬花芽膨大，4月下旬现蕾，5月2～8日始花、5月9～24日盛花、5月25～31日末花；11月中旬蒴果成熟。

主要用途

　　观赏： 分枝多、株形优美，花繁叶茂、色泽靓丽，枝条萌发力强、耐修剪，观赏性和适应性强，适用于盆栽、制作盆景及低海拔城市、中海拔景区的园林绿化及造景。

植株

叶芽

幼枝

叶片

花正面

花芽

花侧面

雌雄蕊

蒴果

164
海南杜鹃

Rhododendron hainanense Merrill, Philipp. J. Sci. 21(4): 350. 1922.

植株

分布与生境

中国特有种，产广西、海南。生于海拔200～700m的山地疏林下、溪边、林缘或灌丛中。

迁地栽培形态特征

常绿小灌木，高约0.4m。

茎 主干黄褐色；分枝多，纤细；幼枝密被灰白色至棕褐色平伏的糙伏毛，2～3年生枝糙毛宿存。

叶 常聚生枝顶，厚纸质，线状披针形至狭披针形，长1.2～5.6cm，宽0.4～1.4cm，先端锐尖，具尖头，基部楔形，边缘稍反卷，被棕褐色平伏糙伏毛；叶面深绿色，叶背淡绿色，幼时两面密被银白色扁平糙伏毛，成熟叶两面被淡黄棕色糙伏毛，沿中脉被毛更密；中脉正面凹陷，背面凸起，侧脉约4对，不达叶缘连接；叶柄长2～5mm，被毛同幼枝。

花 花芽长卵圆形；芽鳞卵形，外面沿中脊两侧被棕褐色平伏糙伏毛，边缘具睫毛；伞形花序顶生，多2花；花梗黄绿色带红色，长约6mm，密被灰白色糙伏毛；花萼黄绿色，5裂，裂片不等大，长卵形至

507

卵状三角形，先端圆或渐尖，长3～6mm，外面和边缘被糙伏毛；花冠漏斗形，红色，长约4cm，冠檐径约4.5cm，内外无毛；花冠5裂，裂片开展，卵圆形，长约2cm，上方裂片内面具深色斑点，先端钝圆；雄蕊10，不等长，长2～3cm，短于花冠，花丝淡红色，中部以下被微柔毛，花药紫黑色；雌蕊短于花冠，子房卵球形，长约2mm，密被灰白色糙伏毛，花柱红色，长约3.2cm，无毛，柱头红色，稍膨大。

🔴 果　未见。

受威胁状况评价

《RCB》评估：易危（VU）；《RLR》评估：数据缺乏（DD）。

引种信息及栽培适应性

华西亚高山植物园　2007年10月，庄平、冯正波和张超从广西金秀县大瑶山引种种子（登录号：20071320）。长势较好，开花量较大，未见结实，栽培适应性较好。

物候

先叶后花、部分重叠物候型。

华西亚高山植物园玉堂园区　2月下旬叶芽膨大，3月上中旬萌芽，3月中旬至4月中旬展叶；3月上旬花芽膨大，3月下旬现蕾，4月3～8日始花、4月9～19日盛花、4月20～25日末花；未见成熟蒴果。

主要用途

观赏：植株低矮紧凑，花期长、花朵繁密、色泽鲜艳，枝条萌发力强、耐修剪，观赏性强；分布海拔低，耐热性强，园林应用前景广阔，适用于盆栽、制作盆景及低海拔城市、中海拔景区的园林绿化及林下、林缘造景。

花芽与叶芽

叶背

花枝

幼枝

花正面

花背面（示花梗与花萼）

花解剖特征

165
砖红杜鹃

Rhododendron oldhamii Maximowicz, Mém. Acad. Imp. Sci. Saint Pétersbourg, Sér. 7 16(9): 34. 1870.
别名：金毛杜鹃、河哈蒙杜鹃

植株

分布与生境

中国特有种，产台湾。生于海拔300～2800m的山地林缘、次生灌丛中。

迁地栽培形态特征

半常绿灌木，高1.8～2.6m。

茎 主干棕褐色，皮层薄片状剥落；分枝多，枝条直立，粗壮；幼枝棕红色，密被灰白色至棕色开展的糙伏状刚毛和散生腺头刚毛；2～3年生枝褐色，毛被宿存。

叶 二型；春生叶通常聚生枝顶，厚纸质，椭圆形或椭圆状披针形，长3～6cm，宽1.5～2.5cm，先端急尖或渐尖，具尖头，基部宽楔形至近圆形，边缘反卷，具糙伏刚毛；叶面深绿色，叶背黄绿色，两面密被开展的糙伏刚毛和散生腺头刚毛，正面毛被相对较短，灰褐色，背面毛被较长，棕黄色至金黄色；中脉正面凹陷，背面凸起，被毛更密更长，侧脉5～7对，正面微凹，背面凸起；叶柄长4～7mm，被毛同幼枝。夏生叶长1.2～2.5 cm，宽0.6～1.2cm，除叶片较小、边缘重度反卷外，其余特征同春生叶，但叶柄长达5～8mm，密被棕黄色长糙伏毛。

花 花芽卵球形，具黏质；芽鳞长卵形至椭圆状卵形，外面密被棕黄色糙伏毛，内面无毛，边缘具柔毛；伞形花序顶生，有2~4花；花梗暗红色，长0.6~1.3cm，被灰白色糙伏刚毛和腺头刚毛；花萼黄绿色，发育，5深裂，裂片形态变化，长三角形至卵状披针形，长6~9mm，外面及边缘密被腺头刚毛；花冠漏斗形至宽漏斗形，深红色或砖红色，长4~5cm，冠檐径5.4~6cm，花冠管长1.6~2.5cm，向基部渐狭，外面无毛，内面被短柔毛；花冠5裂至中部稍下，裂片开展，卵圆形，长2~2.6cm，宽1.6~1.9cm，上方裂片内面中部具暗紫红色斑点，先端钝圆，无缺刻；雄蕊10，不等长，长3~4cm，短于花冠，花丝红色，线状，中部以下被短柔毛，花药紫红色；雌蕊长于雄蕊和花冠，子房卵球形，长3~4mm，径约2mm，密被银白色腺头刚毛，花柱红色，长4~5cm，无毛，柱头红色，稍膨大，头状，顶端具5浅沟纹。

果 蒴果卵球形，为宿萼所包裹，长0.8~1.1cm，径5~6mm，密被棕黄色腺头刚毛（腺头多脱落）。

受威胁状况评价

《RCB》及《RLR》评估：均为无危（LC）。

冬芽（示花芽与叶芽）　　花蕾与展叶　　蒴果

幼枝　　花侧面（示花梗与花萼）　　雌雄蕊

引种信息及栽培适应性

　　庐山植物园　1980年代，刘永书从美国栽培地引种种子，种源信息不详。杜鹃园栽培生长良好，每年大量开花结实，但部分年份冬季有中度冻害，适应性较好。

物候

　　先叶后花、部分重叠物候型。

　　庐山植物园　4月上旬叶芽膨大，4月中下旬萌芽，4月27日至5月6日展叶始期、5月7~16日盛期、5月17~27日末期；4月上旬花芽膨大，4月下旬现蕾，5月1~7日始花、5月8~16日盛花、5月17~25日末花；10月下旬蒴果成熟。

主要用途

　　观赏： 分枝多、株形紧凑优美，耐修剪，花量大、色泽鲜艳，观赏性和适应性强，适用于盆栽、制作盆景及中海拔景区的园林绿化和低海拔城市的林下、林缘造景。

　　药用：《中国有毒植物图谱数据库》收录。叶萃取物具抑制脂肪积累和降尿酸作用，可用于药物和天然保健品的开发。

花枝　　花正面　　花序　　花解剖特征

166
白花杜鹃

Rhododendron mucronatum (Blume) G. Don, Gen. Hist. 3: 846. 1834.
别名：尖叶杜鹃、白杜鹃

植株

分布与生境

福建、广东、广西、江苏、江西、四川、云南和浙江等为其栽培起源地，未发现野生分布。我国南方地区及美国、英国、印度尼西亚、日本和越南等地广泛栽培。

迁地栽培形态特征

半常绿灌木，高1.2~1.8m。

茎　主干黑褐色，皮层薄片状剥落；分枝多，枝条粗壮开展；幼枝被灰褐色开展的扁平长糙伏毛，混生短柄腺毛，2~3年生枝毛被宿存。

叶　二型；春生叶多3~5枚聚生枝顶或近轮生，厚纸质，长椭圆形、椭圆状披针形或倒卵状披针形，长3~6cm，宽1.2~2cm，先端急尖、渐尖或钝圆，具尖头，基部楔形至宽楔形，边缘反卷，被灰白色至棕黄色糙伏毛；叶面深绿色，疏生灰白色平伏糙伏毛，混生短柄腺毛，叶背浅绿色，密被棕黄色刚毛状糙伏毛和短腺毛，两面尤其是背面具黏质；中脉、侧脉和细脉正面凹陷，背面凸起，侧脉6~9对，两面明显；叶柄长3~6mm，上面扁平，被毛同幼枝。夏生叶厚纸质，长椭圆形，长1.5~3.2cm，宽0.6~1.2cm，两面散生糙伏毛和短腺毛；叶柄两侧翅状延伸，上面呈"V"字形凹陷，长3~7mm，宽2~3mm，被糙伏毛和短腺毛。

花 花芽卵球形，具黏质；芽鳞卵圆形，外面沿中脊两侧被淡黄色长糙伏毛，两侧及边缘具短柄腺毛；伞形花序顶生，有1~3（~4）花，具淡香；花梗黄绿色，粗壮，长1.5~2.2cm，密被白色扁平长糙伏毛和有柄腺毛；花萼绿色，发育，5深裂，裂片长卵状或三角状披针形，长1~1.6cm，宽5~7mm，外面和边缘被白色柔毛状腺毛，两面具黏质；花冠宽漏斗形，白色，长4.5~5.5cm，冠檐径6~7.5cm；花冠管长1.5~2.7cm，由基部向先端渐增粗，呈喇叭状，外面无毛，内面被微柔毛；花冠5裂，裂片卵圆形至椭圆状卵形，长2.3~3.2cm，宽2.2~2.5cm，上方裂片内面具浅黄绿色斑点，先端皱褶，有缺刻或无；雄蕊10，不等长，长3~5cm，稍短于花冠，花丝白色，线状，中部以下被微柔毛，花药米黄色；雌蕊长于花冠，子房卵球形，长4~5mm，径2.5~3mm，密被银白色刚毛状糙伏毛和腺毛，花柱白色，长4.8~5.8cm，无毛，柱头浅黄色，膨大呈头状，顶端具5浅沟纹。

果 蒴果卵球形，为宿萼所包裹，长0.7~1.1cm，径4~6mm，被棕黄色刚毛状糙伏毛。

受威胁状况评价

原产地不清或为栽培起源，《RCB》及《RLR》评估：均为未评估（NE）。

引种信息及栽培适应性

庐山植物园 1980年代，刘永书等从江苏、浙江花卉企业引种扦插苗；2010、2018年，张乐华等从浙江、江西花卉企业引种扦插苗。杜鹃园栽培生长良好，每年大量开花，但结实率较低，适应性良好。

昆明植物园 1950年，刘幼堂先生赠予苗木，种源信息不详；2010年代多次从花卉企业引种苗木，种源信息不详。生长旺盛，开花量大，但未见结实，栽培适应性较好。

杭州植物园 1957年1月，从浙江宁波市引种实生苗（登录号：00C11003U95-1856）；2003年1月朱春艳从昆明植物园引种实生苗（登录号：03C33001-7）；2015年10月，朱春艳从浙江金华市引种嫁接苗（登录号：P15C11029-019）。杜鹃园栽培生长旺盛，开花量大，但结实率较低，适应性良好。

南京中山植物园 1988年，从江苏南京市紫金山引种扦插苗。生长旺盛，开花量大，但结实率较低，栽培适应性较好。

物候

先叶后花或先花后叶、部分重叠物候型，或花叶同放物候型。

庐山植物园 3月下旬叶芽膨大，4月上中旬萌芽，4月16~24日展叶始期、4月25日至5月4日盛期、5月5~14日末期；3月下旬花芽膨大，4月中旬现蕾，4月21~28日始花、4月29日至5月7日盛花、5月8~14日末花；10月下旬蒴果成熟。

昆明植物园 3月上旬叶芽膨大，3月中旬萌芽，3月下旬至4月中旬展叶；2月下旬花芽膨大，3月上旬现蕾，3月中旬始花、3月下旬至4月上旬盛花、4月中旬末花；未见成熟蒴果。

杭州植物园 3月中旬叶芽膨大，4月上旬萌芽，4月中旬至5月上旬展叶；3月上旬花芽膨大，3月中下旬现蕾，3月下旬至4月下旬开花；11月上旬蒴果成熟。

南京中山植物园 3月上旬叶芽膨大，3月中旬萌芽，3月中下旬至4月中旬展叶；3月上旬花芽膨大，3月中旬现蕾，3月中下旬始花、3月下旬盛花、4月中下旬末花；9月下旬蒴果成熟。

主要用途

观赏： 分枝多、株形紧凑、耐修剪，花期长、花量大、色泽素雅，观赏性和耐热性强，应用前景广阔，适用于盆栽、制作盆景及低海拔城市、中海拔景区的园林绿化，也可用作杜鹃花嫁接砧木。

药用：《中国有毒植物图谱数据库》收录。花、叶、根入药，有活血散瘀、止咳、消肿止痛功效，主治外伤出血、吐血、大便带血、瘀血肿痛、月经不调、痔疮、痢疾。

叶芽

冬芽与叶背

花与幼枝

花序

花枝

蒴果

花正面

花侧面（示花梗与花萼）

雌雄蕊

167
锦绣杜鹃

Rhododendron × *pulchrum* Sweet, Brit. Fl. Gard. ser. 2, 2: t. 117. 1831.
别名：鲜艳杜鹃

植株

分布与生境

　　杂交后代，著名栽培种，我国南方地区的福建、广东、广西、湖北、湖南、江苏、江西和浙江等地广泛栽培。

迁地栽培形态特征

　　半常绿灌木，高 1.5~2m。

　　🌿 主干灰褐色，皮层薄片状剥落；分枝多，枝条粗壮开展，灰褐色；幼枝被淡棕色平伏的糙伏毛，无腺毛，2~3 年生枝糙毛宿存。

叶 二型；春生叶常聚生枝顶，厚纸质或薄革质，长椭圆形、椭圆状披针形或倒卵状披针形，长3.5~7cm，宽1.5~2.5cm，先端急尖或渐尖，具尖头，基部楔形至宽楔形，边缘反卷，具平伏的糙伏缘毛；叶面深绿色，叶背浅绿色，幼时两面密被灰白色糙伏毛和短柔毛，成熟时两面散生灰白色至淡黄色平伏的糙伏毛，无腺毛；中脉、侧脉正面凹陷，背面凸起，侧脉6~9对，不达叶缘连接，两面明显；叶柄长4~8mm，正面微凹，被毛同幼枝。夏生叶薄革质，长椭圆形，长2.5~4.2cm，宽0.7~1.4cm，两面散生糙伏毛；叶柄上面扁平，两侧翅状延伸，长5~9mm，宽2~4mm，被糙伏毛。

花 花芽卵球形，长1.6~1.8cm，径约6mm；芽鳞外面沿中脊两侧被淡黄色被糙伏毛，两侧及边缘具柔毛，内面具黏质；伞形花序顶生，有2~3（~5）花，具淡香；花梗黄绿色带红色，长0.6~1.5cm，密被银灰色扁平糙伏毛，无腺毛；花萼黄绿色，发育，5深裂，裂片不等大，三角状披针形，长1.3~1.8cm，外面及边缘被白色糙伏毛，有时散生短柄腺毛；花冠宽漏斗形，玫瑰紫色，长4.5~5.5cm，冠檐径6~7cm；花冠管长1.2~2.5cm，内面被微柔毛，外面无毛，稀散生微柔毛；花冠5裂，裂片卵圆形，长2.2~3.1cm，宽2~2.8cm，上方裂片内面中部具深红色斑点，先端无缺刻；雄蕊10，近等长，长3.2~4cm，短于花冠，花丝线状，淡紫色，基部色较浅，中部以下被短柔毛，花药紫色；雌蕊与花冠近等长，子房卵球形，长4~5mm，径3~4mm，密被银白色刚毛状糙伏毛，无腺毛，花柱与花丝同色，长4.2~5.2cm，无毛，柱头紫红色，稍膨大，顶端具5浅沟纹。

果 蒴果卵球形，为宿萼所包裹，长0.8~1.1cm，径4~5mm，密被棕黄色至灰白色刚毛状糙伏毛。

受威胁状况评价

杂交后代，《RCB》及《RLR》评估：均为未评估（NE）。

引种信息及栽培适应性

庐山植物园 1980年代，刘永书等从江苏、浙江花木企业引种扦插苗；2008年、2018年，张乐华等分别从江西九江市、浙江金华市等花木企业引种扦插苗。杜鹃园栽培生长良好，每年大量开花，但结实率较低，适应性良好。

华西亚高山植物园 2012年3月，张超、王飞和邵慧敏等从四川都江堰市花木市场引种扦插苗。

冬芽与叶背

幼枝与小花分开

花序

生长旺盛，开花量大，但未见结实，栽培适应性良好。

昆明植物园 1986年4月，张长芹从江苏无锡市花木企业引种扦插苗；2009年，孔繁才从云南宜良县花木企业引种扦插苗。生长量大，长势好，每年大量开花，但未见结实，栽培适应性良好。

杭州植物园 1950年代引种苗木，种源信息不详；1980年代，邱新军从浙江宁波市等地引种扦插苗；2001年，朱春艳等从辽宁丹东市引种扦插苗；2003年1月，朱春艳从昆明植物园引种扦插苗（登录号：03C33001-5）；2012～2013年，朱春艳等从浙江金华市、宁波市等地引种扦插苗。杜鹃园栽培生长旺盛，开花量大，但结实率较低，适应性良好。

南京中山植物园 1988年，从江苏南京市紫金山引种扦插苗。生长旺盛，开花量大，但结实率低，栽培适应性良好。

物候

先叶后花、部分重叠物候型，或花叶同放物候型。

庐山植物园 3月下旬叶芽膨大，4月上中旬萌芽，4月15～24日展叶始期、4月25日至5月4日盛期、5月5～14日末期；4月上旬花芽膨大，4月下旬现蕾，5月2～9日始花、5月10～17日盛花、5月18～26日末花；2021年花叶物候较正常年份提前约7天；10月下旬蒴果成熟。

华西亚高山植物园玉堂园区 2月下旬叶芽膨大，3月上中旬萌芽，3月中旬至4月下旬展叶；3月中旬花芽膨大，4月上旬现蕾，4月10～15日始花、4月16～22日盛花，4月23～28日末花；未见成熟蒴果。

昆明植物园 2月中旬叶芽膨大，3月上旬萌芽，3月中旬至4月上旬展叶；2月中旬花芽膨大，3月上旬现蕾，3月中旬始花、3月下旬盛花、4月上旬末花；未见成熟蒴果。

花枝

517

杭州植物园　3月上旬叶芽膨大，3月下旬萌芽，4月上旬至4月下旬展叶；3月上旬花芽膨大，3月下旬现蕾，4月上旬至4月下旬开花；11月上旬蒴果成熟。

南京中山植物园　2月下旬叶芽膨大，3月上中旬萌芽，3月中旬至4月上旬展叶；3月上旬花芽膨大，3月中下旬现蕾，3月下旬始花、4月中旬盛花、4月下旬末花；10月下旬蒴果成熟。

主要用途

观赏：分枝多、株形紧凑、耐修剪，花期长、花量大、色泽艳丽，观赏性和耐热性强，应用前景广阔，适用于盆栽、制作盆景及低海拔城市、中海拔景区的园林绿化，也可用作杜鹃花嫁接砧木。

药用：花、叶入药，有祛痰止咳、平喘消炎功效；花、叶萃取物富含黄酮类化合物，有抗菌消炎、抗肿瘤、抗氧化、增强免疫力、降血压和血脂作用，且毒性小，可用于药物及保健品开发。

花正面　花侧面　雌雄蕊　花解剖特征　蒴果

168

杜鹃

Rhododendron simsii Planchon, Fl. Serres Jard. Eur. 9: 78. 1853-1854.
别名： 映山红、野山红、山踯躅、山石榴、照山红、唐杜鹃

植株（深红色）

分布与生境

　　广布种，产安徽、福建、广东、广西、贵州、湖北、湖南、江苏、江西、四川、台湾、云南和浙江；日本、老挝、缅甸和泰国也有分布。生于海拔100～2640m的松林、杂木林、林缘或灌丛中，可形成大面积纯林或优势种群。

迁地栽培形态特征

　　落叶灌木，稀半常绿，高1.5～3m。

　　茎 主干褐色，皮层层状剥落，光滑；分枝多，枝条纤细；幼枝密被棕褐色平伏的扁平糙伏毛，2～3年生枝糙毛宿存。

　　叶 二型；春生叶纸质，较大，常3枚聚生枝顶，卵圆形、椭圆状卵形或倒卵状披针形，长2.5～5.5cm，宽1.5～2.8cm，先端渐尖，具尖头，基部楔形至宽楔形，稀钝圆，边缘稍反卷，被平伏的糙伏毛；叶面深绿色，叶背浅绿色，正、背面分别疏被、密被糙伏毛，沿中脉被毛更密；中脉正面凹陷，背面凸起，侧脉5～7对；叶柄长2～5mm，上面平坦，无纵沟，被毛同幼枝。夏生叶厚纸质，聚生枝顶，较小，

519

长1～2cm，宽3～8mm，边缘明显反卷，叶柄宽短，长2～4mm，宽1～1.2mm，其余特征同春生叶。

花 花芽卵球形，长1～1.2cm，径约6mm；芽鳞外面沿中脊两侧密被棕黄褐色糙伏毛，边缘具睫毛，无黏质；伞形花序顶生，偶2～3个花芽同时聚生枝顶，每个花序有2～3（～6）花；花梗黄绿色带红晕，长5～9mm，密被银灰色扁平糙伏毛；花萼黄绿色，5深裂，裂片长卵形，长3～7mm，宽2～3mm，外面和边缘被灰白色糙伏毛；花冠漏斗形至宽漏斗形，长4～5cm，冠檐径4.5～6cm，深红色、红色、淡红色或淡紫红色，内外无毛；花冠5裂至中部稍下，裂片倒卵形至长圆形，长2.2～3cm，宽1.6～2.3cm，先端皱褶，无缺刻，上方裂片内面具深红色斑点；雄蕊10，不等长，短于花冠，长2.4～4cm，花丝与花冠同色，线状，基部色较浅，中部以下被微柔毛，花药黑褐色、红色或紫红色；雌蕊与花冠近等长，子房卵球形，长3～4mm，径约2mm，密被白色糙伏毛，花柱与花冠同色，长3.5～4.5cm，无毛，稀基部与子房连接处被少数糙伏毛，柱头紫红色，稍膨大，顶端具5浅沟纹。

果 蒴果卵球形，长0.8～1.2cm，径4～6mm，密被棕褐色糙伏毛。

受威胁状况评价

《RCB》及《RLR》评估：均为无危（LC）。

引种信息及栽培适应性

庐山植物园 杜鹃园有自然分布；1930年代，从庐山及周边山区引种实生苗；2000—2020年，张乐华、王书胜和刘向平等先后从云南沾益区珠江源（登录号：2009Y010）、景东县哀牢山（登录号：2018Y028）、贵州大方县百里杜鹃、湖南桂东县及江西井冈山、三清山、齐云山等地引种实生苗和种子。杜鹃园栽培生长旺盛，每年大量开花结实，园区可见自然更新苗，适应性良好。

华西亚高山植物园 1998年9月，耿玉英从贵州江口县梵净山引种种子（登录号：980553）；2009年9月，庄平、王飞、李烨和杨学康分别从重庆江津区四面山（登录号：2009001）、贵州江口县梵净山（登录号：2009029）、湖南张家界市黄石寨（登录号：2009044）、湖北宣恩县椿木营乡（登录号：

植株（紫红色）

2009053）、湖北兴山县高桥村（登录号：2009063）、四川南江县米仓山（登录号：2009116）引种种子。生长旺盛，每年开花结实，栽培适应性良好。

昆明植物园 1950年，刘幼堂赠予苗木，种源信息不详；1984年，杨增宏、吕正伟从云南弥勒市引种实生苗；1987年，张长芹从大理市苍山引种实生苗。园区栽培生长旺盛，每年开花结实，适应性良好。

杭州植物园 1951年1月，从浙江临安区引种实生苗（登录号：51C11002P95–1859）；1980年代以来多次从浙江开化县、临安区等地引种实生苗；2002年12月，朱春艳从云南昆明市黑龙潭公园、金殿植物园引种实生苗；2003年1月，朱春艳从昆明植物园引种实生苗（登录号：03C33001–9）；2003年3月，朱学南从昆明植物园引种种子；2005年3月，朱春艳从江西井冈山引种实生苗；2005年11月，朱春艳从浙江泰顺县引种实生苗；2011年，余金良等从安徽引种实生苗；2013年朱春艳等从江西井冈山、浙江建德市等地引种实生苗。杜鹃园栽培生长旺盛，根部易受白蚁等害虫危害，每年开花结实，适应性良好。

湖南省植物园 1995年9月，彭春良、廖菊阳从湖南长沙市、浏阳市等地引种实生苗；2018年12月，刘艳、王玲从安徽大别山引种实生苗。生长旺盛，每年开花结实，栽培适应性良好。

南京中山植物园 1988年，刘兴剑等从江苏南京市紫金山引种实生苗。生长旺盛，开花量大，但结实率低，栽培适应性良好。

武汉植物园 2005年、2019年，从河南、江西野外引种实生苗，种源信息不详；2005年5月，张炳坤等从河南内乡县野外引种实生苗（登录号：20058313）；2009年10月温丁朝等从陕西汉中市野外引种实生苗（登录号：20094149）。杜鹃园栽培生长旺盛，开花量大，但结实率较低，适应性良好。

物候

不同植株及栽培地间物候节律有差异，总体为花叶同放物候型。

庐山植物园 3月下旬叶芽膨大，4月中旬萌芽，4月17～25日展叶始期、4月26日至5月5日盛期、5月6～13日末期，春生叶秋季（10月下旬）落叶，夏生叶多宿存；3月下旬花芽膨大，4月中旬现蕾，4月19～26日始花、4月27日至5月4日盛花、5月5～12日末花；10月下旬蒴果成熟。

华西亚高山植物园 4月下旬叶芽膨大，5月上旬萌芽，5月中旬至6月下旬展叶；5月上旬花芽膨大，5月中下旬现蕾，5月27日至6月1日始花、6月2～10日盛花、6月11～16日末花；11月上旬蒴果成熟。

玉堂园区 3月上旬叶芽膨大，3月中旬萌芽、3月下旬至4月下旬展叶；3月中旬花芽膨大，3月下旬至4月上旬现蕾，4月5～12日始花、4月13～28日盛花、4月29日至5月5日末花；未见成熟蒴果。

昆明植物园 2月上旬叶芽膨大，2月中旬萌芽，2月下旬至3月中旬展叶；2月中旬花芽膨大，3月上旬现蕾，3月上中旬始花、3月中下旬盛花、4月上旬末花；10月蒴果成熟。

杭州植物园 2月中下旬叶芽膨大，3月上中旬萌芽，3月中下旬至4月下旬展叶；2月中旬花芽膨大，3月上旬现蕾，3月中旬至4月中旬开花；11月上旬蒴果成熟。

湖南省植物园 3月上旬叶芽膨大，3月下旬萌芽，4月2～9日展叶始期、4月10～27日盛期、4月28日至5月9日末期；3月上旬花芽膨大，3月中旬现蕾，3月20日至4月4日始花、4月5～15日盛花、4月16～30日末花；10月上旬蒴果成熟。

南京中山植物园 3月上旬叶芽膨大，3月下旬萌芽，4月上旬至下旬展叶；2月下旬花芽膨大，3月上中旬现蕾，3月中旬始花、3月下旬盛花、4月中旬末花；10月中旬蒴果成熟。

武汉植物园 3月上旬叶芽膨大，3月中旬萌芽，3月下旬展叶始期、4月上旬盛期、4月中旬末期；2月下旬花芽膨大，3月上旬现蕾，3月上中旬始花、3月中下旬盛花、4月上旬末花；10月中旬蒴果成熟。

主要用途

观赏：分枝多、株形优美，花量大、花色变化、色泽鲜艳，枝条萌发力强、耐修剪和蟠扎，分布广，观赏性和耐热性强，在我国有悠久的栽培历史，也是杜鹃花育种的重要亲本和造型盆景的常用砧木，园林应用前景广阔。适用于盆栽、制作盆景及中海拔景区的园林造景与荒山、荒坡绿化和生态修复，也可用于低海拔城市的林下、林缘造景。

药用： 花、果入药，有祛风利湿、活血调经、化痰止咳、清热解毒功效，主治月经不调、咳嗽、风湿痛、疮毒等；花单味煎服，主治慢性支气管炎；根入药，有活血化瘀、止血、消肿止痛功效，主治风湿关节炎、吐血、月经不调、跌打损伤、痢疾等；叶入药，有清热解毒、止血功效，主治痈肿疮痛、荨麻疹、外伤出血等。

食用： 花酸甜，可鲜食，也可用于制作果脯、蜜饯。

科普： 为杜鹃花属植物的代表种，自古至今有着丰富多彩的花文化和人文典故，诗词歌赋不绝，也是近代红色文化的象征。

多个冬芽聚生　花蕾　小花分开与展叶　蒴果　花枝　花正面（深红色）　花正面（紫红色）　花侧面（示花梗与花萼）　雌雄蕊

169
湖南杜鹃

Rhododendron hunanense Chun ex P. C. Tam, Bull. Bot. Res., Harbin 2(1): 92-93. 1982.

分布与生境

中国特有种，产贵州、湖南和江西。生于海拔500～1770m的疏林、沟谷或灌丛中。

迁地栽培形态特征

半常绿灌木，高0.8～1.2m。

茎 主干灰褐色，皮层薄片状剥落；小枝圆柱形，纤细；幼枝密被棕褐色开展的刚毛状长糙伏毛和腺毛，具黏性，2～3年生枝毛被宿存。

叶 二型；春生叶散生或聚生枝顶，纸质，椭圆形至卵圆状披针形，长2.5～4.5cm，宽1.5～2.2cm；先端锐尖，具尖头，基部宽楔形或近圆形，边缘反卷，具刚毛状睫毛；叶面深绿色，叶背淡绿色，两面被开展的棕褐色刚毛状糙伏毛，沿中脉糙毛更长；中脉、侧脉正面微凹，背面凸起，侧脉3～7对，两面明显；叶柄长3～5mm，被毛同幼枝。夏生叶薄革质，较小，其余特征同春生叶。

花 花芽卵球形；芽鳞宽卵圆形，外面沿中脊两侧被平伏的淡黄褐色糙伏毛，边缘具睫毛；伞形花序顶生，有5～8花；花梗黄绿色略带红色，长5～9mm，密被灰白色刚毛状糙伏毛，无腺毛；花萼与花梗同色，5裂，裂片卵状三角形，长1～2mm，外面和边缘被毛同花梗。花冠较小，钟状漏斗形，淡紫红色、白色带紫色或粉白色，长1.1～1.4cm，冠檐径1.5～1.8cm，外面被白色短柄腺毛；花冠管圆筒状，长5～7mm，内面被微柔毛；花冠5裂，裂片椭圆形，长6～8mm，开展，上方裂片内面具红色斑点；雄蕊5，不等长，长于花冠，长1.3～1.6cm，花丝扁平，白色至浅粉色，中部以下被微柔毛，花药黄褐色；雌蕊长于花冠，稍短于长雄蕊，子房卵球形，长3～4mm，径约3mm，密被刚毛状长糙伏毛和混生腺毛，花柱淡粉色，长1.1～1.3cm，中部以下被刚毛状糙毛和短腺毛，柱头棕黄色，稍膨大，顶端具5浅沟纹。

果 蒴果卵球形，长5～7mm，径约4mm，密被棕褐色刚毛状糙伏毛。

受威胁状况评价

《RCB》及《RLR》评估：均为近危（NT）。

引种信息及栽培适应性

庐山植物园 2002年11月，张乐华、刘向平从江西崇义县齐云山、湖南桂东县野外引种实生苗；2011年3月，张乐华从湖南省植物园引种苗木，种源为来自湖南宜章县莽山的实生苗。杜鹃园栽培生长良好，开花量较大，但结实率较低，适应性较好。

湖南省植物园 2001年12月，从湖南宜章县莽山引种实生苗。杜鹃园栽培长势较差，开花量小，未见结实，适应性较差。

物候

花叶同放物候型。

　　庐山植物园　4月上旬叶芽膨大，4月下旬萌芽，5月上旬至6月上旬展叶；4月上旬花芽膨大，4月下旬现蕾，5月上旬至下旬开花；10月下旬蒴果成熟。

　　湖南省植物园　4月上旬叶芽膨大，4月中旬萌芽，4月21~29日展叶始期、4月30日至5月10日盛期、5月11~22日末期；4月上旬花芽膨大，4月中旬现蕾，4月20~30日始花、5月1~10日盛花、5月11~25日末花；未见蒴果成熟。

主要用途

　　观赏：植株低矮，株形优美，花色淡雅，枝条萌发力强、耐修剪，适应性强，适用于盆栽、制作盆景及低海拔城市、中海拔景区的园林绿化，也可用于岩石园造景。

植株　　冬芽　　叶背　　幼枝　　小花分开　　花序　　花枝　　花正面（示雌雄蕊）　　花侧面（示花梗与花萼）　　幼果与幼枝

170
溪畔杜鹃

Rhododendron rivulare Handel-Mazzetti, Anz. Akad. Wiss. Wien, Math.-Naturwiss. Kl. 58: 152. 1921.
别名： 贵州杜鹃

花枝

分布与生境

中国特有种，产广东、广西、贵州、湖北、湖南和四川。生于海拔150～1550m的山谷林下或山坡灌丛中。

迁地栽培形态特征

常绿灌木，高1.8～2.2m。

🌿 主干灰褐色，皮层层状剥落，光滑；幼枝圆柱形，密被开展的灰白色短柄腺毛，疏生锈褐色扁平长糙毛或刚毛状长毛，2～3年生枝毛被宿存。

🍃 同型；散生，纸质，卵状披针形至椭圆状卵形，长5～9（～13）cm，宽2.5～3.8（～5）cm，先端渐尖或斜尾尖，具尖头，基部宽楔形至近圆形，边缘稍反卷，密被开展的刚毛状睫毛和混生短柄腺毛；叶面深绿色，幼时密被灰白色长糙毛和散生腺毛，成熟时糙毛多少宿存或仅存毛基，叶背浅绿色，被开展的棕褐色刚毛状糙毛和散生短腺毛，两面沿中脉密被开展的刚毛状长糙毛和短腺毛；中脉、侧脉正面凹陷，背面凸起，侧脉8～12对，两面明显，未达叶缘连结；叶柄长0.6～1.5cm，密被开展的

525

扁平糙伏毛和短腺毛。

花 花芽卵球形；芽鳞宽卵形，先端具短尾状尖头，外面沿中脊和边缘被棕褐色糙伏毛和散生腺毛；伞形花序顶生，有5~12（~17）花；花梗紫红色，长1.5~2.5cm，密被短腺毛和散生开展的扁平长糙毛；花萼与花梗同色，5深裂，裂片形态变化，长三角状卵形至披针形，长3~5mm，外面和边缘被毛同花梗；花冠管状漏斗形至漏斗形，淡紫色至紫红色，长2.8~3.5cm，冠檐径3.8~4.5cm；花冠管狭圆筒形，长1.2~1.5cm，径约4mm，向基部渐狭，外面无毛，稀沿中脊散生柔毛状腺毛，内面被极短的微柔毛；花冠5裂至中部稍下，两侧对称，裂片长圆状卵形，长1.5~2cm，宽0.8~1.1cm，先端钝尖，无缺刻，上方裂片内面具深红斑点或斑块；雄蕊5，伸出花冠外，不等长，长2.8~3.6cm，花丝白色或淡紫色，下部1/3被极稀的短柔毛，花药紫褐色；雌蕊长于花冠，子房卵球形，长3~4mm，径2~3mm，密被银灰色刚毛状糙伏毛，花柱白色，长3~4.2cm，无毛，柱头浅黄色，稍膨大，顶端具5浅沟纹。

果 蒴果长卵球形，长0.8~1.1cm，径3~4mm，密被开展的棕褐色或铁锈色刚毛状长糙伏毛。

受威胁状况评价

《RCB》及《RLR》评估：均为无危（LC）。

引种信息及栽培适应性

庐山植物园 1980年代，刘永书等从贵州野外引种实生苗，种源信息不详；2009年3月，张乐华从湖南宜章县野外引种实生苗。杜鹃园栽培生长良好，每年大量开花结实，适应性良好。

昆明植物园 2016年4月，冯宝钧从庐山植物园引种实生苗。长势良好，每年开花结实，栽培适应性良好。

杭州植物园 1950年代引种，种源信息不详；2005年3月，朱春艳从江西井冈山栽培地引种实生苗。杜鹃园栽培生长旺盛，每年开花结实，适应性良好。

湖南省植物园 2003年，廖菊阳从湖南通道侗族自治县（以下简称通道县）野外引种实生苗。杜鹃园栽培长势良好，开花量大，结实率一般，适应性良好。

贵州省植物园 2015年5月，吴洪娥、汤升虎从贵州雷山县野外引种实生苗。杜鹃园栽培生长旺盛，开花量较大，但未见结实，适应性较好。

物候

先叶后花、部分重叠物候型。

庐山植物园 3月下旬叶芽膨大，4月中旬萌芽，4月20~30日展叶始期、5月1~12日盛期、5月13~25日末期；4月中旬花芽膨大，5月上旬现蕾，5月8~19日始花、5月20~29日盛花、5月30日至6月8日末花；10月下旬蒴果成熟。

昆明植物园 3月上旬叶芽膨大，3月中旬萌芽，3月下旬展叶始期、4月上旬盛期、4月中旬末期；3月中旬花芽膨大，3月下旬现蕾，4月上旬始花、4月中旬盛花、4月下旬末花；10月上旬蒴果成熟。

杭州植物园 当地栽培为花叶同放物候型。3月下旬叶芽膨大，4月上中旬萌芽，4月中旬至5月中下旬展叶；3月下旬花芽膨大，4月上中旬现蕾，4月中旬至5月上旬开花；10月下旬蒴果成熟。

湖南省植物园 3月上旬叶芽膨大，3月下旬萌芽，3月28日至4月4日展叶始期、4月5~12日盛期、4月13~22日末期；3月下旬花芽膨大，4月上中旬现蕾，4月15~24日始花、4月25日至5月10日盛花、5月11~21日末花；10月上旬蒴果成熟。

贵州省植物园 2月下旬叶芽膨大，3月中旬萌芽，3月中下旬展叶始期、3月下旬盛期、4月中旬末期；3月下旬花芽膨大，4月中旬现蕾，4月下旬始花、5月上旬盛花、5月下旬末花；未见蒴果成熟。

主要用途

　　观赏：分枝多、株形优美、枝繁叶茂，花期长、花量大、色泽靓丽，花开时节繁花似锦，枝条萌发力强、耐修剪，观赏性和适应性强，应用前景广阔，适用于大型盆栽、制作盆景及低海拔城市、中海拔景区的园林绿化与造景，也可用作杜鹃花嫁接砧木。

植株　　叶芽与叶背　　花芽膨大与展叶　　花蕾　　新叶　　小花分开与幼枝　　花正面　　花序　　花侧面　　蒴果　　雌雄蕊（示花梗与花萼）

171
乳源杜鹃

Rhododendron rhuyuenense Chun ex P. C. Tam, Survey Rhodod. South China 32, 96. 1983.

分布与生境

中国特有种，产广东、湖南和江西。生于海拔 1000～1500m 的阳坡疏林或灌丛中。

迁地栽培形态特征

常绿至半常绿灌木，高 1.6～2m。

茎 主干灰褐色，皮层层状剥落；分枝多，小枝细瘦；幼枝密被开展的棕褐色刚毛状糙伏毛和散生短柄腺毛，2～3 年生枝毛被宿存。

叶 同型；薄革质，簇生枝顶，椭圆形、卵圆形至椭圆状披针形，长 3～7cm，宽 1.5～3.2cm，先端渐尖，具尖头，基部宽楔形至近圆形，边缘微反卷，被刚毛状糙伏毛和短腺毛；叶面暗绿色，叶背银白色至浅绿色，幼时两面被刚毛状糙伏毛和短腺毛，成熟叶正面沿中脉残存灰白色糙伏毛，其他部位毛被也多少宿存或仅存点状毛基，背面疏被开展的棕褐色刚毛状糙伏毛，沿中脉被毛更长；中脉两面凸起，侧脉 7～9 对，正面微凹，背面微凸，未达叶缘连结；叶柄长 5～9mm，被毛同幼枝。

花 花芽黏结，卵球形，长 0.8～1.2cm，径 6～8mm；芽鳞宽卵形，外面沿中脊两侧密被黄褐色扁平糙伏毛，边缘具短柄腺毛；伞形花序顶生，有 7～12 花；花梗紫红色，长 0.7～1cm，密被灰白色刚毛状长糙毛和短腺毛；花萼与花梗同色，5 深裂，裂片长卵形或三角状卵形，长 3～4mm，外面和边缘密被刚毛状长糙毛和短腺毛；花冠钟状漏斗形或窄钟形，淡紫红色或粉红色，较小，长 1.4～1.8cm，冠檐径 1.5～1.8cm，外面特别是管部及裂片沿中脊被短腺毛；花冠管较粗壮，长 7～9mm，径 4～6mm，内面被微柔毛；花冠 5 裂，裂片开展，椭圆形或卵形，与花冠管近等长，长 7～9mm，宽 6～7mm，先端钝尖，无缺刻，上方裂片内面中部具深紫红色斑点；雄蕊 5，不等长，长 1.4～1.8cm，伸出花冠外，花丝浅粉紫色，基部扁平，中部以下散生微柔毛，花药黄褐色；雌蕊稍短于长雄蕊，子房卵球形，长 3～4mm，径约 2mm，密被银灰色刚毛状糙伏毛和短腺毛，花柱淡紫红色，长 1.2～1.4cm，下部 2/3 被腺毛，近基部同时散生刚毛状长糙毛，柱头紫红色，稍膨大，顶端具 5 浅沟纹。

果 蒴果卵球形，为宿萼所包裹，长 5～7mm，径 4～5mm，密被锈褐色刚毛状糙毛和短腺毛。

受威胁状况评价

《RCB》评估：无危（LC）；《RLR》评估：易危（VU）。

引种信息及栽培适应性

庐山植物园　2002 年 10 月，张乐华、刘向平等从江西上犹县、崇义县及湖南桂东县野外引种实生苗。杜鹃园栽培生长良好，每年大量开花结实，适应性良好。

物候

先叶后花、部分重叠物候型。

庐山植物园 3月下旬叶芽膨大，4月中旬萌芽，4月中下旬至5月中旬展叶；4月上旬花芽膨大，4月中下旬现蕾，4月下旬至5月中下旬开花；11月上中旬蒴果成熟。

主要用途

观赏：分枝多、株形优美、枝繁叶茂，花期长、花量大、色泽靓丽，枝条萌发力强、耐修剪，观赏性和适应性强，适用于大型盆栽、制作盆景及低海拔城市、中海拔景区的园林绿化与造景。

植株

叶芽　　幼枝　　新叶与叶背　　花芽与成熟叶背面

花蕾与花枝　　花序　　雌雄蕊

花正面　　花侧面　　蒴果

529

172
岭南杜鹃

Rhododendron mariae Hance, J. Bot. 20(236): 230-231. 1882.
别名： 玛丽杜鹃、紫花杜鹃

植株

主干

分布与生境

中国特有种，产安徽、福建、广东、广西、贵州、湖南和江西。生于海拔500～1250m的疏林或山坡灌丛中。

迁地栽培形态特征

半常绿灌木，高0.8～2m。

茎 主干灰褐色，皮层层状剥落，光滑；分枝多，细瘦；幼枝密被红棕色至深褐色开展的刚毛状糙伏毛，2~3年生枝毛被宿存。

叶 二型；春生叶厚纸质或薄革质，簇生枝顶，椭圆状披针形至椭圆状倒卵形，长3～8cm，宽1.5～3.8cm；先端渐尖，具尖头，基部宽楔形至楔形，边缘稍反卷，幼时密被棕黄色平伏的糙伏毛，后疏生褐色糙伏毛；叶面深绿色，叶背白绿色，幼时两面密被灰色糙伏毛，成熟时正面无毛或多少宿存，背面散生红棕色糙伏毛；中脉、侧脉正面凹陷，背面明显凸起，被毛更密，侧脉6～9对，未达叶缘连结；叶柄长5～9mm，密被红棕色至褐色长糙伏毛。夏生叶薄革质，较小，长1～2.6cm，宽0.6～1.5cm，其余特征同春生叶。

花 花芽卵球形，长1～1.2cm，径约6mm；芽鳞宽卵形，外面近顶部密被黄褐色糙伏毛，边缘具睫毛；伞形花序顶生，有5～12花；花梗黄绿色带红晕，长0.7～1.2cm，密被灰白色糙伏毛；花萼与花梗同色，波状或5齿裂，裂片卵状三角形，长0.5～1mm，外面和边缘密被灰白色糙伏毛；花冠狭漏斗形至管状漏斗形，淡紫红色或淡紫色，长1.8～2.5cm，冠檐径2.8～3.5cm；花冠管细长，圆筒状，长1.2～1.6cm，径2～3mm，内外无毛；花冠5浅裂，裂片开展，长椭圆状披针形，长0.8～1cm，宽3～5mm，内面无斑点，先端钝尖，无缺刻；雄蕊5，不等长至近等长，长2～2.7cm，伸出花冠外，花丝白色至淡紫色，纤细，无毛，花药紫褐色；雌蕊长于花冠，子房卵球形，长约2mm，径约1.5mm，密被银灰色长糙伏毛，花柱白色，长2.8～3.5cm，无毛，柱头白色至紫红色，稍膨大，顶端具5浅沟纹。

果 未见。

受威胁状况评价

《RCB》及《RLR》评估：均为无危（LC）。

引种信息及栽培适应性

庐山植物园 2016年4月、2018年4月，张乐华从浙江金华市永根杜鹃花培育有限公司引种扦插苗。杜鹃园栽培生长良好，2021年首次开花，开花量小，未见结实，适应性较好。

湖南省植物园 2002年12月，彭春良等从湖南通道县野外引种实生苗。杜鹃园栽培生长量小、长势一般，开花量较小，未见结实，适应性一般。

物候

先叶后花、部分重叠物候型。

庐山植物园 4月中旬叶芽膨大，5月上旬萌芽，5月上中旬至6月上旬展叶；4月下旬花芽膨大，5月上中旬现蕾，5月中旬始花、5下旬盛花、6月上旬末花；未见成熟蒴果。

湖南省植物园 4月上旬叶芽膨大，4月中旬萌芽，4月21～29日展叶始期、4月30日至5月10日盛期、5月11～22日末期；4月上旬花芽膨大，4月中下旬现蕾，4月25日至5月4日始花、5月5～14日盛花、5月15～25日末花；未见成熟蒴果。

主要用途

观赏：分枝多、株形优美，花量大、色泽靓丽，枝条萌发力强、耐修剪，观赏性和适应性强，适用于大型盆栽、制作盆景及低海拔城市、中海拔景区的园林绿化与造景，也可用作杜鹃花嫁接砧木，园林应用前景广阔。

药用：叶、根入药，有镇咳平喘、祛痰、消炎止痛功效，主治咳嗽痰喘、慢性气管炎。

新叶

花芽膨大与叶芽萌芽

花序

花蕾与花序

花正面

花侧面

花枝

幼果

173

茶绒杜鹃

Rhododendron apricum P. C. Tam, Bull. Bot. Res., Harbin 2(4): 79-80. 1982.

分布与生境

中国特有种，产福建。生于海拔400~800m的混交林缘或疏林、灌丛中。

迁地栽培形态特征

落叶至半常绿灌木，高约1.8m。

茎 主干灰褐色，皮层层状剥落，光滑；分枝多、小枝圆柱形，灰褐色；幼枝密被红褐色开展的刚毛状糙毛和腺头刚毛，2~3年生枝毛被宿存。

叶 薄革质，椭圆形或狭椭圆形，稀卵状椭圆形，长2~7cm，宽1~3cm，先端短渐尖至斜尾状尖，具角质尖头，基部宽楔形或近圆形，边缘反卷，被棕褐色糙伏毛和散生腺头刚毛；叶面深绿色，幼时被绢状黄褐色短刚毛，后脱落或中脉残存毛基，叶背淡绿色，密被棕褐色短刚毛，沿叶脉密被棕褐色糙伏毛和散生腺头长刚毛；中脉、侧脉正面微陷，背面明显凸起，侧脉5~7对，两面明显，未达叶缘网结；叶柄长3~8mm，正面平坦，密被红褐色刚毛状糙毛和腺头刚毛。

花 花芽卵球形，长达2cm；芽鳞阔卵形至长圆形，沿中脊被红褐色糙伏毛，边缘具睫毛；伞形花序顶生，有7~12花；花梗紫红色，长0.8~1.3cm，密被腺头刚毛和散生长糙毛；花萼与花梗同色，5裂，裂片三角状卵形，长1~2mm，外面和边缘被毛同花梗；花冠狭漏斗形至管状漏斗形，紫红色、淡紫红色或粉红色，长2~2.8cm，冠檐径2~2.5cm，花冠管狭长筒形，长1.2~1.6cm；花冠5浅裂，裂片狭长圆形，长0.8~1.2cm，内外无毛，内面无斑点，先端钝尖，无缺刻；雄蕊5，不等长，长雄蕊与花冠近等长，长2~2.7cm，花丝白色，无毛，花药紫色；雌蕊长于花冠，子房圆锥形，长约3mm，密被腺头刚毛，花柱白色至淡紫色，长约2.8cm，无毛，柱头红色，稍膨大。

果 未见。

受威胁状况评价

《RCB》及《RLR》评估：均为数据缺乏（DD）。

引种信息及栽培适应性

湖南省植物园 2018年12月，彭春良等从福建龙岩市野外引种实生苗。杜鹃园栽培生长量小、长势一般，开花量较大，未见结实，适应性一般。

物候

先花后叶、部分重叠物候型。

湖南省植物园 4月上旬叶芽膨大，4月中旬萌芽，4月21日至5月4日展叶始期、4月28日至5月10日盛期、5月10~22日末期；3月下旬花芽膨大，4月上中旬现蕾，4月15~25日始花、4月25日至5月10日盛花、5月10~15日末花；未见成熟蒴果。

主要用途

　　观赏：分枝多、株形优美，花量大、色泽淡雅，枝条萌发力强、耐修剪，观赏性和适应性强，适用于大型盆栽、制作盆景及低海拔城市、中海拔景区的园林绿化，也可用作杜鹃花嫁接砧木。

植株

幼枝

叶背面

花芽膨大与花蕾

小花分开

花序

花侧面

花内面（示雌雄蕊）

雌雄蕊

174
皋月杜鹃

Rhododendron indicum (Linnaeus) Sweet, Hort. Brit.(ed. 2) 343. 1830.

植株

分布与生境

日本特有种，产本州、九州。生于海拔60～1100m河边阳处的岩石旁。中国各地广泛栽培。

迁地栽培形态特征

半常绿灌木，高1.2～1.5m。

🌿 **茎** 主干黑褐色，皮层层状剥落；分枝多，小枝近轮生；幼枝密被灰白色至褐色平伏的糙伏毛，2～3年生枝毛被宿存。

🍃 **叶** 二型；春生叶纸质，散生或3～4枚聚生枝顶，披针形至长圆状披针形，长2～3.5cm，宽0.7～1.2cm，先端钝尖或急尖，具尖头，基部楔形至宽楔形，边缘具不明显细锯齿；叶面深绿色，叶背浅绿色，幼时两面被短柔毛和散生糙伏毛，成熟叶两面散生灰褐色糙伏毛；中脉正面凹陷，背面凸起并密被糙伏毛，侧脉4～6对；叶柄长2～4mm，被毛同幼枝。夏生叶厚纸质，集生枝顶，倒卵形至倒圆状披针形，长1～1.8cm，宽5～7mm，两面散生糙伏毛，叶柄长2～4mm，叶基部两侧稍向外延伸，宽达2～3mm，上面平坦，背面密被铁锈色糙伏毛。

花 花芽卵球形，先端锐尖；芽鳞宽卵形，先端急尖，外面沿中脊两侧密被平伏的铁锈色糙伏毛，边缘具睫毛；伞形花序顶生，有1~3花；花梗黄绿色，长0.5~1cm，被灰白色至棕色糙伏毛；花萼与花梗同色，5裂，裂片不规则，卵形、长圆状或三角状卵形，长2~4mm，外面和边缘被白色扁平长糙伏毛。花冠深红色，宽漏斗形，长3~3.7cm，冠檐径3.5~4.5cm；花冠管长1.3~1.7cm，向基部渐狭，内外无毛；花冠5裂，裂片椭圆形，长1.6~2.2cm，宽1.5~2cm，上方裂片内面中部具深红斑点，先端钝圆，无缺刻；雄蕊5，不等长，短于花冠，长2.5~3.2cm，花丝红色，中部以下被短柔毛，花药紫褐色；雌蕊长于花冠，子房卵球形，长约3mm，径约1.5mm，密被银白色糙伏毛，花柱红色，长2.8~3.8cm，无毛，柱头深红色，稍膨大，顶端具5浅沟纹。

果 蒴果长卵球形，长7~8mm，径约4mm，被灰色平伏糙伏毛。

受威胁状况评价

《RCB》及《RLR》评估：均为未评估（NE）。

引种信息及栽培适应性

庐山植物园 1993年5月，日本友人白井真人赠送苗木，种源信息不详。杜鹃园栽培生长良好，

冬芽（示花芽与叶芽） 新叶 蒴果

花蕾 小花分开

每年大量开花，但结实率较低，适应性良好。

昆明植物园　1986年，冯国楣从辽宁丹东市引种实生苗。生长良好，开花量较大，但未见结实，栽培适应性良好。

物候

先叶后花、部分重叠物候型。

庐山植物园　3月上中旬叶芽膨大，3月下旬萌芽，4月上旬展叶始期、4月中旬盛期、5月上旬末期，10月下旬春生叶脱落；3月中旬花芽膨大，4月上旬现蕾，4月上中旬始花、4月中下旬盛花、5月上旬末花；10月下旬蒴果成熟。

昆明植物园　3月中旬叶芽膨大，4月上旬萌芽，4月中旬至5月上旬展叶；3月下旬花芽膨大，4月中旬现蕾，4月下旬至5月中旬开花；未见成熟蒴果。

主要用途

观赏：分枝多、株形紧凑优美，花量大、色泽鲜艳，枝条萌发力强、耐修剪，观赏性和适应性强，适用于盆栽、制作盆景及低海拔城市、中海拔景区的园林绿化与造景。

花序　　花枝

花侧面及叶芽萌芽

花正面　　雌雄蕊与幼枝

175

南昆杜鹃

Rhododendron naamkwanense Merrill, Lingnan Sci. J. 13(1): 42-43. 1934.

别名：南昆山杜鹃、细石榴花

分布与生境

中国特有种，产广东、江西；生长于海拔300～500m的林下、灌丛、阴湿处岩坡或河沟旁。

迁地栽培形态特征

常绿小灌木，高0.5～0.8m。

茎 主干灰褐色；小枝密而短，棕褐色；幼枝密被灰棕色平伏的糙伏毛，2～3年生枝毛被宿存。

叶 同型；集生枝端，厚纸质至薄革质，长椭圆形、长圆状倒卵形或长圆状倒披针形，长1.5～3（～4）cm，宽0.5～1cm，先端急尖至近圆形，具尖头，基部楔形，边缘反卷，被平伏的棕色糙伏毛；叶面深绿色，叶背淡白色，幼时两面被平伏的糙伏毛并散生短柄腺毛，成熟时正面、背面分别疏被灰白色、棕褐色糙伏毛，沿中脉被毛更密；中脉正面微凹、背面明显凸起，侧脉约4对，两面不明显；叶柄长约2mm，上面扁平，密被灰棕色糙伏毛。

花 花芽卵圆形，不黏结；芽鳞花期宿存，卵形，先端急尖，具短尖头，外面沿中脊疏被淡黄色扁平糙伏毛，边缘具缘毛；伞形花序顶生，具2～4花（多3花）；花梗淡紫红色，长6～9mm，密被棕黄色扁平糙伏毛；花萼与花梗同色，5齿裂，裂片三角形，长约1mm，外面和边缘被银灰色长糙伏毛。花冠漏斗形至狭钟状漏斗形，紫红色或淡紫红色，长2.4～2.8cm，冠檐径3.3～4cm；花冠管向基部渐狭，长1.3～1.8cm，径4～5mm，外面无毛，内面被极短的微柔毛；花冠5浅裂，裂片卵圆形至长圆状卵形，长1～1.2cm，宽0.8～1cm，上方裂片内面具深紫红色斑点，先端钝圆，无缺刻；雄蕊5，不等长，长3～3.5cm，长于花冠，花丝扁平，浅粉紫色，下部疏生极短的微柔毛（糠皮状凸起）或近无毛，花药紫褐色；雌蕊长于雄蕊，子房卵球形，长2～3mm，径约2mm，密被银白色糙伏毛，花柱与花丝同色，长3.4～4cm，无毛，柱头紫红色，稍膨大。

果 蒴果卵球形，长6～7mm，径4～5mm，密被灰褐色长糙伏毛。

受威胁状况评价

《RCB》及《RLR》评估：均为无危（LC）。

野外考察发现，该物种在江西主要分布于崇义县齐云山的河沟、水溪旁，对生境要求较严，种群数量较少，且分布海拔较低，近年因生境变化及人为盗挖，物种数量急剧下降。建议列为易危（VU）种。

引种信息及栽培适应性

庐山植物园　2008年8月，张乐华、王兆红和周广从江西崇义县齐云山引种实生苗。保育温室栽培生长量小，长势一般，隔年开花，结实率一般，幼叶易受害虫危害；杜鹃园未栽培，不作适应性评价。

物候

先叶后花物候型。

庐山植物园保育温室 3月中旬叶芽膨大，3月下旬至4月上旬萌芽，4月上旬至5月上旬展叶；4月下旬花芽膨大，5月中旬现蕾，5月下旬始花、6月上旬盛花、6月中旬末花；10月下旬至11月上旬蒴果成熟。

主要用途

观赏： 植株生长慢，分枝多、株形低矮紧凑，花量大、色泽靓丽，枝条萌发力强、耐修剪，观赏性强，适用于盆栽、制作盆景及低海拔城市、中海拔景区的园林绿化，特别适合沟谷两旁造景。

药用： 枝、叶入药，有祛痰、止咳、平喘功效，主治慢性气管炎。

工业： 嫩枝、叶富含挥发油，可用于香料和日用化工开发。

植株　花芽膨大与叶背　花蕾与幼枝　新叶与叶背　花蕾　小花分开　花序　花正面　花侧面　雌雄蕊　蒴果

539

176
钝叶杜鹃

Rhododendron obtusum (Lindley) Planchon, Fl. Serres Jard. Eur. 9: 80. 1853-1854.

别名： 石岩杜鹃

分布与生境

日本特有种，产北海道、本州。生于海拔700～1700m的山坡、林缘。我国东部、东南部地区广泛栽培。

迁地栽培形态特征

半常绿灌木，高0.8～1m。

茎 主干黑褐色，皮部层状剥落，光滑；分枝多，常呈假轮生状，小枝紧密而细瘦；幼枝密被银白色平伏的糙伏毛，后毛被变为锈褐色。

叶 二型；春生叶纸质，常簇生枝顶，长椭圆形或长圆状披针形，长1.2～2cm，宽0.7～1cm；先端急尖或钝圆，具尖头，基部宽楔形，边缘具平伏的糙伏毛；叶面深绿色，叶背白绿色，两面散生平伏的灰色扁平糙伏毛；中脉正面凹陷，背面凸起，两面被毛更密，侧脉3～5对，背面明显；叶柄长2～4mm，上面平坦，被毛同幼枝。夏生叶集生枝顶，厚纸质，倒卵形或倒圆状披针形，长0.6～1.2cm，宽3～7mm，两面密被棕褐色糙伏毛，背面中脉被毛更密；叶柄长2～3mm，上面平坦或凹陷，密被糙伏毛。

花 花芽卵球形；芽鳞卵形，先端渐尖，外面沿中脊两侧及边缘密被棕灰色糙伏毛；伞形花序顶生，有1～3花；花梗黄绿色至紫红色，较短，长4～7mm，被银白色至灰白色扁平糙伏毛；花萼黄绿色，5深裂，裂片卵形或长圆状，长2～3mm，先端钝圆，外面和边缘被银白色长糙伏毛；花冠宽漏斗形至漏斗状钟形，洋红色或粉红色，长1.6～2cm，冠檐径2.2～2.5cm；花冠管长约8mm，外面无毛，内面被微柔毛；花冠5裂，裂片椭圆形，长0.9～1.2cm，宽7～9mm，先端钝圆，无缺刻，上方裂片内面中部具深色斑点；雄蕊5，近等长，长1.8～2.3cm，伸出花冠外，花丝浅粉紫色，中部以下被微柔毛，花药紫褐色；子房卵球形，长2～3mm，径1.5～2mm，密被银白色糙伏毛，花柱黄绿色或紫红色，长2～2.5cm，无毛或基部与子房连接处疏生少数糙伏毛，柱头黄绿色或紫红色，稍膨大，顶端具5浅沟纹。

果 蒴果圆锥形或长卵球形，长5～7mm，径约4mm，密被锈色糙伏毛。

受威胁状况评价

《RCB》及《RLR》评估：均为未评估（NE）。

引种信息及栽培适应性

庐山植物园　1993年5月，日本友人白井真人赠送苗木，种源信息不详。杜鹃园栽培生长良好，每年大量开花，但结实率较低，适应性良好。

物候

花叶同放物候型。

庐山植物园　3月下旬叶芽膨大，4月上中旬萌芽，4月14～22日展叶始期、4月23日至5月2日盛期、5月3～12日末期；3月下旬花芽膨大，4月上中旬现蕾，4月16～22日始花、4月23日至5月1日盛花、5月2～10日末花；10月下旬蒴果成熟。

主要用途

　　观赏：分枝多、株形紧凑优美，花量大、色泽鲜艳，枝条萌发力强、耐修剪，观赏性和适应性强，适用于盆栽、制作盆景及低海拔城市、中海拔景区的园林绿化与造景。

冬芽

幼叶

花蕾与小花分开

植株

花序

雌雄蕊

花枝

花正面

花侧面

蒴果

177

千针叶杜鹃

Rhododendron polyraphidoideum P. C. Tam, Bull. Bot. Res., Harbin 2(4): 84-85. 1982.

分布与生境

中国特有种，产福建。生于海拔900～1100m的疏林或灌丛中。

迁地栽培形态特征

半常绿小灌木，高0.8～1m。

茎 主干灰褐色；分枝多，常2～3枝轮生，小枝紧密，短而细瘦；幼枝被灰白色至棕褐色平伏的糙伏毛，2～3年生枝糙毛宿存。

叶 二型；春生叶厚纸质，聚生枝顶，长卵形至卵状椭圆形，长1～1.5cm，宽4～7mm，先端渐尖，具角质尖头，基部楔形至宽楔形，边缘稍反卷，疏被棕色糙伏毛；叶面深绿色，叶背浅绿色，幼时两面密被平伏的灰白色糙伏毛，成熟叶正、背面分别疏生灰白色和锈褐色糙伏毛，两面沿中脉被毛更密；中脉正面微凹，背面凸起，侧脉3～5对，两面不明显；叶柄长2～3mm，上面平坦，被毛同幼枝。夏生叶较小，薄革质，长0.6～1.2cm，宽4～6mm，其余特征同春生叶。

花 花芽卵球形，无黏质；芽鳞卵圆形，先端急尖，具短尖头，外面沿中脊两侧被黄褐色扁平糙伏毛，边缘具长柔毛；伞形花序顶生，有2～3（～4）花；花梗暗红色，长4～6mm，被银灰色扁平糙伏毛；花萼黄绿色或带红晕，5深裂，裂片卵形至长卵圆形，长2～3mm，宽约1.5mm，少数裂片瓣化，长达1cm，外面和边缘被银白色长糙伏毛，内面无毛。花冠漏斗形至短钟状漏斗形，淡紫色至粉红色，长1.3～1.8cm，冠檐径2～2.5cm，花冠管圆筒状，向基部渐狭，长7～8mm，径约4mm，外面无毛，内面被微柔毛；花冠5裂，两侧对称，不等大，上方裂片较短，卵形，内面具不明显的深色斑点或无，其余裂片卵状长圆形，长0.7～1cm，宽0.7～1cm，先端钝圆，无缺刻；雄蕊5，不等长，长1.5～2cm，稍长于花冠，花丝白色至浅粉紫色，下部疏被白色腺毛，花药紫褐色；雌蕊长于花冠，子房卵球形，长约3mm，径约2mm，密被白色糙伏毛，花柱浅粉紫色至紫红色，长1.6～2cm，无毛或基部与子房连接处疏生少数糙伏毛，柱头浅黄绿色，稍膨大，头状，顶端具5浅沟纹。

果 蒴果圆锥形至卵球形，长5～6mm，径3～4mm，密被棕褐色糙伏毛。

受威胁状况评价

《RCB》评估：无危（LC）；《RLR》评估：易危（VU）。

引种信息及栽培适应性

庐山植物园　1980年代，刘永书从福建野外引种，种源信息不详。杜鹃园栽培生长良好，开花量大，结实率较低，适应性良好。

物候

先叶后花、部分重叠物候型。

庐山植物园 3月中旬叶芽膨大，4月上旬萌芽，4月中旬展叶始期、4月下旬盛期、5月上旬末期；3月下旬花芽膨大，4月中旬现蕾，4月下旬始花、5月上旬盛花、5月中旬末花；10月中旬蒴果成熟。

主要用途

观赏：分枝多、株形低矮紧凑，花量大、色泽靓丽，枝条萌发力强、耐修剪，观赏性和适应性强，适用于盆栽、制作盆景及低海拔城市、中海拔景区的园林绿化，也可用于岩石园造景。

植株

花芽与叶芽

花蕾

幼枝与小花分开

花枝

花序（示瓣化花萼）

花正面

花侧面

雌雄蕊

蒴果与冬芽

543

178

黔阳杜鹃

Rhododendron qianyangense M. Y. He, Bull. Bot. Res., Harbin 5(4): 115-116. 1985.

分布与生境

中国特有种，产贵州、湖南。生于海拔1100~1750m的山地密林或灌丛中。

迁地栽培形态特征

半常绿小灌木，温室栽培为常绿灌木，高0.6~1m。

茎 主干灰褐色；小枝密而细瘦，圆柱形；幼枝密被灰白色至金黄色平伏的糙伏毛，2~3年生枝毛被宿存。

叶 二型；春生叶纸质，集生枝顶，长圆状披针形、长圆状椭圆形至椭圆状卵形，长1.5~3.8cm，宽0.7~1.5cm，先端渐尖，具尖头，基部宽楔形至钝圆形，边缘稍反卷，密被平伏的灰色糙伏毛；叶面绿色，叶背浅绿色，幼时两面被淡黄色绢状糙伏毛，成熟时正面被灰白色糙伏毛或部分脱落，背面散生棕黄色糙伏毛，两面沿中脉被毛更密；中脉正面微凸，背面凸起，侧脉5~7对，两面不明显；叶柄圆柱形，长2~3mm，密被金黄色扁平糙伏毛。夏生叶厚纸质，卵形至椭圆状卵形，较小，长1~1.3cm，宽5~7mm，其余特征同春生叶。

花 花芽卵球形，不黏结；芽鳞卵形，先端锐尖，外面沿中脊两侧和边缘被淡黄色糙伏毛；伞形花序顶生，有4~6花；花梗紫红色，长4~7mm，密被黄色糙伏毛；花萼小，与花梗同色，5裂，裂片卵圆形或细圆齿形，长约1mm，外面和边缘被银白色长糙伏毛；花冠漏斗状钟形，淡紫色，长1.3~1.5cm，冠檐径1.8~2.1cm，外面疏生腺毛，由基部至裂片渐稀；花冠管短筒状，长6~7mm，径约3.5mm，内面被微柔毛；花冠5裂，裂片卵圆形至倒卵形，长6~8mm，宽5~6mm，上方裂片内面具紫红色斑点，先端钝圆，无缺刻；雄蕊5，不等长，长1.4~1.8cm，伸出花冠外，花丝白色，基部扁平，无毛，花药浅黄色至黄褐色；子房圆锥形，长2~3mm，径约2mm，密被银白色绢状糙伏毛，花柱白色，长1.3~1.5cm，下部具糙伏毛，柱头紫色，稍膨大，顶端具5浅沟纹。

果 蒴果卵球形至圆锥形，长5~6mm，径约4mm，密被棕褐色糙伏毛。

受威胁状况评价

《RCB》评估：未评估（NE）;《RLR》评估：数据缺乏（DD）。

引种信息及栽培适应性

庐山植物园　2009年3月，张乐华从湖南省植物园引种苗木，种源为来自湖南双牌县野外的实生苗。保育温室栽培生长良好，开花量大，结实率较低；杜鹃园未栽培，不作适应性评价。

湖南省植物园　2002年10月，彭春良、廖菊阳从湖南双牌县野外引种实生苗。杜鹃园栽培长势一般，开花量小，结实率低，适应性较差。

物候

先叶后花、部分重叠物候型。

庐山植物园保育温室　3月中旬叶芽膨大，3月下旬至4月上旬萌芽，4月上旬至下旬展叶；3月下旬花芽膨大，4月上中旬现蕾，4月中旬始花，4月下旬盛花、5月上旬末花；11月上旬蒴果成熟。

　　湖南省植物园　3月上旬叶芽膨大，3月中旬萌芽，3月下旬至4月下旬展叶；3月上中旬花芽膨大，3月下旬现蕾，4月1～10日始花、4月11～24日盛花、4月25日至5月8日末花；9月下旬蒴果成熟。

主要用途

　　观赏：分枝多、株形紧凑，花繁叶茂、色泽淡雅，枝条萌发力强、耐修剪，观赏性和适应性强，适用于盆栽、制作盆景及低海拔城市、中海拔景区的园林绿化，也可用于林缘、岩石园造景。

植株　幼枝与叶背　花芽与花蕾　花蕾　雌雄蕊　花序　花枝　蒴果　花正面　花侧面

179

背绒杜鹃

Rhododendron hypoblematosum P. C. Tam, Bull. Bot. Res., Harbin 2(1): 90-92. 1982.

背绒杜鹃和棒柱杜鹃（*R. crassimedium* P. C. Tam, Bull. Bot. Res., Harbin 2(1): 96. 1982.）均发表于《植物研究》，模式产地均为江西遂川，《中国植物志》中、英文版接受这两个种，其主要区别特征为雄蕊长度及花丝是否被微柔毛。庐山植物园引种这两种杜鹃，本书作者野外考察及栽培地观察发现，两个物种在同一原产地及栽培地其雌雄长度有变化，花丝中下部均多少被微柔毛。因此，接受耿玉英（2014）的意见，将棒柱杜鹃并入背绒杜鹃。

分布与生境

中国特有种，产江西、湖南。生于海拔500～1700m的林缘、灌丛中或阳坡空旷处。

迁地栽培形态特征

常绿灌木，高1.4～1.8m。

茎 主干黑褐色，皮层片状剥落；分枝多，常呈假轮生状，小枝紧密而细瘦；幼枝被棕褐色或铁锈色平伏的糙伏毛，2～3年生枝毛被宿存。

叶 二型；春生叶薄革质，散生或集于枝顶，长卵圆形、椭圆状卵形至卵状披针形，长1.4～2.5cm，宽5～9mm，先端短渐尖，具尖头，基部楔形至宽楔形，边缘明显反卷，被平伏的棕褐色糙伏毛；叶面绿色，叶背黄绿色，幼时两面被棕黄色平伏糙伏毛，成熟叶正面沿中脉及边缘有灰色糙伏毛宿存，其他部位毛多脱落仅残存毛基，背面被铁锈色平伏的糙伏毛，两面沿中脉被毛更密；中脉正面微陷，背面明显凸起，侧脉3～4对，两面不明显；叶柄长2～6mm，无纵沟，被毛同幼枝。夏生叶长4～8mm，宽3～5mm，除叶片较小外，其余特征同春生叶。

花 花芽卵圆形，具黏性；芽鳞宽卵形，先端微凹，外面特别是沿中脊两侧被淡黄褐色平伏的糙伏毛，边缘具腺头睫毛；伞形花序顶生，有2～7花（多3～4花）；花梗黄绿色带红色，长0.5～1cm，密被棕色平伏的糙伏毛；花萼与花梗同色，5深裂，裂片圆齿状至卵圆形，长约2mm，外面和边缘密被灰白色至锈色糙伏毛；花较小，花冠宽漏斗形至钟状漏斗形，淡紫色，长1.1～1.4cm，冠檐径1.5～1.8cm；花冠管圆筒状，长5～7mm，径3～4mm，向上逐渐增粗，外面无毛，内面被微柔毛；花冠5裂，开展，裂片椭圆形，长6～8mm，宽4～5mm，上方裂片内面具深紫红色斑点，先端近圆形，无缺刻；雄蕊5，不等长，长1.1～1.6cm，伸出花冠外，花丝浅粉紫色，扁平，下部被微柔毛，花药紫色；雌蕊稍短于长雄蕊和花冠，子房卵球形，长约3mm，径约2mm，密被银灰色糙伏毛，花柱与花丝同色，长1～1.2cm，无毛或基部与子房相连处被少数糙伏毛，柱头红色，稍膨大，头状，顶端具5浅沟纹。

果 蒴果较小，卵球形，长6～8mm，径2.5～4mm，密被铁锈色糙伏毛。

受威胁状况评价

《RCB》评估：未评估（NE）；《RLR》评估：数据缺乏（DD）。

引种信息及栽培适应性

　　庐山植物园　1980年代，刘永书等从江西井冈山引种实生苗；2003年4月，张乐华、刘向平从井冈山引种实生苗和种子。杜鹃园栽培生长良好，每年大量开花结实，适应性良好。

　　湖南省植物园　2001年12月，彭春良等从湖南道县野外引种实生苗（引种记录为棒柱杜鹃）。杜鹃园栽培生长慢，长势逐年变差，开花量较小，结实率低，且夏季易引发高温热害，适应性较差。

物候

　　先叶后花、部分重叠物候型。

　　庐山植物园　3月下旬叶芽膨大，4月上旬萌芽，4月12~22日展叶始期、4月23日至5月2日盛期、5月3~12日末期；4月上旬花芽膨大，4月中旬现蕾，4月22~29日始花、4月30日至5月8日盛花、5月9~18日末花；11月上旬蒴果成熟。

　　湖南省植物园　3月上旬叶芽膨大，3月中旬萌芽，3月20~28日展叶始期、3月29日至4月7日盛期、4月8~20日末期；3月中旬花芽膨大，3月下旬现蕾，3月30日至4月5日始花、4月6~15日盛花、4月16~30日末花；未见成熟蒴果。

主要用途

　　观赏：分枝多、株形紧凑，花小而密集、色泽靓丽，枝条萌发力强、耐修剪，观赏性和适应性强，适用于盆栽、制作盆景及低海拔城市、中海拔景区的园林绿化，也可用于林缘、岩石园造景。

植株

547

展叶与新叶背面

幼枝

花芽与成熟叶背面

花蕾

花序

花侧面（示花梗与花萼）

花枝

雌雄蕊

蒴果

花正面

180
亮毛杜鹃

Rhododendron microphyton Franchet, Bull. Soc. Bot. France 33: 235. 1886.

别名：小杜鹃、酒瓶花

分布与生境

产广西、贵州、四川和云南；缅甸也有分布。生于海拔850~3200m的常绿阔叶林缘、山脊或山坡灌丛中，海拔1800~2200m更为普遍。

迁地栽培形态特征

常绿小灌木，高0.4~1.2m。

茎 主干灰褐色，光滑；分枝多，枝条细瘦；幼枝密被灰白色至红棕色平伏的扁平糙伏毛，2~3年生枝糙毛宿存。

叶 同型；纸质，椭圆形至卵状披针形，长1~2.8cm，宽1~2.2cm，先端锐尖，具短尖头，基部楔形至宽楔形，边缘被褐色平伏的糙伏毛；叶面深绿色，叶背淡绿色，幼时两面密被灰白色糙伏毛，成熟时正面毛被多少宿存或仅残存毛基，背面散生红褐色糙伏毛，两面沿中脉被毛更密；中脉正面微陷，背面明显凸起，侧脉4~5对，两面较明显；叶柄长2~6mm，圆柱形，密被红棕色平伏的糙伏毛。

花 花芽卵球形；芽鳞宽卵形，外面沿中脊两侧被黄褐色糙伏毛，边缘具睫毛；伞形花序顶生，稀多个花序同时聚生枝顶，每个花序有3~6花；花梗黄绿色至紫红色，长4~8mm，密被灰白色扁平糙伏毛；花萼小，与花梗同色，5浅裂，裂片三角状披针形，长1~2mm，外面及边缘密被灰白色长糙伏毛；花冠漏斗形，蔷薇色至粉紫色，长1.5~2.2cm，冠檐径2~2.6cm；花冠管狭圆筒形，长0.8~1.2cm，外面无毛，内面具微柔毛；花冠5裂至中部，开展，裂片长圆形，先端钝圆，无缺刻，上方裂片内面具紫红色斑点；雄蕊5，不等长，长于花冠，长1.8~2.5cm，花丝浅粉紫色，基部扁平，中部以下被微柔毛，花药淡紫色；雌蕊长于花冠和雄蕊，子房卵球形，长3~4mm，径约2mm，密被白色长糙伏毛，花柱与花丝同色，无毛或基部与子房连接处被少数糙毛，柱头粉红色，稍膨大，头状，顶端具5浅沟纹。

果 蒴果卵球形，长约8mm，径4~5mm，密被灰色至红棕色糙伏毛。

受威胁状况评价

《RCB》及《RLR》评估：均为无危（LC）。

引种信息及栽培适应性

庐山植物园 2006年3月，张乐华从云南昆明市（海拔2000m）引种实生苗；2008年3月，张乐华、王书胜从昆明植物园引种种子（登录号：2008K011）；2015年12月、2018年3月，张乐华、李晓花、单文和王兆红从云南景东县哀牢山引种实生苗。保育温室栽培生长良好，开花量较小，结实率低；杜鹃园栽培冬季冻害严重，无法正常生长，适应性差。

昆明植物园 1980年代，张长芹、杨增宏从云南腾冲市野外引种种子；2000年代，张长芹从云南昆明市金殿后山引种实生苗。园区栽培长势一般，生长量小，开花少，结实率低，适应性一般。

物候

先花后叶、部分重叠物候型，或花叶同放物候型。

庐山植物园保育温室　4月上旬叶芽膨大，4月下旬萌芽，5月上旬展叶始期、5月中旬盛期、5月下旬末期；4月上旬花芽膨大，4月下旬现蕾，5月上旬始花、5月中旬盛花、5月下旬末花；10月下旬蒴果成熟。

昆明植物园　4月中旬叶芽膨大，4月下旬萌芽，5月上旬至下旬展叶；4月上旬花芽膨大，4月中旬现蕾，4月下旬至5月中旬开花；10月蒴果成熟。

主要用途

观赏：分枝多、株形优美，花量大、色泽靓丽，枝条萌发力强、耐修剪，观赏性和适应性强，适用于盆栽、制作盆景及低海拔城市、中低海拔景区的园林绿化，也可用于林缘栽培及生态修复。

药用：《中国有毒植物图谱数据库》收录。根入药，有清热利尿、镇痛消炎、活血止血功效，主治小儿惊风、风湿跌打、肾盂肾炎、水肿、毒蛇咬伤等；花入药，有止血功效，用于止鼻血。

植株

花芽与花蕾

多花芽聚生

小花分开

花枝（示多个花序聚生）

花序

花正面

花侧面（示花梗与花萼）

雄蕊

雌蕊

蒴果

181
毛果杜鹃

Rhododendron seniavinii Maximowicz, Mém. Acad. Imp. Sci. Saint Pétersbourg, Sér. 7 16(9): 33. 1870.
别名： 福建杜鹃、孙礼文杜鹃、厚叶照山白、照山白

叶芽

植株　幼叶

分布与生境

中国特有种，产福建、贵州、湖南和江西。生于海拔300～2200m的疏林或山坡灌丛中。

迁地栽培形态特征

常绿至半常绿灌木，高2.4～2.8m。

茎 主干棕褐色，皮层薄片状剥落，光滑；分枝多，枝条细瘦，黑褐色；幼枝密被棕灰色平伏的扁平糙伏毛，2～3年生枝糙毛宿存。

叶 同型；常集生枝顶，薄革质，长卵形、卵状长圆形至卵圆状披针形，长3～7（～8.5）cm，宽1.2～2.5（～4）cm；先端渐尖或尾状渐尖，具尖头，基部宽楔形，边缘反卷，密被灰色平伏的长糙伏毛；叶片幼时肥厚，随着叶片伸展变薄，两面密被灰棕色平伏的糙伏毛，成熟叶正面暗绿色或黄绿色，

具光泽，沿中脉密被灰白色的平伏糙伏毛，其他部位无毛或多少宿存；背面淡黄色，密被棕黄色平伏的长糙伏毛，覆盖整个叶片，沿中脉、侧脉被毛更密；中脉正面平坦或微凹，背面明显凸起，侧脉8～11对，正面微凹呈细沟，背面凸起；叶柄长0.6～1.4cm，圆柱形，无纵沟，密被平伏的棕黄色扁平糙伏毛。

花 花芽黏结，卵球形；芽鳞外面沿中脊两侧密被淡黄褐色平伏的糙伏毛，边缘具睫毛；伞形花序顶生，有5～8花；花梗黄绿色，长4～6mm，密被灰白色绢状糙伏毛；花萼与花梗同色，5裂，裂片齿状三角形，长1～1.5mm，外面和边缘被毛同花梗。花冠较小，漏斗形至钟状漏斗形，白色至淡粉红色或淡紫色，长1.8～2.2cm，冠檐径2～2.4cm；花冠管圆筒形，长0.9～1.2cm，径3～4mm，外面无毛或疏生柔毛，内面散生微柔毛；花冠5裂，两侧对称，裂片长卵形至椭圆形，短于花冠管，长0.7～1.1cm，宽5～6mm，开展，上方裂片内面中部具星散分布的深紫色斑点，先端钝尖，无缺刻；雄蕊5，不等长，长2～2.8cm，长于花冠，花丝扁平，白色，中部以下疏被短柔毛，基部无，花药暗紫色；雌蕊长于花冠，稍短于或等长于长雄蕊，子房卵球形，长3～4mm，径2～3mm，密被银白色绢状糙伏毛，花柱白色，长2.2～2.5cm，下部密被银白色长糙毛，柱头紫红色，稍膨大，头状，顶端具5浅沟纹。

果 蒴果较小，长卵球形，长6～8mm，径约3mm，密被棕黄色至棕褐色扁平的长糙毛。

受威胁状况评价

《RCB》及《RLR》评估：均为无危（LC）。

引种信息及栽培适应性

庐山植物园 1980年代，刘永书等从江西野外引种实生苗，种源信息不详。杜鹃园栽培生长良好，因上层乔木较多，光照不足，开花量较小，结实率一般，适应性良好。

物候

花叶同放物候型。

庐山植物园 3月下旬叶芽膨大，4月中旬萌芽，4月中下旬展叶始期、5月上旬盛期、5月中旬末期；3月下旬花芽膨大，4月中旬现蕾，4月中下旬始花、5月上旬盛花、5月中旬末花；10月下旬至11月上旬蒴果成熟。

主要用途

观赏：分枝多、株形紧凑，花小而密集、色泽淡雅，枝条萌发力强、耐修剪，适用于大型盆栽及低海拔城市、中海拔景区的园林绿化，也可用于林缘栽培及生态修复。

药用：全株入药，有消炎祛痰、止咳平喘功效，主治急慢性支气管炎、肺虚久咳、痰少咽燥、外感风热咳嗽等；在抗炎、抗病毒、抗肿瘤、镇痛、降血脂及保护心脑血管等药物开发上有潜在价值。

花芽与叶背

花蕾

小花分开

花序

花枝

花正面

花侧面与雄蕊

雌蕊

蒴果

182

上犹杜鹃

Rhododendron seniavinii var. *shangyounicum*, R. L. Liu & L. M. Cao, Guihaia 28(5): 574-575, f. 1. 2008.

分布与生境

中国特有变种，产江西。生于海拔700~1100m的路旁或疏林、毛竹林中。

迁地栽培形态特征

半常绿灌木，高1.6~2m。

茎 主干灰褐色，皮层层状剥落；分枝多，小枝圆柱形，细瘦；幼枝密被锈褐色平伏的扁平糙伏毛，2~3年生枝毛被宿存。

叶 同型；厚纸质，常集生枝顶，卵圆形至椭圆状披针形，长3~7cm，宽1.2~2.4cm；先端渐尖至尾状渐尖，具尖头，基部宽楔形，边缘反卷，被锈褐色平伏的糙伏毛；叶片幼时黄绿色，两面密被银灰色至棕黄色平伏的扁平糙伏毛，成熟时正面暗绿色，具光泽，疏被平伏的灰褐色糙伏毛或仅存毛基，背面浅绿色至白绿色，密被平伏的棕色至锈褐色糙伏毛，两面沿中脉被毛更密；中脉正面平坦或微凹，背面明显凸起，侧脉5~7对，正面微凹，背面微凸，未达叶缘连结；叶柄长4~8mm，圆柱形，无纵沟，被平伏的锈褐色糙伏毛。

花 花芽卵球形，不黏结；芽鳞卵形至长卵形，外面中上部密被淡黄褐色平伏的糙伏毛，边缘具长柔毛；伞形花序顶生，有3~6花；花梗黄绿色，长6~8mm，密被平伏的灰白色绢状糙伏毛；花萼与花梗同色，5浅裂，裂片长卵形或三角状卵形，长1~1.5mm，外面和边缘被毛同花梗；花冠较小，钟状漏斗形或窄钟形，淡粉紫色，开放后变为粉白色，长1.6~2cm，冠檐径2~2.4cm；花冠管圆筒形，粗短，长7~8mm，径5~6mm，外面无毛，内面被白色微柔毛；花冠5深裂，裂片开展，椭圆形至卵形，长0.9~1.2cm，宽5~6mm，长于花冠管，上方裂片内面中部具紫红色斑点，先端钝尖，无缺刻；雄蕊5，不等长，长1.5~2.2cm，伸出花冠外，花丝白色，基部扁平，下部或中部以下散生白色短柔毛，花药暗紫色；雌蕊短于长雄蕊和花冠，子房卵球形，长3~4mm，径2~3mm，密被银灰色糙伏毛，花柱白色，长1.2~1.5cm，基部与子房连接处被少数长糙伏毛，柱头淡紫红色，稍膨大，头状，顶端具5浅沟纹。

果 蒴果卵球形至长圆锥形，长7~9mm，径3~3.5mm，密被锈褐色平伏的糙伏毛。

受威胁状况评价

《RCB》及《RLR》评估：均为未评估（NE）。

引种信息及栽培适应性

庐山植物园 2002年10月，张乐华、刘向平等从江西上犹县、崇义县野外引种实生苗。杜鹃园栽培生长良好，开花量大，结实率一般，适应性良好。

物候

先叶后花、部分重叠物候型。

　　庐山植物园　3月下旬叶芽膨大，4月中旬萌芽，4月中下旬至5月中旬展叶；4月上旬花芽膨大，4月下旬现蕾，4月下旬至5月上旬始花、5月上中旬盛花、5月下旬末花；10月下旬蒴果成熟。

主要用途

　　观赏：分枝多、株形优美，花小而密集、色泽淡雅，枝条萌发力强、耐修剪，观赏性和适应性强，适用于盆栽、制作盆景及低海拔城市、中海拔景区的园林绿化与造景。

植株　花芽与叶芽　新叶与叶背　幼枝　小花分开　花序　花正面　花枝　花侧面　雌雄蕊　蒴果

组 3　假映山红组

Sect. *Tsusiopsis* Sleumer, Bot. Jahrb. Syst. 74: 527. 1949.

　　单型组，全球仅1种，分布于中国、日本。《中国植物志》和 *Flora of China* 均收录1种。本书收录1种，组的主要形态特征见种描述。

183

大武杜鹃

Rhododendron tashiroi Maximowicz, Bull. Acad. Imp.Sci. Saint-Pétersbourg, sér. 3 31(1): 64. 1887.

别名： 塔西洛杜鹃

分布与生境

产台湾；日本（包括琉球群岛）也有分布。生于海拔400～1500m的常绿阔叶林林缘或灌丛中。

迁地栽培形态特征

常绿灌木，高1.2～1.5m。

茎　主干灰色，皮层层状剥落，光滑；小枝轮生枝顶，分枝多，纤细；幼枝密被棕黄色平伏的糙伏粗毛，2～3年生枝毛被宿存。

叶　薄革质至硬纸质，常3枚轮生枝顶，椭圆形、椭圆状披针形或卵状披针形，长3.5～6.5cm，宽1.3～3cm，先端渐尖，具尖头，基部楔形至宽楔形，边缘反卷，全缘或具不明显的细锯齿，细齿先端具平伏的褐色粗毛；叶片幼时黄绿色，两面被黄色平伏的长粗毛，成熟时正面亮绿色，无毛或毛被多少宿存，或仅存毛基，背面浅绿色，除沿中脉疏被褐色长粗毛外，其余无毛；中脉、侧脉正面明显凹陷，微有皱纹，背面凸起，侧脉4～6对，脉纹明显；叶柄长5～8mm，具沟槽，密被棕褐色贴伏的糙伏长粗毛。

花　花与新叶枝出自同一顶芽，卵球形，长0.9～1cm，径5～6mm；芽鳞花期宿存，宽卵形，先端具尖头，外面沿中脊两侧和边缘密被棕黄褐色糙伏毛，无黏质；伞形花序顶生，有2～4花；花梗黄绿色，长1.2～1.7cm，密被灰色的糙伏状粗柔毛；花萼与花梗同色，5齿裂，裂片三角形，长约1mm，外面和边缘被毛同花梗；花冠淡紫色至粉白色，钟状漏斗形或宽漏斗形，长2.7～3.2cm，冠檐径4.2～4.7cm，内外无毛；花冠管长0.8～1.2cm，向基部渐狭，呈喇叭状；花冠5深裂，开展，两侧对称，上方3裂片间浅裂，中部裂片最小，倒卵形，长和宽约1.5cm，内面具淡紫色或黄绿色斑点，其他裂片间深裂，裂片长圆形，长约2.5cm，宽1.3～1.5cm，先端具缺刻；雄蕊10，不等长，长1.5～2.9cm，长雄蕊与花冠近等长，花丝近白色，无毛，花药米黄色；雌蕊长于花冠和雄蕊，子房卵球形，长3～4mm，径2～2.5mm，密被棕黄色贴伏的粗柔毛，花柱白色，向先端变粗，长2.8～3.2cm，无毛，柱头浅黄色，稍膨大，头状，顶端具5浅沟纹。

果　蒴果狭卵球形，长0.9～1.2cm，径约5mm，密被棕褐色或锈色平伏的长粗毛。

受威胁状况评价

《RCB》评估：无危（LC）；《RLR》评估：近危（NT）。

引种信息及栽培适应性

庐山植物园　2005年11月，张乐华从德国不莱梅杜鹃园引种种子（登录号：2006Bre019）。杜鹃园栽培生长良好，林下栽培隔年开花，结实率较低且不饱满，适应性较好。

物候

先叶后花、部分重叠物候型。

庐山植物园　3月中旬叶芽膨大，4月上旬萌芽，4月上中旬至5旬上中旬展叶；4月上旬花芽膨大，4月中下旬现蕾，4月下旬至5月上旬始花、5月上中旬盛花、5月中下旬末花；10月上中旬蒴果成熟。

主要用途

观赏：分枝多、株形紧凑，花色淡雅，枝条萌发力强、耐修剪，适用于盆栽、制作盆景及低海拔城市、中海拔景区的园林绿化与造景。

属 II　吊钟花属

Enkianthus Loureiro, Fl. Cochinch. 1: 258, 276. 1790.

　　落叶灌木至小乔木；枝常轮生，幼枝无毛或幼时疏生柔毛；冬芽为混合芽；叶集生枝顶，坚纸质至薄革质，边缘具锯齿，成熟叶两面无毛或沿脉被柔毛。伞形花序或多个总状花序组成伞形总状花序，顶生，有花多数；花梗细长，开花时下弯，果时向上直立或先下弯后向上；花萼5裂，裂片三角形，长2~4mm，被微柔毛；花冠5浅裂，阔钟形、钟状坛形或坛形，白色或肉红色；雄蕊10，分离，内藏，花丝短，中部以下膨大而宽扁，被柔毛，花药具芒；子房卵圆形，无毛或被柔毛，花柱无毛或被柔毛。蒴果卵球形，无毛，具5棱，室背开裂为5爿。

　　全球有12种，分布于中国东部至西南部、日本、越南北部、缅甸北部至东喜马拉雅地区。《中国植物志》收录9种，*Flora of China*收录7种、1变种，产长江流域及其以南各地，以西南部种类较多。本书收录3种。

184
灯笼吊钟花

Enkianthus chinensis Franchet, J. Bot. (Morot) 9(20): 371. 1895.
别名： 灯笼树、灯笼花、钩钟花、女儿红等

花枝

分布与生境

中国特有种，产安徽、福建、广东、广西、贵州、湖北、湖南、江西、四川、云南和浙江。生于海拔 900～3600m 的山坡疏林或灌丛中。

迁地栽培形态特征

落叶灌木至小乔木，高 2.5～5m。

🌿 主干黑褐色，皮层层状剥落；小枝灰褐色；幼枝淡红色，两侧具向外延伸的棱，扁圆形，无毛。

🍃 叶芽和花芽出自同一芽苞；芽鳞早落，卵状披针形至舌状，先端具小突尖，边缘具缘毛；叶常聚生枝顶，厚纸质，长圆形、长圆状椭圆形至倒卵形，长 3.5～4.5（～6）cm，宽 2～3（～3.8）cm，先端急尖或钝尖，具尖头，基部楔形至宽楔形，边缘具钝锯齿，锯齿先端具刺状突起；叶面深绿色，

叶背白绿色，成熟叶两面无毛或仅叶背沿中脉散生柔毛；中脉、侧脉正面凹陷，背面凸起，侧脉7～9对，中脉、侧脉及细脉两面清晰；叶柄长0.7～1cm，淡粉红色，上面平坦，具深纵沟，幼时被极短的微柔毛，不久脱落；秋季落叶前叶变为暗红色。

🌸 常多个总状花序组成伞形总状花序状，顶生，有8～13花，总轴长1～3cm，被微柔毛并散生粗毛；花梗黄绿色，纤细，长1.2～3.5cm，被微柔毛或无；花下垂；花萼黄绿色至绿色，5裂，裂片三角形，长2～2.5mm，外面及边缘被微柔毛；花冠阔钟形，肉红色，具橙色至紫红色脉纹，长约1cm，口径1～1.1cm；花冠管长约8mm，口部5浅裂，裂片半圆形，边缘白色，长约2mm，稍反卷；雄蕊10，着生于花冠基部，内藏，长3～4mm，花丝扁平，绿白色，中部以下膨大、宽扁并被白色微柔毛，花药米黄色，2裂，长约1.5mm，具芒，芒长约1mm；子房球形，具5纵肋，长和径2～3mm，被白色短柔毛，花柱白色，长5～6mm，由基部至先端渐细，中部以下被柔毛，柱头绿色，不膨大，点状。

🍎 蒴果卵球形，长6～7mm，径6～7mm，幼时被短柔毛，不久脱落，室背开裂为5片；果梗下垂并在末端膝状弯曲向上，蒴果倾斜向上。

受威胁状况评价

《RCB》评估：无危（LC）。

引种信息及栽培适应性

庐山植物园 1990年代，刘永书等从江西井冈山引种实生苗；2003年4月、2019年12月，张乐华、刘向平和王兆红等从江西井冈山引种实生苗。杜鹃园栽培生长旺盛，每年大量开花结实，适应性良好。

物候

先叶后花物候型。

庐山植物园 3月上旬冬芽（混合芽）膨大，3月下旬萌芽，4月上旬展叶始期、4月中旬盛期、4月下旬末期；10月中下旬叶片变红并逐渐脱落；4月中旬现蕾，花期较长，4月下旬始花、5月中旬盛花、6月上旬末花；10月下旬蒴果成熟。

主要用途

观赏：分枝多、株形优美，耐修剪，花量大而形似灯笼，秋叶红色，观赏性和适应性强，是优良的观花、观叶灌木，适用于中海拔地区的园林绿化与生态修复，也可用于低海拔城市园林造景。

药用：《中国有毒植物图谱数据库》收录。花入药，有消炎清热、止血调经功效，主治跌打损伤、风湿骨痛、月经不调；根、茎入药，有活血止痛、清热利湿功效，主治跌打损伤、风湿痹痛、胃痛、肝炎、水肿、无名肿毒。

小枝及叶背

花蕾

花蕾变色

幼果

秋叶

植株

花序

花正面

花侧面

雌雄蕊

蒴果

185
齿缘吊钟花

Enkianthus serrulatus (E. H. Wilson) C. K. Schneider, Ill. Handb. Laubholzk. 2: 519. 1911.
别名： 九节筋、山枝仁、莫铁硝、野支子、黄叶吊钟花

植株

冬芽

冬芽膨大

分布与生境

中国特有种，产福建、广东、广西、贵州、海南、湖北、湖南、江西、四川、云南和浙江。生于海拔 600～2100m 的山坡、林缘、灌丛或路旁。

迁地栽培形态特征

落叶灌木，高 1.8～2.2m。

🌿 **茎** 主干灰褐色，皮层层状剥落；小枝灰白色至灰褐色，光滑；幼枝黄绿色或淡红色，幼时疏生

微柔毛，不久脱落。

叶 叶芽和花芽出自同一芽苞，芽苞长卵球形；芽鳞多达12～15枚，开花展叶期宿存，卵形，外面及边缘被短柔毛；叶集生枝顶，厚纸质至薄革质，椭圆形、长圆形或长卵形，长4～8cm，宽2.5～4cm；先端渐尖，基部宽楔形或钝圆，边缘不反卷，具细锯齿，锯齿先端具刺状突起；叶片幼时暗红色或嫩绿色，两面被柔毛，成熟叶正面疏被短柔毛或仅具毛基，沿中脉被短柔毛，背面沿中脉散生纤毛且中脉基部两侧被白色长柔毛，侧脉、细脉也疏被短柔毛；中脉正面平坦，背面凸起，侧脉5～6对，正面微陷，背面隆起，中脉、侧脉及细脉两面明显；叶柄较纤细，长1～2cm，具纵沟，幼时被柔毛，后无毛或凹槽内被柔毛；秋季落叶前叶片变为红色至暗红色。

花 伞形花序顶生，有2～6花，花下垂；花梗黄绿色，长1.2～2cm，无毛，花后花梗向上直立，变粗壮，长可达3.8cm；花萼黄绿色，5深裂，裂片三角形，长3～4mm，无毛；花冠钟状坛形，初时淡绿色，开放后乳白色，长1.2～1.5cm，花冠管直径约1cm，近口部缢缩，5浅裂，裂片卵圆形，长2～3mm，反卷；雄蕊10，着生于花冠基部，内藏，长6～8mm，花丝白色，中部以下膨大、宽扁并密被白色长柔毛，花药白色，具2反折的芒；子房卵圆形或圆锥形，具5纵肋，长5～6mm，径约3mm，无毛，花柱白色，粗短，由基部向先端渐细，长约6mm，无毛，柱头绿色，不膨大，点状。

果 蒴果卵圆形至椭圆形，直立，长1.1～1.3cm，径7～8mm，黄绿色至黄褐色，无毛，具明显凸起的5棱，花柱宿存，室背开裂为5片；果梗向上直立，长3～3.8cm，无毛。

受威胁状况评价

《RCB》评估：无危（LC）。

小花分开

幼枝（叶暗红色）　　　花序与幼枝（叶绿色）

引种信息及栽培适应性

　　庐山植物园　2003年4月、2019年12月，张乐华、刘向平、单文和王兆红从江西井冈山引种实生苗。杜鹃园栽培生长旺盛，每年大量开花结实，适应性良好。

　　武汉植物园　2014年11月，李晓东、张炳坤从贵州印江县野外引种实生苗（登录号：20149313）。园区栽培生长量小，每年可开花，但未见结实，适应性一般。

物候

　　花叶同放物候型，但开花时间略早于展叶。

　　庐山植物园　3月上旬冬芽（混合芽）膨大，3月中下旬萌芽，3月下旬至4月上旬展叶始期、4月中旬盛期、5月上旬末期，10月下旬叶片变红并逐渐脱落；3月中下旬现蕾、3月下旬始花、4月上中旬盛花、4月下旬末花；10月下旬至11月上旬蒴果成熟。

　　武汉植物园　3月中旬叶芽膨大，3月下旬萌芽，4月上旬展叶始期、4月中旬盛期、4月下旬末期；3月中旬花芽膨大，3月下旬至4月上旬现蕾，4月上旬始花、4月中旬盛花、4月下旬末花，部分植株花期为4月下旬至5月上中旬，不同植株间萌芽及开花时间有差异；未见成熟蒴果。

主要用途

　　观赏：分枝多、株形紧凑，花叶同放，花量大而形似灯笼，开花时节花团锦簇，秋叶变红，为极佳的观花、观叶灌木，分布广、适应性强，适用于中海拔地区的园林绿化与荒山、荒坡美化和生态修复，也可用于低海拔城市的园林造景。

　　药用：根入药，具祛风、除湿、活血等功效。

花枝

花侧面

雌雄蕊

幼果

秋叶

蒴果与冬芽

186

台湾吊钟花

Enkianthus perulatus C. K. Schneider, Ill. Handb. Laubholzk. 2: 520. 1911.

分布与生境

产江西、台湾和浙江；日本也有分布。生于海拔1100～1600m的混交林下、林缘或灌丛中。

迁地栽培形态特征

落叶灌木，高1.8～2.5m。

茎 主干灰褐色，皮层层状剥落；小枝灰褐色，轮生，细瘦，直立；幼枝淡紫红色或绿色，无毛。

叶 叶芽和花芽出自同一芽苞，芽苞长圆状卵形；芽鳞卵形至舌状，外面无毛，边缘被白色短柔毛；叶常集生枝顶，硬纸质至薄革质，长圆形至长圆状倒卵形，长3.5～5.5cm，宽1.5～2.5cm，先端渐尖，具尖头，基部楔形至宽楔形，边缘具细锯齿，锯齿先端具刺状缘毛；叶面深绿色，沿中脉、侧脉被纤毛，叶背浅绿色，沿中脉散生纤毛且基部两侧密被白色长柔毛，其余无毛；中脉正面微凹，背面隆起，侧脉6～7对，中脉、侧脉及细脉两面清晰；叶柄长0.7～1.4cm，具浅纵沟，幼时在凹陷处密被长纤毛，其余散生纤毛，后无毛或凹槽内疏被长纤毛；秋季落叶前叶变为红色至暗红色。

花 伞形花序顶生，有3～6花，花下垂；花梗白色，长1.5～2cm，无毛，花后花梗向上直立，变长，长可达3cm；花萼绿色，5深裂，裂片三角形，长2～3mm，边缘被微柔毛至无毛；花冠坛形，白色，长8～9mm，径6～7mm，近口部缢缩，5浅裂，裂片卵形，长1.5～2mm，反卷；雄蕊10，着生于花冠基部，内藏，长4～5mm，花丝白色，中部以下膨大、宽扁并密被白色柔毛，花药黄绿色，具2反折的芒；子房卵圆形或圆锥形，长2～3mm，径2～3mm，具5纵肋，无毛，花柱浅黄绿色，粗短，由基部向先端渐细，长4～5mm，无毛，柱头绿色，不膨大，点状。

果 蒴果卵圆形，直立，棕黄色，长7～8mm，径约4mm，无毛，具5棱，室背开裂为5爿；果梗向上直立，长1.8～3cm，无毛。

受威胁状况评价

《RCB》评估：易危（VU）。

引种信息及栽培适应性

庐山植物园 2003年4月，张乐华、刘向平从江西井冈山引种实生苗。杜鹃园栽培生长旺盛，每年大量开花结实，适应性良好。

物候

花叶同放物候型。

庐山植物园 3月上旬冬芽（混合芽）膨大，3月下旬萌芽，4月上中旬展叶始期、4月中下旬盛期、5月上旬末期；10月下旬叶片变红并逐渐脱落；3月下旬现蕾，4月上中旬始花、4月中下旬盛花、5月上旬末花；11月下旬蒴果成熟。

主要用途

　　观赏：分枝多、株形紧凑，花量大、似铃铛吊挂，秋叶变红，为极佳的观花、观叶灌木，适用于中海拔地区的园林绿化与荒山、荒坡美化和生态修复，也可用于低海拔城市的园林造景。

植株　冬芽　花序　幼枝与小花分开　花正面（示叶背中脉柔毛）　花枝　花侧面与雌雄蕊　雌雄蕊　幼果　蒴果

属III 马醉木属

Pieris D. Don, Edinburgh New Philos. J. 17(33): 159. 1834.

常绿灌木或小乔木；幼枝微被柔毛至无毛；叶互生或假轮生，革质，边缘具细锯齿，稀全缘，成熟叶无毛或沿脉被柔毛，叶柄短。总状花序聚生枝顶叶腋或圆锥花序顶生，有花多数；具苞片和小苞片；花萼5裂，裂片三角状卵形至宽披针形，长2.5~3.5mm，疏生柔毛和腺毛；花冠坛状，白色，顶端5浅裂；雄蕊10，内藏，花丝中部以下膨大而宽扁，通体被柔毛，花药背部有1对下弯的芒；子房扁球形，无毛。蒴果扁球形或近球形，室背开裂。

全球有7种，分布于东亚、加勒比地区和北美东部。《中国植物志》和 *Flora of China* 均收录3种，产我国东部及西南部。本书收录2种。

马醉木属分种检索表

1a. 叶长圆形或倒卵状披针形，长4～9（～12）cm，宽1.6～3cm；边缘具细锯齿；基部楔形至钝圆；
蒴果近球形 ·· 187. 美丽马醉木 *P. formosa*
1b. 叶椭圆状披针形，长3.2～7.5（～10）cm，宽1.1～2.2cm；边缘仅中部以上具细圆齿，偶全缘；
基部狭楔形；蒴果扁球形 ·· 188. 马醉木 ***P. japonica***

187
美丽马醉木

Pieris formosa (Wallich) D. Don, Edinburgh New Philos. J. 17(33): 159. 1834.

别名： 兴山马醉木、长苞美丽马醉木

植株

分布与生境

产福建、甘肃、广东、广西、贵州、湖北、湖南、江西、陕西、四川、西藏、云南和浙江；不丹、印度、缅甸、尼泊尔和越南也有分布。生于海拔700~2300m的林下或灌丛中。

迁地栽培形态特征

常绿灌木至大灌木，高2~2.5m。

茎 主干灰褐色至褐色，树皮纵裂，不剥落，稀薄片状剥落；小枝圆柱形，具叶痕和纵纹或棱；幼枝绿色，幼时被微柔毛，不久脱落。

叶 冬芽小，卵圆形至长卵圆形；芽鳞外面无毛；叶革质，长圆形或倒卵状披针形，长4~9（~12）cm，宽1.5~3cm，先端渐尖或锐尖，基部楔形，偶钝圆形，边缘具细锯齿；叶片幼时黄绿色或暗红色，两面疏被微柔毛，沿中脉正面被毛更密，成熟叶正面深绿色，背面淡绿色，两面无毛或仅沿

叶面中脉被微柔毛；中脉两面凸起，侧脉9～13对，正面凹陷，背面不凸起；叶柄长0.6～1.3cm，黄绿色，具纵沟，沟槽内被微柔毛。

花 通常多个总状花序聚生枝顶叶腋，或为顶生圆锥花序，每个花序有数十花，总轴黄绿色或紫红色，长3.5～10cm，稀达16cm，被白色短柔毛；花梗与总轴同色，长3～5mm，被白色短柔毛；花萼与花梗同色，5裂，卵状三角形至宽披针形，长2.5～3mm、宽约1.5mm，外面疏生短腺毛；花冠白色，坛状，长6～7mm，径4～5mm，外面疏生柔毛或无，内面无毛，口部缢缩，5浅裂，裂片先端钝圆，长约1mm；雄蕊10，长3～4mm，花丝白色，中部以下膨大而宽扁，通体被白色柔毛，下部柔毛更密更长，花药黄色，背部有1对下弯的芒；子房扁球形，无毛，花柱乳白色，粗短，长约4mm，由基部向顶部渐细，无毛，柱头绿色，不膨大，点状。

果 蒴果近球形，长和径约5mm，无毛，成熟时顶部5裂，花柱通常宿存。

受威胁状况评价

《RCB》评估：无危（LC）。

引种信息及栽培适应性

庐山植物园 1970年代，作为园林植物引种，种源信息不详；2002年10月、2019年12月，张乐华、刘向平和单文等从江西井冈山引种实生苗。杜鹃园栽培生长旺盛，每年大量开花结实，适应性良好。

昆明植物园 1984年，吕正伟从云南玉溪市野外引种实生苗。生长旺盛，每年大量开花结实，栽培适应性较好。

南京中山植物园 2007年，刘兴剑等从中南林业科技大学植物园引种实生苗。园区栽培生长量小，长势弱，开花少，未见结实，适应性差。

物候

先花后叶物候型。

庐山植物园 4月上旬叶芽膨大，4月下旬萌芽，5月上旬至下旬展叶；上年度6月下旬至7月上旬花序形成，翌年2月中旬现蕾，2月下旬始花、3月中旬盛花、4月上旬末花；10月中下旬蒴果成熟。

昆明植物园 3月下旬叶芽膨大，4月上旬萌芽，4月中旬至5月上旬展叶；2月中旬现蕾，2月下旬始花、3月上中旬盛花、3月下旬末花；10月蒴果成熟。

南京中山植物园 4月上旬叶芽膨大，4月中旬萌芽，4月中下旬至5月中旬展叶；3月上旬现蕾，3月中旬始花、3月下旬盛花、4月上旬末花；未见成熟蒴果。

幼枝与幼果

上年度花蕾

主要用途

　　观赏：分枝多、株形紧凑，枝条萌发力强、耐修剪，幼叶颜色多变，花序中花量大，白色如飞云、瀑布，分布广、适应性强，为极佳的观花、观叶灌木，应用前景广阔，在欧美培育出大量的园艺品种。适用于大型盆栽及低海拔城市、中海拔景区的园林绿化与造景，也可用鲜切花。

　　药用：《中国有毒植物图谱数据库》收录。全株有毒，入药有清热消炎、散瘀止痛、舒筋活络、杀虫止痒功效，外用主治乳腺炎、恶性溃疡、跌打损伤、风湿麻木、皮肤瘙痒、荨麻疹；鲜叶汁外治癣疥、毒疮。

　　工业：茎、叶含四环二萜毒素、梫木毒素、马醉木毒素Ⅰ等化合物，有毒，动物误食可造成流涎、呕吐、腹痛、腹泻、呼吸困难等症状，可用于杀虫剂、毒鼠剂等开发。

叶芽　　上年度秋季花蕾　　当年春季现蕾　　花正面　　花侧面　　雄蕊　　雌蕊　　花序　　幼果　　成熟蒴果

188
马醉木

Pieris japonica (Thunberg) D. Don ex G. Don, Gen. Hist. 3: 832. 1834.
别名： 梫木、日本马醉木

植株

分布与生境

产安徽、福建、湖北、江西、台湾和浙江；日本也有分布。生于海拔800~1200m的灌丛中。

迁地栽培形态特征

常绿灌木或小乔木，高2~4m。

🌿 **茎** 主干灰褐色至棕褐色，树皮纵裂，不剥落，稀薄片状剥落；小枝圆柱形，开展；幼枝绿色，幼时被微柔毛，不久脱落。

🍃 **叶** 冬芽小，倒卵形；芽鳞3~8枚，呈覆瓦状排列，外面无毛；叶革质，密生枝顶，椭圆状披针形，长3.2~7.5（~10）cm，宽1.1~2.2cm，先端短渐尖，基部狭楔形，边缘在2/3以上具细圆齿，稀近全缘，无毛；叶片正面深绿色，背面淡绿色，成熟叶除中脉正面被微柔毛外，两面无毛；中脉黄绿色，两面凸起，侧脉8~12对，正面凹陷，背面不明显，细脉网状；叶柄长3~8mm，具纵沟，微被柔毛。

🌸 **花** 总状花序聚生枝顶叶腋，或为顶生圆锥花序，有6~23花，总轴黄绿色或紫红色，长

575

5～10cm，俯垂或直立，被短柔毛，稀混生红色腺头毛；花梗与总轴同色，长3～5mm，被短柔毛和红色腺头毛；花萼与花梗同色，5齿裂，萼片三角状卵形至宽披针形，长约3.5mm，宽1～1.5mm，内面疏生微柔毛，外面疏生短柔毛和红色腺头毛；花冠白色，坛状，长6～7mm，花冠管直径约5mm，内外无毛，口部缢缩，5浅裂，裂片近圆形，长约1mm；雄蕊10，长约3.5mm，花丝白色，中部以下膨大而宽扁，通体被白色柔毛，下部柔毛更多更长，花药黄色，背部有1对下弯的芒；子房扁球形，无毛，花柱白绿色，粗短，长约6mm，由基部向顶部渐细，无毛，柱头绿色，不膨大，点状。

果 蒴果近扁球形，长约5mm，径5～6mm，无毛，成熟时顶部5裂，花柱宿存。

受威胁状况评价

《RCB》评估：无危（LC）。

引种信息及栽培适应性

庐山植物园 1970年代，作为园林植物引种，种源信息不详；2002年10月，张乐华、刘向平从江西井冈山引种实生苗。杜鹃园、树木园栽培生长旺盛，每年大量开花结实，适应性良好。

杭州植物园 1957年1月，从浙江临安区野外引种实生苗（登录号：57C1102P95-1864）。杜鹃园栽培生长旺盛，每年大量开花结实，适应性良好。

主干　展叶　幼枝与叶背　上年度花蕾　花枝　雌雄蕊

武汉植物园　2008年12月，王业华等从湖南邵阳市野外引种实生苗（登录号：20080259），2014年9月，张守君、徐文斌从湖北通山县野外引种实生苗（登录号：20140386）。在园区半遮阳环境中栽培，生长较好，开花量大，结实率较低，适应性较好。

物候

先花后叶物候型。

庐山植物园　4月上旬叶芽膨大期，4月下旬萌芽，5月上旬至下旬展叶；上年度6月下旬至7月上中旬花序形成，翌年2月下旬现蕾，3月上旬始花、3月中旬盛花、4月上旬末花；10月下旬蒴果成熟。

杭州植物园　3月中旬叶芽膨大，3月下旬至4月上旬萌芽，4月中旬至5月上旬展叶；11月上中旬花芽膨大，12月上中旬现蕾，1月上中旬至3月下旬开花；10月下旬蒴果成熟。

武汉植物园　3月下旬叶芽膨大，4月上旬萌芽，4月中旬展叶始期、4月下旬盛期、5月上旬末期；2月上旬现蕾，2月下旬始花、3月上旬盛花、3月中旬末花；10月下旬蒴果成熟。

主要用途

观赏：同美丽马醉木。

药用与工业：《中国有毒植物图谱数据库》收录。叶有剧毒，入药有杀虫止痒功效，主治疥疮；全株有毒，可用于药物、杀虫剂、毒鼠剂等开发。

花蕾　　花序

花正面与侧面　　幼果　　成熟蒴果

属IV　假木荷属

Craibiodendron W. W. Smith, Rec. Bot. Surv. India 4: 276. 1911.

常绿小乔木至大乔木。叶互生，全缘。总状或圆锥花序，顶生或腋生；有苞片和小苞片；花梗短；花萼5深裂，裂片覆瓦状排列，宿存；花冠短钟形，5齿裂；雄蕊10，内藏，花丝分离，中部以下膨大而宽扁，近顶部下弯成曲膝状，花药无芒，无附属物；子房球形，花柱柱状。蒴果扁球形，室背开裂，果爿5。

全球有5种，分布于柬埔寨、中国、印度、老挝、缅甸、泰国和越南。《中国植物志》和 *Flora of China* 均收录4种，产我国广东、广西、贵州、西藏和云南。本书收录1种。

189
云南假木荷

Craibiodendron yunnanense W. W. Smith, Notes Roy. Bot. Gard. Edinburgh 5(24): 159. 1912.
别名： 云南金叶子、金叶子、细叶子、毒羊叶、泡花树等

主干

叶片正 背面

分布与生境

产西藏、云南；缅甸也有分布。生于海拔1200～3200m的林下、松林林缘、灌丛或开阔干燥的阳坡。

迁地栽培形态特征

常绿大乔木，高10～15m。

茎 主干灰褐色，树皮条状纵裂，不剥落；小枝灰褐色；幼枝绿色，无毛。

叶 互生，革质，椭圆状披针形至长卵状披针形，长5～11cm，宽2.5～3cm；先端渐尖至尾状渐尖，先端钝圆，基部楔形至宽楔形，两侧不对称，全缘；正面亮绿色，背面淡绿色，除背面疏生黑褐色腺点外两面无毛；中脉正面凹陷，背面凸起，侧脉10～15对，连同细脉两面可见；叶柄长0.4～1cm，具沟槽，无毛。

花 圆锥花序顶生或腋生，多数花，总轴长可达18cm，无毛；花梗浅绿色，粗短，长2～4mm，无毛，基部具1苞片，中部具1小苞片，无毛，早落；花萼与花梗同色，5深裂，裂片宽卵形，长1～2mm，无毛；

花冠坛状，淡黄白色，长4~6mm，径约3mm，口部缢缩，5浅裂，裂片三角状卵形，直立，长约0.5mm，内外无毛；雄蕊10，花丝白色，长为花冠之半，下部膨大而宽扁，被微柔毛，中部内弯，花药无芒；子房扁球形，无毛，花柱白色，长2~3mm，由基部至先端渐细，无毛，柱头黄绿色，不膨大，点状。

果 蒴果近球形，长8mm，径0.7~1cm，具5纵肋，无毛。

受威胁状况评价

《RCB》评估：近危（NT）。

引种信息及栽培适应性

昆明植物园 1948年，从云南昆明市农业科学研究院引种。园区栽培生长旺盛，每年开花结实，适应性良好。

物候

先叶后花物候型。

昆明植物园 4月上旬叶芽膨大，4月中旬萌芽，4月下旬至5月中旬展叶；6月上旬花芽膨大，6月中旬现蕾，6月下旬至7月中旬开花；10月蒴果成熟。

主要用途

观赏：树形挺拔，花繁叶茂，可作为庭院林荫树和园林造景。

药用：《中国有毒植物图谱数据库》收录，全株有大毒和麻醉作用。根入药，有散瘀止痛、祛风除湿、止血通窍功效，主治跌打损伤、风湿性关节炎、外伤出血。

工业：树皮可提栲胶。

叶片与蒴果

花序及雌雄蕊

花枝

果序及果形态

属 V 白珠树属

Gaultheria Linnaeus, Sp. Pl. 1: 395. 1753.

常绿矮灌木，茎直立；叶互生，具锯齿；总状花序顶生或腋生；花萼5深裂，花冠坛形，口部5裂；雄蕊8～10，花丝粗短，花药具2芒；果为浆果状、5片裂的蒴果，包藏于花后膨大成肉质的萼内，室背开裂。

全球有135种，分布于东亚和南亚、澳大利亚东南部（包括塔斯马尼亚岛）、北美和南美、太平洋岛屿（新西兰）。《中国植物志》收录25种、11变种，*Flora of China* 收录32种、11变种，分布于我国长江以南各地区，但主产于四川、西藏和云南。本书收录1种。

190
红粉白珠

Gaultheria hookeri C. B. Clarke, Fl. Brit. India 3(9): 458. 1882.

分布与生境

产贵州、四川、西藏和云南；不丹、印度和缅甸也有分布。生于海拔1000～3000（～3800）m的开阔山脊、山坡阳处及杜鹃花灌丛。

迁地栽培形态特征

常绿矮灌木，高约0.4m。

茎 主干黄褐色；幼枝密被褐色刚毛，2～3年生枝刚毛宿存；老枝具刚毛脱落后的痕迹。

叶 革质，互生，椭圆形至长椭圆形，长3.3～8.2cm，宽1.5～4cm，先端急尖至钝圆，基部钝圆或宽楔形，边缘有锯齿，锯齿先端具棕褐色刚毛状凸起；叶面深绿色，无毛，具光泽，叶背浅绿色，被褐色刚毛；中脉、侧脉黄绿色，正面凹陷，叶背凸起，侧脉4～5对，自中脉成45℃夹角伸出呈羽状，连同细脉正面明显，背面可见；叶柄长2～4mm，被褐色刚毛。

花 总状花序顶生或腋生，总轴长3～5cm，密被白色柔毛；基部具总苞，苞片椭圆形至卵圆形，长4～7mm，无脊，外面无毛，边缘具睫毛，先端具凸尖；花梗白色，长约4mm，被微毛；小苞片对生，着生于花梗中部以上，椭圆形，长2～3mm，先端渐尖，有脊或近无，被缘毛；萼筒杯状，白绿色，密被微柔毛，萼齿5，白色带红晕，卵状三角形，长约2mm，外面无毛；花冠卵状坛形，白色，蕾期略带粉色，长4～5mm，外面无毛，内面被白色柔毛，口部缢缩，5浅裂，裂片小，圆形，径约0.5mm，微反折；雄蕊8～10，花丝白色，长约1.8mm，扁平，中部以下膨大并被白色短柔毛，花药黄褐色，长约1mm，顶孔开裂，每室先端具2芒，微下弯；子房近圆形，被微柔毛，花柱白色，长约2mm，无毛，柱头白色，不膨大，点状。

果 花萼在果实发育期肉质增大并包裹蒴果，顶部具5枚三角形萼齿；浆果状蒴果卵球形，径5～8mm，成熟时由紫红色变为白色至钴蓝色，无毛；花柱宿存。

受威胁状况评价

《RCB》评估：无危（LC）。

引种信息及栽培适应性

华西亚高山植物园 龙池园区有自然分布。2011年4月，李建书、刘玉成等从四川都江堰市龙池引种种子（登录号：不详）；2018年10月，李建书、刘玉成从园区内自然生境移栽至资源圃（登录号：2018S0001）。生长旺盛，每年开花结实，栽培适应性良好。

物候

先叶后花、部分重叠物候型。

华西亚高山植物园 4月中旬叶芽膨大，4月下旬萌芽，5月上旬至6月上旬展叶；5月上旬花芽膨大，5月中旬现蕾，5月下旬至6月中旬开花；10月上旬蒴果成熟。

主要用途

　　观赏：分枝多、株形紧凑，花形、果色独特，适应性强，适用于低、中海拔地区地被造景；耐重金属污染，可用于污染厂矿绿化及废弃矿区的生态修复。

　　药用：《中国有毒植物图谱数据库》收录。全株入药，有祛风、止痛功效，主治咳嗽、哮喘、关节痹痛、跌打损伤、胸膜炎。

植株　　小枝与叶芽　　幼果与花芽　　叶背　　花蕾　　花序与花正面　　花侧面　　幼果　　浆果状蒴果

属VI 越橘属

Vaccinium Linnaeus, Sp. Pl. 1: 349. 1753.

常绿或落叶灌木至小乔木；幼枝被柔毛或无毛。叶革质，互生，边缘具锯齿，成熟叶两面无毛或沿脉被毛迹、柔毛或腺毛。总状花序多腋生，少顶生，有花多数；通常具苞片和小苞片；萼筒杯状，5裂，萼齿长2.5~3.5mm；花冠较小，筒状或坛形，白色，稀粉红色，5裂，裂片短小；雄蕊10，内藏，花丝分离，被柔毛，花药背部有2距，稀无距；子房与萼筒通常完全合生，无毛，花柱内藏，稀稍伸出花冠，柱头不膨大，平截。浆果近球形或扁球形，为宿存并增大的萼片包裹，成熟时黑色或紫黑色，顶部冠以萼片。

全球有450种，分布于北半球温带、亚热带，美洲和亚洲的热带山区，以马来西亚地区最为集中，少数产非洲南部、马达加斯加岛。《中国植物志》收录91种、2亚种和24变种，*Flora of China*收录92种、2亚种和20变种，主产我国西南、华南地区，本书收录5种，其中原产美国2种。

越橘属分种检索表

1a. 常绿灌木至小乔木。
  2a. 花苞片大，叶状，长0.5～2cm，通常宿存；花药背部无距··················191. **南烛 *V. bracteatum***
  2b. 花苞片小，非叶状，长3～7mm，早落；花药背部具短距。
    3a. 幼枝、叶柄及总轴、花梗、花萼、浆果无毛··················192. **江南越橘 *V. mandarinorum***
    3b. 幼枝、叶柄及总轴、花梗、花萼、浆果被短柔毛··················193. **黄背越橘 *V. iteophyllum***
1b. 落叶灌木。
    4a. 叶缘具细长而较深的锯齿；叶背具腺毛··················194. **兔眼越橘 *V. ashei***
    4b. 叶缘具较浅的圆齿；叶背具绒毛，无腺毛··················195. **高丛越橘 *V. corymbosum***

191

南烛

Vaccinium bracteatum Thunberg, Syst. Veg. (ed. 14) 363. 1784.
别名： 乌饭树，乌饭叶、米饭树、米饭花、大禾子

植株

主干

叶芽萌芽

分布与生境

产安徽、福建、广东、广西、贵州、海南、湖南、江苏、江西、四川、台湾、云南和浙江；柬埔寨、印度尼西亚、日本、韩国、老挝、马来西亚、泰国和越南也有分布。生于海拔400～1400（～2200）m的山坡林内或灌丛中。

迁地栽培形态特征

常绿大灌木至小乔木，高3～5m。

🌿 树干灰褐色，树皮片状反卷，不剥落，稀薄片状剥落；分枝多，老枝紫褐色至灰褐色；幼枝

幼时被极短的柔毛，不久脱落，稀宿存。

叶 叶芽小；叶薄革质，互生，椭圆形、菱状椭圆形或椭圆状披针形，长3.5~7cm，宽2~3.3cm，顶端渐尖至尾状渐尖，基部楔形至宽楔形，稀钝圆，边缘有细锯齿，锯齿先端具褐色刚毛状凸起；叶面深绿色，有光泽，叶背淡绿色，成熟时除中脉正面被极短的柔毛和中脉背面具极疏的刺状凸起外，两面无毛；中脉、侧脉和细脉两面微凸，侧脉5~8对，近边缘处网结；叶柄长3~6mm，叶基部两侧微向下延伸，正面平坦，被短柔毛或无毛。

花 总状花序多腋生，少顶生，有9~13花，总轴长2~7cm，黄绿色，密被短柔毛；苞片宿存或脱落，较大，叶状，披针形，长度变化，长0.5~2cm，两面沿脉被微柔毛，边缘有锯齿；小苞片2，线形或卵形，长1~3mm，密被微毛；花梗黄绿色，较短，长1~3mm，密被短柔毛；萼筒杯状，黄绿色，外面密被短柔毛，萼齿5，短小，齿状三角形，长约1mm，外面密被短柔毛；花冠白色，筒状或坛形，近口部缢缩，长5~6mm，径3~4mm，外面密被短柔毛，内面疏被柔毛，口部5裂，裂片短小，外折，三角形，长约1mm；雄蕊10，内藏，长3~5mm，花丝短，淡黄色，长约2mm，下部密被微柔毛，花药长约2mm，药室金黄色，背部无距，药管黄色，长为药室的2~2.5倍；子房与萼筒合生，盘状，密生短柔毛，花柱长4~5mm，向先端渐细，黄绿色，无毛，柱头浅绿色，不膨大，点状。

果 花萼在果实发育期增大并包裹浆果，顶部具5枚三角形萼齿；浆果发育时绿色，成熟后紫黑色，扁球形，径5~7mm，外面密被短柔毛；花柱脱落。

受威胁状况评价

《RCB》评估：无危（LC）。

引种信息及栽培适应性

庐山植物园 1960年代，作为经济植物引种，种源信息不详；2008—2018年新开辟的杜鹃园有自然分布。杜鹃园及树木园栽培生长旺盛，每年开花结实，园区可见自然更新苗，但因上层乔木较多，光照不足，开花量较小，结实率较低，适应性良好。

杭州植物园 1956年1月，从浙江临安区引种实生苗（登录号：56C11002P95-1861）。杜鹃园栽培生长旺盛，每年开花结实，栽培适应性较好。

南京中山植物园 本地树种。药物园花果区栽培生长旺盛，开花量较大，结实率高，适应性较好。

武汉植物园 2003年11月，陈绪中等从湖北宣恩县野外引种实生苗（登录号：20035270）；2009年12月，张守君等从福建龙岩市野外引种实生苗（登录号：20094949）。园区遮荫及阳光充足环境下均有栽培，长势一般，能开花，但结实率低，适应性一般。

物候

先叶后花物候型。

庐山植物园 4月上旬叶芽膨大，4月下旬萌芽，5月上旬至下旬展叶；5月下旬花芽膨大，6月中旬现蕾，6月下旬始花、7月上旬盛花、7月中下旬末花；10月下旬浆果成熟。

杭州植物园 4月中旬叶芽膨大，4月下旬萌芽，5月上旬至下旬展叶；4月下旬至5月上旬花芽膨大，5月上中旬现蕾，5月中旬至6月上旬开花；11月上旬浆果成熟。

南京中山植物园 3月上旬叶芽膨大，3月中旬萌芽，3月下旬至4月下旬展叶；5月中旬花芽膨大，5月下旬现蕾，6月上旬始花、6月中旬盛花、6月下旬末花；11月中旬会出现二次开花现象；11月上旬浆果成熟。

武汉植物园 3月中旬叶芽膨大，3月下旬萌芽，4月上旬展叶始期、4月中旬盛期、5月上旬末期；4月下旬花芽膨大，5月中旬现蕾，5月下旬至6月中旬开花；未见成熟浆果。

主要用途

药用：叶入药，有强筋益气、明目、止泻功效；根、树皮入药，有散瘀、消肿、止痛功效，主治跌打损伤、肿痛；果入药，名南烛子，有益肾固精、强筋明目功效，主治久泄梦遗、体虚气弱、久痢久泄、赤白带下。

食用：栽培历史悠久，果实酸甜可食；枝、叶渍汁浸米，煮成"乌饭"，可助阳补阴、明目壮肾。

新叶背面 花蕾 雄蕊 幼果

花序 成熟浆果腹面

花侧面 花枝

花正面与雌蕊

192
江南越橘

Vaccinium mandarinorum Diels, Bot. Jahrb. Syst. 29(3-4): 516. 1900.

别名： 江南越桔、米饭花、早禾子、羊豆饭、乌饭、糯米饭

分布与生境

中国特有种，产安徽、福建、广东、广西、贵州、湖北、湖南、江苏、江西、云南和浙江。生于海拔100～2900m的山坡灌丛或杂木林中、林缘。

迁地栽培形态特征

常绿小乔木，高4～5m。

🌿 树干棕褐色，树皮片状反卷，不剥落，稀薄片状剥落；老枝灰褐色；幼枝幼时散生极稀的短柔毛，不久脱落。

🍃 叶芽小；叶革质，互生，卵形至长圆状披针形，长4～8（～9.5）cm，宽2～3.2cm，先端渐尖至尾状尖，基部宽楔形至钝圆，边缘具细锯齿；叶面深绿色，叶背淡绿色，成熟叶除中脉正面基部具毛痕迹和中脉背面具刺状凸起外，两面无毛；中脉、侧脉纤细，正面微凸，背面凸起，侧脉7～9对；叶柄长3～5mm，正面扁平，幼时被微柔毛，不久脱落。

🌸 总状花序腋生或生于枝顶叶腋，有8～19花，微香，总轴长3.5～7cm，绿色，无毛；苞片早落，较小，长0.3～1cm，无毛，卵状披针形，先端具渐尖头，边缘具锯齿；小苞片2，早落，着生花梗中部或近基部，卵形或卵状披针形，长2～4mm，无毛，边缘具锯齿；花梗纤细，绿色，长5～7mm，无毛；萼筒杯状，绿色，无毛，萼齿5，三角形或卵状三角形，长约1mm，无毛；花冠蕾期淡绿色，后白色，微香，筒状或筒状坛形，长7～9mm，外面无毛，内面被微柔毛，口部缢缩，顶部5裂，裂片短小，三角形或卵状三角形，反折，长约1mm；雄蕊10，内藏，长3～5mm，花丝扁平，长约1.5mm，白色，密被柔毛，药室棕褐色，背部有短距，药管黄色，长为药室的1.5～2倍；子房与萼筒合生，盘状，花柱内藏或与花冠管近等长，白色，长7～8mm，由基部向先端渐细，无毛，柱头淡绿色，不膨大，点状。

🫐 花萼在果实发育期增大并包裹浆果，顶端具5枚三角形萼齿；浆果发育时绿色，成熟时紫黑色，扁球形，径4～6mm，无毛；花柱脱落。

受威胁状况评价

《RCB》评估：无危（LC）。

引种信息及栽培适应性

庐山植物园　1960年代，作为经济植物引种实生苗，种源信息不详。杜鹃园栽培生长旺盛，每年开花结实，但林下栽培开花量较小，结实率较低，适应性良好。

杭州植物园　1950年代，从浙江临安区等地引种实生苗；2014年3月，黎念林、王挺从湖南长沙市引种实生苗（登录号：14C22001-014）。杜鹃园栽培生长旺盛，每年开花结实，适应性较好。

物候

先叶后花物候型，或先叶后花、部分重叠物候型。

庐山植物园　3月下旬叶芽膨大，4月中旬萌芽，4月下旬至5月中旬展叶；5月上旬花芽膨大，5月中旬现蕾，5月下旬始花、6月上旬盛花、6月中旬末花；8月中旬浆果成熟，8月下旬至9月上旬浆果脱落。

杭州植物园　3月中旬叶芽膨大，4月上旬萌芽，4月中旬至5月上旬展叶；4月上旬花芽膨大，4月中旬现蕾，4月下旬至5月中旬开花；9月上旬浆果成熟。

主要用途

药用：果入药，有消肿散瘀、舒筋活络、祛风除湿、明目等功效，主治全身浮肿、跌打损伤、风湿关节痛；果富含黄酮类化合物，有抗氧化、防衰老、抗癌等作用，可用于保健品开发。

食用：果实味甜，富含多种维生素、微量元素、花色素苷等成分，可生食，也可酿酒。

植株　主干与萌生枝　幼枝　花蕾　花序　花枝　花正面　花侧面　幼果　雌雄蕊　成熟浆果

193

黄背越橘

Vaccinium iteophyllum Hance, Ann. Sci. Nat., Bot., sér. 4, 18: 223. 1862.

别名： 黄背越桔

分布与生境

中国特有种，产安徽、福建、广东、广西、贵州、湖北、湖南、江苏、江西、四川、西藏、云南和浙江。生于海拔400~1400（~2400）m的山地灌丛或山坡林中、林缘。

迁地栽培形态特征

常绿灌木，高1~2m。

茎 主干棕褐色；分枝多，枝条纤细，灰褐色；幼枝紫红色，被棕色短柔毛，后逐渐脱落。

叶 叶芽小；叶革质，互生，长卵形至长卵状披针形，长4~8cm，宽2~3.5cm，顶端渐尖或长尾状渐尖，基部宽楔形至钝圆，边缘具锯齿；叶片幼时两面被短柔毛，成熟叶正面暗绿色，仅沿中脉被微柔毛，背面黄绿色，被短柔毛，沿中脉更密；中脉、侧脉两面微凸，侧脉6~10对，纤细；叶柄长3~5mm，圆柱形，幼时紫红色，密被淡褐色短柔毛，后渐脱落。

花 总状花序生于枝条下部和顶部叶腋，总轴紫红色，长3~8cm，密被灰色短柔毛，花多数；苞片较小，紫红色，披针形，长3~7mm，早落，被微柔毛；小苞片小，紫红色，着生于花梗中部以下，卵状披针形，早落，被毛；花梗紫红色，长3~5mm，被短柔毛；萼筒长约1.3mm，淡紫红色，被柔毛，萼齿5，粉紫色，三角形，长1~1.5mm，被微柔毛；花冠白色或带红晕，坛状，长5~7mm，无毛；口部缢缩，5裂，裂片短小，卵状三角形，反折，长约1mm；雄蕊内藏，花丝白色，长1.5~2mm，密被柔毛，花药黄色，药室背部有长约1mm细长的距，药管长约2.5mm，约为药室长的3~4倍；子房与萼筒合生，盘状，花柱白色，不伸出或稍伸出花冠，无毛，柱头黄绿色，稍膨大，顶端平截。

果 花萼在果实发育期增大并包裹浆果，顶部具5枚三角形萼齿；浆果球形，径约5mm，成熟时紫黑色，外面疏被短柔毛；花柱脱落。

受威胁状况评价

《RCB》评估：无危（LC）。

引种信息及栽培适应性

武汉植物园 2009年12月，张炳坤等从湖南桂东县野外引种实生苗（登录号：20090857）；2013年3月，张守君等野外引种实生苗（登录号：20134171），种源地信息不详。园区栽培生长良好，开花量较大，结实率较高，适应性良好。

物候

先叶后花、部分重叠物候型。

武汉植物园 3月中旬叶芽膨大，3月下旬萌芽，4月上旬展叶始期、4月上中旬盛期、4月中下旬末期；3月下旬花芽膨大，4月上旬现蕾，4月中旬始花、4月中下旬盛花、4月下旬末花；8月浆果成熟。

主要用途

　　药用：全株入药，有祛风除湿、利尿消肿、舒筋活络、散瘀止痛功效，主治腹泻、肝炎、风湿、跌打、外伤出血、痔疮、肠胃炎症、口腔感染、尿道感染；果实富含类黄酮等化学成分，具抗菌、抗癌防癌、抗氧化、抗糖尿病、预防心血管疾病等药理活性，可用于药物和保健品开发。

　　食用：果实富含多种维生素、微量元素和花色素苷等成分，味甜，可生食，也可制作果酱和酿酒。

植株　　幼叶　　幼枝　　新叶　　新叶背面　　花枝　　花侧面　　浆果

194
兔眼越橘

Vaccinium ashei J. M. Reade, Torreya 31(3): 71-72. 1931.
别名：兔眼越桔、兔眼蓝浆果

植株

分布与生境

　　美国特有种，产佛罗里达州、佐治亚州。生于低海拔的河岸、湖边，也能延伸到干旱高地或废弃的农田。

迁地栽培形态特征

　　落叶灌木，南京地区栽培表现为半常绿，高2～3m。

　　茎 主干灰褐色，皮层层状剥落，光滑；分枝多，小枝红褐色；幼枝黄绿色带淡粉色，无毛，或幼时被白色微柔毛，不久脱落。

　　叶 叶芽长卵形，芽鳞边缘被柔毛；叶互生，革质，倒卵圆形至倒卵状披针形，长4～8cm，宽2～4cm；先端渐尖至尾状尖，基部宽楔形至钝圆，边缘具细长且较深的锯齿；叶片幼时两面被微柔毛，成熟叶正面深绿色，除中脉基部具毛痕迹外，无毛；背面淡绿色，被短绒毛并常有腺毛，沿中脉具刺状突起；中脉、侧脉正面凹陷，背面凸起，侧脉6~8对，纤细；叶柄上翘，长2~4mm，正面平坦，被微柔毛；秋冬季叶色变为红色或暗红色。

花　总状花序多腋生，稀生于枝顶叶腋，有5~9花，总轴长1.5~4cm，被微柔毛或近无毛；苞片卵形，着生于花梗基部，淡紫色，长5~8mm，早落，被微柔毛；小苞片2，着生于花梗近基部，卵状披针形，早落，被微柔毛；花梗黄绿色，长0.7~1.1cm，被毛同总轴；两性花，萼筒杯状，灰绿色，无毛，萼齿5，黄绿色带粉色，宽三角形，长约1mm；花冠筒状，白色、稀粉色，长0.8~1.2cm，口部缢缩，5浅裂，裂片三角形，稍反折；雄蕊10，内藏，花丝分离，浅黄绿色带红晕，被微柔毛，药室棕褐色，背部有2距，药管黄色，长为药室的1~1.5倍；子房与萼筒合生，盘状，花柱淡绿色，内藏或与花冠近等长，长0.8~1.1cm，无毛，柱头绿色，不膨大，顶端平截或点状。

果　花萼在果实发育期增大并包裹浆果，顶部具5枚三角形萼齿；浆果近球形或扁球形，径约1cm，成熟时灰褐色或暗黑色；花柱脱落。

受威胁状况评价

《RCB》评估：未评估（NE）。

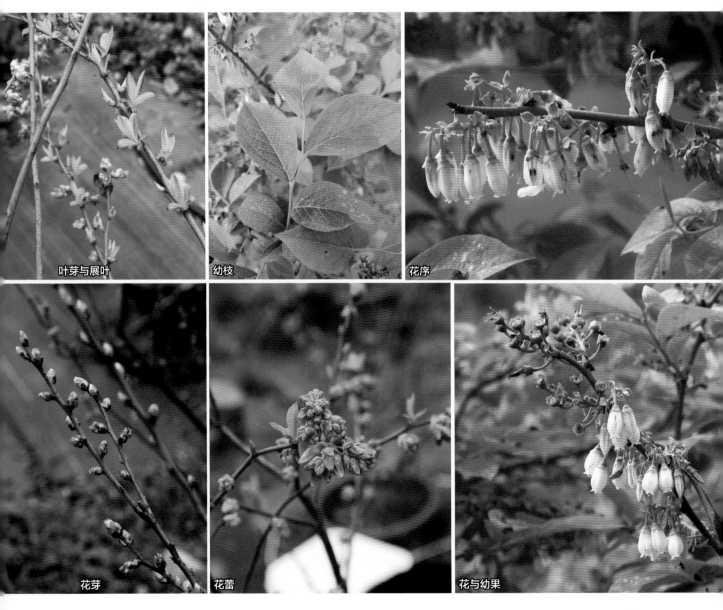

叶芽与展叶　　　　幼枝　　　　花序

花芽　　　　花蕾　　　　花与幼果

引种信息及栽培适应性

南京中山植物园　1988年，贺善安从美国北卡罗来纳州立大学引种组培苗。蓝莓苗圃栽培生长旺盛，开花量较大，结实率高，适应性良好。

物候

先叶后花、部分重叠物候型。

南京中山植物园　2月下旬叶芽膨大，3月上中旬萌芽，3月中旬至4月上旬展叶，12月上旬叶片变红，12月下旬进入落叶休眠期；3月中旬花芽膨大，3月下旬现蕾，4月上旬始花、4月中旬盛花、4月下旬末花；6月中旬果实变色，6月下旬浆果始熟、7月上旬至下旬大量成熟，8月上旬至中旬果实完全成熟。

主要用途

食用：果实口味独特、营养丰富、保健价值高，可生食、酿酒、制作饲料，也可用于保健品开发，为食用蓝莓品种遗传育种的重要亲本。

雌雄蕊　　花侧面　　浆果　　秋叶

195
高丛越橘

Vaccinium corymbosum Linnaeus, Sp. Pl. 1: 350. 1753.
别名： 高丛越桔、伞房花越橘、高丛蓝莓、高丛蓝浆果

植株

花芽

幼叶与花蕾

分布与生境

　　美国特有种，产北卡罗来纳州、俄亥俄州、俄克拉荷马州、宾夕法尼亚州、罗德岛州和南卡罗来纳州等。生于海拔0～1600m的开阔沼泽地、溪流旁、潮湿的沙地，或山坡灌丛、松林下，或山麓有地下水溢出的地带。

迁地栽培形态特征

落叶灌木至小乔木，高1～3m。

茎 主干灰褐色，皮层层状剥落；分枝多，多年生枝棕褐色；幼枝黄绿色，幼时被微绒毛，不久脱落。

叶 叶芽长卵形，芽鳞边缘被柔毛；叶革质，互生，椭圆形或卵状披针形，长4～8cm，宽2～4cm；先端渐尖，基部楔形，边缘具钝圆的浅锯齿；叶片幼时两面被微柔毛，成熟叶正面深绿色，除中脉基部具毛痕迹外，无毛；背面淡绿色，被柔毛，沿中脉具刺状突起；中脉、侧脉正面微凹，背面凸起，侧脉5～7对，细脉纤细；叶柄上翘，长3～5mm，正面平坦，被微柔毛；秋冬季叶色变为红色。

花 花芽圆锥形；总状花序多腋生，稀生于枝顶叶腋，有7～11花，总轴长1～3.5cm，无毛；苞片阔卵状勺形，着生于花梗基部，淡紫红色，长4～7mm，早落，被微绒毛；小苞片2，着生于花梗近基部，淡紫红色，卵状披针形，早落，被微柔毛；花梗紫红色，长5～9mm，被微柔毛或近无毛；两性花，萼筒杯状，灰绿色或暗紫红色，被白色微绒毛或近无毛，萼齿5，黄绿色或紫红色，宽三角形，长约1mm，被白色微绒毛或近无毛；花冠筒状坛形，有棱，初时淡紫红色，盛开时白色，长0.8～1cm，口部缢缩，5浅裂，裂片三角形，稍反折；雄蕊10，内藏，花丝分离，宽扁，浅黄绿色，密被纤细柔毛，药室棕褐色，背部有2距，药管黄色，长为药室的1.5～2倍；子房与萼筒合生，盘状，花柱黄绿色，与花冠近等长或微伸出花冠外，长7～9mm，无毛，柱头绿色，稍膨大，顶端平截。

果 花萼在果实发育期增大并包裹浆果，顶部具5枚三角形萼齿；浆果球形至扁圆形，径约1cm，成熟时蓝色至蓝黑色，无毛，被粉霜；花柱脱落。

受威胁状况评价

《RCB》评估：未评估（NE）。

引种信息及栽培适应性

南京中山植物园 1988—1990年，贺善安分批次从美国北卡罗来纳州引种组培苗。蓝莓苗圃栽培生长旺盛，开花量较大，结实率高，适应性良好。

物候

先叶后花、部分重叠物候型。

南京中山植物园 2月中旬叶芽膨大，2月下旬萌芽，3月上旬至下旬展叶，12月上旬进入落叶休

花蕾

始花

眠期；3月上旬花芽膨大，3月中旬现蕾，3月下旬始花、4月上旬盛花、4月中旬末花；5月中旬浆果变色，5月下旬果实始熟、6月上中旬大量成熟、6月下旬完全成熟。

主要用途

食用：果实味甜多汁，口味独特、营养丰富、保健价值高，可生食、酿酒、制作饲料，也可用于保健品开发。

花序

花枝

花与幼果

浆果

雌雄蕊

参考文献
References

蔡静如, 周兰平, 王辉, 等, 2016. 不同浸种处理对4种杜鹃花杂交种子萌发的影响[J]. 热带作物学报, 37(5): 876-880.

曹岚, 杜小浪, 慕泽泾, 等, 2017. 江西省杜鹃花科药用植物资源调查[J]. 时珍国医国药, 28(4): 989-991.

曹利民, 刘仁林, 2008. 江西杜鹃属一新变种[J]. 广西植物, 28(5): 574-575.

陈封怀, 1958. 庐山植物园栽培植物手册[M]. 北京: 科学出版社.

陈训, 巫华美, 2003. 中国贵州杜鹃花[M]. 贵阳: 贵州科技出版社.

陈由庚, 蔡幼华, 1999. 杜鹃花[M]. 福州: 福建科技出版社.

程洁婕, 李美君, 袁桃花, 等, 2021. 中国野生杜鹃花属植物名录与地理分布数据集[J]. 生物多样性, 29(9): 1175-1180.

程淑媛, 戴利燕, 卢建, 等, 2017. 江西杜鹃花科植物多样性特征与开发利用[J]. 赣南师范大学学报, 38(3): 85-89.

程雪梅, 赵明旭, 何承忠, 等, 2008. 马缨杜鹃的组织培养与快速繁殖[J]. 植物生理学通讯, 44(2): 297-298.

戴晓勇, 邓伦秀, 马永鹏(主编), 杨成华(执行主编), 2022. 贵州杜鹃花科植物[M]. 贵阳: 贵州科技出版社.

戴晓勇, 杨成华, 邓伦秀, 等, 2019. 贵州杜鹃花科4种植物新记录[J]. 贵州农业科学, 47(11): 88-90, 173.

刀志灵, 郭辉军, 1999. 高黎贡山地区杜鹃花科植物多样性及可持续利用[J]. 云南植物研究, (S1): 24-34.

丁炳扬, 金孝锋, 2009. 杜鹃花属映山红亚属的分类研究[M]. 北京: 科学出版社.

杜诚, 马金双, 2022. 中国植物分类学者[M]. 北京: 高等教育出版社.

方瑞征, 闵天禄, 1995. 杜鹃属植物区系的研究[J]. 云南植物研究, 17(4): 359-379.

方文培, 1986. 中国四川杜鹃花[M]. 北京: 科学出版社.

冯国楣, 1983. 云南杜鹃花[M]. 昆明: 云南人民出版社.

冯国楣, 1988—1999. 中国杜鹃花: 第1~3册[M]. 北京: 科学出版社.

冯正波, 庄平, 张超, 等, 2004. 野生杜鹃花迁地保护适应性评价[J]. 云南植物研究, 26(5): 497-506.

傅立国, 金鉴明, 1992. 中国植物红皮书——稀有珍稀植物: 第1册[M]. 北京: 科学出版社.

高航洋, 张启香, 胡恒康, 等, 2011. 天目杜鹃组培苗生根培养体系的优化[J]. 浙江农林大学学报, 28(6): 982-985.

耿兴敏, 赵红娟, 吴影倩, 等, 2017. 野生杜鹃杂交亲和性及适宜的评价指标[J]. 广西植物, 37(8): 979-988.

耿兴敏, 祝遵凌, 李敏, 等, 2011. 杜鹃花属植物扦插繁殖研究进展[J]. 中国野生植物资源, 30(6): 1-6.

耿玉英, 2000. 常绿杜鹃类种子繁殖[C]. 武汉: 第四届全国生物多样性保护与持续利用研讨会论文集, 126-134.

耿玉英, 2001. 大白杜鹃的迁地保护及种子繁殖[C]. 北京: 中国植物学会植物园分会第十六次学术讨论会论文集, 149-156.

耿玉英, 2004. 中国杜鹃花属几个新异名[J]. 植物分类学报, 42(6): 566-570.

耿玉英, 2008. 中国杜鹃花解读[M]. 北京: 中国林业出版社.

耿玉英, 2010. 关于《中国植物志》杜鹃花属部分名称原始文献引用的讨论[J]. 广西植物, 30(4): 458-461.

耿玉英, 2014. 中国杜鹃花属植物[M]. 上海: 上海科学技术出版社.

顾地周, 孙忠林, 何晓燕, 等, 2008. 牛皮杜鹃的组培快繁及种质试管保存技术[J]. 园艺学报, 35(4): 603-606.

顾地周, 朱俊义, 曹逊, 等, 2009. 短果杜鹃组培快繁及其种质试管保存培养基的筛选[J]. 东北林业大学学报, 37(6): 8-10.

国家林业和草原局, 农业农村部, 2021. 国家重点保护野生植物名录[A/OL]. http://www.gov.cn/zhengce/zhengceku/2021-09/09/5636409/files/12887ada7c174d199e7ecd8996d07340.pdf

何承忠, 许昌慧, 王立苍, 等, 2009. 马缨杜鹃壮苗与生根培养基的筛选研究[J]. 湖北农业科学, 48(5): 1042-1044, 1054.

何春梅, 邢福武, 王发国, 2012. 杜鹃属植物的民族植物学研究及其应用现状[J]. 中国野生植物资源, 31(2): 72-77.

胡文光, 1988. 中国杜鹃花属植物志资料[J]. 植物分类学报, 26(4): 301-305.

胡文光, 1990. 中国杜鹃花属云锦杜鹃亚组的研究[J]. 云南植物研究. 12(4): 367-374.

环境保护部, 中国科学院, 2013. 中国生物多样性红色名录——高等植物卷[A/OL]. https://www.mee.gov.cn/gkml/hbb/bgg/201309/t20130912_260061.html.

黄承玲, 黄家湧, 马永鹏, 2016. 贵州百里杜鹃——杜鹃属资源图志[M]. 北京: 中国林业出版社.

黄宏文, 1998. 保育遗传学与植物遗传资源的保育策略[J]. 武汉植物学研究, 16(4): 346-358.

黄宏文, 2014. 中国迁地栽培植物志名录[M]. 北京: 科学出版社.

黄宏文, 2015—2018. 中国迁地栽培植物大全[M]. 北京: 科学出版社.

黄宏文, 段子渊, 廖景平, 等, 2015. 植物引种驯化对近500年人类文明史的影响及其科学意义[J]. 植物学报, 50(3): 280-294.

黄宏文, 张征, 2012. 中国植物引种栽培及迁地保护的现状与展望[J]. 生物多样性, 20(5): 559-571.

姜秋丰, 白玉霞, 2014. 蒙药杜鹃花及杜鹃属植物的研究进展[J]. 内蒙古民族大学学报(自然科学版), 29(1): 68-70.

康用权, 彭春良, 廖春阳, 等, 2010. 湖南杜鹃花资源及其开发利用[J]. 中南林业科技大学学报, 30(8): 57-63.

兰熙, 张乐华, 张金政, 等, 2012. 杜鹃花属植物育种研究进展[J]. 园艺学报, 39(9): 1829-1838.

李川晶, 南敏伦, 赫玉芳, 等, 2019. 不同产地不同采收期紫花杜鹃药材中黄酮类成分的含量测定[J]. 药物分析杂志, 39(9): 1689-1693.

李丹丹, 陈陆丹, 单文, 等, 2020. 庐山植物园9种杜鹃花属植物种子萌发特性观测[J]. 中国野生植物资源, 39(3): 33-38.

李丹丹, 李晓花, 刘杰, 等, 2022. 赤霉素和干旱胁迫单一处理对珍稀濒危植物小溪洞杜鹃种子萌发的影响[J]. 植物资源与环境学报, 31(4): 57-64.

李丹丹, 李晓花, 单文, 等, 2021. 外源激素对比利时杜鹃扦插根系特征的影响[J]. 生态科学, 40(2): 82-88.

李丹丹, 李晓花, 张乐华, 2022. 杜鹃花属植物干旱胁迫研究进展[J]. 广西植物, 42(4): 700-713.

李芳华, 苏正荣, 梁东成, 等, 2016. 云锦杜鹃等3种野生杜鹃花属植物在广东天井山苗期生长特性研究[J]. 林业与环境科学, 32(1): 71-74.

李光照, 1995. 广西杜鹃花属的修订及其地理分布[J]. 广西植物, 15(3): 193-208.

李光照, 1995. 广西杜鹃花属新分类群和新记录[J]. 广西植物, 15(4): 293-301.

李光照, 2008. 中国广西杜鹃花[M]. 上海: 上海科学技术出版社.

李璟琦, 苏真, 张晓静, 2012. 秦岭杜鹃花属植物资源及其利用研究[J]. 中国农学通报, 28(22): 303-307.

李小玲, 雒玲玲, 华智锐, 2018. 高温胁迫下高山杜鹃的生理生化响应[J]. 西北农业学报, 27(2): 253-259.

李晓花, 李丹丹, 王凯红, 等, 2019. 4种常绿杜鹃亚属杜鹃物候观测及播种繁殖研究[J]. 中国野生植物资源, 38(6): 6-13.

李晓花, 唐山, 王凯红, 等, 2017. 庐山植物园杜鹃花资源及其在庐山风景区的应用[J]. 生态科学, 36(3): 121-129.

李晓花, 唐山, 王凯红, 等, 2019. 庐山植物园迁地保育的12种杜鹃观测初探[J]. 生态科学, 38(5): 138-144.

李晓花, 童俊, 王凯红, 等, 2020. 5种常绿杜鹃组杜鹃杂交亲和性及播种繁殖研究[J]. 华中师范大学学报(自然科学版), 54(6): 990-997.

李晓花, 王书胜, 宋满珍, 2013. 庐山植物园杜鹃属植物资源及其园林应用[J]. 中国园林, 29(2): 79-82.

廖菊阳, 闫文德, 朱颖芳, 等, 2010. 湖南杜鹃属植物研究现状及新记录[J]. 中南林业科技大学学报, 30(07): 146-149.

林茂祥, 李先源, 刘正宇, 等, 2008. 金佛山野生杜鹃花属资源及其开发利用[J]. 西南师范大学学报(自然科学版), 33(5): 126-130.

刘德团, 常宇航, 马永鹏, 2020. 本底资源不清严重制约我国杜鹃花属植物的生物多样性保护[J]. 植物科学学报, 38(4): 517-524.

刘仁林, 1991. 井冈山杜鹃花属植物种类的调查[J]. 武汉植物学研究, 9(4): 379-382.

刘晓青, 苏家乐, 李畅, 等, 2018. 杜鹃花种质资源的收集保存、鉴定评价及创新利用综述[J]. 江苏农业科学, 46(20): 13-16.

刘秀群, 周浩洋, 袁一波, 等, 2021. 西藏杜鹃花属植物资源及其应用前景分析[J]. 中国野生植物资源, 40(6): 89-94.

马宏, 李太强, 刘雄芳, 等, 2017. 杜鹃属植物保护生物学研究进展[J]. 世界林业研究, 30(4): 13-17.

苗永美, 王永清, 庄平, 等, 2006. 桃叶杜鹃组织培养技术研究[J]. 生物学杂志, 23(6): 29-31.

苗永美, 王永清, 庄平, 等, 2007. 大树杜鹃组织培养技术研究[J]. 安徽科技学院学报, 21(6): 23-26.

闵天禄, 方瑞征, 1990. 杜鹃属的系统发育与进化[J]. 云南植物研究, 12(4): 353-365.

欧静, 陈训, 2012. 贵州省常绿杜鹃亚属资源及园林应用前景分析[J]. 江苏农业科学, 40(8): 200-203.

彭春良, 颜立红, 黄宏全, 等, 2007a. 中国湖南杜鹃花科杜鹃花属一新种——天门山杜鹃[J]. 植物分类学报, 45(3)304-306.

彭春良, 颜立红, 廖菊阳, 等, 2007b. 湖南杜鹃花属一新种——张家界杜鹃[J]. 植物研究, 27(4): 385-387.

覃海宁, 杨永, 董仕勇, 等, 2017. 中国高等植物受威胁物种名录[J]. 生物多样性(中国高等植物红色名录专辑), 25(7): 696-744.

沈荫椿, 2004. 世界名贵杜鹃花图鉴[M]. 北京: 中国建筑工业出版社.

史佑海, 李绍鹏, 梁伟红, 等, 2010. 海南野生杜鹃花属植物种质资源调查研究[J]. 热带作物学报, 31(4): 551-555.

司国臣, 张延龙, 梁振旭, 等, 2013. 秦岭汉中地区野生杜鹃花种质资源调查研究[J]. 浙江农林大学学报, 30(3): 350-353.

苏家乐, 李畅, 陈璐, 等, 2011. 不同预处理方法对牛皮杜鹃和小叶杜鹃种子萌发的影响[J]. 植物资源与环境学报, 20(4): 64-69.

孙海群, 李长慧, 杨元武, 等, 1998. 两种杜鹃的生物学特性及园林观赏价值初步研究[J]. 青海大学学报(自然科学版), 16(2): 10-13.

谭沛祥, 1982. 江西和湖南的杜鹃花新种和新变种[J]. 植物研究, 2(1): 89-102.

谭沛祥, 1983. 华南植物志[M]. 广州: 广东科技出版社.

田旗, 葛斌杰, 王正伟, 2011. 四川省杜鹃花属植物地理分布新记录[J]. 西北植物学报, 31(1): 192-194.

田晓玲, 马永鹏, 张长芹, 等, 2011. 杜鹃花繁殖生物学研究进展[J]. 南京林业大学学报(自然科学版), 35(3): 124-128.

汪松, 解焱, 2004. 中国物种红色名录: 第一卷 红色名录[M]. 北京: 高等教育出版社.

王凯红, 凌家慧, 张乐华, 等, 2011. 两种常绿杜鹃亚属幼苗耐热性的主成分及隶属函数分析[J]. 热带亚热带植物学报, 19(5): 412-418.

王凯红, 刘向平, 张乐华, 等, 2011. 5种杜鹃幼苗对高温胁迫的生理生化响应及耐热性综合评价[J]. 植物资源与环境学报,

20(3): 29-35.

王兰明, 2006. 杜鹃花栽培与病虫害防治[M]. 北京: 中国农业出版社.

王书胜, 李晓花, 张乐华, 等, 2014. 激素种类与浓度对鹿角杜鹃扦插繁殖的影响及其评价[J]. 广西植物, 34(2): 227-234.

王书胜, 单文, 张乐华, 等, 2014. 植物生长调节剂对鹿角杜鹃扦插繁殖的影响[J]. 植物科学学报, 32(2): 158-167.

王书胜, 单文, 张乐华, 等, 2015. 基质和IBA浓度对云锦杜鹃扦插生根的影响[J]. 林业科学, 51(9): 165-172.

王书胜, 张雅慧, 邹芹, 等, 2016. IBA浓度、扦插时间对江西杜鹃和百合花杜鹃扦插生根的影响[J], 广西植物, 36(12): 1468-1475.

徐宝贵, 李松慧, 宋明霞, 等, 2018. 锦绣杜鹃花抗菌、抗炎活性及其有效部位研究[J]. 聊城大学学报(自然科学版), 31(3): 86-92.

许明英, 李跃林, 任海, 2004. 杜鹃花在华南植物园引种栽培的初步研究[J]. 福建林业科技, 31(1): 53-56.

杨冰, 黄梅, 王灵军, 等, 2020. 贵州杜鹃花科植物果实形态及21种杜鹃花属植物种子特性[J]. 贵州林业科技, 48(1): 8-14.

杨灿娇, 郑硕理, 杨荣萍, 等, 2016. 羊踯躅和日本杜鹃的传粉生物学与杂交育种初探[J]. 中国野生植物资源, 35(6): 47-52.

杨华侨, 陈霞连, 曲绮雯, 等, 2017. 四川省杜鹃属植物大数据的分析及园林推广优先应用种类的筛选[J]. 四川大学学报(自然科学版), 54(5): 1094-1100.

杨丽娟, 马立军, 秦树林, 等, 2010. 迎红杜鹃组培繁殖技术的研究[J]. 吉林农业大学学报, 32(2): 172-176.

杨远波, 刘和义, 彭镜毅, 等, 2000. 台湾维管束植物志: 第四卷[M]. 台北: 行政院农业委员会.

曾红, 钱慧琴, 梁兆昌, 等, 2013. 云锦杜鹃枝叶化学成分研究[J]. 中草药, 44(22): 3123-3126.

查凤书, 冯建孟, 2008. 云南杜鹃属植物多样性的空间分布格局[J]. 大理学院学报, 7(12): 15-18.

张长芹, 2003. 杜鹃花[M]. 北京: 中国建筑工业出版社.

张长芹, 2008. 云南杜鹃花[M]. 昆明: 云南科技出版社.

张长芹, 冯宝钧, 刘昌礼, 等, 1994. 几种高山常绿杜鹃的扦插繁殖试验[J]. 园艺学报, 21(3): 307-308.

张长芹, 冯宝钧, 赵革英, 等, 1992. 杜鹃花的种子繁殖[J]. 云南植物研究, 14(1): 87-91.

张长芹, 冯宝钧, 赵革英, 等, 1993. 激素和基质对基毛杜鹃插条生根的影响[J]. 西南农业学报, 6(3): 113-115.

张长芹, 黄承玲, 黄家勇, 等, 2015. 贵州百里杜鹃自然保护区杜鹃花属种质资源的调查[J]. 植物分类与资源学报, 37(3): 357-364.

张虹, 1997. 金佛山杜鹃花属植物资源[J]. 西南农业大学学报, 19(1): 88-92.

张乐华, 2004. 杜鹃属植物的引种适应性研究[J]. 南京林业大学学报(自然科学版), 28(4): 92-96.

张乐华, 刘向平, 2007. 罗霄山脉南部杜鹃花资源考察初报[C]. 武汉: 第三届世界植物园大会论文集, 135-141.

张乐华, 刘向平, 王凯红, 等, 2006. 杜鹃属植物种子育苗研究[J]. 园艺学报, 33(6): 1361-1364.

张乐华, 刘向平, 王凯红, 等, 2007. 不同因子对常绿杜鹃亚属种子萌发及成苗的影响[J]. 武汉植物学研究, 25(2): 178-184.

张乐华, 孙宝腾, 周广, 等, 2011. 高温胁迫下五种杜鹃花属植物的生理变化及其耐热性比较[J]. 广西植物, 31(5): 651-658.

张乐华, 王书胜, 单文, 等, 2014. 基质、激素种类及其浓度对鹿角杜鹃扦插育苗的影响[J]. 林业科学, 50(3): 45-54.

张乐华, 周广, 孙宝腾, 等, 2011. 高温胁迫对两种常绿杜鹃亚属植物幼苗生理生化特性的影响[J]. 植物科学学报, 29(3): 362-369.

张鲁归, 2003. 杜鹃花[M]. 北京: 中国林业出版社.

张璐, 敬小丽, 苏志尧, 等, 2014. 南岭山地杜鹃花沿海拔梯度的分布及其园林应用前景[J]. 华南农业大学学报, 35(2): 73-77.

张序, 刘雄芳, 万友名, 等, 2019. 杜鹃属植物自然杂交研究进展[J]. 世界林业研究, 32(6): 20-24.

张艳红, 2011. 中国杜鹃花属植物分类的研究进展[J]. 辽东学院学报(自然科学版), 18(3): 198-202.

赵冰, 张果, 司国臣, 等, 2013. 秦岭野生杜鹃花属植物种质资源调查研究[J]. 西北林学院学报, 28(1): 104-109.

赵晓东, 施晓春, 2003. 高黎贡山杜鹃属植物资源保护及合理利用策略[J]. 中国野生植物资源, 22(6): 31-33.

赵云龙, 陈训, 李朝婵, 2013. 糙叶杜鹃扦插生根过程中生理生化分析[J]. 林业科学, 49(6): 45-51.

中国科学院中国植物志编辑委员会, 1991—1999. 中国植物志: 第57卷, 1~3册)[M]. 北京: 科学出版社.

中国生物物种名录(2022版在线发布), [A/OL]. http://www.sp2000.org.cn

中国有毒植物图谱数据库, [A/OL]. http://ishare.iask.sina.com.cn/f/352GALY2TX6.html#page1

钟国华, 胡美英, 2000. 杜鹃花科植物活性成分及作用机制研究进展[J]. 武汉植物学研究, 18(6): 509-514.

周艳, 陈训, 2007. 马缨杜鹃继代培养培养基配方研究[J]. 安徽农业科学, 35(29): 9213-9214.

朱春艳, 李志炎, 鲍淳松, 等, 2006. 云锦杜鹃组培快繁技术研究[J]. 中国农学通报, 22(5): 335-337.

朱春艳, 李志炎, 鲍淳松, 等, 2007. 我国杜鹃花资源的保护与开发利用[J]. 中国野生植物资源, 26(2): 28-30.

朱春艳, 余金良, 吕敏, 等, 2015. 28个杜鹃花品种花期特征观察及栽培适应性分析[J]. 农学学报, 5(9): 82-86.

朱大海, 王飞, 王明华, 等, 2018. 四川宝兴杜鹃花属植物资源保护及合理利用[J]. 中国野生植物资源, 37(2): 50-54.

庄平, 2012. 中国杜鹃花属植物地理分布型及其成因的探讨[J]. 广西植物, 32(2): 150-156.

庄平, 2017. 32种杜鹃花属植物在迁地保育条件下的自交研究[J]. 广西植物, 37(8): 959-968.

庄平, 2017. 37种杜鹃花属植物在迁地保育下的自然授粉研究[J]. 广西植物, 37(8): 947-958.

庄平, 2019. 杜鹃花属植物的可育性研究进展[J]. 生物多样性, 27(3): 327-338.

庄平, 王飞, 邵慧敏, 2013. 川西与藏东南地区杜鹃花属植物及其分布的比较研究[J]. 广西植物, 33(6): 791-797, 803.

庄平, 郑元润, 邵慧敏, 2012. 杜鹃属植物迁地保育适应性评价[J]. 生物多样性, 20(6): 665-675.

ARGENT G C, BOND J, CHAMBERLAIN D F, et al., 1997. The Rhododendron Handbook 1998: *Rhododendron* species in cultivation[M]. Ed C. Postan. London: Royal Horticultural Society.

ARGENT G C, MCFARLANE M, 2003. Rhododendrons in horticulture and science[M]. Edinburgh : Royal Botanic Garden Edinburgh.

CAI Y Q, HU J H, QIN J, et al., 2018. *Rhododendron molle* (Ericaceae): phytochemistry, pharmacology, and toxicology[J]. Chinese Journal of Natural Medicines, 16(6): 401-410.

CHAMBERLAIN D F, 1980. The taxonomy of elepidote *Rhododendron* excluding Azalea (Subgenus *Hymenanthes*). In contributions towards a classification of *Rhododendron*[M]. Ed. J. Luteyn. Proceedings of the International Rhododendron Conference, New York: 39-52.

CHAMBERLAIN D F, 1982. A revision of *Rhododendron*, Ⅰ: Subgenus *Hymenanthes*[M]. Notes From the Royal Botanic Garden Edinburgh, 39: 209-486.

CHAMBERLAIN D F, DOLESHY F, 1987. Japanese members of *Rhododendron* subsection *Pontica*: distribution and classification[J]. Journal of Japanese Botany, 62: 225-243.

CHAMBERLAIN D F, HYAM R, ARGENT G, et al., 1996. The genus *Rhododendron*: Its classification and synonymy[M]. Royal Botanic Garden Edinburgh.

CHAMBERLAIN D F, RAE S J, 1990. A revision of *Rhododendron*, Ⅳ: Subgenus *Tsutsusi*[J]. Edinburgh Botanical Journal, 47: 89-203.

COX P A, 1994. The cultivation of *Rhododendrons*[M]. Trafalgar Square Publishing.

COX P A, COX K N E, 1997. The encyclopedia of *Rhododendrons* species[M]. Perth: Glendoick Press.

CULLEN J, 1996. The importance of the herbarium. In the *Rhododendron* story: 200 years of plant hunting and garden cultivation[M]. Ed C. Postan. London: Royal Horticultural Society: 38-48.

CULLEN J, 2005. Hardy *Rhododendron* species: A guide to identification[M]. Portland, Oregon: Timber Press.

DAVIDIAN H H, 1982—1995. The *Rhododendron* species. 4 vols [M]. Portland, Oregon: Timber Press.

DAVIDIAN H H, 2003. The *Rhododendron* species: Azaleas (*Rhododendron* Species)[M]. Timber Press, Incorporated.

DAVIDIAN H H, 2003. The *Rhododendron* Species: V(Ⅲ) Elepidotes series Neriiflorum—*Thpmsonii*, *Azaleastrum* and *Camtschaticum* [M]. B. T. Batsford Ltd. London.

FANG M Y, FANG R Z, HE M Y et al., 2005. Flora of China (Volume 14, part 1～3)[M]. Beijing: Science Press: 242-517.

FLORA OF NORTH AMERICA EDITORIAL COMMITTEE(EDT), 2009. Flora of North America(Volume 8)[M]. New York: Oxford University Press, USA.

FORREST M, 1996. Hooker's rhododendrons: their distribution and survival. In the *Rhododendron* story: 200 years of plant hunting and garden cultivation[M]. Ed C. Postan. London: Royal Horticultural Society: 55-70.

GALLE F C, 1985. Azaleas[M]. Portland: Timber Press.

GIBBS D, CHAMBERLAIN D, ARGENT G, 2011. *The Red List of Rhododendrons* [M]. Botanic Gardens Conservation International, Richmond, UK.

HARA H, 1986. Scientific names of the *Rhododendron degronianum* group[J]. Journal of Japanese Botany, 61: 245-247, 246.

HUANG T C, EDITORIAL COMMITTEE OF THE FLORA OF TAIWAN(EDS.), 1998. Flora of Taiwan(Volume Four. 2nd ed) [M]. Department of Botany, National Taiwan University, Taipei, Taiwan.

IWATSUKI K, YAMAZAKI T, BOUFFORD D E, et al., 1993. Flora of Japan (Volume Ⅲ a)[M]. Tokyo: Kodansha Ltd.

KRON K A, 1993. A revision of *Rhododendron Section Pentanthera*[J]. Edinburgh Journal of Botany, 50(3): 249-364, 279.

KUMAR V, SURI S, PRASAD R, et al., 2019. Bioactive compounds, health benefits and utilization of *Rhododendron*: A comprehensive review[J]. Agriculture & Food Security, 8(1): 1-7.

LEACH D G, 1961. Rhododendrons of the world[M]. Scribner [Imprint]Simon & Schuster.

LI S H, SUN W B, MA Y P, 2018. Does the giant tree rhododendron need conservationpriority? [J]. Global Ecology and Conservation, 15: e00421. https://doi.org/10.1016/j.gecco.2018.e00421

LI S H, SUN W B, MA Y P, et al., 2018. Current conservation status and reproductive biology of the giant tree *Rhododendron* in China[J]. Nordic Journal of Botany, 36(12): 1-19.

LI Y, ZHAO J, GAO K, 2016. Activity of flavanones isolated from *Rhododendron hainanense* against plant pathogenic fungi[J]. Natural Product Communications, 11(5): 611-612.

LI Y, ZHU Y X, ZHANG ZX, et al., 2020. Antinociceptive grayanane-derived diterpenoids from flowers of *Rhododendron molle*[J]. Acta Pharmaceutica Sinica B, 10(6): 1073-1082.

LU Y P, LIU H C, CHEN W, et al., 2021. Conservation planning of the genus *Rhododendron* in northeast China based on current and future suitable habitat distributions[J]. Biodiversity and Conservation, 30(3): 673-697.

PHILIPSON W R, PHILIPSON M N, 1996. The taxonomy of the genus: a history. In the *Rhododendron* story: 200 years of plant hunting and garden cultivation[M]. Ed C. Postan. London: Royal Horticultural Society: 22-37.

RAFIQ M, SANCHETI S S, SANCHETI S A, et al., 2013. Antihyperglycemic and antioxidant activities of *Rhododendron schlippenbachii* Maxim. bark and its various fractions[J]. Journal of Medicinal Plant Research, 7(12): 713-719.

SHRESTHA A, REZK A, SAID I H, et al., 2017. Comparison of the polyphenolic profile and antibacterial activity of the leaves, fruits and flowers of *Rhododendron ambiguum* and *Rhododendron cinnabarinum*[J]. BMC Res Notes, 10: 297.

SHRESTHA N, WANG Z, SU X, et al., 2018. Global patterns of rhododendron diversity: the role of evolutionary time and diversification rates[J]. Journal of Biogeography, 27(8): 913-924.

TIAN X L, CHANG YH, NEILSEN J, et al., 2019. A new species of *Rhododendron* (Ericaceae) from northeastern Yunnan, China[J]. Phytotaxa, 395(2): 66-70.

UPADHYAY G, SINGH B N, SINGH H B, et al., 2005. Phenolic contents and antioxidant potential of *Rhododendron* species[J]. Indian Journal of Agricultural Biochemistry, 18(1): 35-38.

WANG S S, VAN H J, ZHANG L H, 2020. Adaptability of *Rhododendron* species to climate and growth conditions at Lushan Botanical Garden. Acta Horticulturae, 1288. DOI: 10.17660/ActaHortic.2020.1288.20

YU F, SKIDMORE A K, WANG T, et al., 2017. *Rhododendron* diversity patterns and priority conservation areas in China [J]. Biodiversity Research, 23(10): 1143-1156.

ZENG K, BAN S R, CAO Z W, et al., 2021. Phytochemical and chemotaxonomic study on the leaves of *Rhododendron amesiae*[J]. Biochemical Systematics and Ecology, (95): 104232.

ZHANG C Q, PATERSON D. *Rhododendron maxiongense* (Ericaceae), a new species from Yunnan, China[J]. Novon, 2003, 13(1): 156.

ZHANG L H, WANG S S, GUO W F, et al., 2015. Effect of indole-3-butyric acid and rooting media on rooting response of semi-hardwood cuttings of *Rhododendron fortunei*[J]. Propagation of Ornamental Plants, 15(2):79-86.

附录1 各植物园栽培的杜鹃花科植物统计表

序号	物种名称	拉丁名	庐山园	华西园	昆明园	杭州园	湖南园	贵州园	中山园	武汉园	沈阳园	RCB	RLR	是否特有
		I. 杜鹃花属 *Rhododendron*												
1	滇隐脉杜鹃	*R. maddenii* subsp. *crassum*		√	√							LC	LC	
2	大喇叭杜鹃	*R. excellens*	√		√							NT	VU	
3	江西杜鹃	*R. kiangsiense*		√	√							EN	NT	是
4	百合花杜鹃	*R. liliiflorum*		√	√	√		√				LC	NT	是
5	树枫杜鹃	*R. changii*		√	√							VU	CR	是
6	南岭杜鹃	*R. levinei*		√	√							NT	DD	是
7	红晕杜鹃	*R. roseatum*			√							NT	VU	
8	云上杜鹃	*R. pachypodum*			√							LC	LC	
9	长柱睫毛萼杜鹃	*R. ciliicalyx* subsp. *lyi*			√							LC	LC	
10	宝兴杜鹃	*R. moupinense*		√								VU	NT	是
11	长毛杜鹃	*R. trichanthum*		√								VU	VU	是
12	毛肋杜鹃	*R. augustinii*		√								LC	LC	是
13	黄花杜鹃	*R. lutescens*	√	√								LC	NT	是
14	问客杜鹃	*R. ambiguum*		√								LC	LC	是
15	三花杜鹃	*R. triflorum*		√	√							LC	LC	
16	基毛杜鹃	*R. rigidum*		√	√	√						LC	LC	是
17	云南杜鹃	*R. yunnanense*		√	√	√						LC	LC	
18	秀雅杜鹃	*R. concinnum*		√								LC	LC	是
19	紫花杜鹃	*R. amesiae*		√								CR	CR	是
20	山育杜鹃	*R. oreotrephes*		√								LC	LC	是
21	硬叶杜鹃	*R. tatsienense*		√								LC	LC	是
22	多鳞杜鹃	*R. polylepis*		√								LC	LC	是
23	锈叶杜鹃	*R. siderophyllum*	√	√	√			√				LC	LC	是
24	阴地杜鹃	*R. keiskei*		√								NE	NE	
25	红棕杜鹃	*R. rubiginosum*		√	√							LC	LC	
26	木里多色杜鹃	*R. rupicola* var. *muliense*		√								LC	NE	是
27	怒江杜鹃	*R. saluenense*		√								NT	LC	
28	美被杜鹃	*R. calostrotum*		√								LC	LC	
29	朱砂杜鹃	*R. cinnabarinum*		√								LC	LC	
30	管花杜鹃	*R. keysii*		√								LC	LC	
31	灰被杜鹃	*R. tephropeplum*		√								LC	NT	
32	疏叶杜鹃	*R. hanceanum*		√								VU	VU	是
33	照山白	*R. micranthum*	√		√							LC	LC	
34	藏布雅容杜鹃	*R. charitopes* subsp. *tsangpoense*		√								LC	LC	是

（续）

序号	物种名称	拉丁名	庐山园	华西园	昆明园	杭州园	湖南园	贵州园	中山园	武汉园	沈阳园	RCB	RLR	是否特有
35	鳞腺杜鹃	R. lepidotum			√							LC	LC	
36	毛嘴杜鹃	R. trichostomum			√							LC	LC	是
37	显绿杜鹃	R. viridescens			√							LC	VU	是
38	粉背碎米花	R. hemitrichotum			√							VU	NT	是
39	爆杖花	R. spinuliferum	√	√	√							LC	LC	是
40	粉红爆杖花	R. duclouxii		√	√							NE	NE	是
41	碎米花	R. spiciferum	√		√							LC	LC	是
42	柳条杜鹃	R. virgatum	√	√	√							NT	LC	
43	腋花杜鹃	R. racemosum	√	√	√							LC	LC	是
44	富源杜鹃	R. fuyuanense			√							NE	DD	是
45	兴安杜鹃	R. dauricum			√						√	LC	LC	
46	迎红杜鹃	R. mucronulatum			√						√	LC	LC	
47	大果杜鹃	R. glanduliferum				√						DD	VU	是
48	美容杜鹃	R. calophytum	√	√								LC	LC	是
49	井冈山杜鹃	R. jingangshanicum	√	√								EN	EN	是
50	卧龙杜鹃	R. wolongense		√								LC	VU	是
51	大白杜鹃	R. decorum	√	√	√	√		√				LC	LC	
52	小头大白杜鹃	R. decorum subsp. parvistigmatis			√							LC	NE	是
53	心基大白杜鹃	R. decorum subsp. cordatum				√						DD	DD	是
54	四川杜鹃	R. sutchuenense		√								NT	LC	是
55	山光杜鹃	R. oreodoxa		√								LC	LC	是
56	粉红杜鹃	R. oreodoxa var. fargesii		√								LC	NE	是
57	亮叶杜鹃	R. vernicosum	√									LC	LC	是
58	波叶杜鹃	R. hemsleyanum		√								CR	CR	是
59	云锦杜鹃	R. fortunei	√	√	√	√						LC	LC	是
60	广福杜鹃	R. fortunei var. kwangfuense	√	√								NE	NE	是
61	团叶杜鹃	R. orbiculare	√	√								LC	VU	是
62	猫岭杜鹃	R. orbiculare subsp. maolingense		√								NE	NE	是
63	猫儿山杜鹃	R. maoerense		√								NT	VU	是
64	越峰杜鹃	R. platypodum var. yuefengense	√	√								NE	NE	是
65	喇叭杜鹃	R. discolor	√	√								LC	LC	是
66	腺果杜鹃	R. davidii	√	√								NT	NT	是
67	凉山杜鹃	R. huanum		√								NT	NE	是
68	耳叶杜鹃	R. auriculatum	√									LC	VU	是
69	小溪洞杜鹃	R. xiaoxidongense	√									EX	DD	是
70	红滩杜鹃	R. chihsinianum	√		√							LC	VU	是

（续）

序号	物种名称	拉丁名	庐山园	华西园	昆明园	杭州园	湖南园	贵州园	中山园	武汉园	沈阳园	RCB	RLR	是否特有
71	大树杜鹃	*R. protistum* var. *giganteum*	√	√	√							CR	NE	是
72	大王杜鹃	*R. rex*			√							VU	LC	是
73	革叶杜鹃	*R. coriaceum*			√							NT	NT	是
74	卵叶杜鹃	*R. callimorphum*			√							LC	VU	是
75	黄杯杜鹃	*R. wardii*			√							LC	LC	是
76	芒刺杜鹃	*R. strigillosum*			√							LC	LC	是
77	玉山杜鹃	*R. morii*	√									NE	LC	是
78	绒毛杜鹃	*R. pachytrichum*			√							LC	LC	是
79	厚叶杜鹃	*R. pachyphyllum*			√							LC	DD	是
80	稀果杜鹃	*R. oligocarpum*			√							LC	VU	是
81	黄山杜鹃	*R. maculiferum* subsp. *anwheiense*	√									LC	LC	是
82	粘毛杜鹃	*R. glischrum*			√							LC	LC	
83	红粘毛杜鹃	*R. glischrum* subsp. *rude*			√							LC	NE	
84	长粗毛杜鹃	*R. crinigerum*			√							NT	LC	是
85	团花杜鹃	*R. anthosphaerum*			√							LC	LC	
86	腺绒杜鹃	*R. leptopeplum*	√									LC	DD	是
87	露珠杜鹃	*R. irroratum*	√	√	√			√				LC	LC	是
88	红花露珠杜鹃	*R. irroratum* subsp. *pogonostylum*	√	√				√				DD	NE	
89	迷人杜鹃	*R. agastum*	√	√	√			√				LC	LC	是
90	光柱迷人杜鹃	*R. agastum* var. *pennivenium*		√	√							NE	NE	
91	窄叶杜鹃	*R. araiophyllum*		√								NT	LC	
92	碟花杜鹃	*R. aberconwayi*		√								VU	VU	是
93	马雄杜鹃	*R. maxiongense*		√								NE	DD	是
94	桃叶杜鹃	*R. annae*	√	√	√							NT	NT	是
95	短脉杜鹃	*R. brevinerve*		√								LC	LC	是
96	牛皮杜鹃	*R. aureum*		√								VU	LC	
97	屋久杜鹃	*R. yakushimanum*		√								NE	LC	
98	筑紫杜鹃	*R. degronianum* subsp. *heptamerum*	√									NE	LC	
99	弯尖杜鹃	*R. adenopodum*	√	√								VU	VU	是
100	光枝杜鹃	*R. haofui*	√									LC	LC	是
101	繁花杜鹃	*R. floribundum*		√								NT	LC	是
102	皱叶杜鹃	*R. denudatum*	√	√	√							NT	NT	是
103	大钟杜鹃	*R. ririei*		√								LC	VU	是
104	猴头杜鹃	*R. simiarum*	√					√				LC	LC	是
105	金山杜鹃	*R. longipes* var. *chienianum*		√								VU	NE	是
106	海绵杜鹃	*R. pingianum*		√								LC	NT	是

（续）

（续）

序号	物种名称	拉丁名	庐山园	华西园	昆明园	杭州园	湖南园	贵州园	中山园	武汉园	沈阳园	RCB	RLR	是否特有
107	银叶杜鹃	*R. argyrophyllum*		√								LC	LC	是
108	峨眉银叶杜鹃	*R. argyrophyllum* subsp. *omeiense*	√	√								NT	VU	是
109	黔东银叶杜鹃	*R. argyrophyllum* subsp. *nankingense*		√								NT	VU	是
110	岷江杜鹃	*R. hunnewellianum*		√								LC	VU	是
111	马缨杜鹃	*R. delavayi*	√	√	√	√		√				LC	LC	
112	狭叶马缨杜鹃	*R. delavayi* var. *peramoenum*				√						LC	LC	
113	锈红杜鹃	*R. bureavii*		√								LC	LC	是
114	大叶金顶杜鹃	*R. faberi* subsp. *prattii*		√								LC	NT	是
115	皱皮杜鹃	*R. wiltonii*		√								LC	LC	是
116	粗脉杜鹃	*R. coeloneurum*		√								LC	LC	是
117	白毛杜鹃	*R. vellereum*		√								NE	EN	是
118	巴朗杜鹃	*R. balangense*		√								CR	EN	是
119	天门山杜鹃	*R. tianmenshanense*	√				√					NE	NE	是
120	张家界杜鹃	*R. zhangjiajieense*	√				√					NE	NE	是
121	镰果杜鹃	*R. fulvum*		√								LC	LC	
122	紫玉盘杜鹃	*R. uvariifolium*		√								LC	LC	是
123	朱红大杜鹃	*R. griersonianum*		√								CR	CR	
124	绵毛房杜鹃	*R. facetum*		√								NT	LC	
125	毛柱杜鹃	*R. venator*		√								LC	VU	是
126	美艳橙黄杜鹃	*R. citriniflorum* var. *horaeum*		√								LC	VU	是
127	火红杜鹃	*R. neriiflorum*		√								LC	LC	是
128	绵毛杜鹃	*R. floccigerum*		√								LC	LC	是
129	猴斑杜鹃	*R. faucium*		√								LC	LC	
130	马银花	*R. ovatum*	√			√	√			√		LC	LC	是
131	腺萼马银花	*R. bachii*	√									NE	DD	是
132	薄叶马银花	*R. leptothrium*	√		√							LC	LC	是
133	红马银花	*R. vialii*	√		√							NT	VU	
134	长蕊杜鹃	*R. stamineum*	√	√	√	√						LC	LC	是
135	毛棉杜鹃	*R. moulmainense*	√		√	√	√					LC	LC	
136	平房杜鹃	*R. truncatovarium*	√									DD	DD	是
137	西施花	*R. latoucheae*	√			√	√			√		LC	LC	
138	滇南杜鹃	*R. hancockii*			√							LC	LC	是
139	秃房弯蒴杜鹃	*R. henryi* var. *dunnii*						√				NT	NE	是
140	刺毛杜鹃	*R. championiae*	√		√							LC	LC	是
141	羊踯躅	*R. molle*	√	√	√	√	√	√				LC	LC	是
142	日本羊踯躅	*R. japonicum*	√	√	√							NE	NE	

（续）

序号	物种名称	拉丁名	庐山园	华西园	昆明园	杭州园	湖南园	贵州园	中山园	武汉园	沈阳园	RCB	RLR	是否特有
143	芳香杜鹃	*R. arborescens*	√									NE	LC	
144	阿拉巴马杜鹃	*R. alabamense*	√									NE	LC	
145	裸花杜鹃	*R. periclymenoides*	√									NE	LC	
146	奥康尼杜鹃	*R. flammeum*	√									NE	VU	
147	黄香杜鹃	*R. luteum*	√									NE	LC	
148	佛罗里达杜鹃	*R. austrinum*	√	√								NE	LC	
149	西海岸杜鹃	*R. occidentale*	√									NE	LC	
150	嫣红杜鹃	*R. vaseyi*		√								NE	VU	
151	大字杜鹃	*R. schlippenbachii*				√					√	NT	LC	
152	丁香杜鹃	*R. farrerae*	√									LC	LC	是
153	满山红	*R. mariesii*	√	√		√	√		√	√		LC	LC	是
154	华顶杜鹃	*R. huadingense*	√									DD	DD	是
155	凯氏杜鹃	*R. wadanum*	√									NE	LC	
156	宽大杜鹃	*R. dilatatum*	√									NE	LC	
157	十蕊杜鹃	*R. dilatatum* var. *decandrum*	√									NE	LC	
158	伊豆杜鹃	*R. amagianum*	√									NE	EN	
159	细叶杜鹃	*R. noriakianum*	√									LC	VU	是
160	小宫山杜鹃	*R. komiyamae*	√									NE	VU	
161	伏毛杜鹃	*R. strigosum*	√		√							NE	DD	是
162	潮安杜鹃	*R. chaoanense*	√									DD	DD	是
163	美艳杜鹃	*R. pulchroides*			√							LC	VU	是
164	海南杜鹃	*R. hainanense*			√							VU	DD	是
165	砖红杜鹃	*R. oldhamii*	√									LC	LC	是
166	白花杜鹃	*R. mucronatum*	√		√	√			√			NE	NE	
167	锦绣杜鹃	*R. pulchrum*	√	√	√	√			√			NE	NE	
168	杜鹃	*R. simsii*	√	√	√	√	√		√	√		LC	LC	
169	湖南杜鹃	*R. hunanense*	√					√				NT	NT	是
170	溪畔杜鹃	*R. rivulare*	√			√	√	√				LC	LC	是
171	乳源杜鹃	*R. rhuyuenense*	√									LC	VU	是
172	岭南杜鹃	*R. mariae*	√					√				LC	LC	是
173	茶绒杜鹃	*R. apricum*						√				DD	DD	是
174	皋月杜鹃	*R. indicum*	√		√							NE	NE	
175	南昆杜鹃	*R. naamkwanense*	√									LC	LC	是
176	钝叶杜鹃	*R. obtusum*	√									NE	NE	
177	千针叶杜鹃	*R. polyraphidoideum*	√									LC	VU	是
178	黔阳杜鹃	*R. qianyangense*	√					√				NE	DD	是

附录1　各植物园栽培的杜鹃花科植物统计表

（续）

序号	物种名称	拉丁名	庐山园	华西园	昆明园	杭州园	湖南园	贵州园	中山园	武汉园	沈阳园	RCB	RLR	是否特有
179	背绒杜鹃	*R. hypoblematosum*	√			√						NE	DD	是
180	亮毛杜鹃	*R. microphyton*	√	√								LC	LC	
181	毛果杜鹃	*R. seniavinii*	√									LC	LC	是
182	上犹杜鹃	*R. seniavinii* var. *shangyounicum*	√									NE	NE	是
183	大武杜鹃	*R. tashiroi*	√									LC	NT	
		Ⅱ.吊钟花属 *Enkianthus*												
184	灯笼吊钟花	*E. chinensis*			√							LC		是
185	齿缘吊钟花	*E. serrulatus*			√					√		LC		是
186	台湾吊钟花	*E. perulatus*										VU		
		Ⅲ.马醉木属 *Pieris*												
187	美丽马醉木	*P. formosa*			√	√			√			LC		
188	马醉木	*P. japonica*			√					√	√	LC		
		Ⅳ.假木荷属 *Craibiodendron*												
189	云南假木荷	*C. yunnanense*			√							NT		
		Ⅴ.白珠树属 *Gaultheria*												
190	红粉白珠	*G. hookeri*			√							LC		
		Ⅵ.越橘属 *Vaccinium*												
191	南烛	*V. bracteatum*			√		√		√	√		LC		
192	江南越橘	*V. andarinorum*			√		√					LC		是
193	黄背越橘	*V. iteophyllum*								√		LC		是
194	兔眼越橘	*V. ashei*							√			NE		
195	高丛越橘	*V. corymbosum*							√			NE		
合计			116	106	44	18	16	9	8	8	3			127

注：表中"庐山园""华西园""昆明园""杭州园""湖南园""贵州园""中山园""武汉园""沈阳园"分别为中国科学院庐山植物园、中国科学院植物研究所华西亚高山植物园、中国科学院昆明植物研究所昆明植物园、杭州植物园、湖南省植物园、贵州省植物园、江苏省中国科学院植物研究所（南京中山植物园）、中国科学院武汉植物园、中国科学院沈阳应用生态研究所树木园的简称。

"RCB""RLR"分别代表《中国生物多样性红色名录（*Red list of China's Biodiversity*）——高等植物卷》、*The Red List of Rhododendrons* 对各物种的评估等级，其中：EX、CR、EN、VU、NT、LC、DD、NE 分别表示为灭绝、极危、濒危、易危、近危、无危、数据缺乏和未评估的种。

本书共收录杜鹃花科植物195种，包括中国特有种127种（含种下分类等级），中国及国外均有分布种47种，国外种21种。其中，列入《中国生物多样性红色名录——高等植物卷》杜鹃花科植物的灭绝种1种、极危种5种、濒危种2种、易危种12种、近危种23种、无危106种、数据缺乏7种、未评估39种（含国外种）；列入 *The Red List of Rhododendrons* 中的杜鹃花属植物极危4种、濒危4种、易危种29种、近危种14种、无危93种、数据缺乏16种、未评估23种。

附录2　各植物园地理环境概况

1. 中国科学院庐山植物园

位于江西省北部，地处北纬29°35′，东经115°59′，海拔1000~1360m的庐山东南部含鄱口侵蚀山谷中，地带性植被为中亚热带常绿阔叶林，属于亚热带北部山地湿润性季风气候，春季潮湿，夏季凉爽，秋季干燥，冬季寒冷，年均气温11.4℃，极端最高气温32℃，极端最低气温-16.8℃；年均降水量1917.8mm，比同纬度丘陵地区多500mm左右，其中4~7月的降水量约占全年降水量的70%，年均相对湿度80%。土壤为砂岩或石英砂岩发育而成的山地黄壤和黄棕壤为主，有机质6.3%~12.6%，碱解氮261.8~431.3mg/kg，速效磷1.1~4.9mg/kg，pH3.8~5.1。

2. 中国科学院植物研究所华西亚高山植物园

隶属于中国科学院植物研究所，位于四川省都江堰市，拥有龙池和玉堂两个园区，占地面积约55.27hm²，属中亚热带湿润季风气候区。龙池园区地处北纬31°07′，东经103°34′，海拔1700~1800m，年均气温8.0~15.7℃，极端最高气温32.0℃，极端最低气温-12.0℃，年均降水量1800mm，年均相对湿度87%。玉堂园区地处北纬30°57′，东经103°35′，海拔724~820m，年均气温15.2℃，年均降水量近1200mm，年均无霜期280d。

3. 中国科学院昆明植物研究所（昆明植物园）

位于云南省昆明市北郊，地处北纬25°01′，东经102°41′，海拔1990m，地带性植被为西部（半湿润）常绿阔叶林，属亚热带高原季风气候。年均气温14.7℃，极端最高气温33℃，极端最低气温-5.4℃，最冷月（1月、12月）月均气温7.3~8.3℃，年均日照时数2470.3h，年均降水量1006.5mm，12月至翌年4月（干季）降水量为全年的10%左右，年均蒸发量1870.6mm（最大蒸发为3~4月），年均相对湿度73%。土壤为第三纪古红层和玄武岩发育的山地红壤，有机质及氮磷钾的含量低，pH4.9~6.6。

4. 杭州植物园

位于浙江省杭州市西湖区桃源岭，北纬30°15′，东经120°07′，海拔10~165m，占地248.46hm²，园内地势西北高，东南低，中间多波形起伏，丘陵与谷地相间，大小水池甚多。地带性植被为亚热带针叶林、常绿阔叶林、常绿落叶阔叶混交林、落叶阔叶林，以及针阔叶混交林。属于亚热带季风气候，四季分明，雨量充沛。夏季气候炎热、潮湿，冬季寒冷、干燥。年均气温≥17℃，极端最高气温43℃，极端最低气温-15℃，1月（最冷月）平均气温3.5~5.0℃，7月（最热月）平均气温27.6~28.7℃，平均初霜期在11月中旬至下旬，≥0℃的积温在5500~6500℃，≥10℃的积温为4700~5700℃，年均相对湿度70.3%，年均降水量1454mm，年均蒸发量1150~1400mm，年均日照时数1765h，土壤属红壤和黄壤，含氮量为0.29~2.51g/kg，有效磷为4.88~35.50mg/kg，速效钾为94.04~228.06mg/kg，pH5.58~6.67。

5. 湖南省植物园

位于湖南省长沙市雨花区洞井镇，地处北纬28°06′，东经113°02′，海拔50~106m，总面积120hm²，属亚热带季风性湿润气候。年均气温19.1℃，最冷月（1月）平均气温7.4℃，最热月（7月）平均气温30.3℃，极端最高气温40.6℃，极端最低气温-9.5℃；无霜期长，年均279.3d；年均降水量1400.6mm，年均相对湿度80%，年均日照时数1726h。气候温和，四季分明；热量充足，雨水集中；春温多变，秋旱明显；严寒期短，暑热期长，适宜森林植物繁育生长。土壤系第四纪红色黏土母质上发育的酸性红壤，pH4.0～5.5，土壤含水量19.13%～25.92%，土壤容重1.26～1.46g/cm³，有机质含量19.17～85.25g/kg，全氮量0.06～1.07g/kg，含磷量0.13～0.20g/kg，含钾量2.49～4.49g/kg，含镁量1.55～3.20g/kg。

6. 贵州省植物园

位于贵州省贵阳市北郊鹿冲关，地处北纬36°24′，东经106°42′，海拔1210～1411m。年均气温14℃，1月平均气温4.6℃，极端最低气温-6.4℃，7月平均气温23.8℃，极端最高气温32.1℃。年均降水量1200mm。年均相对湿度80%。全年日照时数1174h，无霜期289d。成土母岩为石灰岩和砂岩，土壤为山地黄壤和棕壤，pH 5～7。

7. 江苏省中国科学院植物研究所/南京中山植物园

位于江苏省南京市东郊风景区，地处北纬32°07′，东经118°48′，海拔40～76m的低丘，地带性植被为亚热带常绿、落叶阔叶混交林，属亚热带季风气候，夏季炎热而潮湿，冬季寒冷，常有春旱和秋旱发生，冬季也常有低温危害。年均气温15.3℃，极端最高气温41℃，极端最低气温-15℃，冬季有冰冻。年均降水量1010mm，雨量集中于6～8月。枯枝落叶较薄，土壤为黄棕壤，pH 5.8～6.5。

8. 中国科学院武汉植物园

位于湖北省武汉市东部东湖湖畔，地处北纬30°32′，东经114°24′，海拔22m的平原，地带性植被为中亚热带常绿阔叶林，属北亚热带季风性湿润气候，雨量充沛，日照充足，夏季酷热，冬季寒冷，年均气温15.8～17.5℃，极端最高气温44.5℃，极端最低气温-18.1℃，1月平均气温3.1～3.9℃，7月平均气温28.7℃，冬季有霜冻。活动积温5000～5300℃，年降水量1050～1200mm，年均蒸发量1500mm，雨量集中于4～6月，夏季酷热少雨，年均相对湿度75%。枯枝落叶层较厚，土壤为湖滨沉积物上发育的中性黏土，含氮量0.053%，速效磷0.58mg/100g，速效钾6.1～10mg/100g，pH 4.3～5.0。

9. 中国科学院沈阳应用生态研究所树木园

隶属中国科学院沈阳应用生态研究所，位于辽宁省沈阳市内风景秀丽的南运河带状公园中段，占地面积5hm²，地处北纬41°46′，东经123°26′，海拔41.6m，属暖温带湿润季风型大陆气候，四季分明，雨热同季，年均气温7.4℃，极端最高气温38.3℃，极端最低气温-30.5℃，年均降水量755.4mm。园区地势平坦，土层深厚肥沃，具有森林土壤特征，pH约7.0。沈阳树木园是院属植物园中唯一的城市植物园，也是东北地区唯一的中国科学院植物园，具有独特的植物区域特色。

中文名索引

拉丁名索引